本书由杜立婵、聂晶、张青任主编，韦冬雪、王文静、杨烽、计海锋、徐俊辉任副主编。本书的出版得到了南宁职业技术学院各级领导的大力支持，在此向他们表示衷心的感谢。本书在编写过程中，还得到了联创中控（北京）科技有限公司的大力支持和资深工程师计海锋、徐俊辉、张鑫、张小刚、鲍兴慧、武学文的技术指导；参考了近年的文献、著作、教材和网络资料，在此谨向所有专家、学者、参考文献的编著者一并表示感谢。同时也感谢江苏大学出版社编辑的辛勤付出。

本书是编者老师集体智慧的结晶，由于时间仓促，难免有错漏之处，恳请读者批评指正。

编者

2019年5月

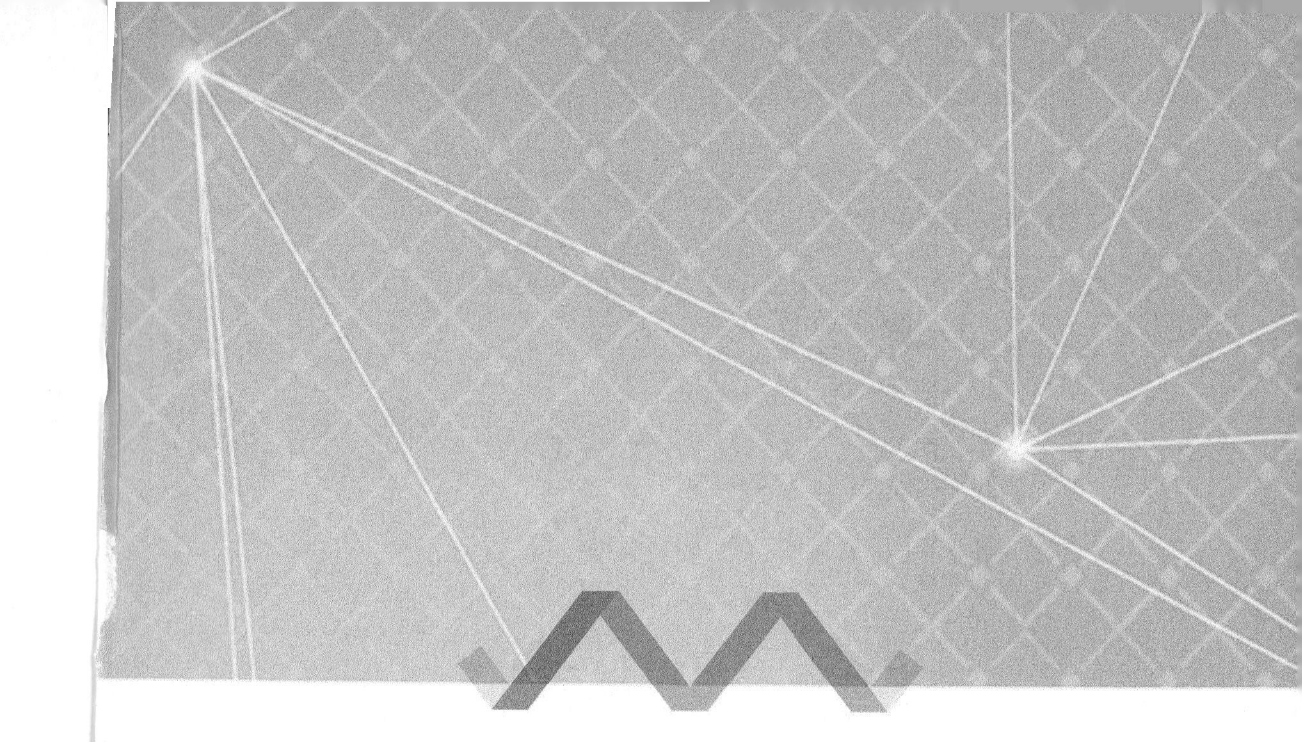

射频识别技术与应用系统开发

基于联创中控RFID综合实验平台

主　编　杜立婵　聂　晶　张　青

副主编　韦冬雪　王文静　杨　烽

计海锋　徐俊辉

镇　江

图书在版编目(CIP)数据

射频识别技术与应用系统开发：基于联创中控 RFID 综合实验平台 / 杜立婵，聂晶，张青主编. 一 镇江：江苏大学出版社，2019.6(2021.2 重印)
ISBN 978-7-5684-1107-3

Ⅰ. ①射… Ⅱ. ①杜… ②聂… ③张… Ⅲ. ①无线电信号一射频一信号识别 Ⅳ. ①TN911.23

中国版本图书馆 CIP 数据核字(2019)第 103454 号

射频识别技术与应用系统开发:基于联创中控 RFID 综合实验平台
Shepin Shibie Jishu Yu Yingyong Xitong Kaifa:
Jiyu Lianchuang Zhongkong RFID Zonghe Shiyan Pingtai

主　　编/杜立婵　聂　晶　张　青
责任编辑/张小琴
出版发行/江苏大学出版社
地　　址/江苏省镇江市梦溪园巷 30 号(邮编：212003)
电　　话/0511-84446464(传真)
网　　址/http://press.ujs.edu.cn
排　　版/镇江市江东印刷有限责任公司
印　　刷/江苏凤凰数码印务有限公司
开　　本/718 mm×1 000 mm　1/16
印　　张/21.5
字　　数/425 千字
版　　次/2019 年 6 月第 1 版
印　　次/2021 年 2 月第 2 次印刷
书　　号/ISBN 978-7-5684-1107-3
定　　价/69.00 元

如有印装质量问题请与本社营销部联系(电话:0511-84440882)

前　言

射频识别(Radio Frequency Identification，RFID)技术是当前最受人们关注的热点技术之一，也是我国信息化建设的核心技术之一。当前，中国 RFID 产业已形成相对成熟的商业模式，未来 RFID 产业将迎来高速增长期。细分应用市场如健康卡项目、交通管理、移动支付、物流与仓储、防伪、金融 IC 卡迁移等，将成为新增长的主要拉动力，行业产业链需要进一步发展壮大，对 RFID 相关技术人才的需求必将持续增长。许多有志于从事 RFID 技术研发的初学者，由于没有好的实验设备和配套教材，在学习过程中往往仅能获取一些概念性的知识，甚至难以明确 RFID 技术在实际应用中能够解决的具体问题，这严重阻碍了他们成为一名合格的 RFID 技术从业人员。联创中控(北京)科技有限公司自主研发生产的“RFID 综合实验平台”是一款专业的、精良的教学实验设备。本书基于此实验平台，系统地阐述了 RFID 技术的基础知识，技术标准和技术应用，从简单实验、操作演练再到项目实战，把理论基础和实际操作进行有机结合。

本书共分为 16 章，主要包括：RFID 基础知识，认识 RFID 综合实验平台，高频原理机学习模块，RFID 认知实验——基于 PC 系统，RFID 认知实验——基于嵌入式网关，ISO/IEC 18000－2 标准，ISO/IEC 14443 标准，ISO/IEC 15693 标准，ISO/IEC 18000－6 标准，125 kHz 低频 RFID 读写模块，13.56 MHz 高频原理机学习模块，13.56 MHz 高频 14443 读写模块，915 MHz 超高频读写模块，2.4 GHz 微波读写模块，模拟 ETC 模块，智能门禁模块。本书的前 8 章为理论知识，后 8 章为实践操作，完成本书学习之后，读者能够对 RFID 技术基础力量和技术标准有所了解，对 RFID 系统和设备原理有足够的理解，熟练掌握 RFID 应用系统设计和开发的基本技能。本书可作为高校物联网相关专业的教材，也可作为相关专业技术人员的参考书。

目　录

第 1 章　RFID 基础知识

1.1　RFID 概述

射频识别（Radio Frequency Identification，RFID）是一种非接触的自动识别技术。作为实体，RFID 是利用无线射频技术对物体对象进行非接触式和即时自动识别的无线通信信息系统。

RFID 最早的应用可追溯到第二次世界大战中用于区分联军和纳粹飞机的“敌我辨识”系统。随着技术的进步，RFID 应用领域日益扩大，现已涉及人们日常生活的各个方面，并将成为未来信息社会建设的一项基础技术。

RFID 典型应用包括：在物流领域用于仓库管理、生产线自动化、日用品销售；在交通运输领域用于集装箱与包裹管理、高速公路收费与停车收费；在农牧渔业用于羊群、鱼类、水果等的管理，以及宠物、野生动物的跟踪；在医疗行业用于药品生产、病人看护、医疗垃圾跟踪；在制造业用于零部件与库存的可视化管理。RFID 还可以应用于图书与文档管理、门禁管理、定位与物体跟踪、环境感知、支票防伪等多种应用领域。

目前，RFID 已成为 IT 界的研究热点，被视为 IT 行业的下一个“金矿”。各大软硬件厂商，包括 NXP、TI、IBM、Motorola、Microsoft、Oracle、Sun、BEA、SAP 等在内的各家企业都对 RFID 技术及其应用表现出了浓厚的兴趣，相继投入大量研发经费，推出了各自的软件或硬件产品及系统应用解决方案。在应用领域，以 WalMart、UPS、Gillette 等为代表的大批企业已经开始准备采用 RFID 技术对业务系统进行改造，以提高企业的工作效率并为客户提供各种增值服务。在标签领域，RFID 标签与条码相比，具有读取速度快、存储空间大、工作距离远、穿透性强、外形多样、工作环境适应性强和可重复使用等多种优势。

1.2　RFID 工作原理

1.2.1　RFID 系统组成

RFID 系统组成参见图 2.2.1，主要部件见表 1.2.1。

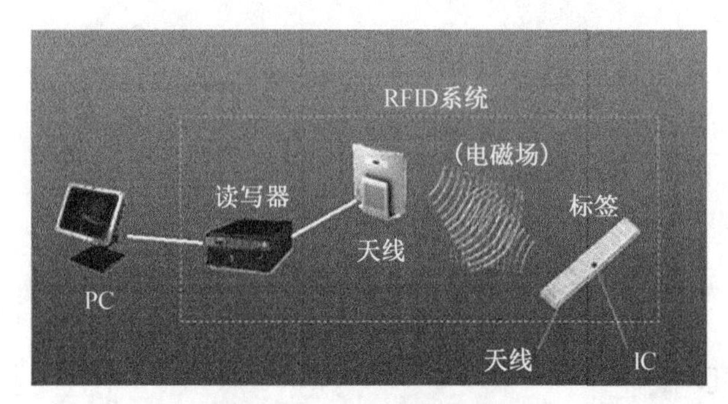

图 1.2.1　RFID 系统组成

表 1.2.1　RFID 系统组成主要部件

读写器（Reader）	读写标签信息的设备，可设计为手持式或固定式
天线（Antenna）	在标签和读写器间传递射频信号
标签（Tag）	由耦合元件及芯片组成，标签含有内置天线，用于和射频天线间进行通信。每个标签都有唯一的电子编码，附着在物体上标识目标对象；每个标签都有一个全球唯一的 ID 号码——UID，UID 是在制作芯片时放在 ROM 中的，无法修改。标签分为有源标签和无源标签

1.2.2　RFID 系统的工作原理

在实际应用中，电子标签附着在待识别物体的表面，电子标签中保存了约定格式的电子数据。读写器可以无接触地读取并识别标签中所保存的电子数据，从而达到自动识别物体的目的。读写器通过天线发送出一定频率的射频信号，当标签进入磁场时产生感应电流从而获得能量，发送出自身编码信息，读写器读取并解码后送至计算机主机进行相关处理。除以上基本配置外，RFID 还应包括相应的应用软件。

1.2.3　RFID 系统的工作频率

通常，读写器发送时所使用的频率被称为 RFID 系统的工作频率。常见的工作频率有 125 kHz、高频 13.56 MHz、超高频 915 MHz 等（表 1.2.2）。低频系统的工作频率一般小于 300 kHz，典型的工作频率有 125 kHz、133 kHz、134.2 kHz 等。高频系统的工作频率一般小于 30 MHz，典型的工作频率有 13.56 MHz，27.12 MHz。这些频率应用的射频识别系统一般都有相应的国际标准予以支持。低频系统的基本特点是电子标签的成本较低、标签内保存的数据量较少、阅读距离较短、电子标签外形多样（卡状、环状、纽扣状、笔状）、阅读天线方向性不强等。

超高频系统的工作频率一般大于400 MHz，典型的工作频率有：433 MHz和915 MHz。微波系统的工作频率一般为1～10 GHz，但RFID应用仅使用其中的两个频率：2.45 GHz和5.8 GHz。高频系统和微波系统在这些频率上有众多的国际标准予以支持。高频系统的基本特点是电子标签及读写器成本均较高、标签内保存的数据量较大、阅读距离较远（可达几米至十几米），适应物体高速运动性能好，外形一般为卡状，阅读天线及电子标签天线均有较强的方向性。

表1.2.2 RFID系统的工作频率

频段	描述	作用距离/m	穿透能力
125～134 kHz	低频（LF）	0.45	能穿透大部分物体
3.553～13.56 MHz	高频（HF）	1～3	勉强能穿透金属和液体
400～1000 MHz	超高频（UHF）	3～9	穿透能力较弱
2.45 GHz，5.8 GHz	微波（Microwave）	3	穿透能力最弱

1.2.4 RFID标签类型

RFID标签分为主动标签（Active Tags）和被动标签（Passive Tags）两种。

主动标签自身带有电池供电，读/写距离较远时体积较大，与被动标签相比成本更高，也称为有源标签。主动标签一般具有较远的阅读距离；不足之处是电池不能长久使用，能量耗尽后需更换电池。

被动标签在接收到读写器（读出装置）发出的微波信号后，将部分微波能量转化为直流电供自己工作，一般可做到免维护，成本很低并具有很长的使用寿命，比主动标签更小也更轻，读写距离则较近，也称为无源标签（图1.2.2）。相比有源系统，无源系统在阅读距离及适应物体运动速度方面略有限制。

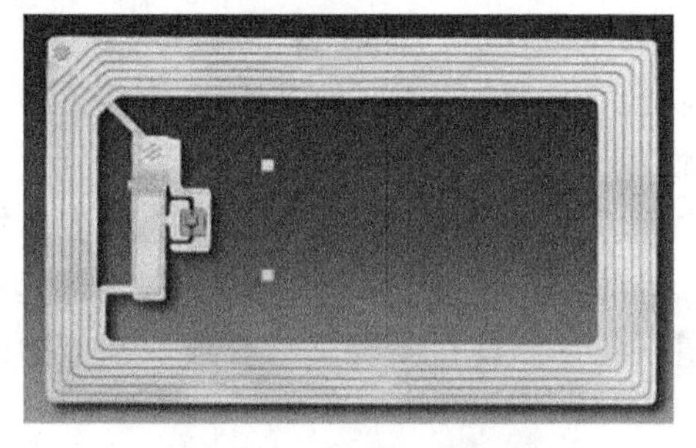

图1.2.2 RFID无源标签

按照存储的信息是否被改写，标签也可分为只读式标签（Read Only）和可读写标签（Read and Write）。只读式标签内的信息在集成电路生产时即将信息写入，以后不能修改，只能被专门设备读取；可读写标签将保存的信息写入其内部的存储区，需要改写时也可以采用专门的编程或写入设备擦写。一般将信息写入电子标签所花费的时间远大于读取电子标签信息所花费的时间，写入所花费的时间为秒级，阅读花费的时间为毫秒级。

1.3 RFID 技术的特点及优势

RFID 是一项易于操控、简单实用且特别适用于自动化控制的灵活性应用技术，识别工作无须人工干预，它既可支持只读工作模式，也可支持读写工作模式，且无须接触或瞄准，可在各种恶劣环境下自由工作。短距离射频产品不怕油渍、灰尘污染等恶劣的环境，可以替代条码，例如用在工厂的流水线上跟踪物体；长距离射频产品多用于交通上，识别距离可达几十米，如自动收费或识别车辆身份等。它所具备的独特优越性是其他识别技术无法企及的。

RFID 标签主要有以下几个方面的特点：

（1）读取方便快捷：数据的读取无须光源，甚至可以透过外包装来进行。有效识别距离更大，采用自带电池的主动标签时，有效识别距离可达到 30 m 以上。

（2）识别速度快：标签一进入磁场，读写器就可以即时读取其中的信息，而且能够同时处理多个标签，实现批量识别。

（3）数据容量大：数据容量最大的二维条形码（PDF417），最多也只能存储 2725 个数字字符，若包含字母，则存储量会更少；RFID 标签则可以根据用户的需要扩充到几十 K 字节。

（4）使用寿命长，应用范围广：RFID 标签的无线电通信方式使其可以应用于粉尘、油污等高污染环境和放射性环境，封闭式包装使其寿命大大超过印刷的条形码。

（5）标签数据可动态更改：利用编程器可以写入数据，从而赋予 RFID 标签交互便携数据文件的功能，而且写入时间比打印条形码更短。

（6）更好的安全性：不仅可以嵌入或附着在不同形状、类型的产品上，而且可以为标签数据的读写设置密码保护，从而具有更高的安全性。

（7）动态实时通信：标签以每秒 50 ~ 100 次的频率与读写器进行通信，所以只要 RFID 标签所附着的物体出现在读写器的有效识别范围内，就可以对其位置进行动态追踪和监控。

1.4 RFID 技术标准

RFID 技术的标准化是当前亟须解决的重要问题，各国及相关国际组织都在积极推进 RFID 技术标准的制定，但目前还未形成完善的 RFID 国际或国内标准。RFID 的标准化涉及标识编码规范、操作协议及应用系统接口规范等多个部分。其中标识编码规范包括标识长度、编码方法等；操作协议包括空中接口、命令集合、操作流程等规范。当前主要的 RFID 相关规范有欧美的 EPC（Electronic Product Code）规范、日本的 UID（Ubiquitous ID）规范和 ISO 18000 系列标准。其中 ISO 标准主要定义了标签和读写器之间相互操作的空中接口。

EPC 规范由 Auto-ID 中心及后来成立的 EPCglobal 负责制定。Auto-ID 中心于 1999 年由美国麻省理工学院（MIT）发起成立，其目标是创建全球“实物互联”网（Internet of Things），该中心得到了美国政府和企业界的广泛支持。2003 年 10 月26 日，新的 EPCglobal 组织成立并接替 Auto-ID 中心之前的工作，管理和发展 EPC 规范。关于标签，EPC 规范已经颁布了第一代规范。

UID（Ubiquitous ID）规范由日本泛在 ID 中心负责制定。日本泛在 ID 中心由 T-Engine 论坛发起成立，其目标是建立和推广物品自动识别技术并最终构建一个无处不在的计算环境。该规范对频段没有强制要求，标签和读写器都是多频段设备，能同时支持 13.56 MHz 或 2.45 GHz 频段。UID 标签泛指所有包含 Ucode 码的设备，如条码、RFID 标签、智能卡和主动芯片等，并定义了 9 种不同类别的标签。

1.5 RFID 应用现状和前景分析

RFID 技术早在二战时就已被美军应用，但到了 2003 年该技术才开始吸引众人的目光。在国外，射频识别技术被广泛应用于工业自动化、商业自动化、交通运输控制管理等众多领域，如交通监控、机场管理、高速公路自动收费、停车场管理、动物监管、物品管理、流水线生产自动化、安全出入检查、车辆防盗等。在国内，RFID 产品市场十分巨大，该技术主要应用于高速公路自动收费、公交电子月票系统、人员识别与物资跟踪、生产线自动化控制、仓储管理、汽车防盗系统、铁路车辆和货运集装箱的识别等。

长期以来，RFID 技术之所以没有得到广泛应用，价格是主要的制约因素。自 RFID 技术出现以来，其生产成本一直居高不下。此外，不成熟的应用技术环境和缺乏统一的技术标准是 RFID 至今才得到重视的主要原因。RFID 技术的成功应用，不仅需要硬件（标签和读写器等）制造、无线数据通信与网络、数据加密、自动数据收集与数据挖掘等技术的支撑，还必须与企业的企业资源计划（Enterprise Resource Planning，ERP）、仓库管理系统（Warehouse Management System，WMS）和运输管理系统（Transportation Management System，TMS）结合起来，同时需要统一的标准以保证企业间的数据交换和协同工作，否则就很难充分实现这项技术带来的利益。所幸的是，新制造技术的快速发展使得 RFID 的生产成本不断降低；无线数据通信、数据处理和网络技术的发展都已经日益成熟，而且在 SAP、IBM 等 IT 技术巨头的直接推动下，其支持技术已经达到了实际应用水平。可以说，RFID 的软件和硬件技术应用环境日渐成熟，为大规模的实际应用奠定了基础。

2003 年 6 月，在美国芝加哥市召开的零售业系统展览会上，沃尔玛做出了一项重大决议，要求其最大的 100 个供应商从 2005 年 1 月开始在供应的货物包装箱（或货盘）上粘贴 RFID 标签，并逐渐扩大到单件商品。如果供应商在 2008 年还达不到这一要求，就可能失去为沃尔玛供货的资格。沃尔玛最终决定采用 RFID 技术取代目前广泛使用的条码技术，成为第一个公布正式采用该技术时间表的企业。与此同时，美国国防部也发布了其 RFID 实施计划，以支持该技术的发展。IBM、SAP、微软等 IT 巨头纷纷砸下重金，投入到该项技术及其解决方案的开发研究中。

20 年前，正是由于沃尔玛等企业的大力推动，条码技术才得以快速普及并取得空前的成功；而沃尔玛也在此基础上借助其强大的信息技术，在供应链与物流管理领域形成无可比拟的竞争优势，在零售业迅速崛起。20 年后的今天，为了巩固和扩大其竞争优势，沃尔玛采用 RFID 技术取代条码技术，这必然给业界带来一场重大革命，同时将对社会经济和人们生活产生重大影响。RFID 技术将迎来前所未有的发展机遇，同时也将拥有广阔的市场前景。

RFID 技术应用领域极其广泛，本书着重探讨若干典型应用领域（表 1.5.1）。

表 1.5.1　RFID 系统的典型应用领域

领域	应用
车辆自动识别管理	铁路车号自动识别是射频识别技术最普遍的应用
高速公路收费及智能交通系统	高速公路自动收费系统是射频识别技术最成功的应用之一，充分体现了非接触识别的优势。在车辆高速通过收费站的同时完成缴费，解决了交通拥塞的瓶颈问题，提高了车行速度，避免了拥堵，提高了收费结算效率

续表

领域	应用
货物的跟踪、管理及监控	射频识别技术为货物的跟踪、管理及监控提供了快捷、准确、自动化的手段。以射频识别技术为核心的集装箱自动识别，成为全球范围最大的货物跟踪管理应用
仓储、配送等物流环节	射频识别技术目前在仓储、配送等物流环节已有许多成功的应用。随着射频识别技术在开放的物流环节统一标准的研究开发，物流业将成为射频识别技术最大的受益行业
电子钱包、电子票证	射频识别卡是射频识别技术的一个主要应用。射频识别卡的功能相当于电子钱包，实现了非现金结算，目前主要应用在交通方面
生产线加工过程自动控制	射频识别技术可应用在大型工厂的自动化流水作业线上，实现自动控制、监视，能提高生产效率、节约成本
动物跟踪和管理	射频识别技术可用于动物跟踪。在大型养殖场，可通过采用射频识别技术建立饲养档案、预防接种档案等，达到高效、自动化管理牲畜的目的，同时为食品安全提供了保障。射频识别技术还可用于信鸽比赛、赛马识别等，以准确测定其到达时间

第 2 章　认识 RFID 综合实验平台

2.1　系统简介

RFID 综合实验平台（图 2.1.1）是联创中控（北京）科技有限公司针对物联网相关专业的 RFID 教学实验而开发的实验开发平台。该平台包含各种频段的 RFID 读写器开发板、多种常见的 RFID 标签、RFID 应用模块、嵌入式系统、PC 软件系统。这五部分构成完整的 RFID 体系，为学习 RFID 技术、了解 RFID 应用、开发 RFID 智能化设备提供了完整、优质的软硬件平台。

图 2.1.1　RFID 综合实验平台

借助该实验平台，用户可以从零开始学习 RFID 的原理、射频芯片选择及电路设计、射频端程序开发、嵌入式 RFID 系统开发、Android 移动开发、RFID 应用系统设计等，从而实现入门从零开始、出师技艺精深的目标。

2.2　产品特色

2.2.1　覆盖各种常用的 RFID 频段和 ISO 指令协议

该实验平台支持低频 125 kHz、高频 13.56 MHz、超高频 915 MHz、微波 2.4 GHz 四种 RFID 频段，支持 ISO 18000-2、ISO 14443、ISO 15693、ISO 18000-6C 等各种国际标准协议。

（1）低频 125 kHz 读写器模块，工作在 125 kHz 的频段，与常见的 ID 门禁读卡器一样使用 ISO 18000-2 协议，完全支持 EM、TK 卡及其他 125 kHz 兼容 ID 卡片的操作。该模块与该实验平台所配智能门禁模拟系统协同工作，可以实现智能门禁仿真，进行智能门禁系统开发的学习。

（2）高频 13.56 MHz 读写器模块，工作在 13.56 MHz 频段，使用 ISO 14443A

协议，可以读取 Mifare1 S50、Mifare1 S70、Mifare UltraLight、Mifare Pro 等射频卡，是用途最广的 RFID 读写器类型。

（3）超高频 915 MHz 读写器模块，工作在 902 ~ 928 MHz 频段，支持 ISO 18000-6C 协议，输出功率可以调整，在小功率下连接小增益天线的情况下，可以稳定可靠读取 1 m 距离范围内兼容 EPC global 第二代（Gen2）标准和兼容 ISO 18000-6C 标准的各种无源标签。

（4）微波 2.4 GHz 读写器模块，工作在 2.400 ~ 2.4853 GHz，空中速率最大 2 Mbps、最多可同时识别 200 张标签。配合 ETC 模拟系统模块和 2.4 GHz 有源标签，可以构成完整的高速公路 ETC 自动收费系统，可用来学习 ETC 系统的实现原理。

2.2.2 深入最底层的 RFID 开发实验平台

该平台包含一个“13.56 MHz 高频 RFID 开发学习模块”，使用 NXP 公司推出的高端多协议 RFID 芯片 CLRC632，支持 ISO 14443A/B、ISO15693 三种协议，包含基于 STM32 的嵌入式系统，采用全开放式设计，可帮助学习者从最底层学习 RFID 系统。该平台的特点如下：

（1）支持 ISO 14443A/B、ISO 15693 协议，使用 STM32 32 位嵌入式处理器作为核心控制器，具有 16 键数字键盘、4.3 寸触摸屏，构成一个完整的 RFID 手持机系统。

（2）开放读写器设计原理图、序源码。提供 24 个 RFID 底层设计实验，从 CLRC632 芯片使用、STM32 系统设计讲起，逐条分析 ISO 14443 协议指令和 ISO 15693 协议指令，针对每条指令的程序实现设计实验教程，如 INVENTORY 命令实验、STAY QUIET 命令实验、SELECT 命令实验等。

（3）在硬件上的每个关键环节都引出波形探测点，可以使用示波器进行波形测量，与协议中的每条指令进行一一对照和解析。这样一来，教学不再局限于枯燥难解的程序和协议；使用者可以更直观、形象地了解 RFID 国际标准指令执行的情况，进而掌握这些指令的功能和用法。

（4）可通过键盘和触摸屏上的菜单或 PC 机上的实验软件，对 RFID 读写参数进行设置和调整（例如，能够设置和调整对标签返回信号解码的参数）。通过参与对返回的射频信号解码的过程，增强对 RFID 工作原理的学习效果，包括 FSK 数据采样幅度阈值、ASK 数据采样幅度阈值、FSK 数据采样时序时间阈值、ASK 数据采样时序时间阈值、标签识别时 FSK 模式下的防冲突阈值、标签识别时 ASK 模式下的防冲突阈值等。

2.2.3 创新型的协议、波形与读写效果对照学习方式

常规的RFID教学实验设备只注重读写操作，简单的讲解寻卡、读卡、写卡、加密、防冲突等指令操作。这些实验偏向运用而不是开发。

该平台不只具有指令操作方面的实验，更重要的是独创性地开发了ISO指令编程实现、参数调整设置、载波波形提取、读写现象观测四方面对照的教学实验模式：

（1）该平台采用分立元器件设计，摆脱了集成芯片的约束，可将RFID射频电路物理层的电平信号、电子标签的响应信号提取出来。每个平台可以配套一个虚拟示波器，实现各种波形的快速采集和观测。

（2）针对每条ISO指令，开发实验教程和程序：① 讲解指令功能、实现方式；② 通过程序源码解析编程实现（图2.2.1）；③ 使用虚拟示波器进行对应波形采集和显示（图2.2.2）；④ 实际射频卡操作效果展示。四方面一一对应，使学生能够了解原理、深入底层、掌握过程、认清本质、对应表象，真正全方位地完成RFID技术学习。

```
/************************************************************;
*原型：void WriteRawRC(uchar Address,uchar value)
*功能：写RC500寄存器
*      该寄存器须在当前页内
*input:Address=寄存器地址
*      value=要写入的值
*ouput:无
*************************************************************;
void WriteRawRC(uchar cAddress, uchar cValue)
{
    unsigned char cCounter;

    RC530_MOSI_L;
    cAddress <<= 1;
    cAddress &= 0x7E;
    RC530_CLK_L;
    RC530_NSS_L;
    for (cCounter=0; cCounter<8; cCounter++)
    {
        (cAddress & 0x80) ? RC530_MOSI_H : RC530_MOSI_L;
        RC530_CLK_H;//= 1;
        cAddress    <<= 1;
        RC530_CLK_L;//= 0;
    }

    for (cCounter=0; cCounter<8; cCounter++)
    {
        (cValue & 0x80) ? RC530_MOSI_H : RC530_MOSI_L;
```

图2.2.1 写卡操作程序源码

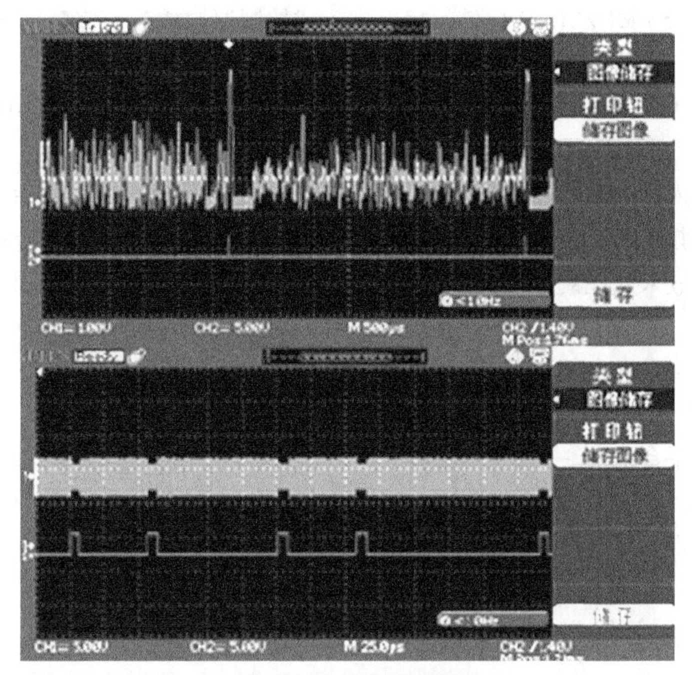

图 2.2.2　读卡操作波形图

2.2.4　3G Android 嵌入式控制系统

该平台具有人性化的触摸式人机界面、3G 移动通信功能、完善的 RFID 技术、高性能的嵌入式系统等。

该平台将 RFID 读写器的各个模块全面铺展开，为学生提供了创新性的 RFID 技术学习、实验、开发平台。同时，平台还配套基于 Cortex-A8 嵌入式处理器，运行 Android 移动操作系统的高性能嵌入式控制系统。

嵌入式控制器是 RFID 数据处理、传输和显示的核心，本控制器使用 Cortex-A8 处理器，运行 Android 操作系统，以及 3G、ZigBee 无线通信功能，以及高清模拟视频输入功能，包含最为高端的 RFID 手持机的所有功能，为学生进行系统学习、二次开发提供了完善的平台支持。

2.2.5　应用演示实验

RFID 技术在现实生活中如何运用？为了充分展现这方面的内容，该实验平台配套了两个应用案例：

【案例一】　高速公路 ETC 自动收费系统

该实验平台配套一个“ETC 模拟闸门”，可与高频 13.56 MHz RFID 读写模块、高频 13.56 MHz RFID 标签，以及嵌入式控制器构成一套完整的 ETC 自动收费模拟系统。该系统的工作流程如下：

(1) 高频 13.56 MHz 标签进入读写器的读写范围，即触发读写操作。在标签里写入高速入口信息、时间、车辆牌照。

(2) 嵌入式控制器自动控制闸门打开，并将上述数据写入数据库。

(3) 高频 RFID 标签再次进入高频 13.56 MHz 读写模块的读写范围，即触发读写操作。嵌入式控制器读出车辆信息，从数据库获取高速入口、时间等信息，计算过路费。

(4) 读取卡内余额，并进行自动扣费。扣费成功之后抬杆放行。

【案例二】 RFID 门禁系统

该实验平台配套一个电磁锁模块，可与 125 kHz RFID 读写模块或 13.56 MHz RFID 读写模块，以及嵌入式控制器构成一个完整的 RFID 门禁系统。该系统通过刷卡验证准入人员，来判断是否开门。

2.3 系统构成

本产品包括多种 RFID 读写器、嵌入式控制器、RFID 标签、应用模拟系统、RFID 手持机、软件系统、配套教学资源等。

在该实验平台中，共计配有 9 种 RFID 教学实验模块、5 种 RFID 标签、丰富的实验例程，如图 2.3.1 和图 2.3.2 所示。

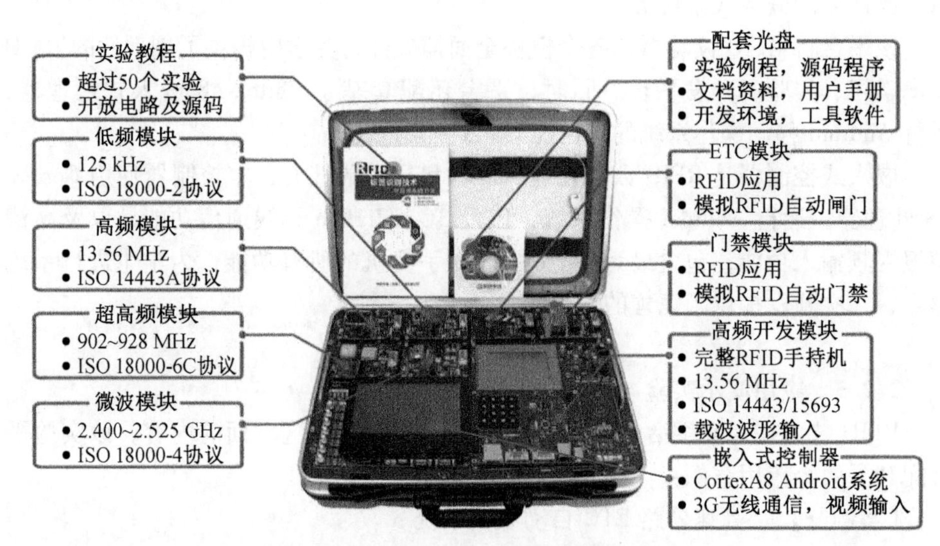

图 2.3.1　实验平台第一层功能模块标识图

图 2.3.2　实验平台第二层附件标识图

参考配置见表 2.3.1。

表 2.3.1　实验平台参考配置表

类别	图例	参数概要
实验平台		嵌入式 RFID 物联网实验开发平台 (1) 具有 5 种开放型 RFID 教学实验设备、2 种 RFID 应用模块、5 种 RFID 标签； (2) 采用模块化设计，模块可以安装在实验板上，方便进行实验教学和设备管理，也可以拆卸下来独立使用，方便进行 RFID 系统设计开发； (3) 彻底开源，提供上位机学习演示系统软件及源码，提供下位机 RFID 读写器原理图及程序源码； (4) 支持 125 kHz、13.56 MHz、915 MHz、2.4 GHz 四种频段； (5) 支持 ID 卡、ISO 14443A、ISO 14443B、ISO 15693、ISO 18000-2、ISO 18000-6C 等 RFID 协议； (6) 支持近场 125 kHz、13.56 MHz 自动应答，915 MHz 远场自动应答； (7) 具有智能门禁、ETC 演示系统，配合 RFID 读写器演示 RFID 常见应用项目； (8) 基于 Cortex-A8 嵌入式处理器，运行 Android 4.0 移动操作系统，具有 3G、摄像头接入的嵌入式智能网关控制器，以及读写器构成完整的 RFID 系统

续表

类别	图例	参数概要
所包含部件		Android Cortex-A8 嵌入式网关 (1) CPU：三星 S5PV210 ARM Cortex-A8 处理器（主频 1 GHz），内存：512 MB DDR2 SDRAM，Flash：2 GB iNAND Flash； (2) 7 英寸真彩液晶屏（AT070TN92），分辨率 800×480，带 7 英寸多点电容触摸屏； (3) 具有内置加速度传感器，可自动调整显示屏横竖显示方式； (4) 内置麦克风、AV-IN 视频输入接口，采用 WM8976 音频芯片的 IIS 音频输入输出接口，含 1 个扬声器、1 个音频输出接口、一个 MIC，支持录音功能，软件控制扬声器静音
		13.56 MHz 高频原理机学习模块 (1) 使用 CLRC632 芯片，一套硬件支持 ISO 14443 和 ISO 15693 两套协议； (2) 使用 32 位单片机 STM32F107 作为主控制器，提供 RFID 手持机教学实验例程和实验指导教程； (3) 配备 1 个 4.3 英寸触摸屏，分辨率 480×272，运行一套针对 RFID 教学实验而开发的二级菜单，可以配合数字键盘进行操作，不用接 PC 机即可对 RFID 关键参数进行调整，如 FSK 数据采样幅度阈值、ASK 数据采样幅度阈值、FSK 数据采样时序时间阈值、ASK 数据采样时序时间阈值等，调整之后的效果可通过示波器测量出来，可辅助深入学习 RFID 底层协议、控制程序等；
所包含部件		(4) 具有 12 键数字键盘，配合液晶屏可以对手持机的各种参数进行在线设置，参数调整的效果可通过读写器操作效果、示波器检测波形等方式立刻展现出来； (5) 接口：RS232 串口 2 个，TTL 串口 1 个、10/100 M 自适应网口 1 个、USB 口 1 个、20 JTAG1 个、9～12 V 电源接口 1 个、电源扩展接口 4 个，提供多样化的数据通信手段； (6) 具有 ZigBee 无线通信模块，可通过无线网络进行 RFID 数据传输；结合其他 RFID 模块，学习 WSN 和 RFID 的技术结合； (7) 具有 SD 插槽，可以在线存储 RFID 读写数据； (8) 板载一体化天线，可模拟手持机工作模式； (9) 具有 3 个信号探测点，通过示波器能提取，展现出 RFID 系统中整个的射频信号，包括编码信号、载波信号、调制信号、调制载波信号、功率放大信号、电子标签返回的信号、FSK 解调信号、ASK 解调信号等； (10) 采用模块化设计，外形尺寸 220 mm×220 mm，具有 5PIN 标准接口，可以安装在实验主板上，也可以取下使用

在首次实验之前，需要在 PC 机上安装 J-Link 仿真器的驱动程序，在出厂光盘【配套光盘 \ 03 - 常用工具 \ 01 - JLink 驱动】目录下找到“Setup_ JLinkARM_ V426. exe”，进行安装（如果您使用的是 Windows7 操作系统，首次使用时，在计算机联网的情况下会自动查找并安装 J-Link 驱动）。

安装完成之后，在 PC 机的【开始】程序列表里面有一个“SEGGER”文件夹。安装完驱动程序之后，要进行相应的配置，才能将实验例程正确地下载到 STM32 中。配置过程如下：

（1）在 PC 机上点击【开始】找到图 2. 4. 2 所示的程序列表，并打开名为“J-Flash ARM”的程序。

SEGGER
J-Link ARM V4.26
J-Flash ARM
J-Link Commander
J-Link Configurator
J-Link DLL Updater
J-Link GDB Server
J-Link RDI Config
J-Link TCP-IP Server
J-Mem

图 2. 4. 2　程序列表

（2）点击“Options”—“Project settings…”（图 2. 4. 3），进入设置界面后，点击进入【Target Interface】选项卡，在第一个下拉列表中选择“SWD”（图 2. 4. 4）。

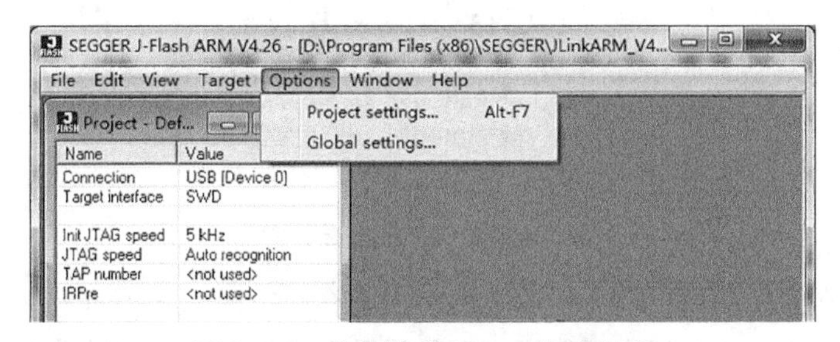

图 2. 4. 3　菜单栏“Options”选项卡

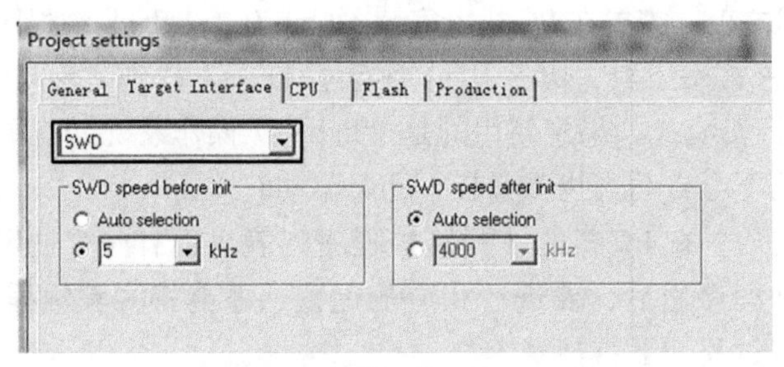

图 2.4.4　设置目标借口为 SWD

（3）点击进入【CPU】选项卡，在 Device 右侧的下拉列表中选择“ST STM32F103CB”（图 2.4.5），设置完毕后点击【确定】按钮，然后关闭该程序。

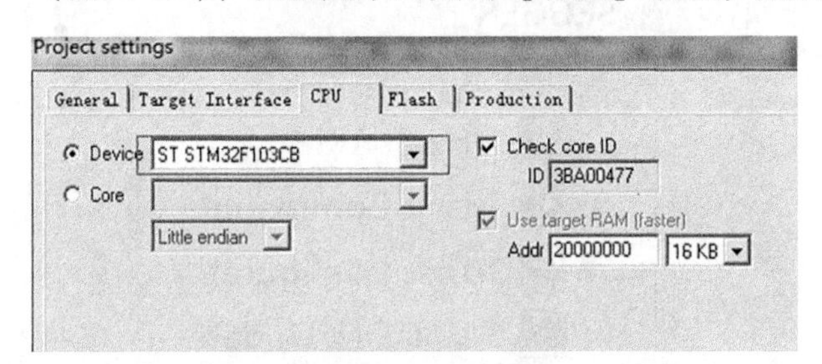

图 2.4.5　选择 CPU 型号为 STM32F103CB

（4）安装成功以后，将 USB A 口转 B 口线的一端连接 PC 机的 USB 口，另一端连接 J-Link 仿真器的 USB 口。打开设备管理器（图 2.4.6），在“通用串行总线控制器”列表中，可以找到刚安装好的 J-Link 设备，说明计算机可以正常识别设备。

图 2.4.6　J-Link 安装正常

注意：在今后使用 J-Link 仿真器时，经常会弹出图 2.4.7 所示询问升级驱动的对话框，由于升级时极有可能因序列号错乱而升级失败，并导致 J-Link 仿真器损坏，所以建议不要更新驱动，也就是在出现以下对话框时，点击按钮【否】

再继续其他操作。

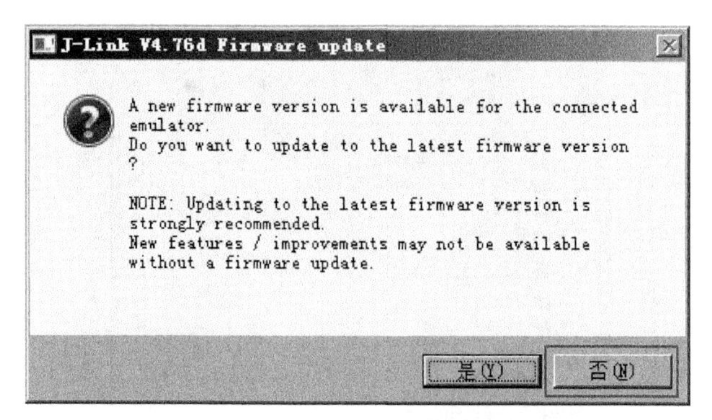

图 2.4.7　J-Link 升级对话框

在实际的操作中可能会出现各种各样的问题，需要具体问题具体分析。

如 J-Link 仿真器无法识别，可能的原因如下：① J-Link 仿真器损坏；② J-Link 驱动未正确安装；③ 设备未正确上电；④ 下载排线插错或插反。

又如，无法仿真或无法下载程序，可能的原因如下：① MDK 集成开发环境未正确设置；② MDK 工程中配置的芯片型号与设备上的单片机不对应；③ 单片机损坏。

2.4.1.2　USB 转串口驱动安装

PC 机是通过 USB 转串口线（图 2.4.8）与硬件设备的串口进行通信的。下面介绍两种安装 USB 转串口驱动的方法。

图 2.4.8　USB 转串口线

1. 自动安装

（1）将 USB 转串口线连接到 PC 机的 USB 口上，打开设备管理器，会在“其他设备”列表中找到该设备（图 2.4.9），Windows 7 以上系统大多数情况下会自动安装驱动。

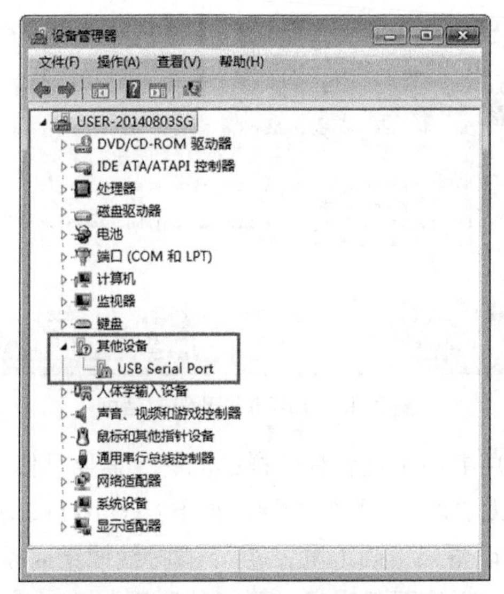

图 2.4.9　USB 转串口线驱动安装正常

（2）安装成功后，设备管理器会自动为该设备分配一个串口端号，如图 2.4.10所示。注意：串口号会因个人 PC 及设备的不同而不同，需仔细查看。

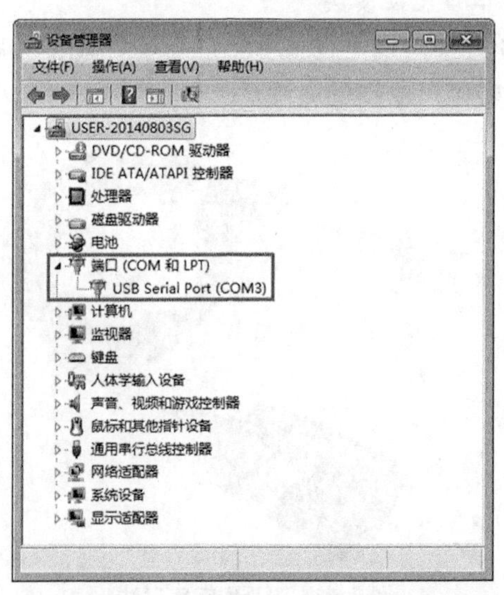

图 2.4.10　USB 转串口线获得串口端口号

2. 手动安装

如果系统没有成功自动安装驱动，可以按下面的步骤进行手动安装：

（1）打开设备管理器，右键单击未识别的设备“USB Serial Port”，选择【更新驱动程序软件】（图2.4.11）。

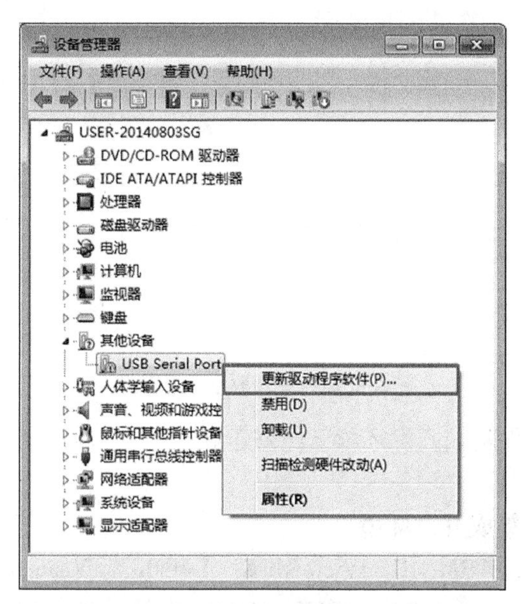

图2.4.11　手动安装USB转串口线驱动

（2）在图2.4.12所示窗口中，选择【浏览计算机以查找驱动程序软件】。

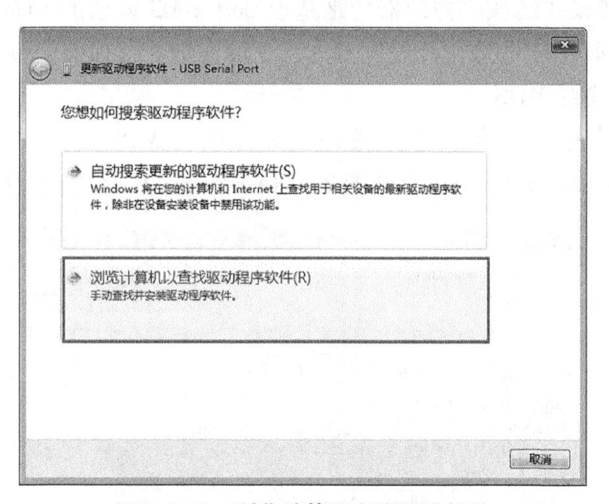

图2.4.12　浏览计算机查找驱动软件

（3）点击【浏览】，在【浏览文件夹】窗口中选中【配套光盘\03－常用工具\03－USB转串口驱动程序\USB2.0 Driver】目录下的“win200”文件夹，点击【确定】回到图2.4.13所示窗口，然后点击【下一步】成功安装驱动。

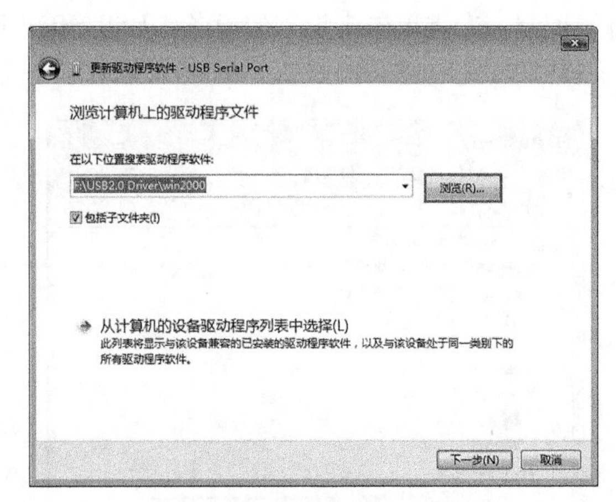

图 2.4.13 更新驱动程序软件

至此，所有硬件基础开发环境已经搭建好了。

2.4.2 MDK 集成开发环境

MDK 也称 MDK-ARM，RealView MDK、I-MDK、μVision4 等。MDK-ARM 软件为基于 Cortex-M、Cortex-R4、ARM7、ARM9 内核的处理器设备提供了一个完整的开发环境。MDK 专为微控制器应用而设计，不仅易学易用，而且功能强大。该实验平台中各模块的核心控制器均是基于 Cortex-M3 内核的 STM32F103C8 单片机，它就是用 MDK 软件进行开发调试的，下面详细介绍如何安装及使用该软件。

2.4.2.1 安装 MDK

(1) 双击【配套光盘\03－常用工具\02－MDK 开发环境】目录中的 Keil uVision4 MDK v4.73.exe，打开图 2.4.14 所示窗口，点击 Next>> 按钮。

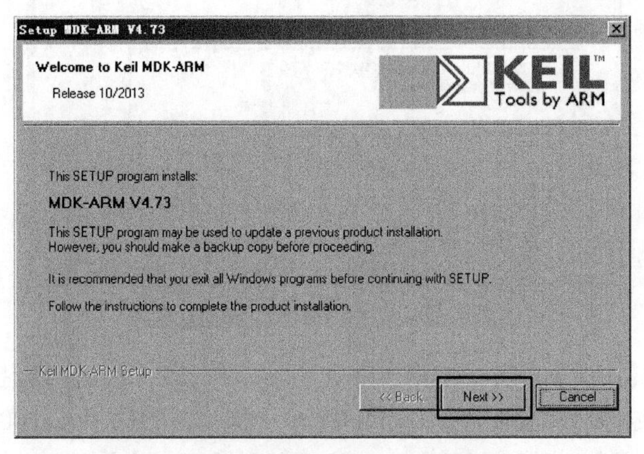

图 2.4.14 安装 Keil uVision4 软件

（2）勾选复选框，点击 Next >> 按钮，如图2.4.15所示。

（3）默认安装在C:\ Keil目录下，也可点击按钮 Browse... 选择其他位置，点击 Next >> 按钮（图2.4.16）。

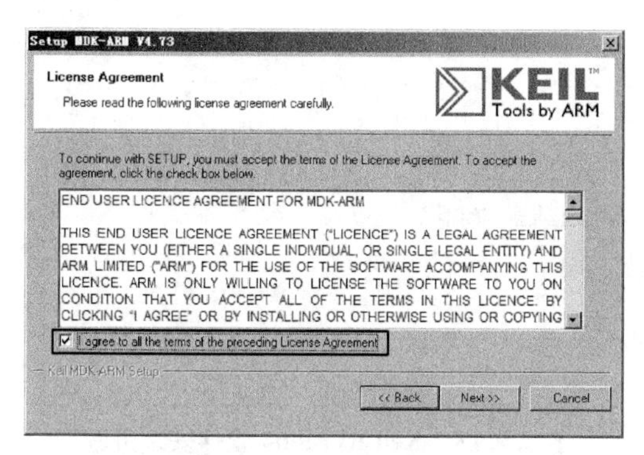

图2.4.15　接受安装协议

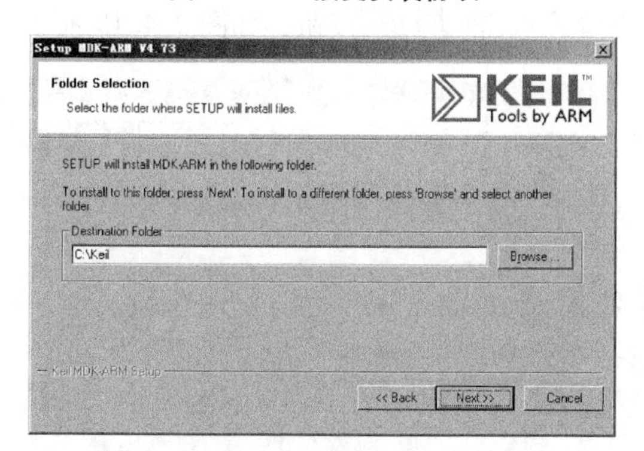

图2.4.16　选择安装路径

（4）在用户名中填入名字，在邮件地址中填入邮件地址（可随便写，可空格），点击 Next >> 按钮（图2.4.17）。

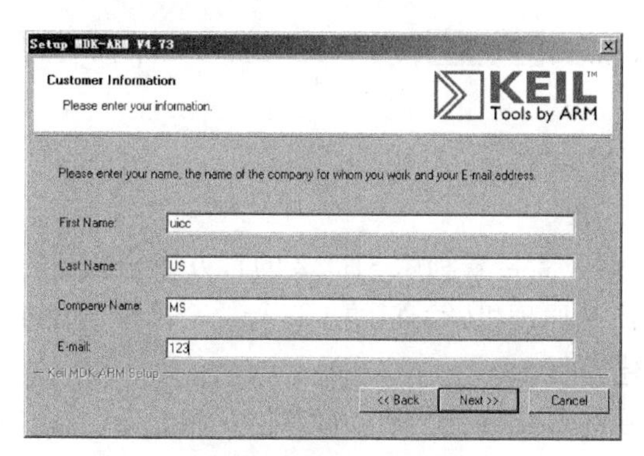

图2.4.17　填写用户信息

（5）正在安装过程，如图2.4.18所示。

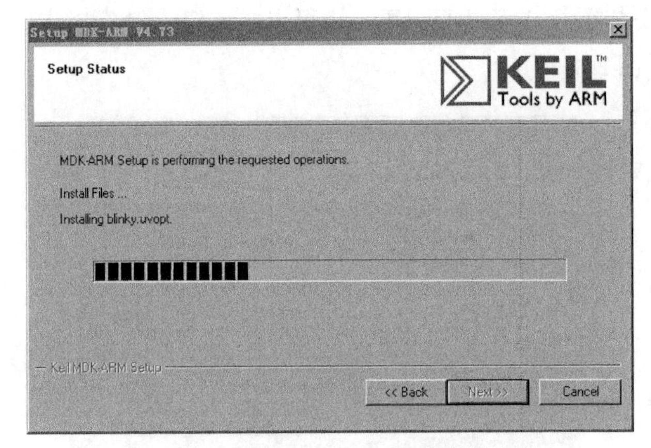

图2.4.18　Keil uVision4软件安装进程

（6）按照默认设置，点击 Next >> 按钮，如图2.4.19所示。

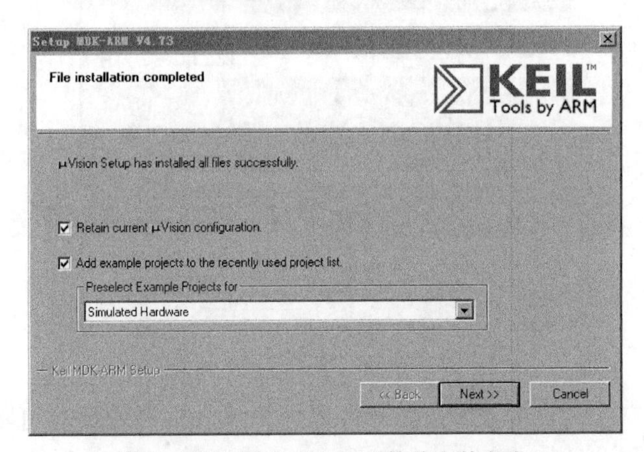

图2.4.19　Keil uVision4软件安装完成

（7）安装完成，点击 Finish 按钮，此时就可在桌面看到μVision4的快捷图标 Keil uVision4 。

2.4.2.2　建立工程

安装完MDK之后，紧接着利用STM32的官方库来构建自己的工程模板。下面以在13.56 MHz高频原理机学习模块上运行一个简单的控制指示灯亮灭的工程为例，讲解如何新建工程。

（1）双击桌面μVision4图标，启动软件。如果是第一次使用，会打开一个自带的工程文件，可以通过菜单栏中的“Project”—“Close Project”选项关掉该文件。

（2）在菜单栏点击“Project”—“New μVision Project”新建工程文件，并将新建的工程文件保存在桌面的【TEST/USER】文件夹下，命名为“STM-DEMO”，点击【保存】按钮，如图2.4.20所示。

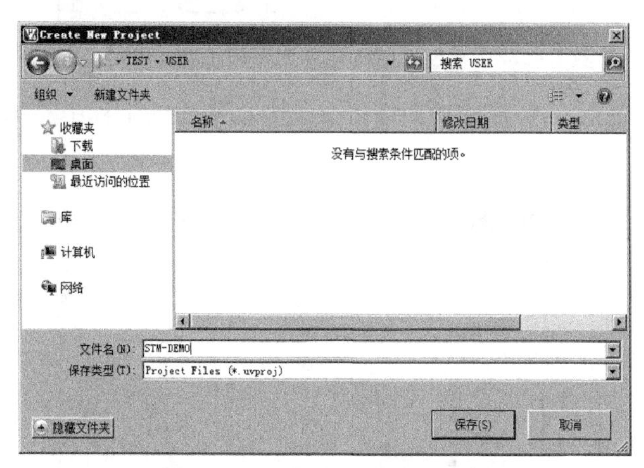

图2.4.20　新建 μVision4 工程

（3）接下来的窗口显示是用来选择公司和芯片的型号，13.56 MHz 高频原理机学习模块上的主控芯片是 ST 公司的 STM32F103VC（具有 256 KB Flash 和 48 KB SRAM）。按照图2.4.21选择即可，然后点击按钮 OK 。如果使用其他模块，请注意选择对应的主控芯片。

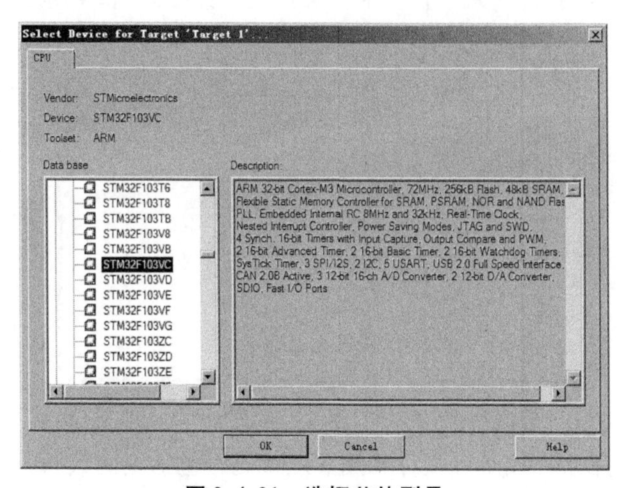

图2.4.21　选择芯片型号

（4）接下来的窗口询问是否需要复制 STM32 的启动代码到工程文件中，如图2.4.22所示，因为需要自己手动添加，所以点击按钮 否(N) 。

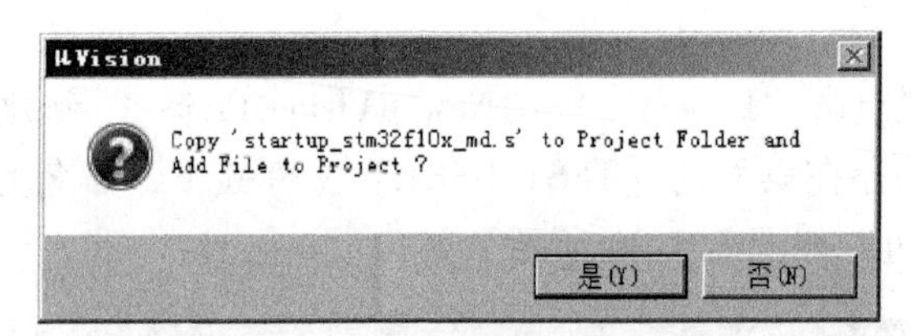

图 2.4.22　复制 stm32 启动代码到工程文件对话框

（5）此时工程已经新建成功，接下来需要在新建的工程中添加所需文件（图 2.4.23）。

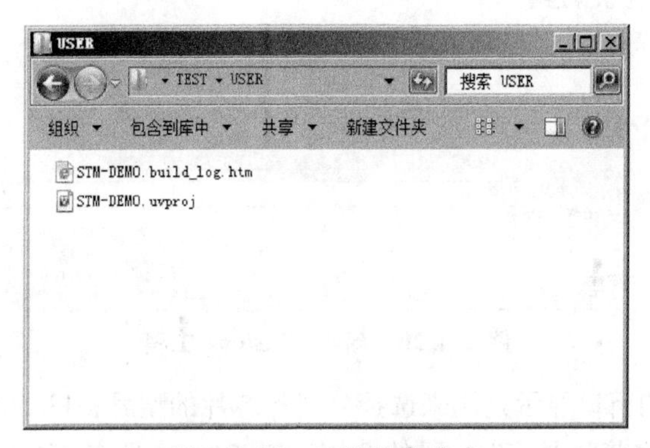

图 2.4.23　工程新建成功

（6）再在 TEST 文件夹中新建 4 个文件夹，分别为 CMSIS、FWlib、Listing、Output；此时，TEST 文件夹中有 5 个子文件夹，如图 2.4.24 所示。

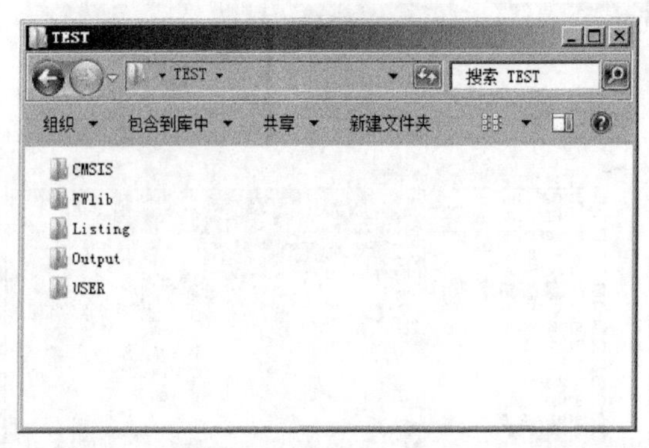

图 2.4.24　在项目文件夹中新建 4 个文件夹

① USER：用来存放工程文件和用户层代码，包括主函数 main.c。

② FWlib：用来存放 STM32 固件库中的 inc 和 src 这两个文件夹。这两个文件夹中包含芯片上的所有驱动，其中的文件不需要修改。

③ CMSIS：用来存放 STM32 固件库自带的启动文件和一些位于 CMSIS 层的

文件。

④ Output：文件夹用来保存软件编译后输出的文件。

⑤ Listing：用来保存编译后生成的链接文件。

注：STM32 固件库是由 ST 公司针对 STM32 提供的函数接口。开发者可调用这些函数接口来配置 STM32 的寄存器，使开发人员不必再进行最底层的寄存器操作。此处已将它们放在了【配套光盘\01－文档资料】目录中。

（7）把 05－STM32 固件库\Libraries\STM32F10x_StdPeriph_Driver 文件夹下的 inc 和 src 这两个文件夹复制到 TEST\FWlib 文件夹中，如图 2.4.25 所示。

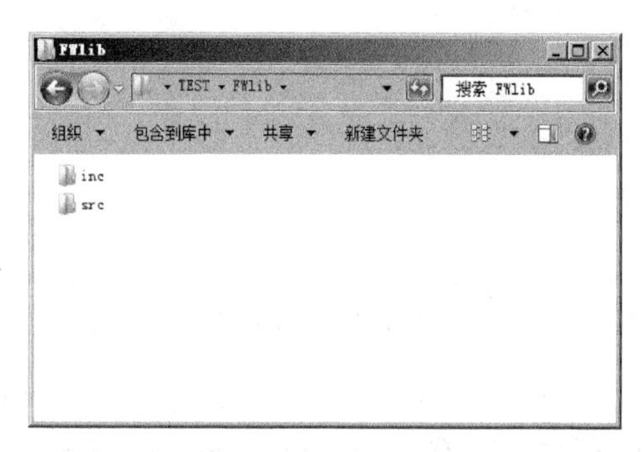

图 2.4.25　复制 inc 及 src 文件夹到 TEST\FWlib 文件夹中

（8）把 STM32 固件库\Project\STM32F10x_StdPeriph_Template 中的 main.c、stm32f10x_conf.h、stm32f10x_it.c 和 stm32f10x_it.h 复制到 TEST\USER 目录下，如图 2.4.26 所示。这 4 个文件是用户在编程时需要修改的文件，其他库文件一般不需要修改。

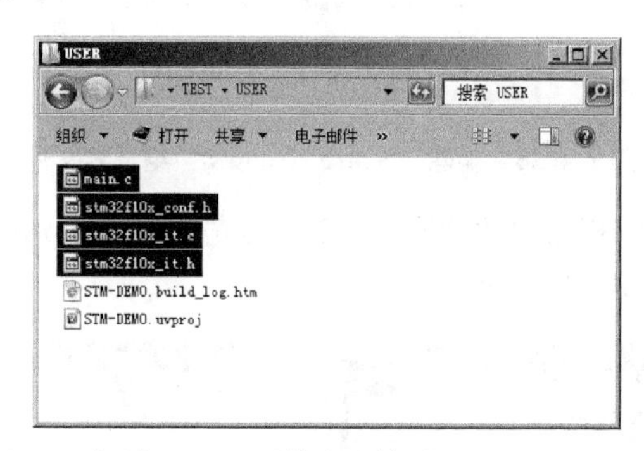

图 2.4.26　复制 STM32 固件库文件到 TEST\USER 目录下

（9）STM32 固件库\Libraries\CMSIS\CM3\DeviceSupport\ST\STM32F10x\startup\arm 文件夹中有多个启动文件，每个文件对应不同的 STM32 型号芯片。该实验使用的是 STM32f103VC 型号，属于高容量，所以把 startup_stm32f10x_hd.s

启动文件复制到 TEST \ CMSIS 文件夹中，把 STM32 固件库 \ Libraries \ CMSIS \ CM3 \ DeviceSupport \ ST \ STM32F10x 中的 stm32f10x. h、system_ stm32f10x. c 和 system_ stm32f10x. h 也复制到 TEST \ CMSIS 文件夹中，再把 STM32 固件库 \ Libraries \ CMSIS \ CM3 \ CoreSupport 中的全部文件复制到 TEST \ CMSIS 文件夹中，文件复制完后，效果如图 2. 4. 27 所示。

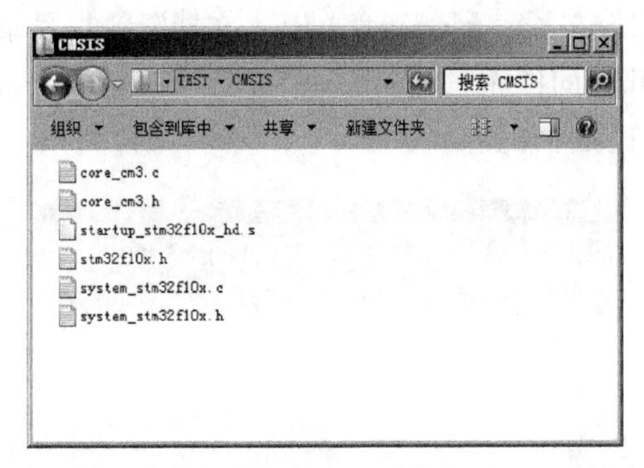

图 2. 4. 27　复制启动文件至 TEST \ CMSIS 文件夹中

(10) 在新建的工程中，左侧是工程管理器，点击 "Target 1" 左侧的加号，您可以看到该工程中已有一个组 "Source Group 1"，右击选择 Remove Group 'Source Group 1' and its Files 将其删除，如图 2. 4. 28 所示。

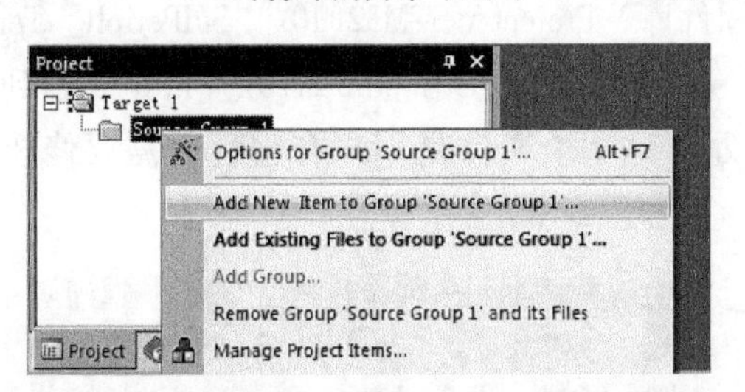

图 2. 4. 28　删除 "Soure Group 1" 组及其文件

(11) 右击工程管理器中的 "Target 1"，点击 Add Group 选项，会出现一个新组 "New Group"，如图 2. 4. 29 所示。

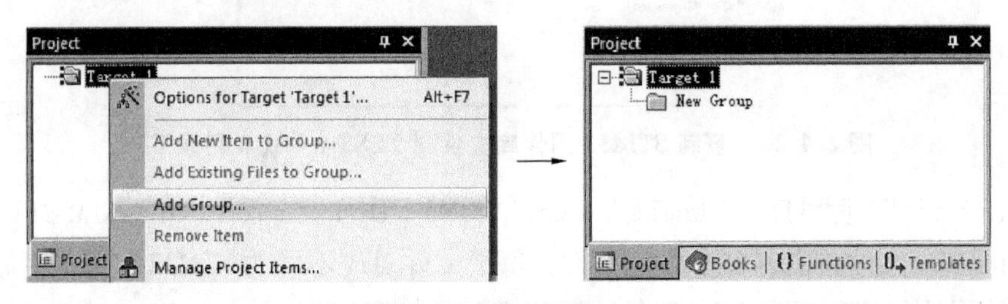

图 2. 4. 29　新增组

相隔1至2秒双击 New Group，组名变为编辑状态，将其更改为 STARTCODE，然后按回车键添加组 STARTCODE 成功。按此方法依次添加组 USER、FWlib 和 CMSIS，效果如图2.4.30所示。

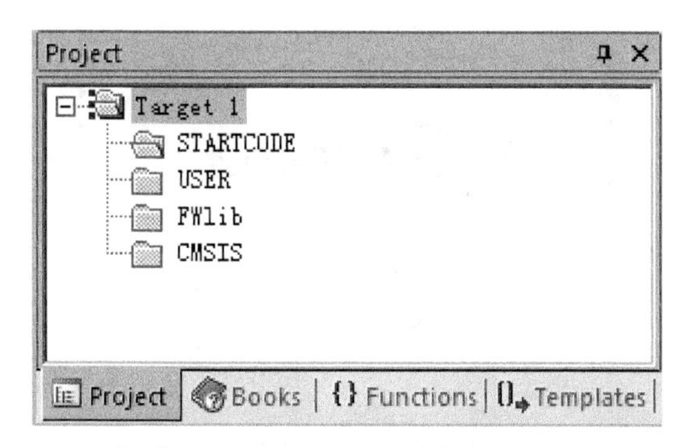

图2.4.30　新增 STARTCODE、USER、FWlib 及 CMSIS 组

① STARTCODE 用来存放启动代码；

② USER 用来存放用户自定义的应用程序；

③ FWlib 用来存放库外设驱动文件；

④ CMSIS 用来存放 M3 系列单片机通用的文件。

（12）接下来往这些新建的组文件中添加文件。例如，双击 STARTCODE 组添加启动文件，弹出图2.4.31所示窗口，选择正确的文件类型；选中要添加的文件，点击 Add 按钮，再点击 Close 按钮即可。

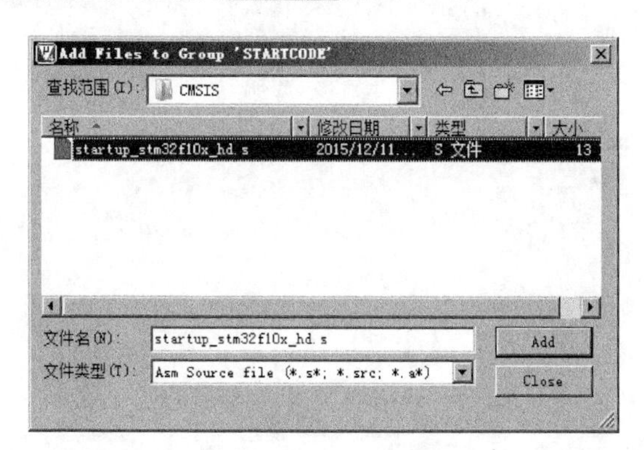

图2.4.31　在 STARTCODE 组添加启动文件

按此方法进行下面的操作：

① 在 STARTCODE 组里面添加 startup_stm32f10x_hd.s 启动文件；

② 在 USER 组里面添加 main.c 和 stm32f10x_it.c 这两个文件；

③ 在 FWlib 组里面添加 src 文件夹里面的驱动文件，可以全部添加也可以按

需选择性添加，有些用不到的外设的驱动文件可以不添加；

④ 在 CMSIS 组里面添加 core_ cm3. c 和 system_ stm32f10x. c 文件。

添加完成后，效果如图 2. 4. 32 所示。

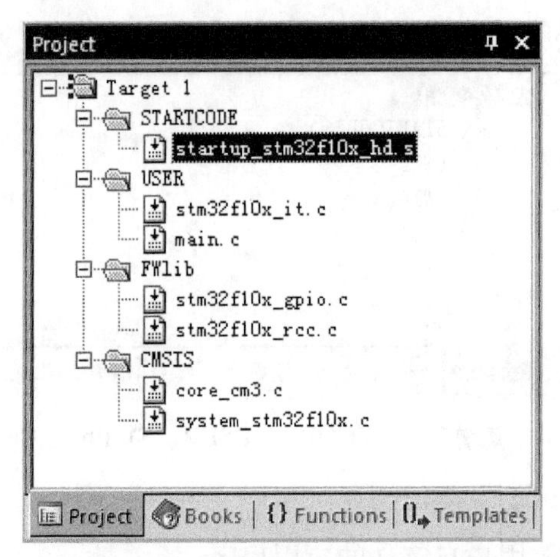

图 2. 4. 32　各文件夹启动文件添加完成

（13）至此，工程已经基本建好。接下来配置 MDK 的某些选项：点击工具栏中的魔术棒按钮，在弹出的选项卡窗口中点击 Output 打开 Output 选项卡，如图 2. 4. 33 所示。

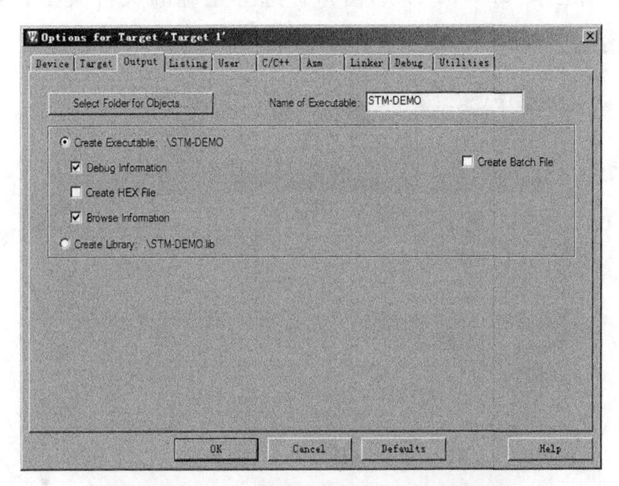

图 2. 4. 33　项目选项卡中的 Ouput 界面

（14）点击按钮 Select Folder for Objects... ，在弹出的窗口中设置编译工程后输出文件的保存位置，选中 Test 文件夹中的 Output 文件夹并双击打开，效果如图 2. 4. 34 所示，然后点击按钮 OK 回到选项卡。

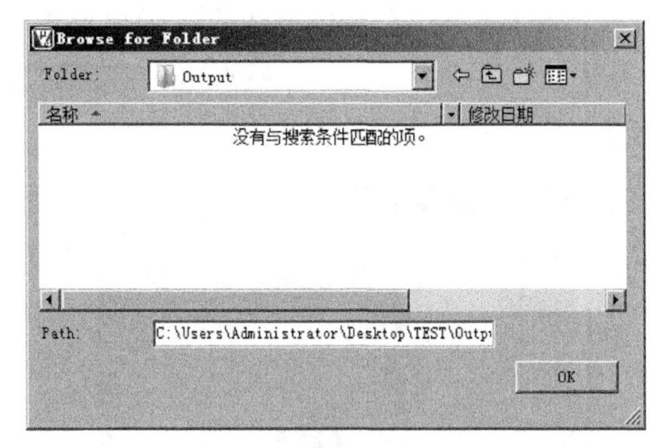

图 2.4.34　设置编译工程后输出文件的保存路径

（15）回到 Output 选项卡后，点击Listing打开 Listing 选项卡，如图 2.4.35 所示，点击按钮 Select Folder for Listings... ，然后打开 Listing 文件夹，用来保存生成的链接文件，接着点击按钮...回到选项卡。

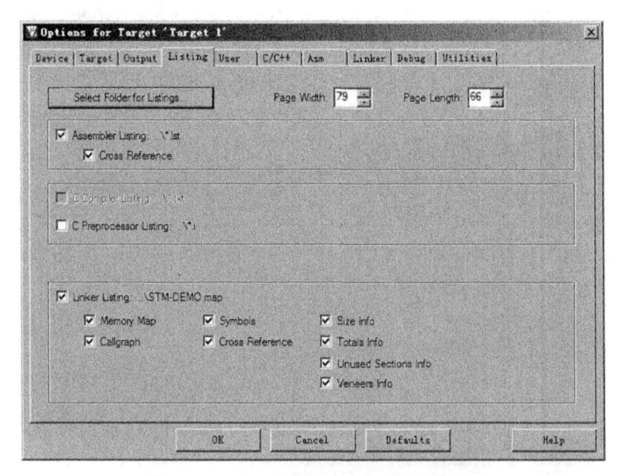

图 2.4.35　listing 选项卡界面

（16）点击C/C++打开 C/C++选项卡，在 Define 文本框里面添加两个宏定义：USE_STDPERIPH_DRIVER，STM32F10X_HD，如图 2.4.36 所示。添加 USE_STDPERIPH_DRIVER，是为了使用 ST 官方库，添加 STM32F10X_HD 宏定义是因为使用的 STM3210FVC 芯片是高等容量的，添加这个宏之后，就可以用库文件里为高等容量芯片定义的寄存器了。

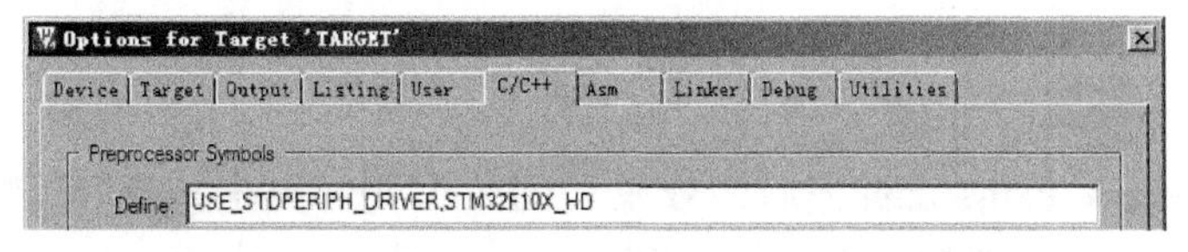

图 2.4.36　在 C/C++选项卡中添加两个宏定义

（17）点击 Include Paths 文本框右侧的按钮，弹出设置头文件搜索路径的窗口，点击按钮新增一个路径输入框，然后点击它右侧的按钮，在浏览文件窗口选中 TEST 中的文件夹 CMSIS，如图 2.4.37 所示。

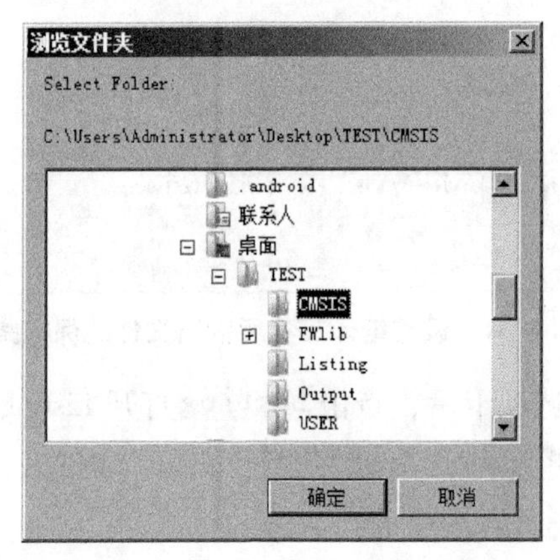

图 2.4.37　选中 TEST 中的 CMSIS 文件夹

（18）点击按钮 确定 返回到图 2.4.38 所示窗口。

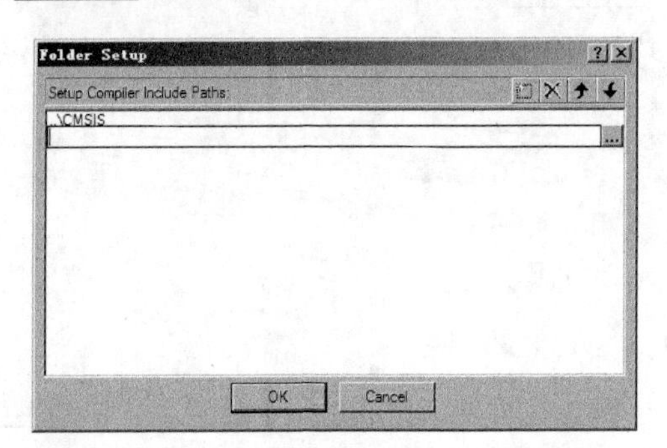

图 2.4.38　添加完成 CMSIS 文件夹的效果

（19）按照上面的方法继续添加文件夹 TEST \ USER、TEST \ FWlib \ inc 和 TEST \ FWlib \ src，效果如图 2.4.39 所示。设置完成后点击按钮 OK ，返回到选项卡。

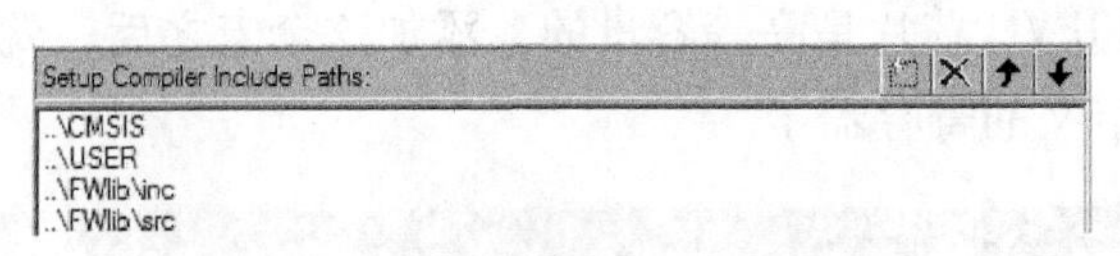

图 2.4.39　逐个添加文件夹的效果

（20）Include Paths 设置完后的效果如图 2.4.40，点击按钮 OK ，回到工程。点击工具栏中的保存所有按钮，保存工程设置以及所有打开的文件。

Include Paths ..\CMSIS;..\USER;..\FWlib\inc;..\FWlib\src

图 2. 4. 40　Include Paths 设置完成的效果

（21）点击工具栏右侧的按钮，打开设置窗口的 Editor 选项卡，点击 Encoding 右侧的下拉三角，选择编码格式“Chinese GB2312 (Simplified)”，效果如图 2. 4. 41所示。

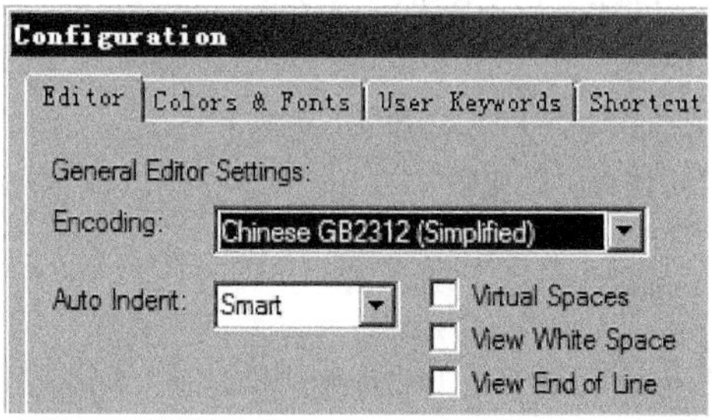

Configuration
Editor | Colors & Fonts | User Keywords | Shortcut
General Editor Settings:
Encoding: Chinese GB2312 (Simplified)
Auto Indent: Smart
Virtual Spaces
View White Space
View End of Line

图 2. 4. 41

（22）把从库函数复制来的 main. c 文件里的内容全部删除，输入以下代码：

```
#include "stm32f10x. h"
#include "stm32f10x. h"

void gpio_init(void) //配置 PC9 为普通推挽输出模式,控制指示灯“LED1”
{
    GPIO_InitTypeDef GPIO_InitStructure;
    RCC_APB2PeriphClockCmd(RCC_APB2Periph_GPIOC, ENABLE);
    GPIO_InitStructure. GPIO_Pin = GPIO_Pin_9;
    GPIO_InitStructure. GPIO_Speed = GPIO_Speed_50MHz;
    GPIO_InitStructure. GPIO_Mode = GPIO_Mode_Out_PP;
    GPIO_Init(GPIOC, &GPIO_InitStructure);
    GPIO_SetBits(GPIOC,GPIO_Pin_9);                    //初始状态为熄灭

}
void Delay(unsigned int i)                             //延时子程序
{
  unsigned int j,k;
  for(j =0;j < i;j ++ )
  for(k =0;k < 10000;k ++ );
}
```

```
int main(void)                    //主函数
{
    gpio_init();
    while(1)                      //周期性控制 LED1 指示灯点亮与熄灭
    {
        Delay(500);
        GPIO_SetBits(GPIOC,GPIO_Pin_9);                    //熄灭 LED1
        Delay(500);
        GPIO_ResetBits(GPIOC,GPIO_Pin_9);                  //点亮 LED1
        //也可添加自己的代码
    }
}
```

（23）点击工具栏左侧的按钮来编译工程，如果编译成功信息框会出现如图 2.4.42 所示的内容，点击按钮保存工程。

```
compiling stm32f10x_tim.c...
compiling stm32f10x_usart.c...
compiling stm32f10x_wwdg.c...
compiling core_cm3.c...
compiling system_stm32f10x.c...
linking...
Program Size: Code=2736 RO-data=268 RW-data=40 ZI-data=1632
"..\Output\STM-DEMO.axf" - 0 Error(s), 0 Warning(s).
```

图 2.4.42　编译成功的信息框内容

2.4.2.3　配置 J-Link 硬件调试

前面新建的工程默认设置为软件仿真，在实际应用中 80% 都是在硬件上调试的。如果在硬件上调试的话，还需要在开发环境中做修改。RFID 综合实验平台中的各功能模块都是通过 J-Link 调试器进行调试的。下面以 13.56 MHz 高频原理机学习模块为例，介绍在 MDK 中如何配置 J-Link 硬件调试。

（1）将 USB A 口转 B 口线的一端连接 PC 机的 USB 口，另一端连接 J-Link 仿真器的 USB 口。

（2）将 20P 灰色下载排线的一端连接 J-Link 仿真器，另一端连接到 13.56 MHz 高频原理机学习模块的调试下载接口。

（3）将 DC12V 电源适配器的 DC12V 接口插到 RFID 综合实验平台的电源输入接口，为电源适配器接通 AC220V 电源，将电源总开关拨到位置【开】，为实验平台供电。

（4）将 13.56 MHz 高频原理机学习模块右上角的拨动开关拨到下方，为该模块接通电源，可以观察到拨动开关左侧的电源指示灯“POW_LED”正常点亮。

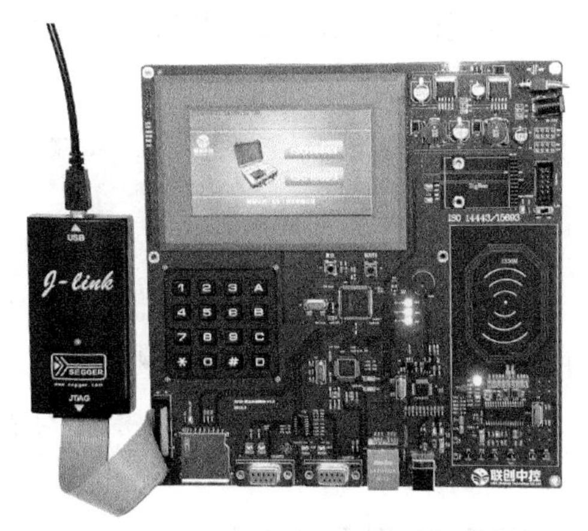

图 2.4.43　调试 13.56 MHz 高频原理机学习模块接线图

（5）点击工具栏中的按钮打开选项卡窗口，打开 Debug 选项卡，勾选右侧 Use 的复选框，即使用硬件仿真工具，在下拉菜单中选择“J-LINK/J-TRACE Cortex”，如图 2.4.44 所示。

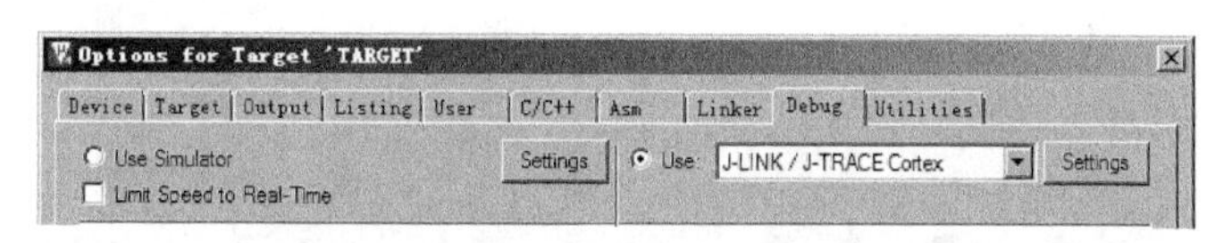

图 2.4.44　在项目配置的 Debug 选项卡中选择硬件仿真工具

（6）点击图 2.4.44 中“J-LINK/J-TRACE Cortex”右侧的按钮 Settings，弹出 Cortex Jlink/JTrace 目标驱动程序安装窗口，将接口方式 ort 设置为“SW”。图 2.4.45 中标注的内容表示 MDK 软件已检测到硬件信息；如果未显示这些内容，检查上一步是否正确操作或硬件是否正确连接。

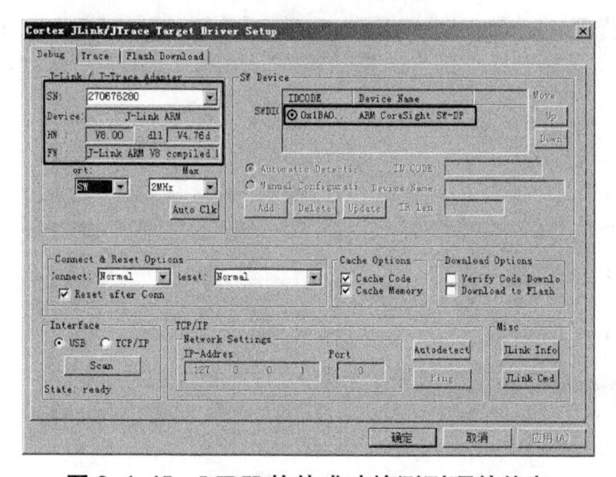

图 2.4.45　MDK 软件成功检测到硬件信息

（7）点击【确定】按钮返回上一级界面，然后点击进入【Utilities】选项卡，点击 Settings，如图 2.4.46 所示。

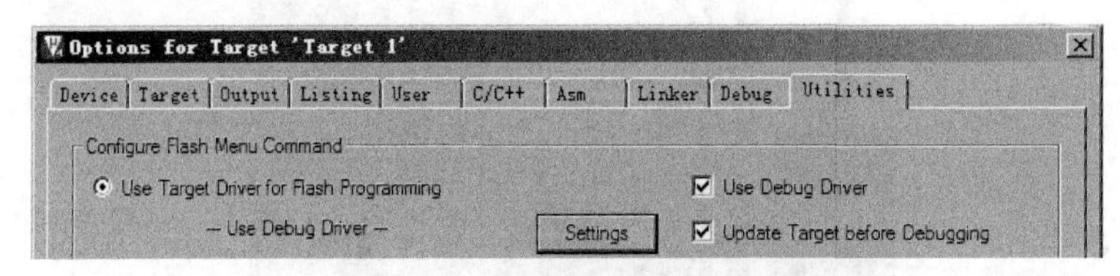

图 2.4.46 选择 Utilities 选项卡

（8）打开【Flash Download】选项卡，参照图 2.4.47 勾选复选框，在向 Flash 下载程序时执行擦除、烧录、校验、复位并运行程序。

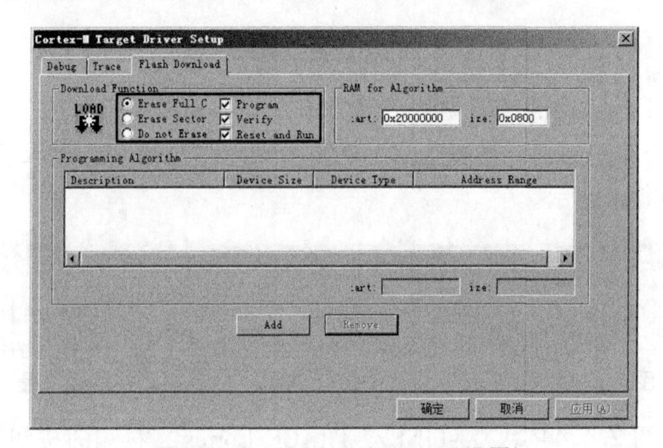

图 2.4.47 Flash Downdload 设置

（9）点击按钮 Add，选中 Flash 编程算法“STM32F10x High-density Flash”，如图 2.4.48 所示，然后点击按钮 Add 添加。

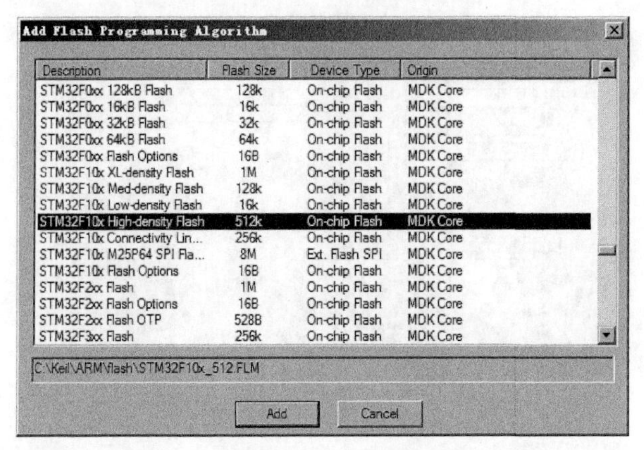

图 2.4.48 选择 Flash 编程算法“STM32Flox High-density Flash”

(10) 添加成功后效果如图 2.4.49，点击按钮 确定 返回到【Utilities】选项卡，然后点击按钮 OK 保存所有选项卡的配置并关闭窗口。

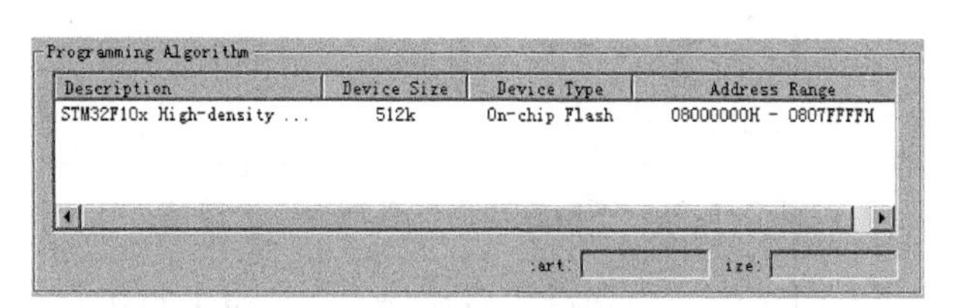

图 2.4.49　添加 Flash 编程算法成功的效果

至此，配置完成，点击按钮保存工程。

2.4.2.4　编译程序

MDK 界面左边的工具栏中有 3 个按钮，如图 2.4.50 所示。下面按从左到右的顺序分别介绍这 3 个按钮的功能。

图 2.4.50　编译按钮

①【Translate】按钮：编译当下修改过的文件，即检查一下有没有语法错误。该操作既不链接库文件，也不会生成可执行文件。

②【Build】按钮：编译当下修改过的工程，包含语法检查、链接动态库文件，以及生成可执行文件。

③【Rebuild】按钮：重新编译整个工程，与 Build 按钮实现的功能相同，有所不同的是，它是重新编译整个工程的所有文件，因此，耗时极长。

综上，编辑好程序之后，只需要点击【Build】按钮就可以，既方便又省时。第一个按钮和第三个按钮用得比较少。

2.4.2.5　下载程序

按照前面的内容操作，已经建立并编译好了工程文件，下面详细介绍如何将其下载到硬件中运行。

(1) 按照图 2.4.43 连接 13.56 MHz 高频原理机学习模块、J-Link 仿真器和 PC 机。

(2) 点击按钮，开始下载程序，请耐心等待。下载成功后，信息框显示图 2.4.51所示的信息，表明程序下载成功并已自动运行。自动运行是在图 2.4.47 中设置好的。

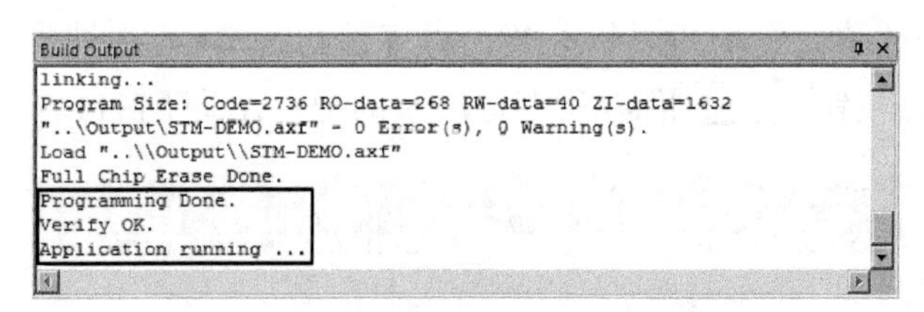

图 2.4.51　下载成功后信息框显示的信息

（3）观察 13.56 MHz 高频原理机学习模块上的 LED1 指示灯，如果它呈周期性地亮灭，则验证了程序已在硬件上正常运行。

2.4.3　固件的下载

（1）为 13.56 MHz 高频原理机学习模块下载固件时，请参照图 2.4.43 进行接线。

（2）为 125 kHz 低频 RFID 只读模块、125 kHz 低频 RFID 读写模块、13.56 MHz 高频 14443 读写模块、915 MHz 超高频读写模块、模拟 ETC 模块、智能门禁模块、二维码扫描模块下载程序或固件时，需要利用 ZigBee-JLink 下载转接板。具体接线方法如下：

① 将 USB A 口转 B 口线的一端连接 PC 机的 USB 口，另一端连接 J-Link 仿真器的 USB 口。

② 将 20P 灰色下载排线的一端连接 J-Link 仿真器的 JTAG 接口，另一端连接 ZigBee-JLink 下载转接板的 20P 的 JTAG 接口。

③ 若下载模块为新版模块（模块串口下方无排针），则将 10P 灰色下载排线的一端连接 ZigBee-JLink 下载转接板的 ZigBee 接口，另一端连接需要下载程序或固件的模块的 10P 的 JTAG 接口。以 13.56 MHz 高频 14443 读写模块为例，如图 2.4.52所示。

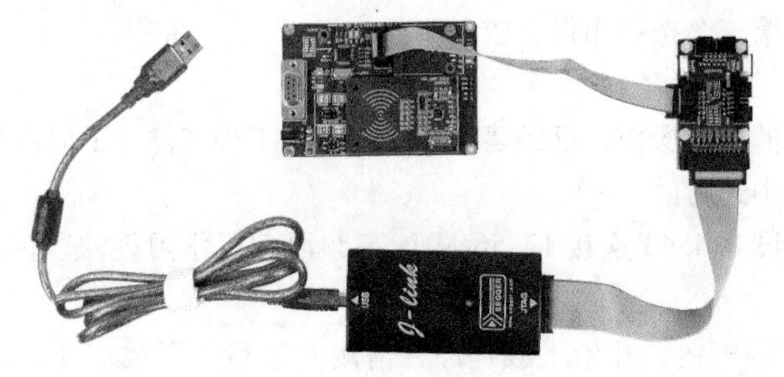

图 2.4.52　新版高频模块与 ZigBee-Jlink 及 J-link 的连接图

④ 若模块为旧版模块（模块串口下方有排针），则将 10P 灰色下载排线的一

端连接ZigBee-JLink下载转接板的SWD接口，10P灰色下载排线另一端有凸起的一侧冲左，并将该侧的5个针孔与模块上的5P下载排针对应连接，以125 kHz低频RFID读写模块为例，如图2.4.53所示。

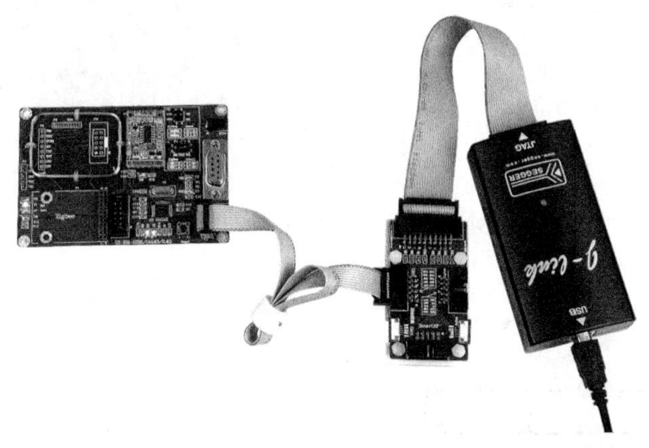

图2.4.53　旧版模块与ZigBee-Jlink及J-link的连接图

（3）为RFID综合实验平台接通DC12V电源，将电源总开关拨到位置【开】，请将13.56 MHz高频原理机学习模块右上方的拨动开关拨到下方，将其他有拨动开关的模块上的拨动开关拨到右侧，电路板接通电源后，电源指示灯正常点亮。

（4）在PC机上点击【开始】找到图2.4.54所示的程序列表，并打开名为“J-Flash ARM”的程序。

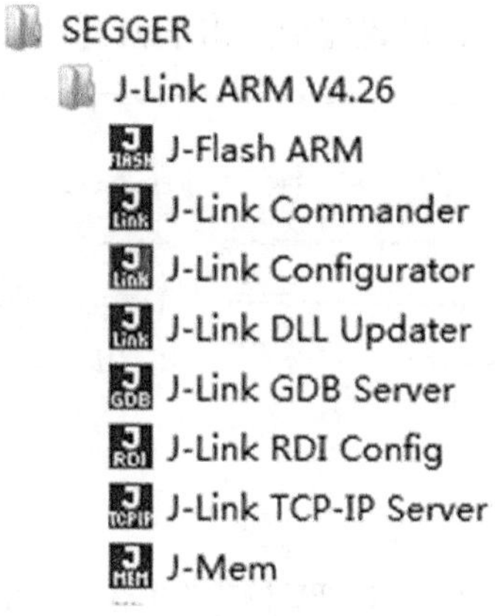

- SEGGER
  - J-Link ARM V4.26
    - J-Flash ARM
    - J-Link Commander
    - J-Link Configurator
    - J-Link DLL Updater
    - J-Link GDB Server
    - J-Link RDI Config
    - J-Link TCP-IP Server
    - J-Mem

图2.4.54　J-link ARM的程序列表

（5）点击“Options”—“Project settings”，进入设置界面后，点击进入【Target Interface】选项卡，在第一个下拉列表中选择“SWD”，如图2.4.55和图2.4.56所示。

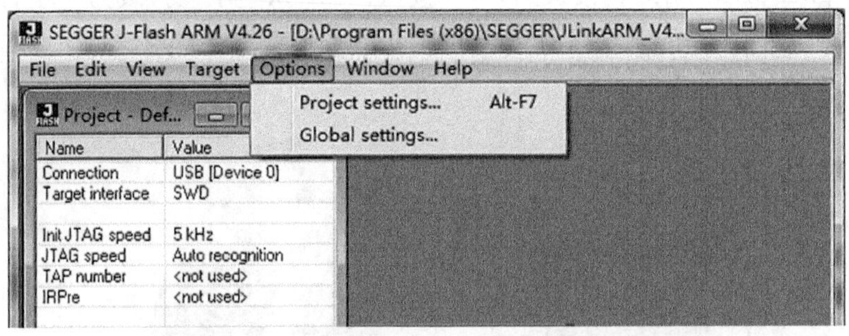

图 2.4.55 选择菜单栏 Options/Project setting

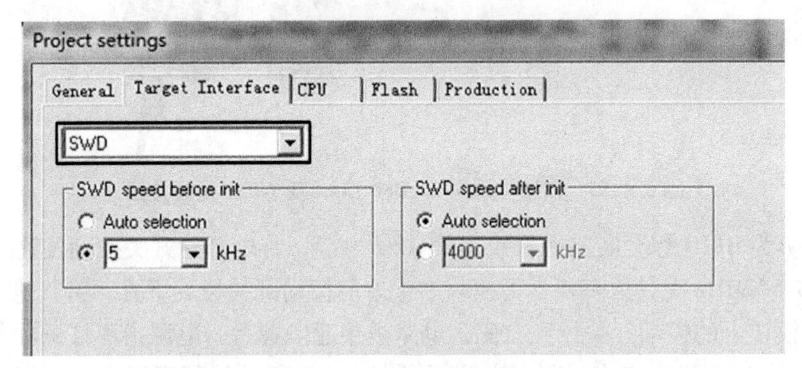

图 2.4.56 在 target Interface 选项卡中选择 SWD

(6) 点击进入【CPU】选项卡，在 Device 右侧的下拉列表中正确选择需要下载的模块的主控芯片的型号，设置完毕点击按钮【确定】，如图 2.4.57 所示。

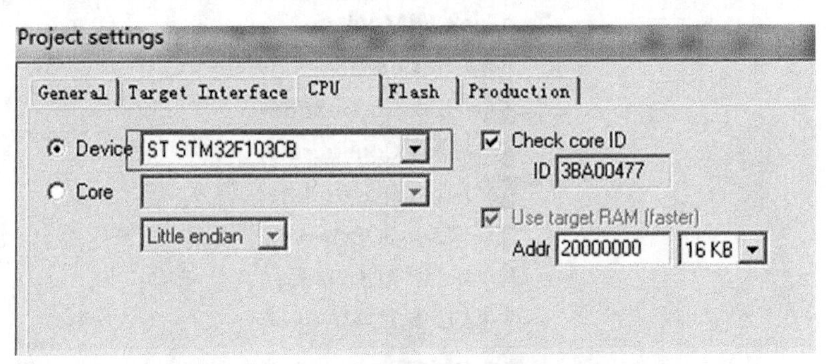

图 2.4.57 在 CPU 选项卡中选择芯片型号

(7) 点击“File”—“Open data file”打开文件浏览窗口，选择并打开目录【DISK - RFID - 标签识别技术与应用系统开发 \ 02 - 出厂固件】中，与需要下载固件相对应的模块的固件文件，如图 2.4.58 所示。

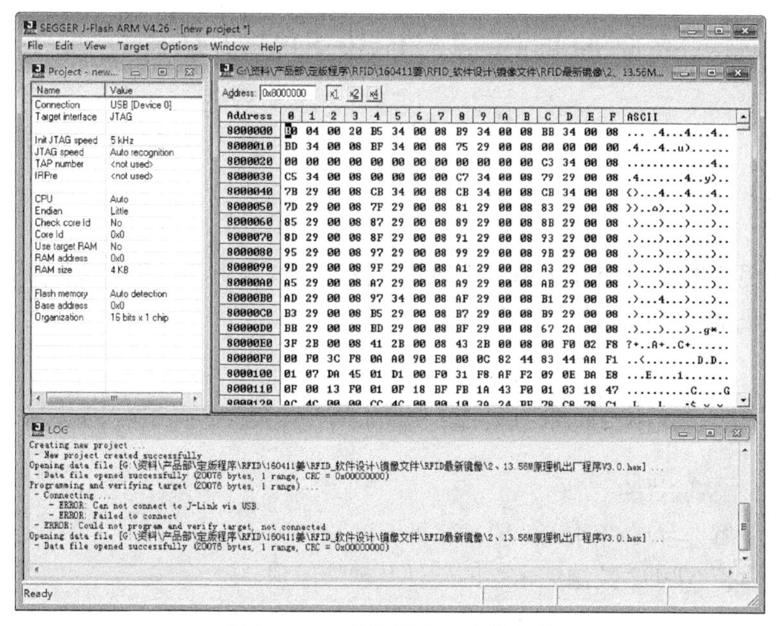

图 2.4.58　选择并打开固件文件

（8）点击“Target”—“Program & Verify”（中间可能会弹出各种提示，请直接点击【确定】），即可成功为模块下载固件，如图 2.4.59 所示。

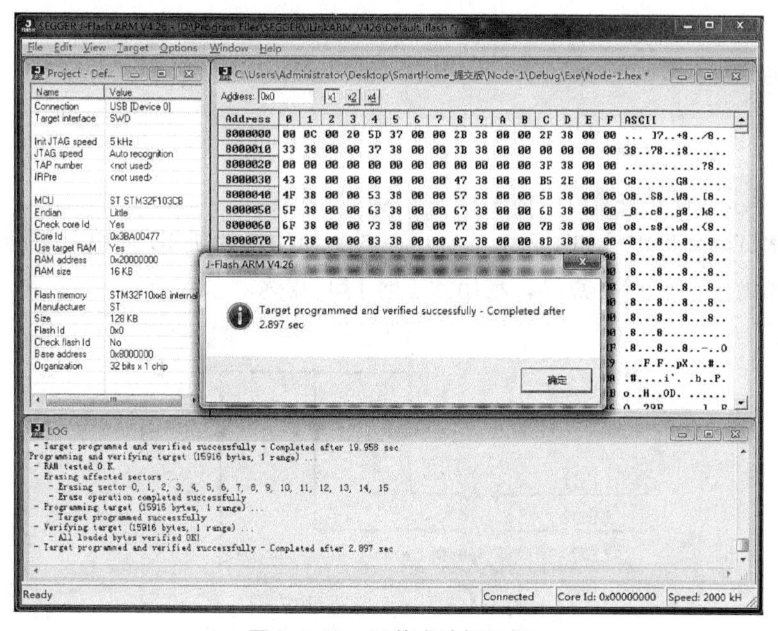

图 2.4.59　下载成功提示框

第3章 高频原理机学习模块STM32基础实验

为了更快地掌握STM32单片机的开发技术，本章将讲解几个基于13.56 MHz高频原理机学习模块的STM32基础实验。

3.1 流水灯控制实验

3.1.1 实验目的

（1）了解并掌握如何控制STM32的GPIO。

（2）掌握STM32控制流水灯的硬件及软件原理。

3.1.2 实验环境

（1）硬件：1个13.56 MHz高频原理机学习模块、1个J-Link仿真器、1根USB A口转B口线、1根20P灰色下载排线、1个DC12V电源适配器、1台PC机。

（2）软件：Windows 7/XP、MDK集成开发环境。

3.1.3 实验原理

3.1.3.1 硬件设计

流水灯的硬件连接如图3.1.1所示，图中使用单片机IO低电平来驱动LED灯，当输出为0时LED点亮，输出为1时LED熄灭。

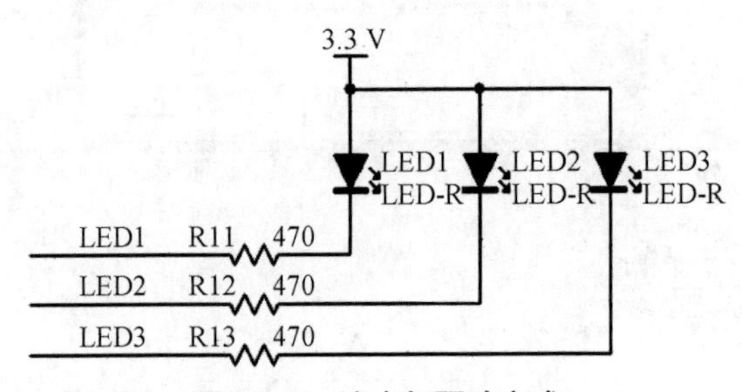

图3.1.1 流水灯驱动方式

表3.1.1列出了这三个LED的引脚配置信息。

表 3.1.1　LED 引脚配置

原理图编号	信号名称	STM32 控制引脚
LED1	LED1	PC9
LED2	LED2	PA8
LED3	LED3	PA11

3.1.3.2　软件设计

第一步，初始化 IO 口。

```
LED_Init ( );                //LED 初始化
```

初始化细节如下：

(1) 使能时钟，使用任何设备都要先初始化其对应的控制时钟，因为使用到了 STM32 的 PA 和 PC 端口的引脚，所以需要初始化对应的时钟，代码实现如下：

```
RCC_APB2PeriphClockCmd (RCC_APB2Periph_GPIOA | RCC_APB2Periph_GPIOC,
ENABLE);                                              //使能 PA，PC 端口时钟
```

(2) 端口配置，包括输出方式配置（因为是驱动流水灯，所以选择推挽输出）、IO 口速度的配置（没有特别要求）和刚上电时 IO 口的默认状态（默认流水灯关闭，即输出高电平）。

```
GPIO_InitStructure. GPIO_Pin = GPIO_Pin_9;
                                      //LED1——>PC9 端口配置
GPIO_InitStructure. GPIO_Mode = GPIO_Mode_Out_PP;
                                      //推挽输出
GPIO_InitStructure. GPIO_Speed = GPIO_Speed_50MHz;
                                      //IO 口速度为 50 MHz
GPIO_Init (GPIOC, &GPIO_InitStructure);
                                      //根据设定参数初始化 GPIOC
GPIO_SetBits (GPIOC, GPIO_Pin_9);
                                      //PC9 输出高
GPIO_InitStructure. GPIO_Pin = GPIO_Pin_8;
                                      //LED2——>PA8 端口配置，推挽输出
GPIO_Init (GPIOA, &GPIO_InitStructure);
                                      //推挽输出，IO 口速度为 50 MHz
GPIO_SetBits (GPIOA, GPIO_Pin_8);
                                      //PA8 输出高
GPIO_InitStructure. GPIO_Pin = GPIO_Pin_11;
                                      //LED3——>PA11 端口配置，推挽输出
GPIO_Init (GPIOA, &GPIO_InitStructure);
```

```
                                         //推挽输出，IO口速度为50 MHz
    GPIO_SetBits (GPIOA, GPIO_Pin_11);
                                         //PA11输出高
```

第二步，进入主循环，循环点亮LED，从而可实现跑马灯的效果。大家可以试着更改延时时间，观察一下有什么变化。

```
    LED1 = 0;                            //PC9输出低电平，LED1点亮
    LED2 = 1;                            //PA8输出低电平，LED2熄灭
    LED3 = 1;                            //PA11输出低电平，LED3熄灭
    Delay (200);                         //延时0.2 s左右的时间
    LED1 = 1;
    LED2 = 0;
    LED3 = 1;
    Delay (200);
    LED1 = 1;
    LED2 = 1;
    LED3 = 0;
    Delay (200);
```

3.1.4 实验步骤

3.1.4.1 硬件操作

（1）将USB A口转B口线的一端连接PC机的USB口，另一端连接J-Link仿真器的USB口。

（2）将20P灰色下载排线的一端连接J-Link仿真器，另一端连接到13.56 MHz高频原理机学习模块的调试下载接口。

（3）将DC12 V电源适配器的DC12 V接口插到RFID综合实验平台的电源输入接口，为电源适配器接通AC220 V电源，将电源总开关拨到位置【开】，为实验平台供电。

（4）将13.56 MHz高频原理机学习模块右上角的拨动开关拨到下方，为该模块接通电源，可以观察到拨动开关左侧的电源指示灯“POW_ LED”正常点亮。

3.1.4.2 软件操作

（1）双击打开【配套光盘\04－实验例程\01－第3章高频原理机学习模块STM32基础实验\3.1流水灯控制实验\PROJECT】目录下的“LED.uvproj”工程文件。

（2）在工具栏中点击按钮，编译工程，编译成功后，信息框会出现如图3.1.2所示的信息。

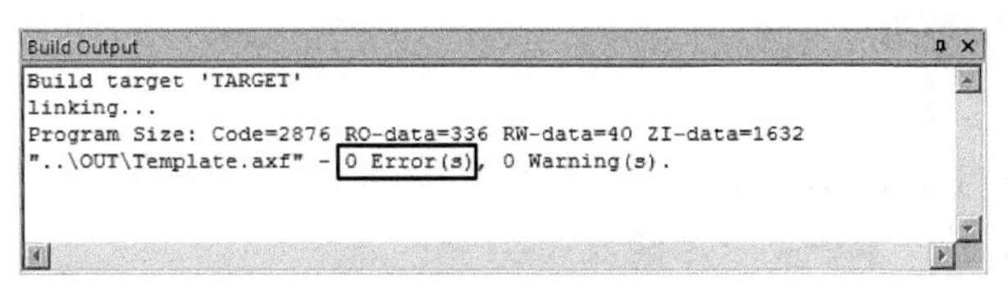

图 3.1.2　编译无错误

（3）参照第 2 章第 2.4.2.3 节中的内容，确认与硬件调试有关的选项已设置正确。如果检测不到硬件，请参照第 2 章第 2.4.1.1 节中的内容检查 J-Link 驱动是否正确安装。

（4）点击按钮，将程序下载到 13.56 MHz 高频原理机学习模块中。下载成功后，如果信息框显示图 3.1.3 所示的信息，则表明程序下载成功并已自动运行。

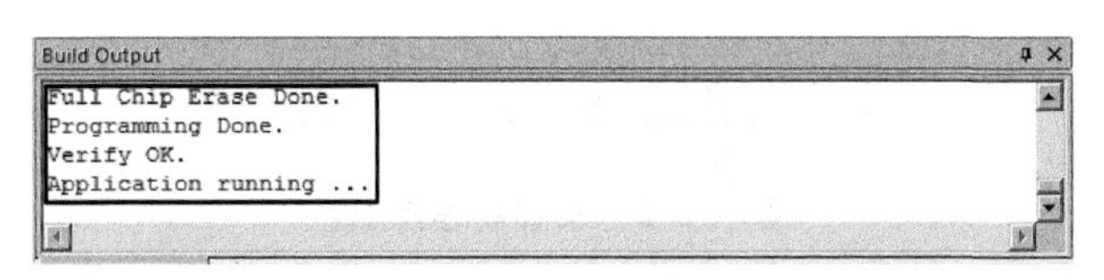

图 3.1.3　程序下载成功并运行的信息框提示

（5）程序运行起来后，观察蜂鸣器旁的 LED1、LED2、LED3 三个指示灯的变化。

3.1.5　实验现象

程序运行起来后，会观察到蜂鸣器旁的 LED1、LED2、LED3 三个指示灯循环点亮。

3.2　蜂鸣器控制实验

3.2.1　实验目的

（1）了解并掌握如何利用 STM32 的定时器中断驱动蜂鸣器。

（2）掌握 STM32 驱动蜂鸣器的硬件及软件原理。

3.2.2　实验环境

（1）硬件：1 个 13.56 MHz 高频原理机学习模块、1 个 J-Link 仿真器、1 根 USB A 口转 B 口线、1 根 20P 灰色下载排线、1 个 DC12 V 电源适配器、1 台 PC 机。

（2）软件：Windows 7/XP、MDK 集成开发环境。

3.2.3 实验原理

3.2.3.1 硬件设计

在图 3.2.1 中，使用一个三极管来驱动蜂鸣器。该蜂鸣器为无源蜂鸣器，需要用一定频率的脉冲来驱动它才能发声。

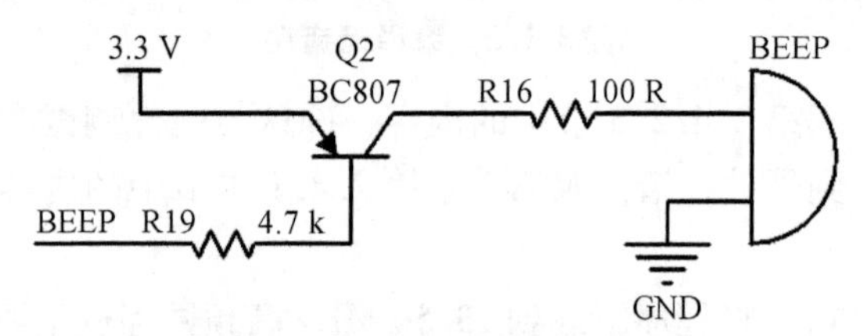

图 3.2.1　蜂鸣器驱动电路

蜂鸣器的驱动信号由 PD3 引脚提供（图 3.2.2）。

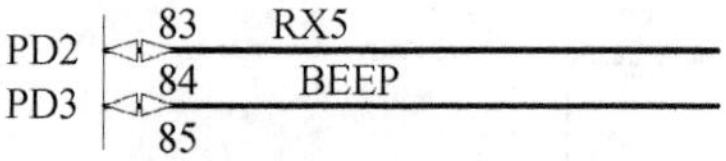

PD2　83　RX5
PD3　84　BEEP
85

图 3.2.2　蜂鸣器连接 IO

3.2.3.2 软件设计

上面已经提到，无源蜂鸣器需要脉冲来驱动发声，本实验使用定时器来产生此脉冲。

第一步，初始化 IO 口。

```
void BEEP_Init (void)                                        //蜂鸣器初始化函数
{
   GPIO_InitTypeDef GPIO_InitStructure;

   RCC_APB2PeriphClockCmd (RCC_APB2Periph_GPIOD, ENABLE);
                                                             //使能 GPIOB 端口时钟

   GPIO_InitStructure. GPIO_Pin = GPIO_Pin_3;                //BEEP——>PB. 8 端口配置
   GPIO_InitStructure. GPIO_Mode = GPIO_Mode_Out_PP;         //推挽输出
   GPIO_InitStructure. GPIO_Speed = GPIO_Speed_50MHz;        //速度为 50 MHz
   GPIO_Init (GPIOD, &GPIO_InitStructure);                   //根据参数初始化 GPIOD

   GPIO_ResetBits (GPIOD, GPIO_Pin_3);                       //输出 0，关闭蜂鸣器
}
```

第二步，初始化定时器。

```
TIM3_Int_Init (1, 7199);                    //设置定时器预分频值与重装值
```

其中 1 和 7199 分别表示定时器的预分频值和重装值，这两个参数决定了定时器的溢出周期，决定了蜂鸣器的发声频率（即频率越高，蜂鸣器声音越“尖”，一般初学者会遇到的很常见的问题，就是由于频率不合适而不能驱动无源蜂鸣器）。

第三步，进入函数主循环，交替使能定时器（定时器使能，则蜂鸣器响；定时器不使能，则蜂鸣器不响）。

```
TIM_ITConfig (TIM3, TIM_IT_Update, ENABLE);       //开启定时器中断
Delay (100);
TIM_ITConfig (TIM3, TIM_IT_Update, DISABLE);      //关闭定时器中断
Delay (50);
```

3.2.4　实验步骤

3.2.4.1　硬件操作

（1）将 USB A 口转 B 口线的一端连接 PC 机的 USB 口，另一端连接 J-Link 仿真器的 USB 口。

（2）将 20P 灰色下载排线的一端连接 J-Link 仿真器，另一端连接到 13.56 MHz 高频原理机学习模块的调试下载接口。

（3）将 DC12 V 电源适配器的 DC12 V 接口插到 RFID 综合实验平台的电源输入接口，为电源适配器接通 AC220 V 电源，将电源总开关拨到位置【开】，为实验平台供电。

（4）将 13.56 MHz 高频原理机学习模块右上角的拨动开关拨到下方，为该模块接通电源，可以观察到拨动开关左侧的电源指示灯“POW_ LED”正常点亮。

3.2.4.2　软件操作

（1）双击打开【配套光盘 \ 04 - 实验例程 \ 01 - 第 3 章　高频原理机学习模块 STM32 基础实验 \ 3.2　蜂鸣器控制实验 \ PROJECT】目录下的“BEEP. uvproj”工程文件。

（2）在工具栏中点击按钮，编译工程，编译成功后，信息框会出现图 3.2.3所示的信息。

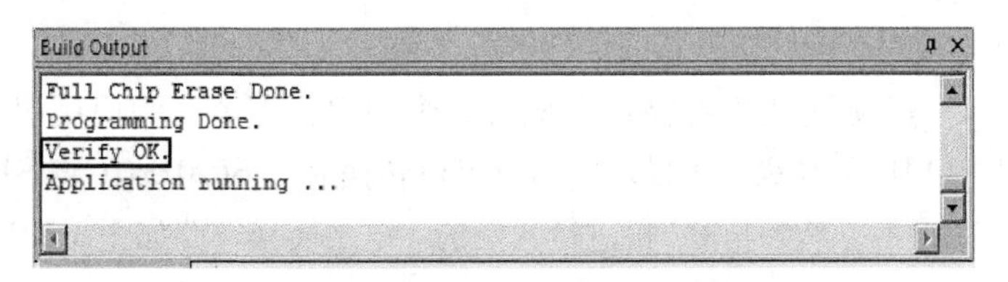

图 3.2.3　工程编译成功的信息框提示

（3）参照第2章第2.4.2.3节中的内容，确认与硬件调试有关的选项已设置正确。如果检测不到硬件，请参照第2章第2.4.1.1节中的内容检查J-Link驱动是否正确安装。

（4）点击按钮，将程序下载到13.56 MHz高频原理机学习模块中。下载成功后，如果信息框显示图3.2.4所示的信息，表明程序下载成功并已自动运行。

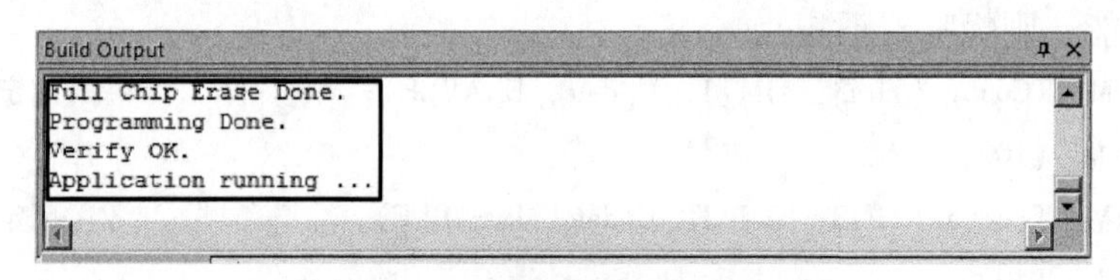

图3.2.4　下载成功的信息框提示

（5）程序运行起来后，注意听蜂鸣器的响声。

3.2.5　实验现象

程序运行起来后，会听到蜂鸣器发出“嘀嘀”的响声。

3.3　串口控制LED实验

3.3.1　实验目的

（1）了解并掌握如何控制STM32的串口收发数据。

（2）通过STM32的串口3控制LED的亮灭。

3.3.2　实验环境

（1）硬件：1个13.56 MHz高频原理机学习模块、1个J-Link仿真器、1根USB A口转B口线、1根20P灰色下载排线、1个DC12V电源适配器、1根USB转串口线、1台PC机。

（2）软件：Windows 7/XP、MDK集成开发环境、Comdebug串口调试器。

3.3.3　实验原理

3.3.3.1　硬件设计

13.56 MHz高频原理机学习模块上配有多个串口，本节实验使用串口3来控制LED1、LED2、LED3的亮灭。该模块是通过串口转换芯片SP202ECT将STM32的TTL电平转换为232电平，然后与PC机进行通信的。电平转换电路如图3.3.1所示。

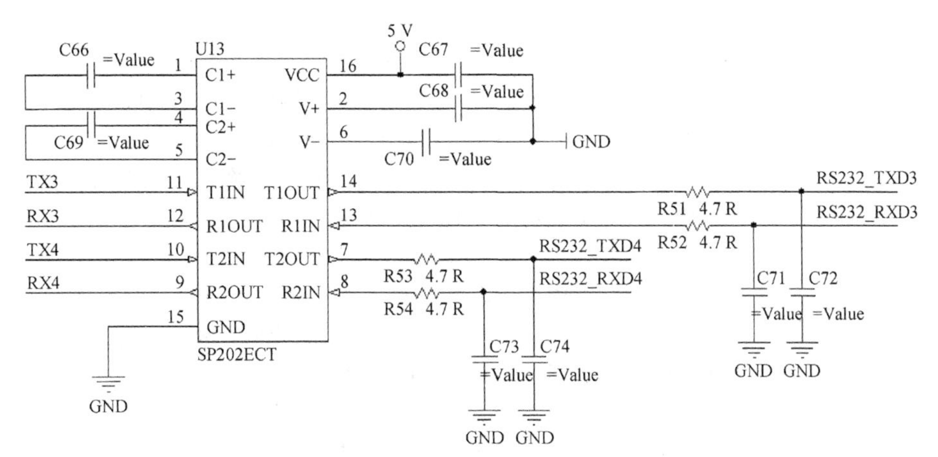

图 3.3.1 电平转换电路

3.3.3.2 软件设计

第一步，IO 口的初始化。

```
LED_ Init ();                                   //LED 控制 IO 口的初始化
```

第二步，串口的初始化，其中包括相应时钟的使能、串口所在使用 IO 口的配置、串口波特率等的配置。

```
Uart3Init ();                                   //串口 3 的初始化
{
    GPIO_ InitTypeDef GPIO_ InitStructure;
    USART_ InitTypeDef USART_ InitStructure;
    USART_ ClockInitTypeDef USART_ ClockInitStructure;

    RCC_ APB2PeriphClockCmd (RCC_ APB2Periph_ GPIOB, ENABLE);
                                                //开启 GPIOB 的时钟
    RCC_ APB1PeriphClockCmd (RCC_ APB1Periph_ USART3, ENABLE);
                                                //开启 USART3 的时钟

    GPIO_ InitStructure. GPIO_ Pin = GPIO_ Pin_ 10;
    GPIO_ InitStructure. GPIO_ Speed = GPIO_ Speed_ 50MHz;
    GPIO_ InitStructure. GPIO_ Mode = GPIO_ Mode_ AF_ PP;
    GPIO_ Init (GPIOB, &GPIO_ InitStructure);   //配置 PB10 为 USART3_ TX

    GPIO_ InitStructure. GPIO_ Pin = GPIO_ Pin_ 11;
    GPIO_ InitStructure. GPIO_ Mode = GPIO_ Mode_ IN_ FLOATING;
    GPIO_ Init (GPIOB, &GPIO_ InitStructure);   //配置 PB11 为 USART3_ RX
```

```
        USART_InitStructure.USART_BaudRate = 19200;
                                                    //波特率设为 19200
        USART_InitStructure.USART_WordLength = USART_WordLength_8b;
                                                    //1 个起始位，8 个数据位
        USART_InitStructure.USART_StopBits = USART_StopBits_1;
                                                    //1 个停止位
        USART_InitStructure.USART_Parity = USART_Parity_No;
                                                    //无奇偶校验
        USART_InitStructure.USART_HardwareFlowControl = USART_
        HardwareFlowControl_None;                   //失能 CTS
        USART_InitStructure.USART_Mode = USART_Mode_Tx |
        USART_Mode_Rx;                              //使能发送和接收

        USART_ClockInitStructure.USART_Clock = USART_Clock_Disable;
    USART_ClockInitStructure.USART_CPOL = USART_CPOL_Low;
    USART_ClockInitStructure.USART_CPHA = USART_CPHA_2Edge;
    USART_ClockInitStructure.USART_LastBit = USART_LastBit_Disable;
    USART_ClockInit (USART3, &USART_ClockInitStructure);
                                                    //初始化 USART3 时钟

        USART_ITConfig (USART3, USART_IT_RXNE, ENABLE);
                                                    //使能 USART3 中断

        USART_Init (USART3, &USART_InitStructure);
                                                    //初始化 USART3
        /* Enable USART3 */
        USART_Cmd (USART3, ENABLE);                 //使能 USART3
    }
```

第三步，串口中断的初始化，用来接收计算机发送的命令。

```
Uart3ItConfig ();                                   //串口 3 的中断初始化
```

第四步，打印提示信息。

```
printf ("\r\nLEDON 为开灯，LEDOFF 为关灯.\r\n");      //串口打印提示信息
```

第五步，在主循环中判断是开灯命令还是关灯命令，并执行相应操作。

```
while (1)
{
    if(Uart_RevFlag)
```

```
    {
        Uart_RevFlag = 0;
        switch(RxBuffer3[4])
        {
            case  'N':                              //如果是“LEDON”的命令
            {
                LED1 = 0;                           //熄灭 LED
                LED2 = 0;
                LED3 = 0;
                Uart3SendString(RxBuffer3,Uart_RevLEN);
                                                    //回显命令
                  printf("\r\n");                   //换行
                RxBuffer3[4] = 0;                   //标志位清零
                break;
            }
            case 'F':                               //如果是“LEDOFF”的命令
            {
                LED1 = 1;                           //点亮 LED
                LED2 = 1;
                LED3 = 1;
                Uart3SendString(RxBuffer3,Uart_RevLEN);
                                                    //回显命令
                printf("\r\n");                     //换行
                RxBuffer3[4] = 0;                   //标志位清零
                break;
            }
            default:break;
        }
    }
}
```

3.3.4　实验步骤

3.3.4.1　硬件操作

（1）将USB A口转B口线的一端连接PC机的USB口，另一端连接J-Link仿真器的USB口。

（2）将20P灰色下载排线的一端连接J-Link仿真器，另一端连接到13.56 MHz高频原理机学习模块的调试下载接口。

(3) 将 USB 转串口线的 USB 口连接到 PC 机的 USB 口上，另一端连接到 13.56 MHz 高频原理机学习模块的 USART3 接口上。

(4) 将 DC12 V 电源适配器的 DC12 V 接口插到 RFID 综合实验平台的电源输入接口，为电源适配器接通 AC220 V 电源，将电源总开关拨到位置【开】，为实验平台供电。

(5) 将 13.56 MHz 高频原理机学习模块右上角的拨动开关拨到下方，为该模块接通电源，此时能观察到拨动开关左侧的电源指示灯“POW_LED”正常点亮。

3.3.4.2 软件操作

(1) 双击打开【配套光盘\03 - 常用工具\05 - 串口调试助手】目录下的 Comdebug 串口调试器，选择正确的端口号（可参照第一篇第 1.4.1.2 节查看串口端号），波特率设为 19200，其他均保持默认设置，效果见图 3.3.2。点击按钮 打开串口(C) 打开串口即可。

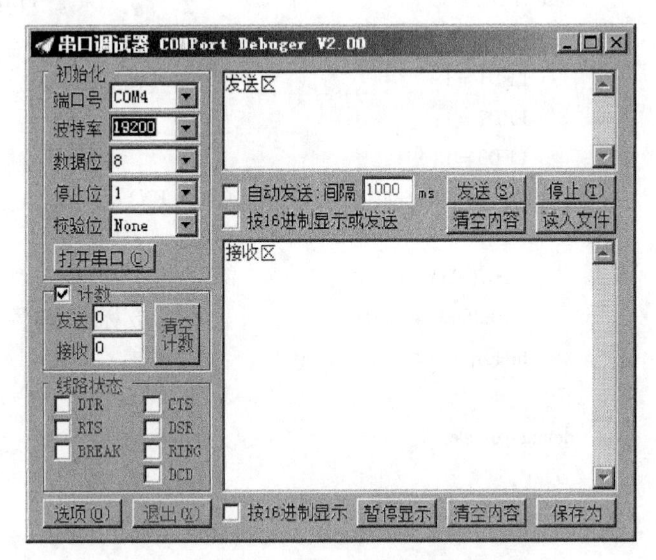

图 3.3.2 串口调试器配置

(2) 双击打开【配套光盘\04 - 实验例程\01 - 第 3 章 高频原理机学习模块 STM32 基础实验\3.3 串口控制 LED 实验\PROJECT】目录下的“USART.uvproj”工程文件。

(3) 在工具栏中点击按钮，编译工程，编译成功后，信息框会出现图 3.3.3所示的信息。

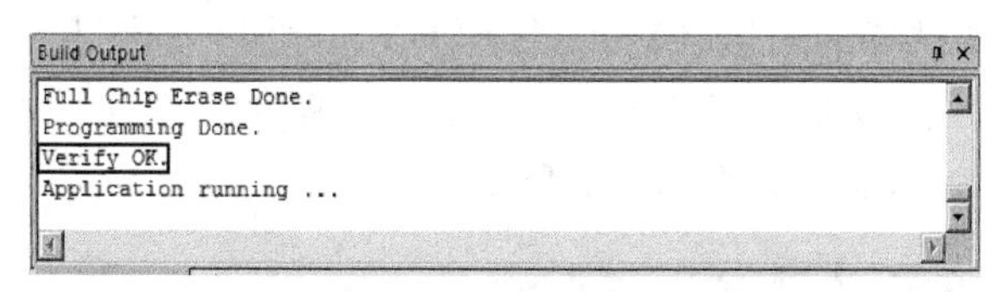

图 3.3.3　工程编译成功的信息框提示

（4）参照第 2 章第 2.4.2.3 节中的内容，确认与硬件调试有关的选项已设置正确。如果检测不到硬件，请参照第 2 章第 2.4.1.1 节中的内容检查 J-Link 驱动是否正确安装。

（5）点击按钮，将程序下载到 13.56 MHz 高频原理机学习模块中。下载成功后，如果信息框显示图 3.3.4 所示的信息，则表明程序下载成功并已自动运行。

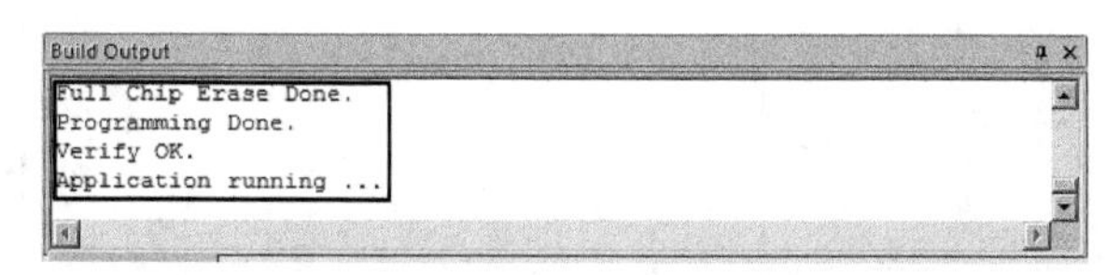

图 3.3.4　下载成功的信息框提示

（6）程序运行起来后，可以观察到 LED1、LED2、LED3 三个指示灯均处于熄灭状态。下面通过串口调试工具发送命令，来控制这三个指示灯的亮灭。

3.3.5　实验现象

（1）程序运行起来后，串口调试器的接收区会接收到提示信息，如图 3.3.5 所示。

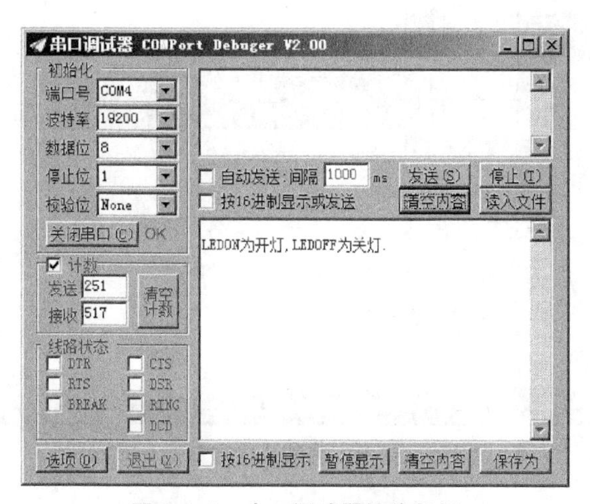

图 3.3.5　串口调试器接收数据

（2）在串口调试器的发送区输入“LEDON”，然后点击【发送】按钮发送，可以观察到接收区接收到了STM32回复的相同命令，并且看到LED1、LED2、LED3三个指示灯被点亮，如图3.3.6所示。

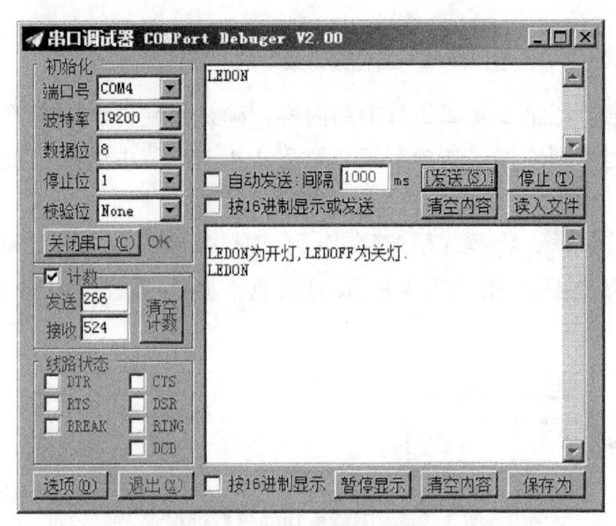

图3.3.6 通过串口调试器发送数据LEDON

（3）在串口调试器的发送区输入“LEDOFF”，然后点击【发送】按钮发送，可以观察到接收区接收到了STM32回复的相同命令，并且看到LED1、LED2、LED3三个指示灯被熄灭，如图3.3.7所示。

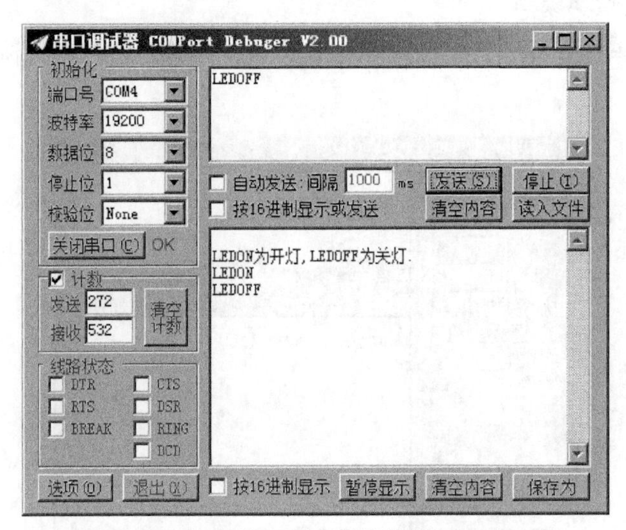

图3.3.7 通过串口调试器发送数据LEDOFF

```
                case 0x0e:
                {
                    b = 2;
                    break;
                }
                case 0x0d:
                {
                    b = 3;
                    break;
                }
                default: break;
            }
        }
    }
    if((a == 5) || (b == 5))                        //如果没有按下，则返回
    {
        return 0;
    }
else                                                //检测到按下，则返回按下的行列值
    {
        Value = KeyValue [a] [b];
        Uart3SendData (Value);                      //通过串口 3 打印键值
          while(((((GPIOE -> IDR) &0x03) | (((GPIOB -> IDR) >>6) &0x0c))
          ! =0x0f));                                //不可以连续按
        return 1;
    }
}
```

3.4.4　实验步骤

3.4.4.1　硬件操作

（1）将 USB A 口转 B 口线的一端连接 PC 机的 USB 口，另一端连接 J-Link 仿真器的 USB 口。

（2）将 20P 灰色下载排线的一端连接 J-Link 仿真器，另一端连接到 13.56 MHz 高频原理机学习模块的调试下载接口。

（3）将 USB 转串口线的 USB 口连接到 PC 机的 USB 口上，另一端连接到 13.56 MHz 高频原理机学习模块的 USART3 接口上。

（4）将DC12V电源适配器的DC12V接口插到RFID综合实验平台的电源输入接口，为电源适配器接通AC220V电源，将电源总开关拨到位置【开】，为实验平台供电。

（5）将13.56 MHz高频原理机学习模块右上角的拨动开关拨到下方，为该模块接通电源，可以观察到拨动开关左侧的电源指示灯“POW_LED”正常点亮。

3.4.4.2　软件操作

（1）双击打开【配套光盘\03－常用工具\05－串口调试助手】目录下的Comdebug串口调试器，选择正确的端口号（可参照第2章第2.4.1.2节查看串口端号），波特率设为19200，其他均保持默认设置，效果如图3.4.2所示。点击按钮 打开串口(C) 打开串口即可。

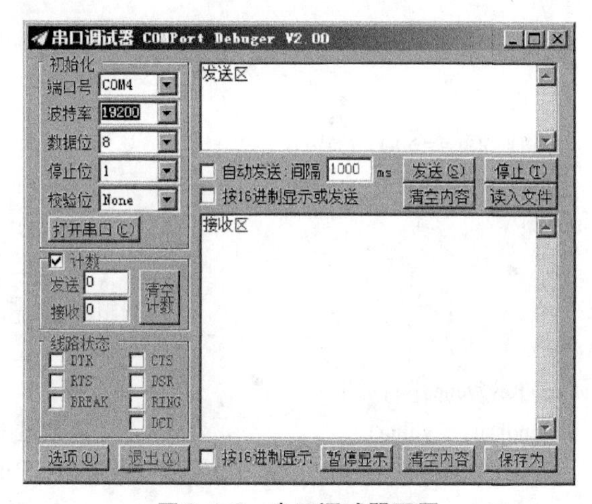

图3.4.2　串口调试器配置

（2）双击打开【配套光盘\04－实验例程\01－第3章　高频原理机学习模块STM32基础实验\3.4_矩阵键盘实验\PROJECT】目录下的“KEY.uvproj”工程文件。

（3）在工具栏中点击按钮，编译工程，编译成功后，信息框会出现图3.4.3所示的信息。

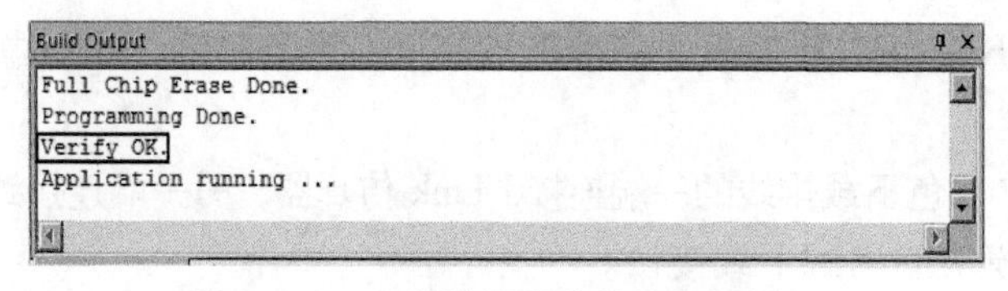

图3.4.3　工程编译成功的信息框提示

（4）参照第2章第2.4.2.3节中的内容，确认与硬件调试有关的选项已设置正确。如果检测不到硬件，请参照第2章第2.4.1.1节中的内容检查 J-Link 驱动是否正确安装。

（5）点击按钮，将程序下载到13.56 MHz 高频原理机学习模块中。下载成功后，如果信息框显示图3.4.4所示的信息，则表明程序下载成功并已自动运行。

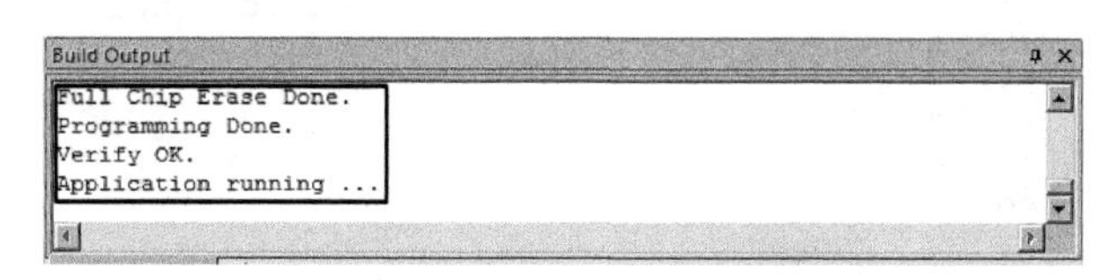

图3.4.4　下载成功的信息框提示

（6）程序运行起来后，按一下矩阵键盘上的按键，并观察串口调试器接收区接收到的数据，看是否与按下的键值相符。

3.4.5　实验现象

（1）按一下按键“1”，会观察到串口调试器接收区接收到了数据“1”，如图3.4.5所示。

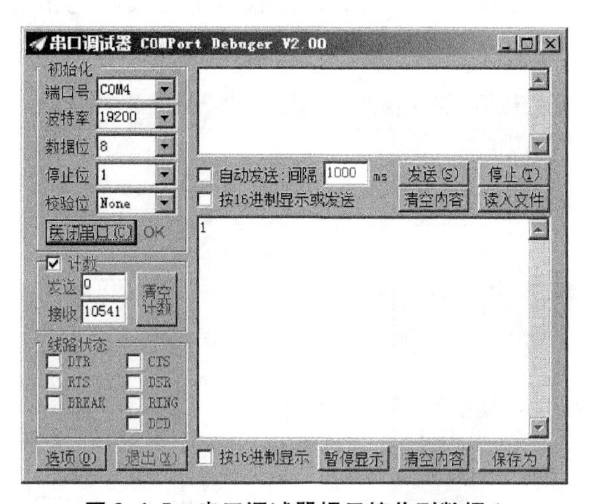

图3.4.5　串口调试器提示接收到数据1

（2）点击串口调试器接收区下方的按钮【清空内容】。如果点击勾选中接收区下方“按16进制显示”左侧的方框，在按下键值时，接收区将接收到该键值对应的ASCII码。例如按一下按键“1”，接收区会接收到数据“31”（“0x31”是“1”的ASCII码），如图3.4.6所示。

图 3.4.6　按 16 进制显示接收到的数据

（3）点击串口调试器接收区下方的按钮【清空内容】，取消选中接收区下方“按 16 进制显示”左侧的方框。从左到右，依次按一下每一行的每一个按键，可观察到每按下一个按键时，串口调试器接收区都会接收到相应的键值数据，如图 3.4.7所示。

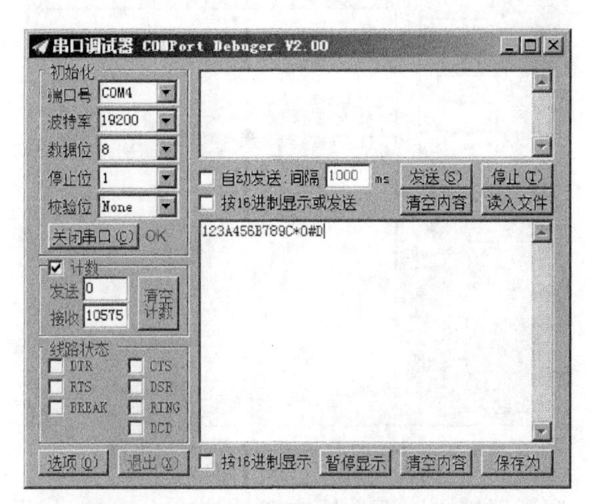

图 3.4.7　按文本方式显示接收到的数据

第 4 章　RFID 认知实验——基于 PC 系统

4.1　125 kHz 低频 RFID 读写模块

4.1.1　实验目的

（1）熟悉 125 kHz 低频 RFID 读写模块的使用方法。

（2）学习 125 kHz 标签卡（EM4305）的操作方法。

4.1.2　实验内容

通过 PC 端 RFID 综合实训系统对 125 kHz 标签进行寻卡、设置、读写操作。

4.1.3　实验环境

（1）硬件：1 个 125 kHz 低频 RFID 读写模块、1 个 DC12V 电源适配器、2 张 125 kHz 标签（EM4305）、1 根 USB 转串口线、1 台 PC 机。

（2）软件：Windows 7/XP、PC 端 RFID 综合实训系统。

4.1.4　实验步骤

4.1.4.1　设备上电

（1）将 USB 转串口线的 USB 口连接到 PC 机的 USB 口上，另一端连接到 125 kHz 低频 RFID 读写模块的 232 串口上。

（2）将 DC12 V 电源适配器的 DC12 V 接口插到 RFID 综合实验平台的电源输入接口，为电源适配器接通 AC220V 电源，将电源总开关拨到位置【开】，为实验平台供电，向右拨动模块上的拨码开关，模块上的电源指示灯将被点亮，如图 4.1.1 所示。

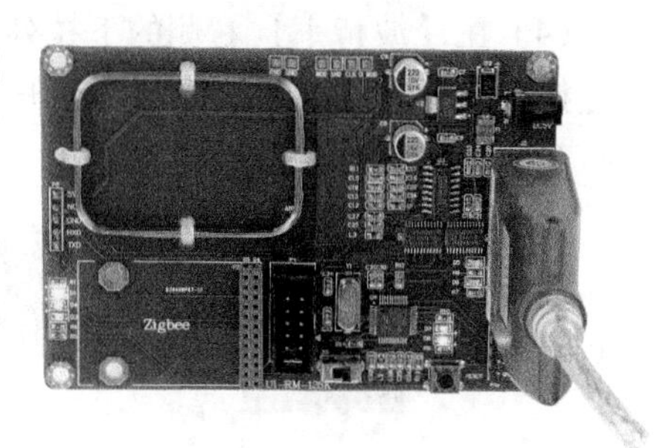

图 4.1.1　13.56 MHz 高频原理机

4.1.4.2 PC 端软件操作

1. 准备工作

(1) 双击打开【配套光盘\05 - 软件系统\RFID PC 软件\1.2.10】中的“RFIDStudySys.exe”软件。

(2) 点击【低频 125 kHz】进入低频 125 kHz 操作界面，然后点击进入【125K_v1.1】选项卡（对应硬件 125 kHz 低频 RFID 读写模块），如图 4.1.2 所示。

图 4.1.2 串口屏主界面

(3) 在【串口号】右侧的下拉列表中选择正确的串口端号（可参照第 2 章第 2.4.1.2 节查看串口端号），如没有找到串口号或更换了串口的位置，请点击【刷新】再设置串口号。

(4) 在【波特率】右侧的下拉列表中选择“38400”，点击按钮【连接】，串口连接成功后，该按钮将变为【断开】，同时右侧信息显示框中会提示“串口成功打开”，如图 4.1.3 所示。

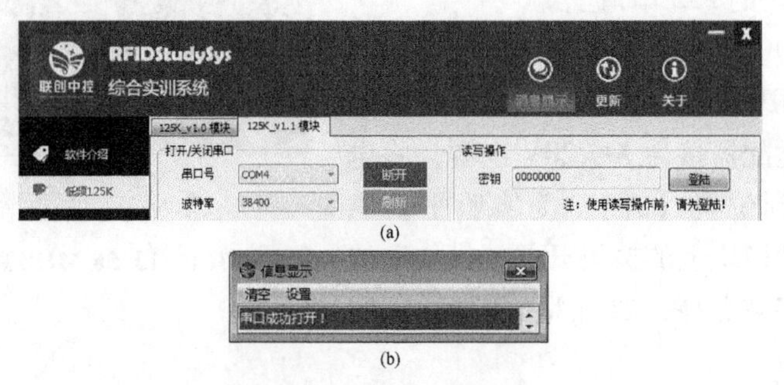

图 4.1.3 成功连接串口

2. 寻卡操作

（1）将 125 kHz 标签放到感应区域上方，点击按钮【单次寻卡】，可以看到在【寻卡操作】下方的文本框中将显示出寻到标签的 ID，如图 4. 1. 4 所示。

图 4. 1. 4　125 kHz 标签单次寻卡操作

（2）点击按钮【自动寻卡】该按钮会变为图 4. 1. 5 所示的【停止寻卡】。分别将两张不同的 125 kHz 标签放置在感应区域上方，可以看到【寻卡操作】下方文本框中显示了两个标签的 ID，点击【停止寻卡】停止操作。

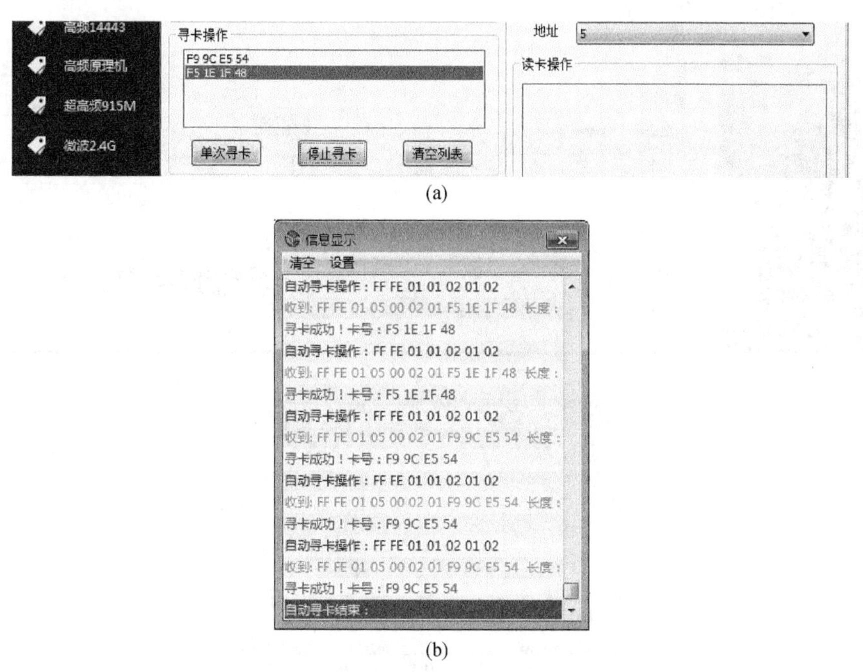

(a)

(b)

图 4. 1. 5　125 kHz 标签自动寻卡操作

3. 设置操作

（1）在【密钥修改】下方，【原密码】右侧的文本框中输入原密码（一般为00000000），然后在【现密码】右侧的文本框中输入要修改的密码，然后点击按钮【修改】即可成功修改密码。

（2）在【空间传输速率】下方的下拉列表中选中“RF/16”，点击按钮【修改】；在【编码方式】下方的下拉列表中选中“Bi-phase”，点击按钮【修改】，右侧的信息显示框中将显示“配置修改操作成功！”的提示。

操作结果如图4.1.6所示。

4. 读写操作

（1）在【密钥】右侧输入框中输入正确的密码，点击按钮【登陆】，登陆成功后，信息显示框中将显示“登陆成功！”的提示，如图4.1.7所示。

（2）登陆成功后，在【地址】右侧的下拉列表中选中要读取的地址，点击按钮【读卡】，在【读卡操作】下方的文本框中将显示出读到的数据，右侧的信息显示框中将显示出调试信息和“读卡成功！”的提示，如图4.1.8所示。

（3）在【写卡操作】下方的文本框中输入要写入的4个字节的十六进制数据，点击按钮【写卡】，写卡成功后，信息显示框中将显示“写卡操作成功！”的提示，如图4.1.9所示。

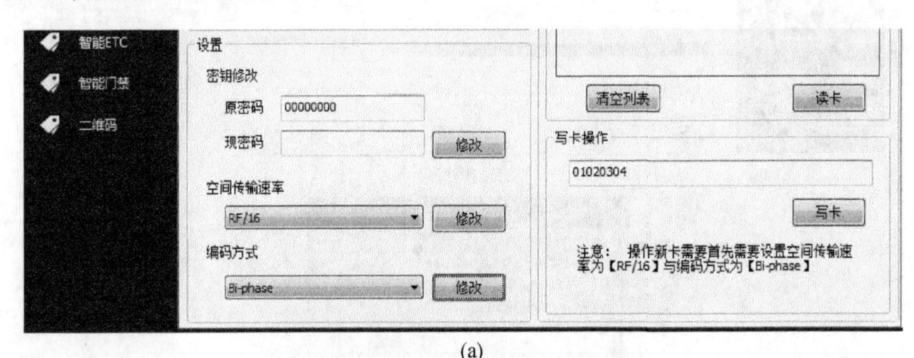

(a)

信息显示
清空 设置
设置速率操作：FF FE 01 05 01 04 02 00 00 00 0A
收到: FF FE 01 01 00 01 00 长度：7
配置修改操作成功！
设置模式操作：FF FE 01 05 01 04 10 00 00 00 18
收到: FF FE 01 01 00 01 00 长度：7
配置修改操作成功！

(b)

图4.1.6　密钥及配置修改操作

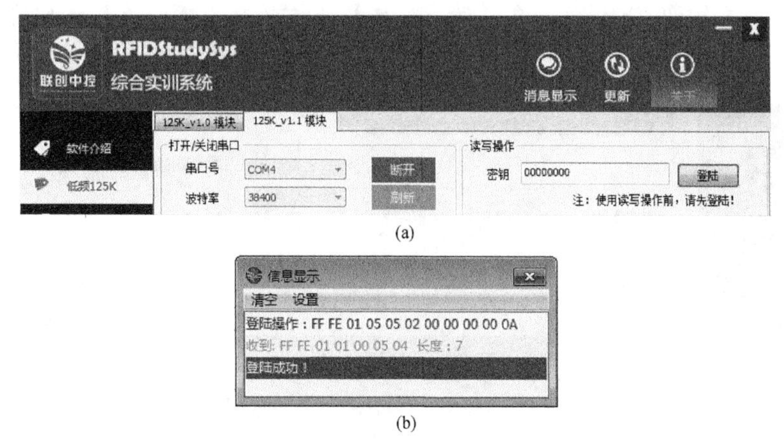

图 4.1.7　操作

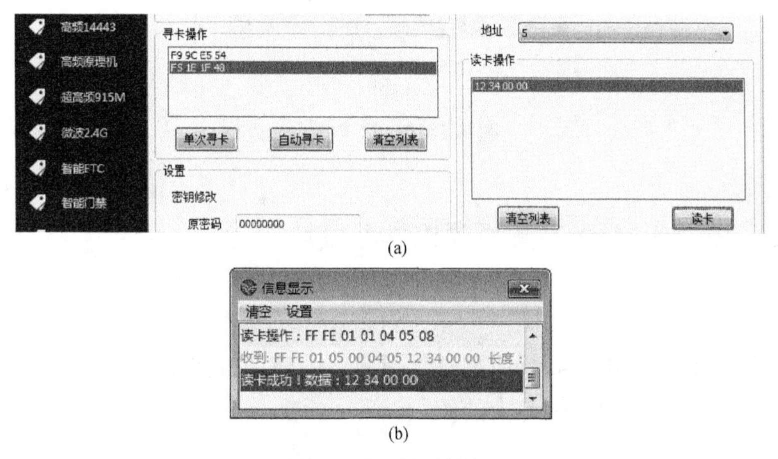

图 4.1.8　读卡操作

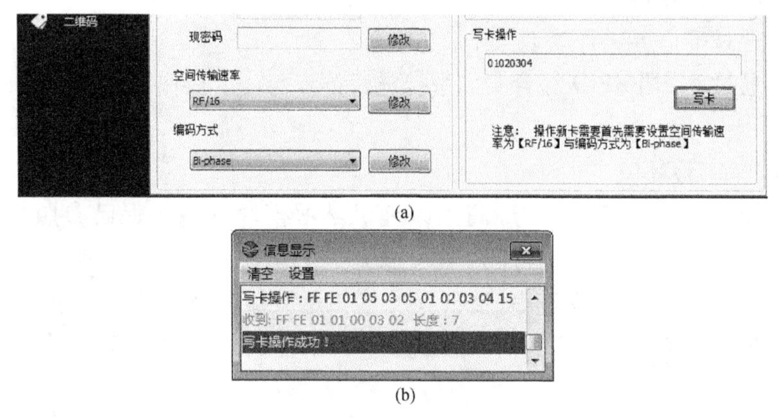

图 4.1.9　写卡操作

（4）点击按钮【读卡】，在【读卡操作】下方的文本框中将显示出在上一步写入的数据，如图 4. 1. 10 所示。

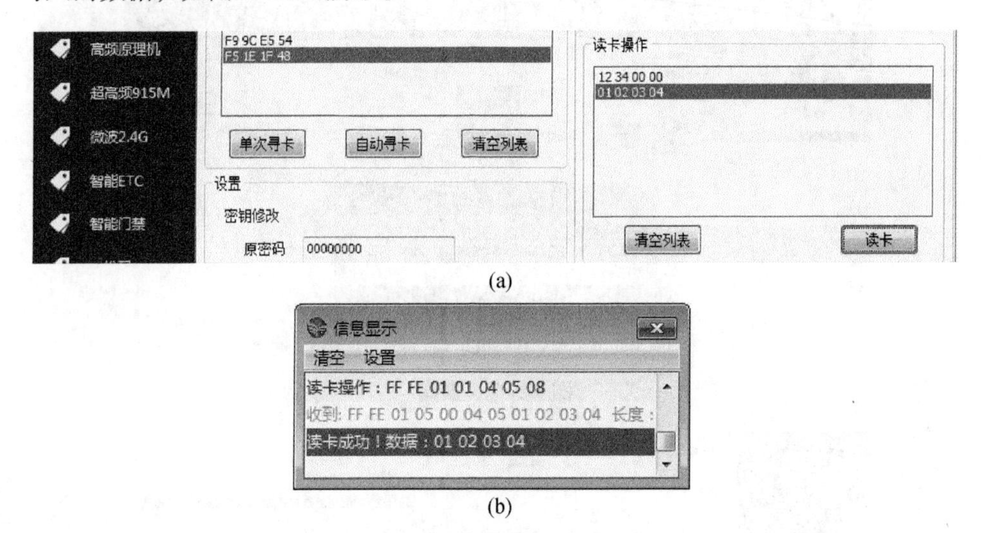

(a)

(b)

图 4. 1. 10　读卡操作

4. 2　13. 56 MHz 高频原理机学习模块

4. 2. 1　实验目的

（1）熟悉 13. 56 MHz 高频原理机学习模块的使用方法。

（2）学习 13. 56 MHz 标签卡的使用。

4. 2. 2　实验内容

（1）通过串口屏进行读卡操作。

（2）通过 PC 端 RFID 综合实训系统进行读卡与写卡操作。

4. 2. 3　实验环境

（1）硬件：1 个 13. 56 MHz 高频原理机学习模块（请确保已参照第 2 章第 2. 4 节为其成功下载了出厂程序）、1 个 DC12 V 电源适配器、2 张 15693 标签、2 张14443 标签、1 根 USB 转串口线、1 个虚拟示波器（及附件）、1 台 PC 机。

（2）软件：Windows 7/XP、PC 端 RFID 综合实训系统、多功能虚拟信号分析仪。

4.2.4　实验步骤

4.2.4.1　设备上电

（1）将 USB 转串口线的 USB 口连接到 PC 机的 USB 口上，另一端连接到 13.56 MHz 高频原理机学习模块的 USART3 接口上。

（2）将 DC12 V 电源适配器的 DC12 V 接口插到 RFID 综合实验平台的电源输入接口，为电源适配器接通 AC220 V 电源，将电源总开关拨到位置【开】，为实验平台供电。

（3）将 13.56 MHz 高频原理机学习模块右上角的拨动开关拨到下方，为该模块接通电源，可以观察到拨动开关左侧的电源指示灯“POW_LED”正常点亮。串口屏显示图 4.2.1 所示的主界面。

图 4.2.1　13.56 MHz 高频原理机

4.2.4.2　串口屏读卡

1. 读 15693 标签

（1）将 15693 标签放置在感应区域上方。

（2）在串口屏（图 4.2.2）界面中，点击按钮【ISO15693】，进入 ISO15693 操作界面。

图 4.2.2　串口屏主界面

(3) 点击【手动寻卡】，如果寻卡成功，蜂鸣器会发出“嘀”的响声，【状态提示】右侧文本框中将显示“SUCCESS!”，【序列号】右侧的文本框中将显示出寻到的标签ID，如图4.2.3所示。

(4) 如果寻卡失败，【状态提示】右侧的文本框中将显示“No Card!”，【序列号】右侧的文本框中将不显示内容，如图4.2.4所示。

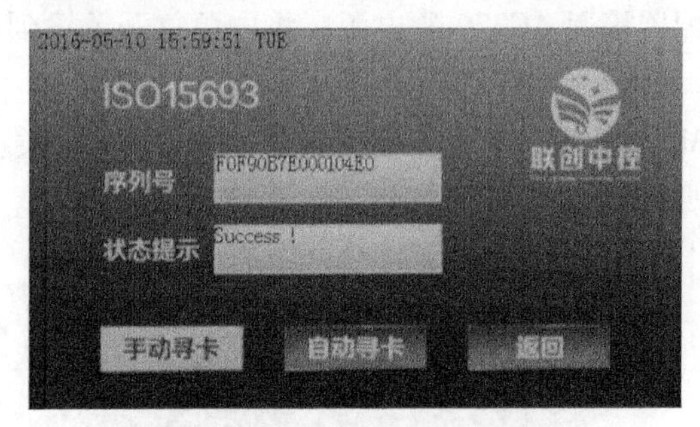

图4.2.3 手动寻卡成功界面

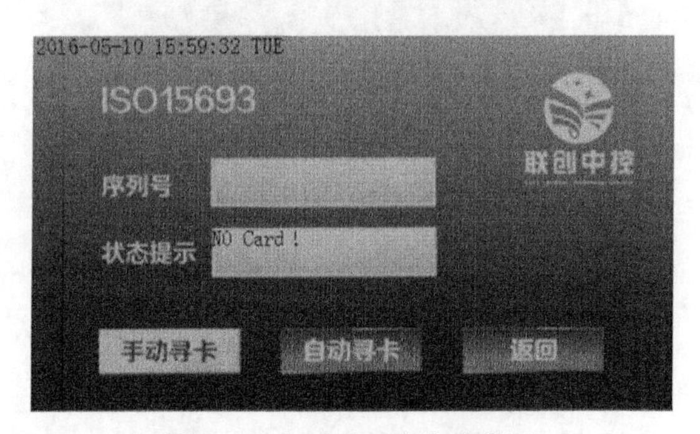

图4.2.4 手动寻卡失败界面

(5) 点击【自动寻卡】，串口屏开始自动寻卡。

(6) 分别将两张不同的15693标签放置在感应区域上方，会看到【序列号】右侧文本框中的内容会随着标签的变化而变化。每寻到一次卡蜂鸣器都会发出“嘀”的响声，说明串口屏自动寻卡成功。

(7) 点击【返回】返回到串口屏的主界面。

2. 读14443标签

(1) 将14443标签放置在感应区域上方。

(2) 点击串口屏主界面上的按钮【ISO14443】，进入ISO14443操作界面。

(3) 点击【手动寻卡】，如果寻卡成功，蜂鸣器会发出“嘀”的响声，【状态提示】右侧文本框中将显示“SUCCESS!”，【序列号】右侧的文本框中将显示出寻到的标签ID，如图4.2.5所示。

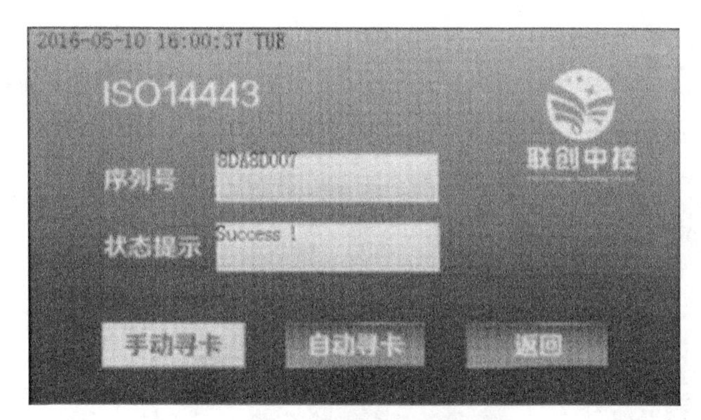

图 4.2.5 手动寻卡成功界面

（4）如果寻卡失败，【状态提示】右侧的文本框中将显示“No Card!”，【序列号】右侧的文本框中将不显示内容，如图 4.2.6 所示。

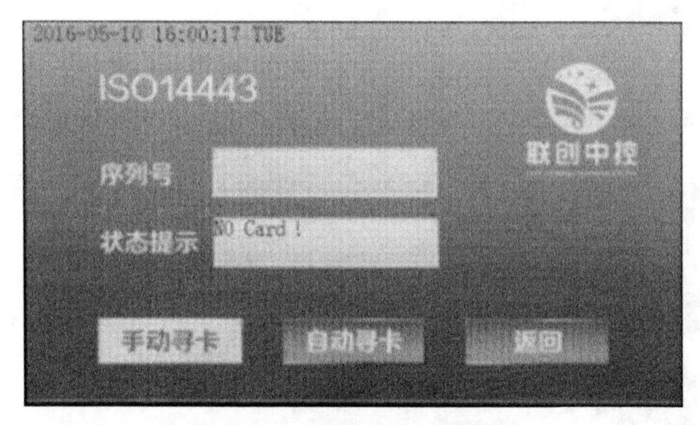

图 4.2.6 手动寻卡失败界面

（5）点击【自动寻卡】，串口屏开始自动寻卡。

（6）分别将两张不同的 14443 标签放置在感应区域上方，可以看到【序列号】右侧文本框中的内容会随着标签的变化而变化，每寻到一次卡蜂鸣器都会发出“嘀”的响声，说明串口屏自动寻卡成功。

（7）点击【返回】返回到串口屏的主界面。

4.2.4.3 PC 端软件操作

1. 准备工作

（1）双击打开【配套光盘\05－软件系统\RFID PC 软件\1.2.10】中的“RFIDStudySys.exe”软件，该软件的主界面如图 4.2.7 所示。

（2）点击【高频原理机】进入高频原理机操作界面，默认进入的是【原理机 ISO15693 协议】选项卡，如图 4.2.8 所示。

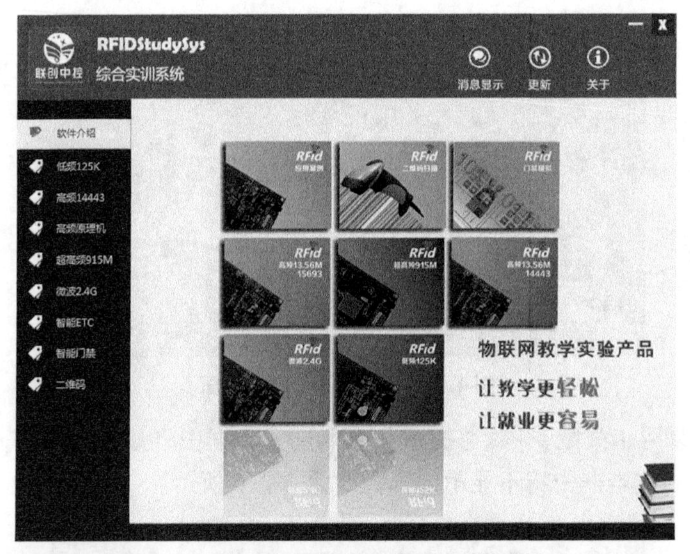

图 4.2.7　PC 端 RFID StudySys 软件主界面

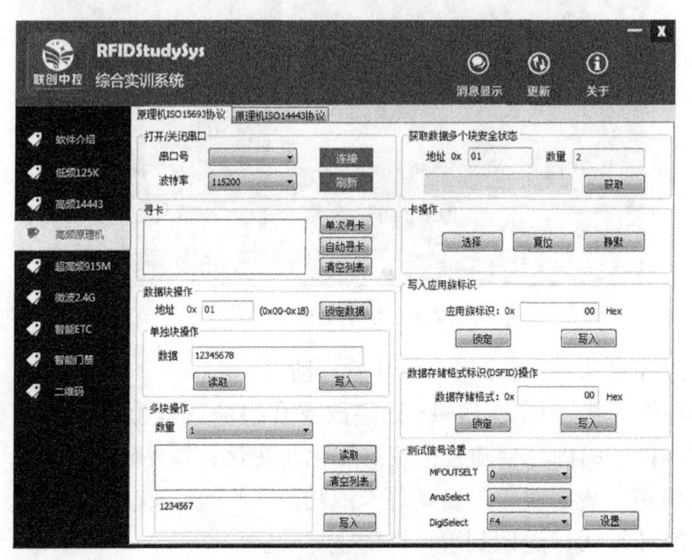

图 4.2.8　PC 端高频原理机 15693 协议主界面

(3) 在【串口号】右侧的下拉列表中选择正确的串口端号（可参照第 2 章第 2.4.1.2 节查看串口端号），如没有找到串口号或更换了串口的位置，点击【刷新】再设置串口号。

(4) 在【波特率】右侧的下拉列表中选择“115200”，点击按钮【连接】，串口连接成功后，该按钮将变为【断开】，同时右侧信息显示框中会提示“串口打开成功”，如图 4.2.9 所示。

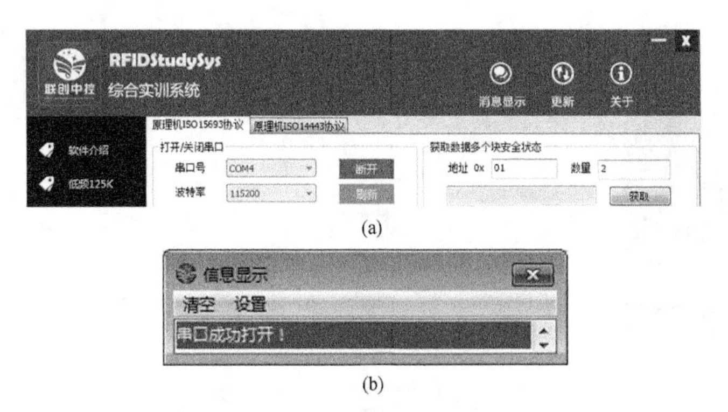

图 4.2.9　成功连接串口

2. 15693 标签

1）单次寻卡

将 15693 标签放置在感应区域上方，点击【单次寻卡】，如果寻卡成功，蜂鸣器会发出“嘀”的响声，【寻卡】下方的文本框中将显示出寻到的标签 ID，同时右侧信息显示框中会显示调试信息和“寻卡操作成功!”的提示，如图 4.2.10 所示。

图 4.2.10　15693 标签寻卡操作

2）自动寻卡

点击【自动寻卡】，该按钮会变为图 4.2.11 所示的【停止寻卡】。分别将两张不同的 15693 标签放置在感应区域上方，可以看到【寻卡】下方文本框中显示了两个标签的 ID，每寻到一次卡蜂鸣器都会发出“嘀”的响声。点击【停止寻卡】停止操作。

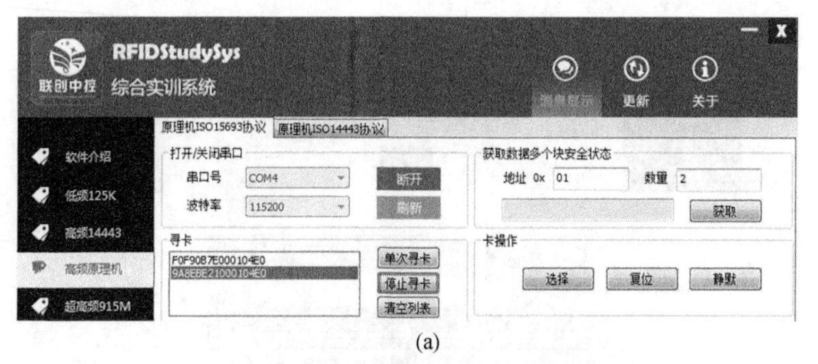

(a)

(b)

图 4. 2. 11　15693 标签自动寻卡操作

3）单独块操作

在【数据块操作】下方，【地址】右侧的文本框中输入要写入的块的编号（范围是 0x00 ~ 0x1B），在【数据】右侧的文本框中输入要写入的数据（格式要求为 4 个字节的十六进制数据）。点击按钮【写入】，可以观察到右侧的信息显示框中会显示调试信息和“写单数据块操作成功!”的提示，并且听到蜂鸣器发出“嘀”的响声，如图 4. 2. 12 所示。

在【数据块操作】下方，【地址】右侧的文本框中输入前面写入数据的块的编号（十六进制数）。点击按钮【读取】，可以观察到【数据】右侧的文本框中显示的数据与之前写入的数据一致，右侧的信息显示框中会显示调试信息和“读卡操作成功!”的提示，并且听到蜂鸣器发出“嘀”的响声，如图 4. 2. 13 所示。

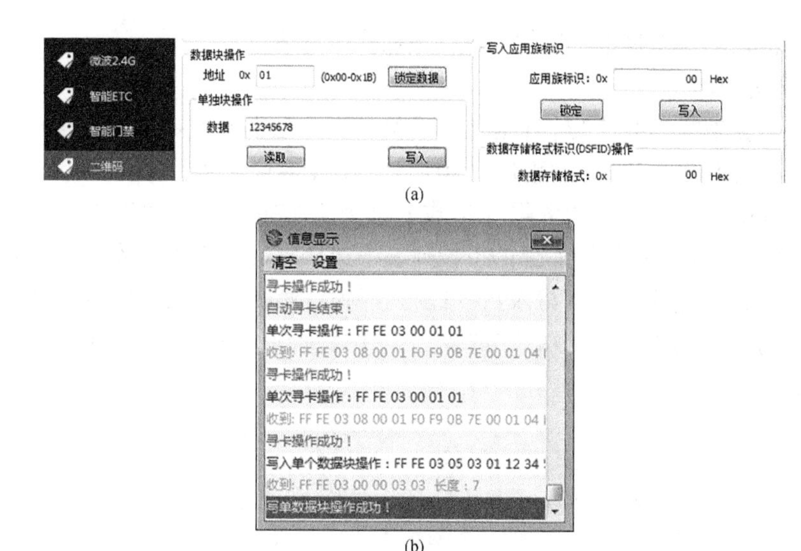

(a)

(b)

图 4. 2. 12　写单数据块操作

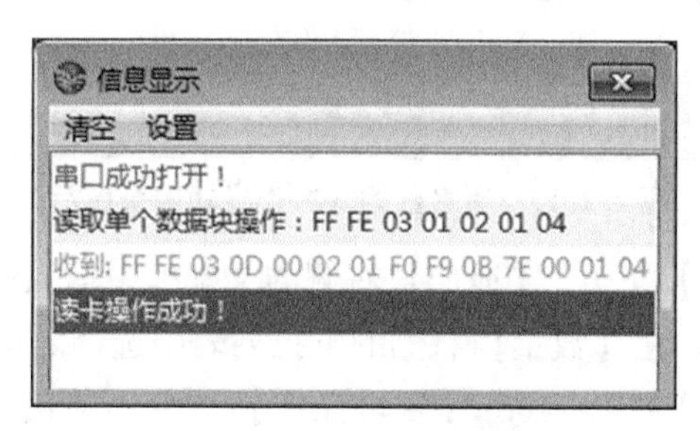

图 4. 2. 13　读单数据块操作

4）锁定数据

当不再需要更改标签中某个块的数据时，可以在【数据块操作】下方，【地址】右侧的文本框中输入要锁定的块的编号（范围是 0x00 ~ 0x1B），点击【锁定数据】，将弹出图 4. 2. 14 所示提示，点击【确定】即成功锁定该块的数据。

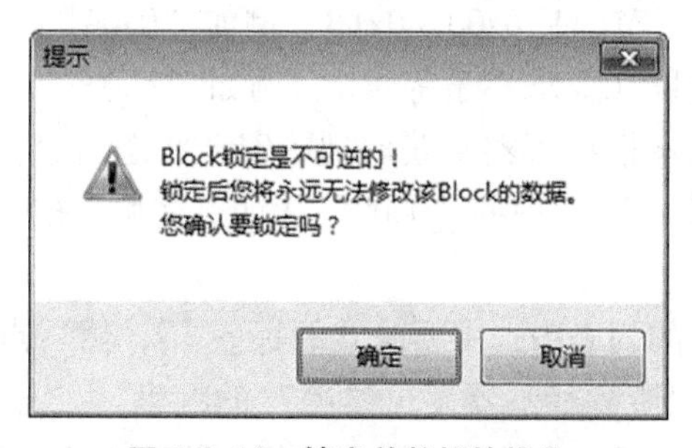

图 4. 2. 14　锁定单数据块操作

注意：锁定操作是不可逆的，执行该操作时请慎重！

5）多块操作

在【数据块操作】下方，【地址】右侧的文本框中输入要写入数据的起始块地址（范围是0x00～0x1B，例如“0x04”），在【多块操作】下方，【写入】左侧的文本框中输入要写入的数据（格式要求为4个字节的十六进制数据，例如“12345678”），在【数量】右侧的下拉列表中选择要写入的块的数量。点击【多块操作】下方右侧的按钮【写入】，可以观察到右侧的信息显示框中会显示调试信息和“写多数据块操作成功!”的提示，并且听到蜂鸣器发出“嘀”的响声，如图4.2.15所示。

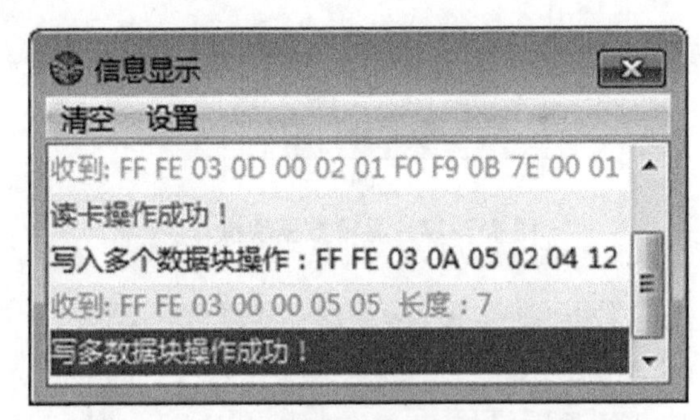

图4.2.15　写多数据块操作成功信息显示

在【数据块操作】下方，【地址】右侧的文本框中输入前面写入数据的块的编号（十六进制数），在【数量】右侧的下拉列表中选择之前写入块的数量（要求小于等于7，例如“2”）。点击【多块操作】下方右侧的按钮【读取】，可以观察到【多块操作】下方的文本框中显示的数据与之前写入的数据一致，右侧的信息显示框中会显示调试信息和“读卡操作成功!”的提示，并且听到蜂鸣器发出“嘀”的响声，如图4.2.16所示。

6）获取数据多个块安全状态

在【获取数据多个块安全状态】下方，【地址】右侧的文本框中输入要获取安全状态的块的编号（范围是0x00～0x1B，例如“0x04”），在【数量】右侧的文本框中输入块的数量（要求小于等于7，例如“2”）。点击按钮【获取】，可在【获取】左侧的文本框中观察到获取到的安全状态信息，并且听到蜂鸣器发出“嘀”的响声。图4.2.17中的“0000”表明这些块未被锁定。

7）静默

在【寻卡】下方的列表中选中要静默的标签ID，然后点击【卡操作】下方的按钮【静默】，可以听到蜂鸣器发出“嘀”的响声，点击【单次寻卡】，右侧的信息显示框会提示“寻卡失败!”，表明该标签静默成功，如图4.2.18所示。

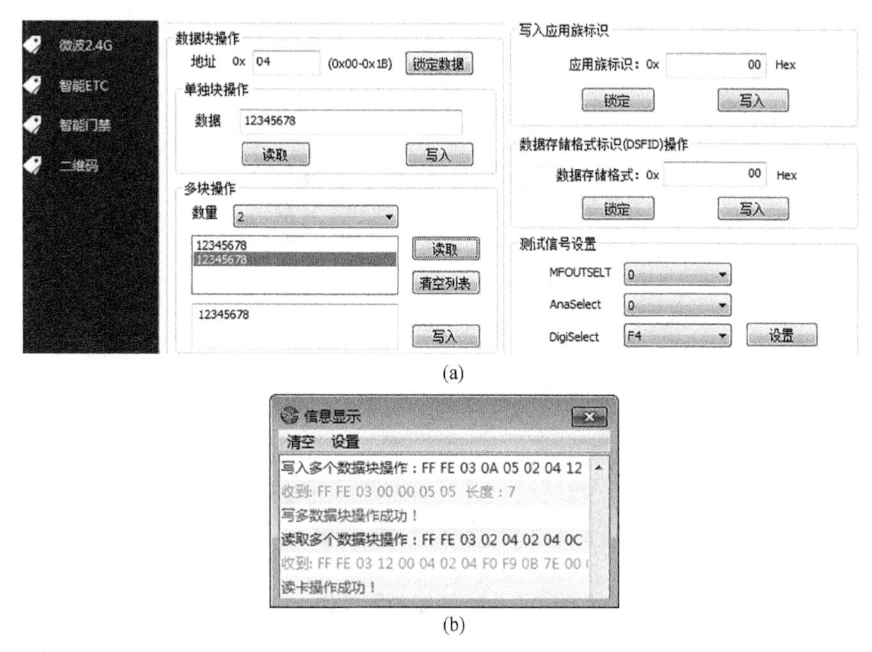

图4.2.16 读多个数据块操作

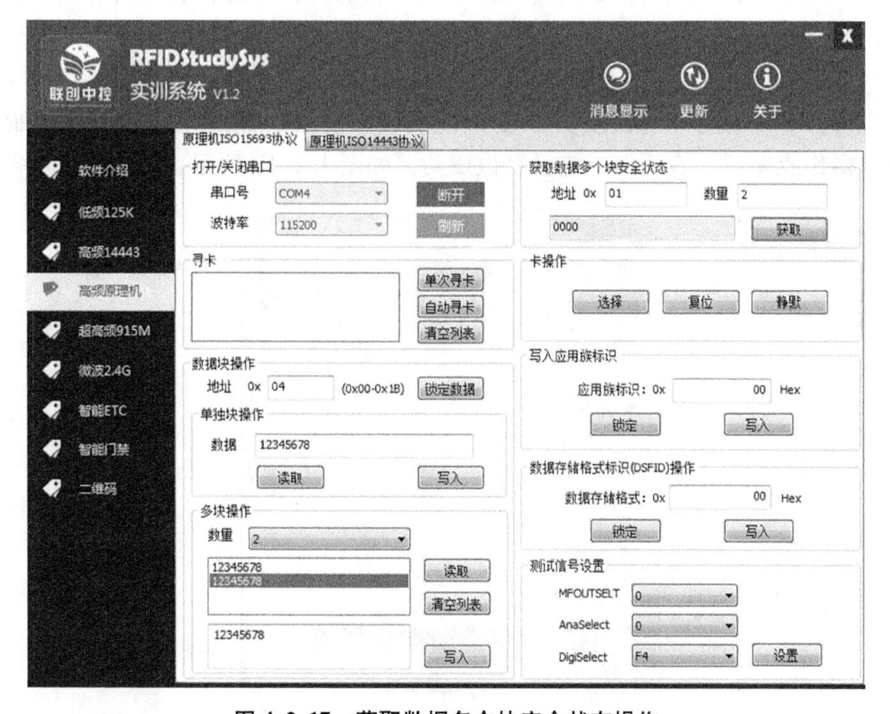

图4.2.17 获取数据多个块完全状态操作

(a)

(b)

图 4.2.18　标签静默操作

在【寻卡】下方的列表中选中要复位的标签 ID，然后点击【卡操作】下方的按钮【选择】，可以听到蜂鸣器发出“嘀”的响声，同时右侧的信息显示框会提示“选中卡成功!”；然后点击【选择】右侧的按钮【复位】，可以听到蜂鸣器发出“嘀”的响声，同时右侧的信息显示框会提示“复位卡成功!”；点击【单次寻卡】，可以听到蜂鸣器发出“嘀”的响声，同时右侧的信息显示框会提示“寻卡操作成功!”，表明该标签已复位成功，如图 4.2.19 所示。

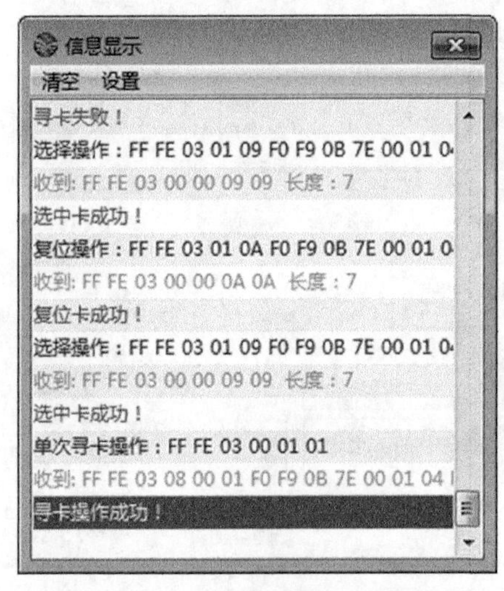

图 4.2.19　标签复位成功信息显示

8）写入应用族标识

在【寻卡】下方的列表中选中要操作的标签ID，在【应用族标识】右侧的文本框中输入一个字节的应用标识数据（0x00～0xFF），点击按钮【写入】，可以听到蜂鸣器发出“嘀”的响声，同时右侧的信息显示框会提示“写AFI成功!”，如图4.2.20所示。

(a)

(b)

图4.2.20　写入应用族标识操作

点击按钮【锁定】，弹出图4.2.21所示提示框，点击【确定】即可锁定应用族标识，但是该操作是不可逆的，需要谨慎操作。

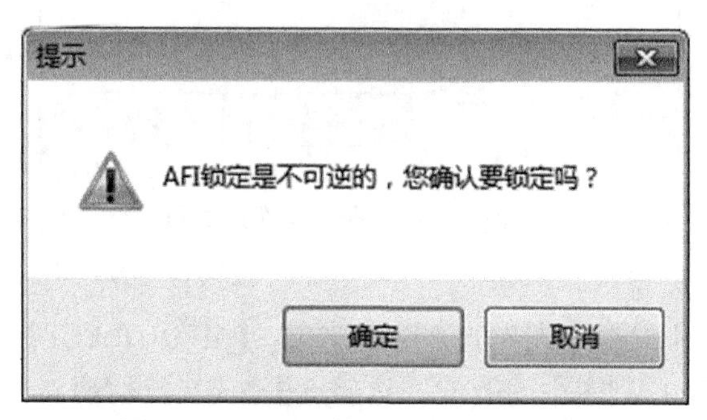

图4.2.21　AF1锁定操作提示对话框

9）数据存储格式标识（DSFID）操作

在【数据存储格式】右侧的文本框中输入要写入的数据格式存储标识，点击按钮【写入】，可以听到蜂鸣器发出“嘀”的响声，同时右侧的信息显示框会提示“写 DSFID 成功!”，如图 4.2.22 所示。

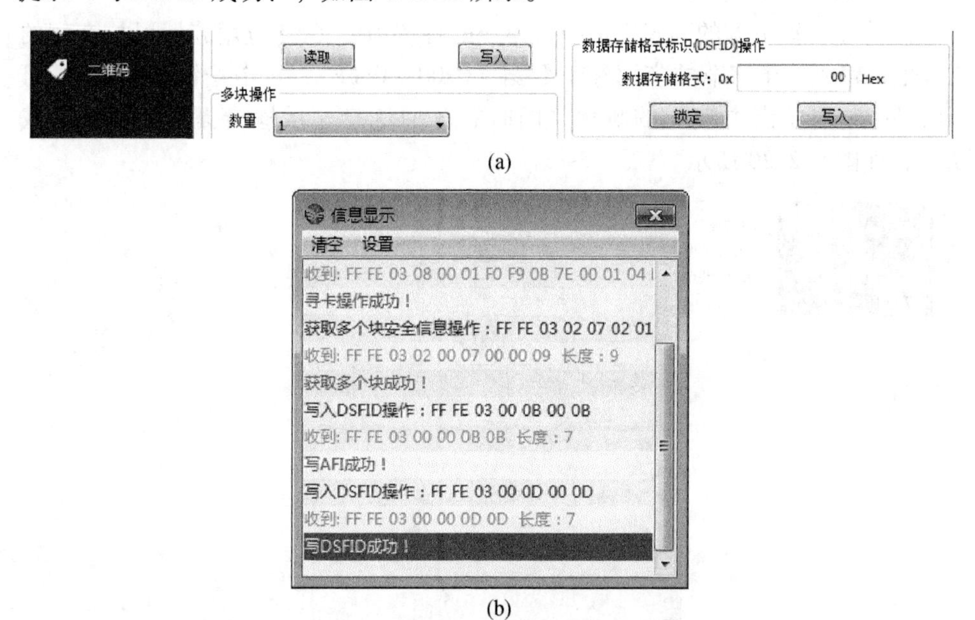

图 4.2.22 数据存储格式标识操作

点击按钮【锁定】，弹出图 4.2.33 所示提示框，点击【确定】即可锁定 DSFID，但是该操作是不可逆的，需要谨慎操作。

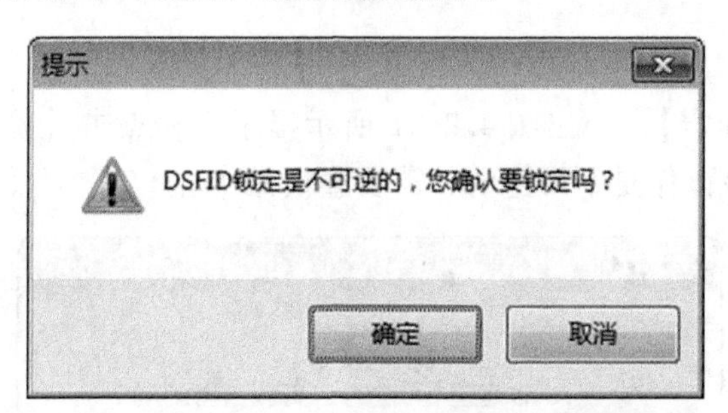

图 4.2.23 DSFID 锁定操作提示对话框

10）测试信号设置

在【测试信号设置】下方，分别选中【MFOUTSELT】、【AnaSelect】及【DigSelect】右侧下拉列表中的数值，然后点击按钮【设置】，可以听到蜂鸣器发出“嘀”的响声，同时右侧的信息显示框会提示“测试信号配置成功!”，如图 4.2.24所示。关于测试信号设置与虚拟示波器的使用，请查看本章第 4.2.4.4 节。

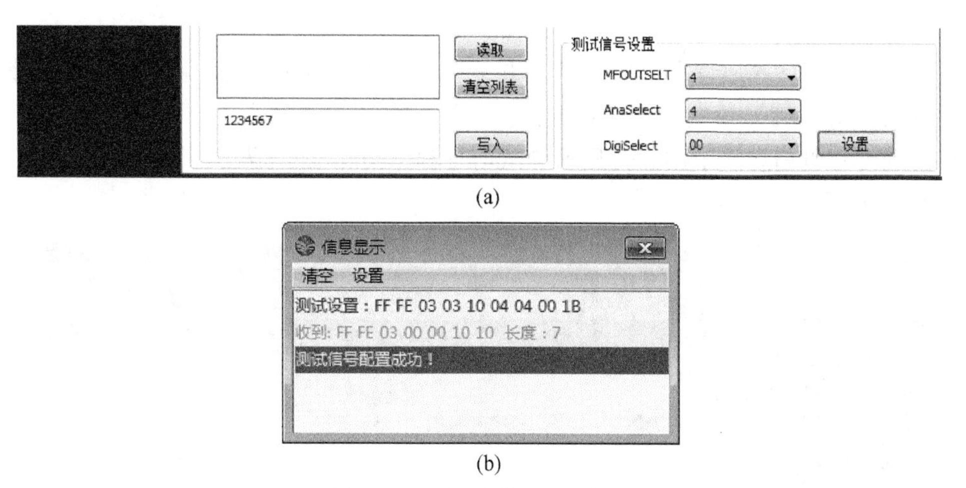

图 4.2.24　测试信号设置操作

3. 14443 标签

在高频原理机操作界面，点击进入【原理机 ISO14443 协议】选项卡，如图 4.2.25所示。

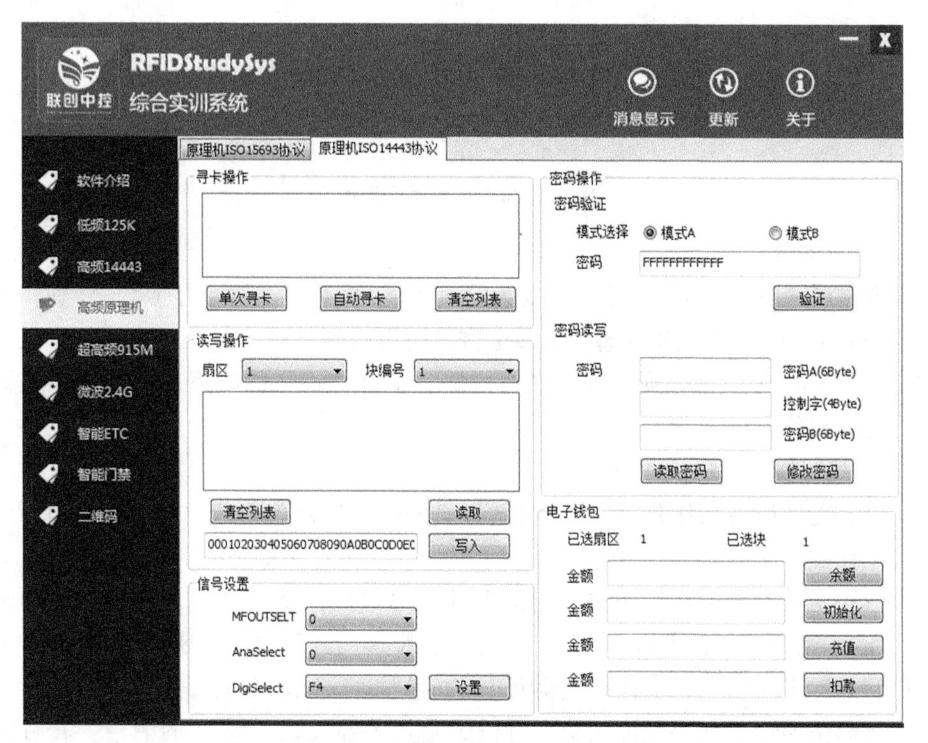

图 4.2.25　PC 端高频原理机 14443 协议主界面

1）单次寻卡

将14443标签放置在感应区域上方，点击【单次寻卡】，如果寻卡成功，蜂鸣器会发出“嘀”的响声，【寻卡操作】下方的文本框中将显示出寻到的标签ID，同时右侧信息显示框中会显示调试信息和“寻卡操作成功!”的提示，如图4.2.26所示。

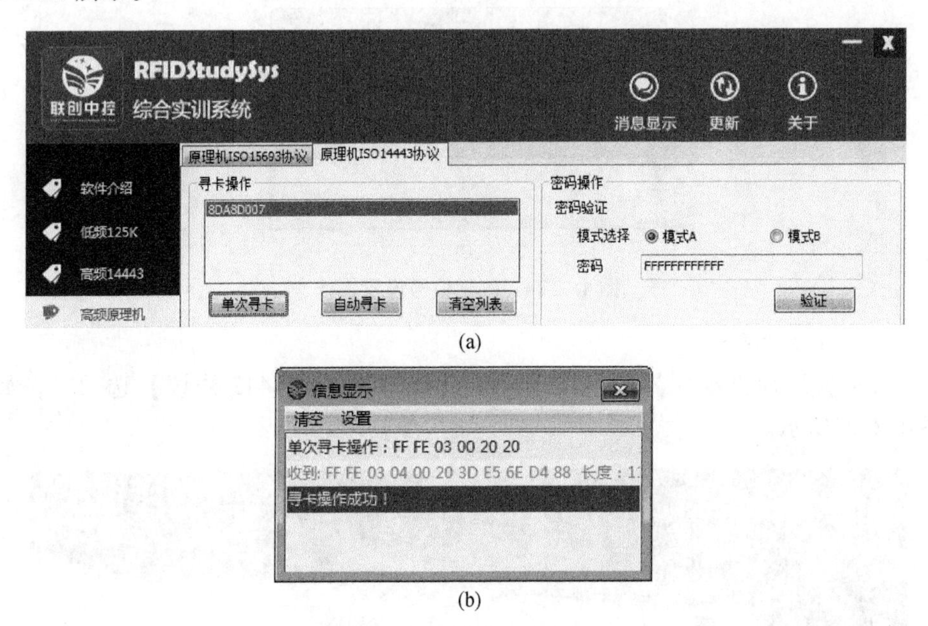

(a)

(b)

图4.2.26 单次寻卡操作

2）自动寻卡

点击【自动寻卡】，该按钮会变为图4.2.27所示的【停止寻卡】。分别将两张不同的14443标签放置在感应区域上方，可以看到【寻卡】下方文本框中显示了两个标签的ID，每寻到一次卡蜂鸣器都会发出“嘀”的响声。点击【停止寻卡】停止操作。

3）读写操作

(1) 在【读写操作】下方，【扇区】右侧的下拉列表中选中要操作的扇区编号（例如“3”）。

(2) 在【密码操作】下方，勾选中【密码验证】下方【模式A】左侧的圆框，在【密码】右侧的文本框中输入6个字节的密码（默认为“FFFFFFFFFFFF”），点击按钮【验证】，如果验证失败，右侧的信息显示框会提示“密码错误!”，如果验证成功，可以听到蜂鸣器发出“嘀”的响声，并且观察到信息显示框会显示调试信息和“验证成功!”的提示，如图4.2.28所示。

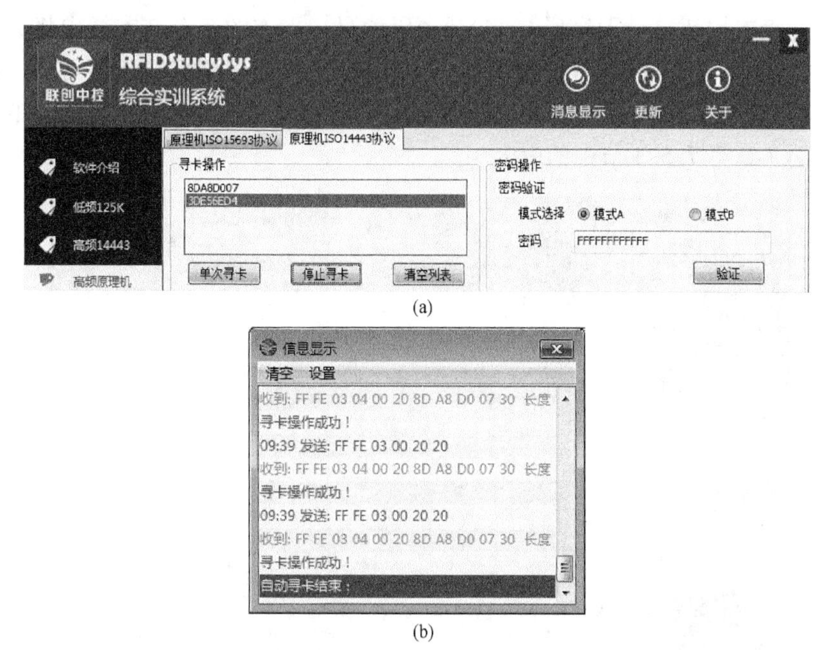

(a)

(b)

图 4. 2. 27　自动寻卡操作

(a)

(b)

图 4. 2. 28　密码验证操作

（3）点击按钮【读取密码】，在【密码读写】下方的三个文本框中将分别显示正在操作的14443标签的密码A、控制字、密码B（注意密码A不可读，所以看到的都是0，但并不是说密码A是0）如图4.2.29所示，有关密码控制的介绍请查看第7章第7.5.3节中的内容。

图4.2.29　读取密码操作

（4）可以在【密码读写】下方的三个文本框中输入要更改的数据，然后点击按钮【修改密码】进行修改，注意修改后的数据要做好记录，以便今后再次操作该扇区。

（5）在【读写操作】下方，【块编号】右侧的下拉列表中选中要操作的块的编号（例如“2”），点击按钮【读取】，可以听到蜂鸣器发出“嘀”的响声，并且观察到【读取】上方的文本框中将显示出第三扇区第二块的数据，点击【清空列表】可清空这个数据列表，如图4.2.30所示。

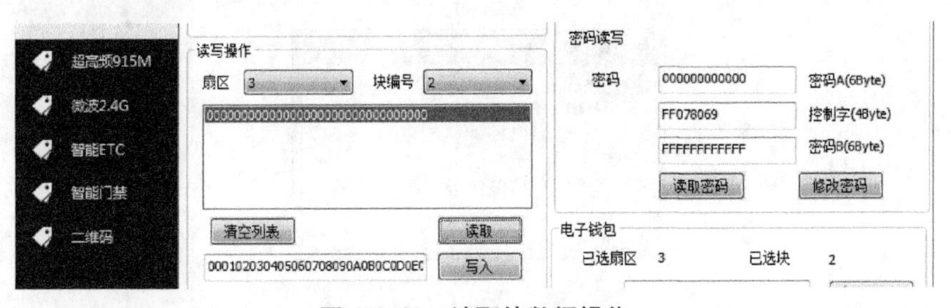

图4.2.30　读取块数据操作

(6) 在【写入】左侧的文本框中输入要写入的数据 (16 个字节的十六进制数，不够 16 个字节会自动补零)，点击按钮【写入】，可以听到蜂鸣器发出“嘀”的响声 (如果不响，请验证密码后再次写入)。点击按钮【读取】，可以再次听到蜂鸣器发出“嘀”的响声 (如果不响，请验证密码后再次读取)，并且观察到【读取】上方的文本框中显示出之前写入的数据，说明写卡成功，如图 4.2.31 所示。

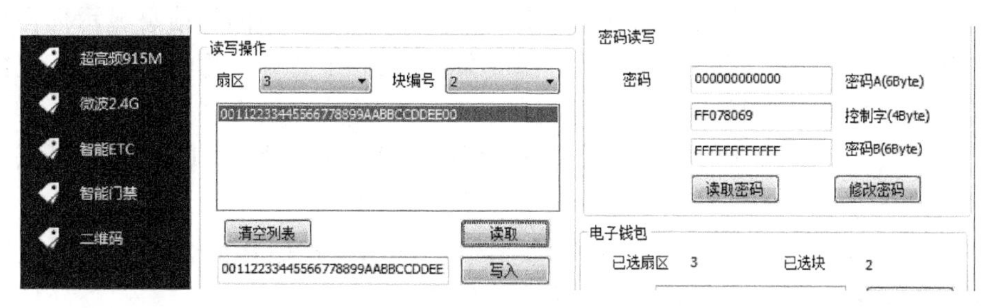

图 4.2.31　写数据块操作

4) 信号设置

在【信号设置】下方，分别选中【MFOUTSELT】、【AnaSelect】及【DigSelect】右侧下拉列表中的数值，然后点击按钮【设置】，可以听到蜂鸣器发出“嘀”的响声，同时右侧的信息显示框会提示“测试信号配置成功!”，如图 4.2.32所示。关于测试信号设置与虚拟示波器的使用，请查看本章第 4.2.4.4 节。

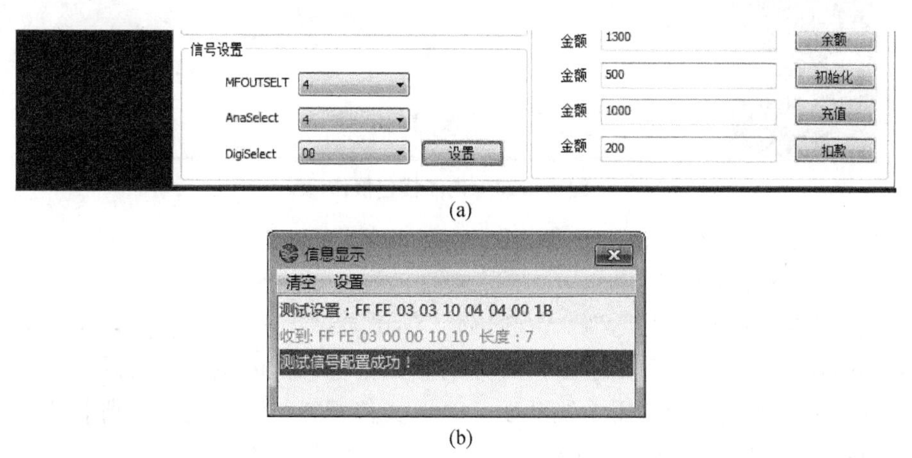

图 4.2.32　信号设置操作

5) 电子钱包操作

可以利用 14443 标签中某一扇区的某一块作为电子钱包，下面介绍具体的操作说明。

（1）在【读写操作】下方，【扇区】右侧的下拉列表中选中要操作的扇区编号（例如“3”），在【块编号】右侧的下拉列表中选中要操作的块的编号（例如“2”）。这时，在【电子钱包】下方将显示出已选择的扇区及块的编号。

（2）在【密码操作】下方，勾选中【密码验证】下方【模式 A】左侧的圆框，在【密码】右侧的文本框中输入 6 个字节的密码（默认为“FFFFFFFFFFFF”），点击按钮【验证】。如果验证失败，右侧的信息显示框会提示“密码错误!”；如果验证成功，会听到蜂鸣器发出“嘀”的响声，并且观察到信息显示框会显示调试信息和“验证成功!”的提示。

（3）确认密码验证成功后，在【电子钱包】下方点击按钮【余额】，可以观察到【余额】左侧的文本框中显示出了电子钱包中的余额。

（4）在按钮【初始化】左侧的文本框中输入要初始化的金额，然后点击【初始化】，可以观察到余额变成初始化的金额。

（5）在按钮【充值】左侧的文本框中输入要充值的金额，然后点击【充值】，可以观察到余额变成初始化金额与充值金额的总和。

（6）在按钮【扣款】左侧的文本框中输入要扣掉的金额，然后点击【扣款】，可以观察到余额减少扣款金额。

操作结果如图 4.2.33 所示。

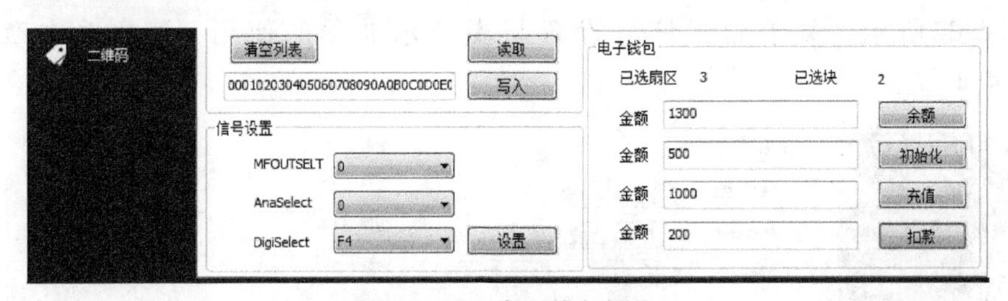

图 4.2.33　电子钱包操作

4.2.4.4　测试信号设置与虚拟示波器的使用

1. 相关寄存器说明

通过设置 MFOUTSELT、TestAnaSelect、TestDigiSelect 这三个寄存器的值，可以设置 anologtest 和 Mfout 引脚输出什么样的测试信号，具体说明见目录【DISK - RFID - 标签识别技术与应用系统开发 \ 01 - 文档资料 \ 04 - 用户手册】中文件“RFID 综合实验平台串口通信协议 V1.0.pdf”第 6.3.15 节中的内容。

本节以测试 15693 标签寻卡时，MFOUT 引脚输出调制信号、AUX 输出 I 通道副载波信号放大与滤波的波形为例，讲解如何查看输出的测试信号。

由“RFID 综合实验平台串口通信协议 V1.0.pdf”第 6.3.15 节中的内容可

知，三个寄存器的配置如表 4. 2. 1 所示。

表 4. 2. 1　测试信号配置

寄存器	寄存器值	定义
MFOUTSELT	0x04	MFOUT 引脚输出调制信号
TestAnaSelect	0x04	I 通道副载波信号放大与滤波
TestDigiSelect	0x00	无测试信号

2. 安装多功能虚拟信号分析仪

（1）双击打开【配套光盘 \ 03 - 常用工具 \ 04 - 虚拟示波器 \ 软件】目录中的“多功能虚拟信号分析仪 . exe”，点击【下一步】，如图 4. 2. 34 所示。

（2）在图 4. 2. 35 所示界面点击【接受】。

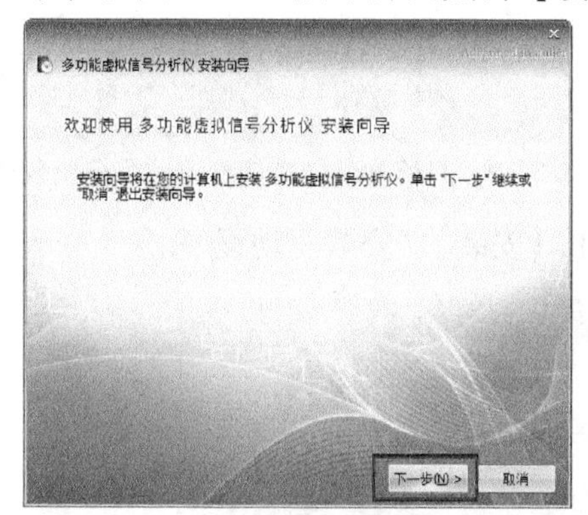

图 4. 2. 34　多功能虚拟信号分析仪安装向导

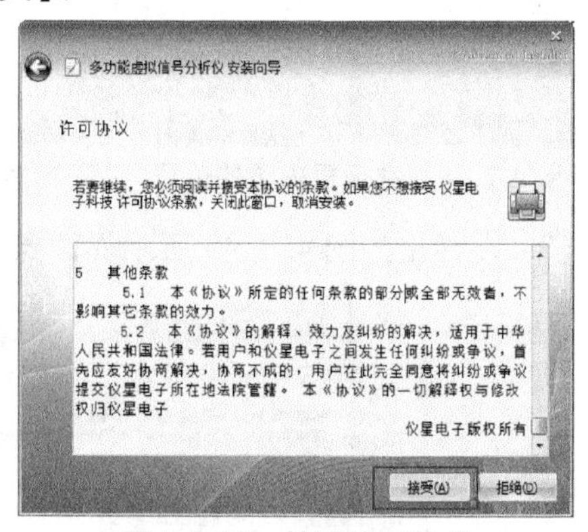

图 4. 2. 35　接受许可协议

（3）在图 4. 2. 36 所示界面点击【自定义】。

（4）选择要安装的插件，并点击【下一步】，如图 4. 2. 37 所示。

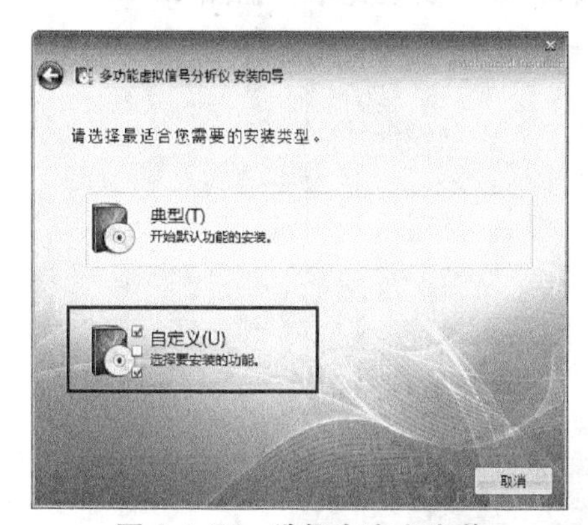

图 4. 2. 36　选择自定义安装

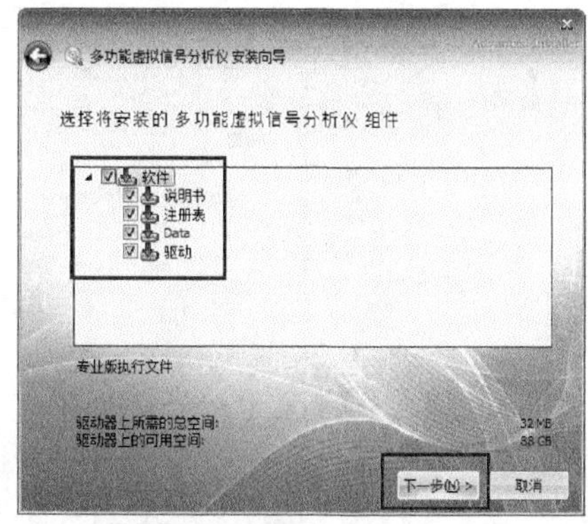

图 4. 2. 37　选择要安装的插件

(5) 选择要安装的位置（可自定义），并点击【下一步】，如图4.2.38所示。

(6) 在图4.2.39所示界面点击【安装】，开始安装软件。

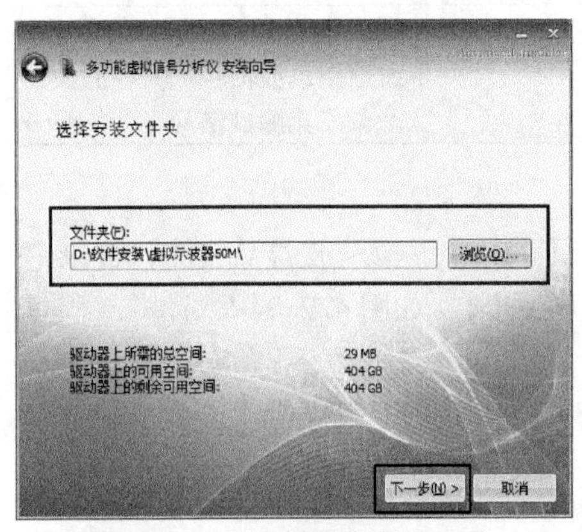

图4.2.38　选择要安装的位置

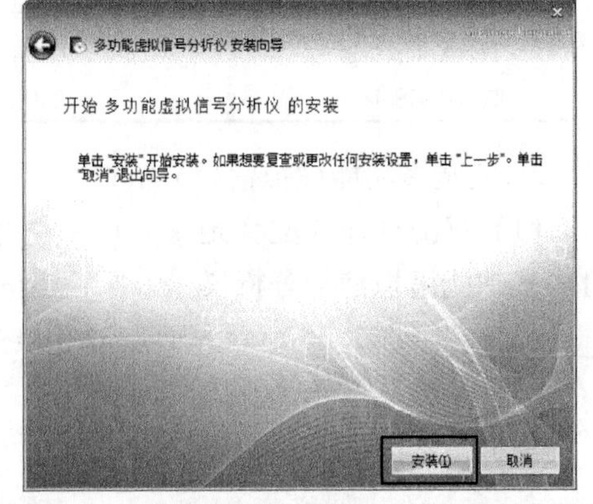

图4.2.39　开始安装多功能虚拟信号分析仪软件

(7) 在弹出的图4.2.40所示界面点击【安装】，安装驱动程序。

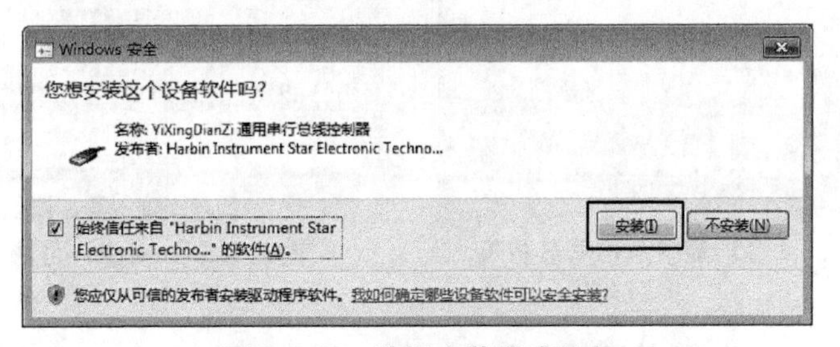

图4.2.40　选择安装驱动程序

(8) 等待安装成功以后，点击【完成】，软件安装完毕，如图4.2.41所示。

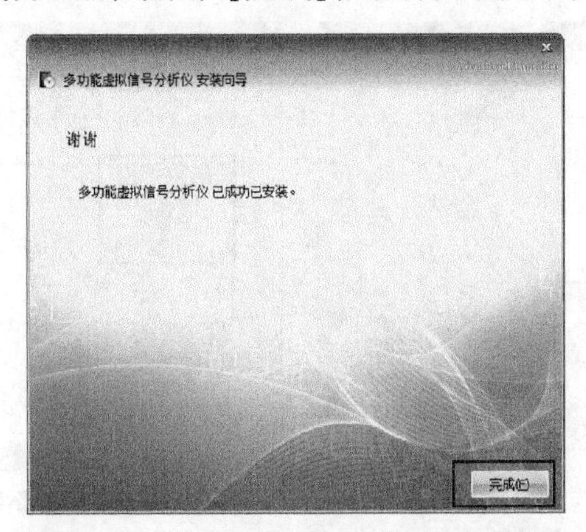

图4.2.41　多功能虚拟信号分析仪安装完成

3. 观察测试信号波形

（1）将虚拟示波器的附件 USB2.0A 口转 B 口线的 USB 口连接到 PC 机的 USB 口，将另一端连接到虚拟示波器。

（2）将示波器探头连接至虚拟示波器的 CH1 接口，如图 4.2.42 所示（请注意：需要向右拧紧）。

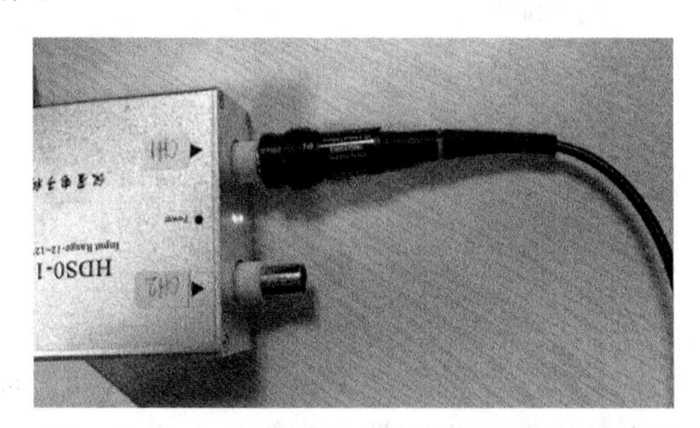

图 4.2.42　示波器探头与虚拟示波器的连接图

（3）将探头的一端夹住 13.56 MHz 高频原理机学习模块的“GND”测试点，将另一端勾住“MFOUT”测试点，如图 4.2.43 所示，用来测试 MFOUT 的输出信号。

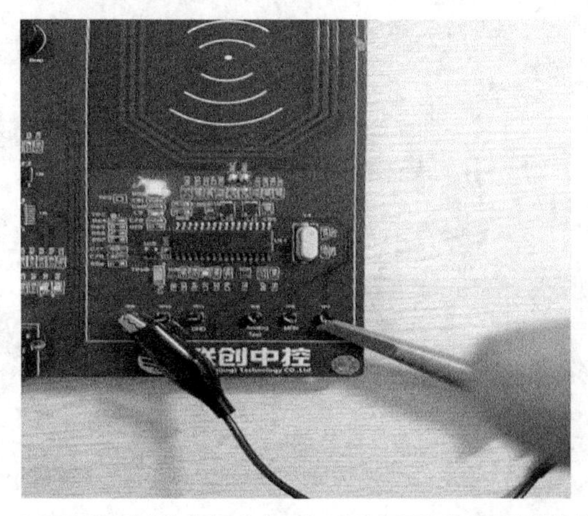

图 4.2.43　MFOUT 测试点探头与 13.56 MHz 高频原理机的连接方法

（4）在桌面上找到多功能虚拟信号分析仪软件的快捷方式，双击图标

打开软件。

（5）点击选中第一个，然后点击【确定】，如图 4.2.44 所示。

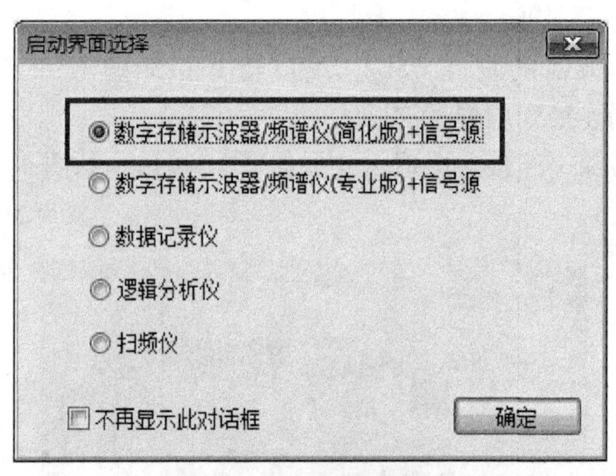

图 4.2.44　启动界面选择

（6）选择相应通道，并设置电压坐标轴每大格为 2 V，时间坐标每大格为 10 μs，连续触发、跳边沿触发，并设置触发电平为 500 mV（即超过 500 mV 触发），如图 4.2.55 所示。

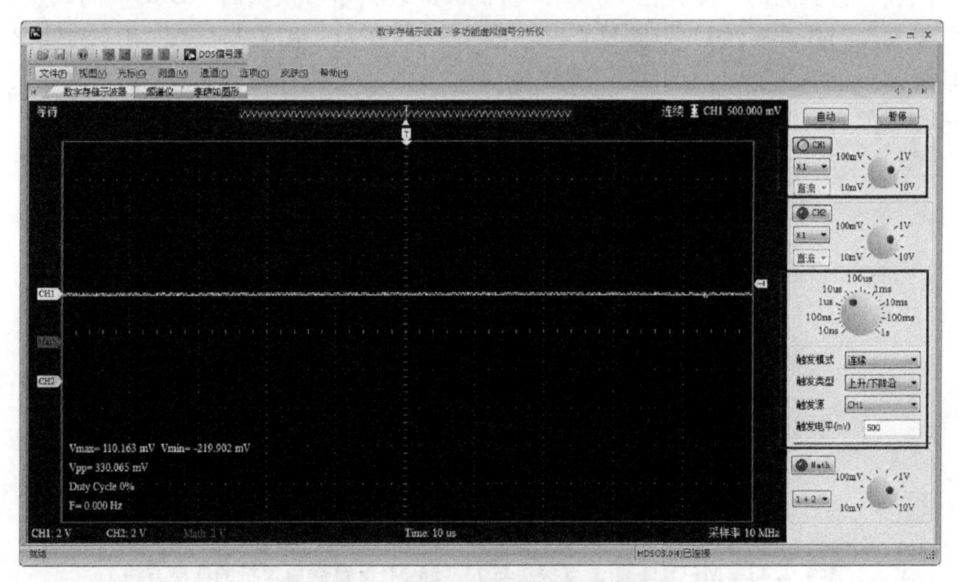

图 4.2.45　设置多功能虚拟信号分析仪

（7）在 PC 端 RFID 综合实训系统中【测试信号设置】下方，选择好各寄存器的值点击【设置】，即可成功给寄存器赋值，如图 4.2.46 所示。

（8）点击【单次寻卡】，可在多功能虚拟信号分析仪软件界面看到 MFOUT 输出的调制信号，如图 4.2.47 所示。

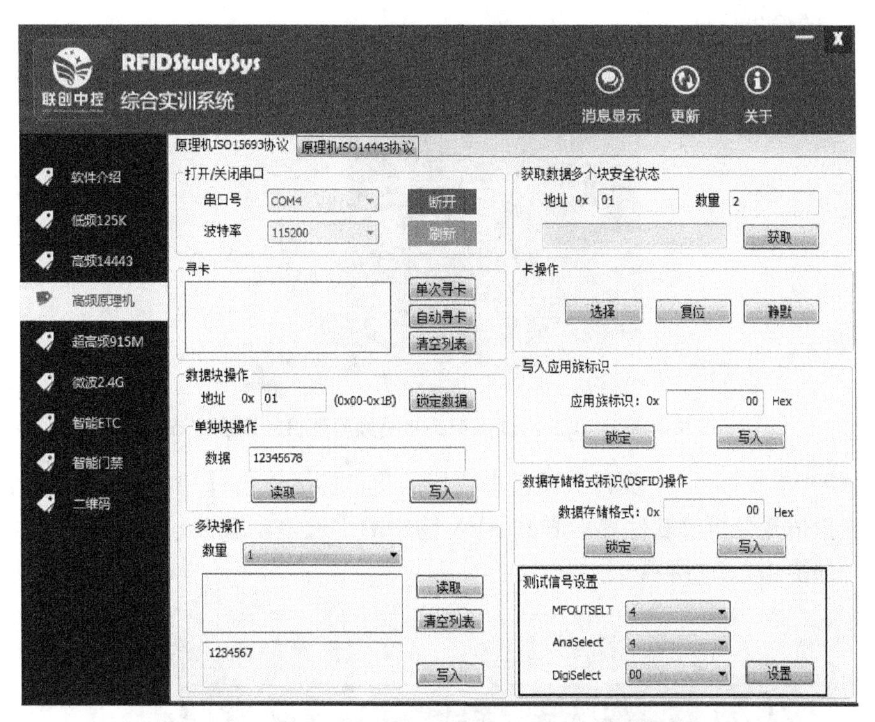

图 4.2.46　在 PC 端 RFID 综合实训系统中设置测试信号

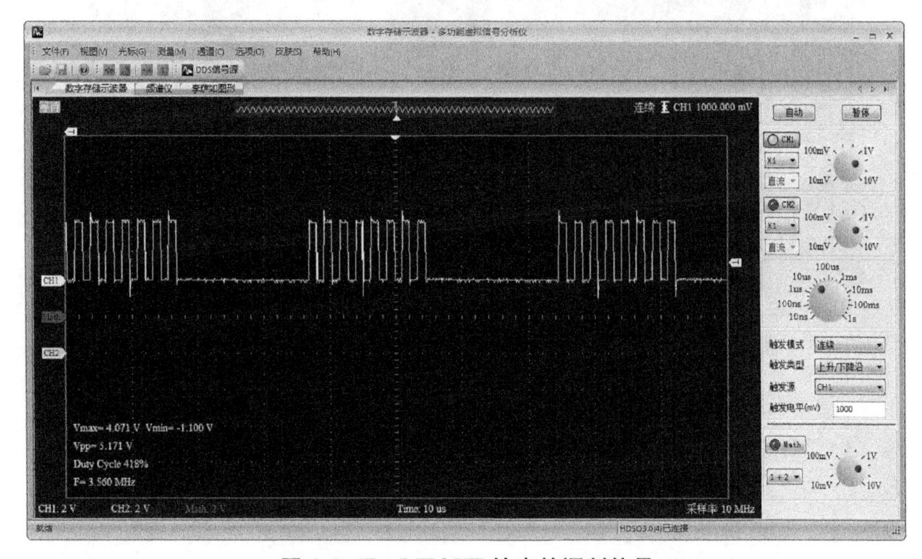

图 4.2.47　MFOUT 输出的调制信号

（9）将探头的一端夹住 13.56 MHz 高频原理机学习模块的“GN”测试点，将另一端勾住“住另一端模块的出的调制信测试点，如图 4.2.48 所示，用来测试 AUX 的输出信号。

图 4.2.48　AUX 测试点探头与高频原理机的连接方法

（10）参照第（7）步再次设置寄存器的值，然后点击【单次寻卡】，可在多功能虚拟信号分析仪软件界面看到 AUX 输出的 I 通道副载波信号放大与滤波的波形，如图 4.2.59 所示。

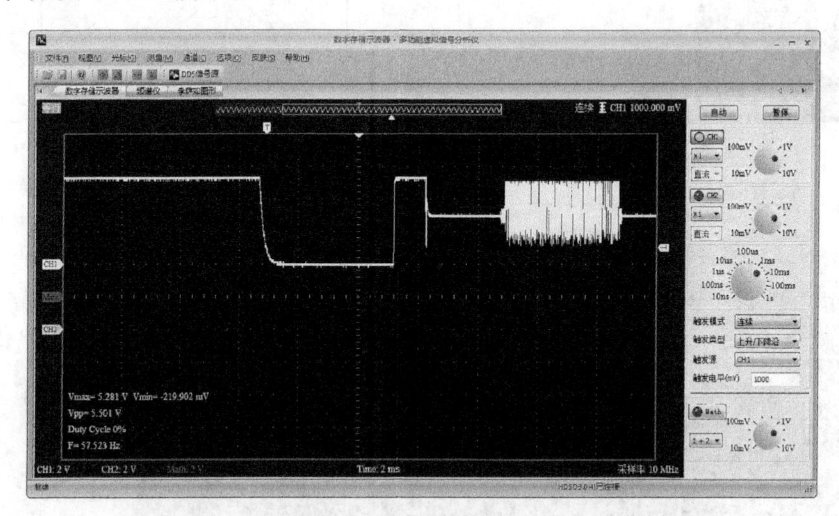

图 4.2.49　AUX 输出的 I 通道副载波信号放大与滤波的波形

4.3　13.56 MHz 高频 14443 读写模块

4.3.1　实验目的

（1）熟悉 13.56 MHz 高频 14443 读写模块的使用方法。

（2）学习 13.56 MHz 标签卡的操作方法。

4.3.2　实验内容

通过 PC 端 RFID 综合实训系统对 13.56 MHz 标签进行寻卡、读写等操作。

4.3.3　实验环境

（1）硬件：1 个 13.56 MHz 高频 14443 读写模块、1 个 DC12V 电源适配器、2 张 14443 标签、1 根 USB 转串口线、1 台 PC 机。

（2）软件：Windows 7/XP、PC 端 RFID 综合实训系统。

4.3.4　实验步骤

4.3.4.1　设备上电

（1）请先确认跳线块的连接方式：P2 跳针不接，连接 P4 跳针（TXD1→TXD，RXD2→RXD）。

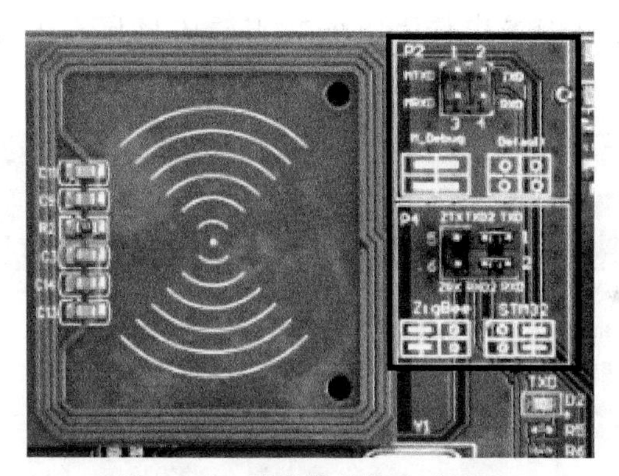

图 4.3.1　跳线块连接方式示图

（2）将 USB 转串口线的 USB 口连接到 PC 机的 USB 口上，另一端连接到 13.56 MHz 高频 14443 读写模块的 RS232 串口上。

（3）将 DC12V 电源适配器的 DC12V 接口插到 RFID 综合实验平台的电源输入接口，为电源适配器接通 AC220V 电源，将电源总开关拨到位置【开】，为实验平台供电，模块上的电源指示灯点亮，如图 4.3.2 所示

图 4.3.2　13.56 MHz 高频 14443 读写模块

4.3.4.2　PC 端软件操作

1. 准备工作

(1) 双击打开“RFIDStudySys. exe”软件。

(2) 点击【高频 14443】进入高频 14443 操作界面，如图 4.3.3 所示。

(3) 在【串口号】右侧的下拉列表中选择正确的串口端号（可参照第 2 章第 2.4.1.2 节查看串口端号），如没有找到串口号或更换了串口的位置，点击【刷新】再设置串口号。

(4) 在【波特率】右侧的下拉列表中选择“115200”，点击按钮【连接】，串口连接成功后，该按钮将变为【断开】，同时右侧信息显示框中会提示“串口成功打开”，如图 4.3.4 所示。

2. 寻卡操作

(1) 将 14443 标签放到感应区域上方（15 cm 以内），点击按钮【单次寻卡】，可以看到在【寻卡操作】下方的文本框中将显示出寻到标签的 ID，如图 4.3.5所示。

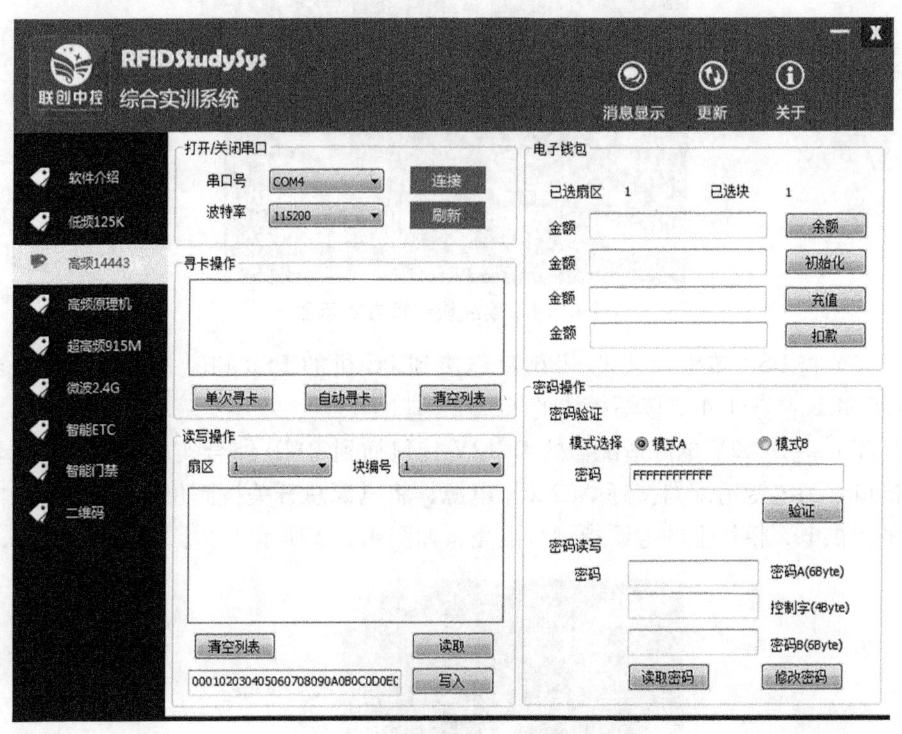

图 4.3.3　PC 端高频 14443 软件界面

(a)

(b)

图 4. 3. 4　成功连接串口

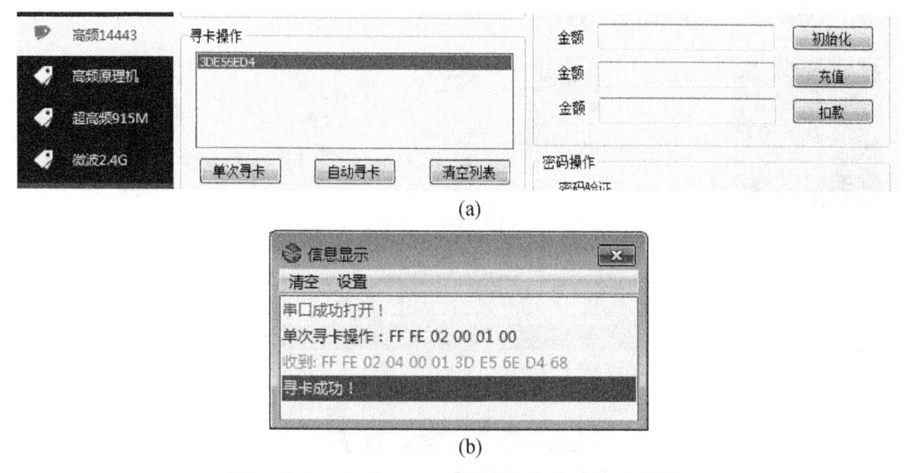

(a)

(b)

图 4. 3. 5　高频 14443 读写模块单次寻卡操作

（2）点击按钮【自动寻卡】该按钮会变为图 4. 3. 6 所示的【停止寻卡】。分别将两张不同的 14443 标签放置在感应区域上方，可以看到【寻卡操作】下方文本框中显示了两个标签的 ID，点击【停止寻卡】停止操作。

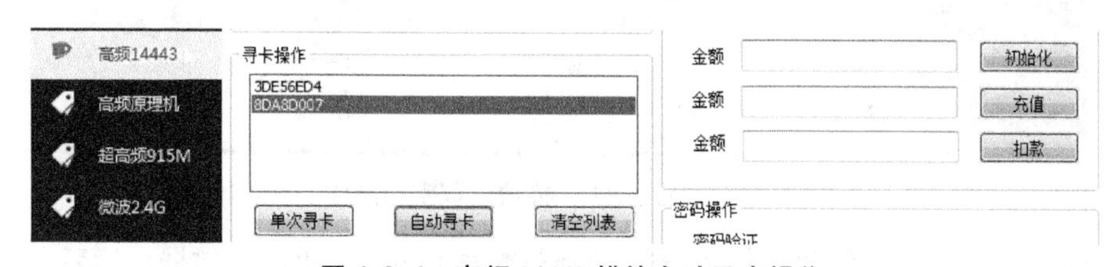

图 4. 3. 6　高频 14443 模块自动寻卡操作

3. 读写操作

(1) 在【读写操作】下方，【扇区】右侧的下拉列表中选中要操作的扇区编号（例如“3”）。

(2) 在【密码操作】下方，勾选中【密码验证】下方【模式B】左侧的圆框，在【密码】右侧的文本框中输入6个字节的密码（默认为“FFFFFFFFFFFF”），点击按钮【验证】，如果验证失败，右侧的信息显示框会提示“密码错误!”，如果验证成功，可以观察到信息显示框会显示调试信息和“验证成功!”的提示。

(3) 点击按钮【读取密码】，在【密码读写】下方的三个文本框中将分别显示正在操作的14443标签的密码A、控制字、密码B（注意密码A不可读，所以看到都是0，但并不是说密码A是0），如图4.3.8所示。有关密码控制的介绍请查看第7章第7.5.3节中的内容。

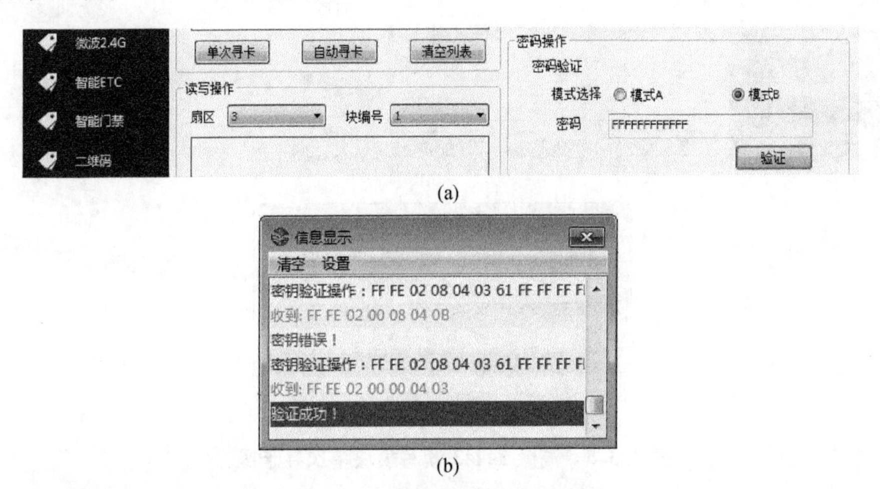

(a)

(b)

图 4.3.7　高频 14443 模块读写操作

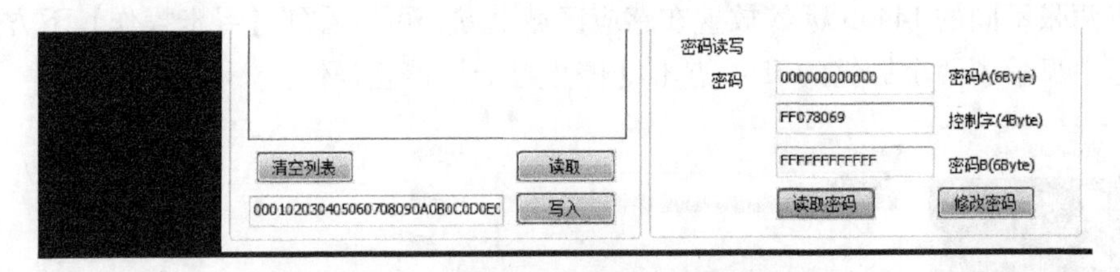

图 4.3.8　高频 14443 模块读取密码操作

(4) 可以在【密码读写】下方的三个文本框中输入要更改的数据，然后点击按钮【修改密码】进行修改，注意修改后的数据要做好记录，以便今后再次操作该扇区。

（5）在【读写操作】下方，【块编号】右侧的下拉列表中选中要操作的块的编号（例如“2”），点击按钮【读取】，可以观察到【读取】上方的文本框中将显示出第三扇区第二块的数据，点击【清空列表】可清空这个数据列表，如图4.3.9所示。

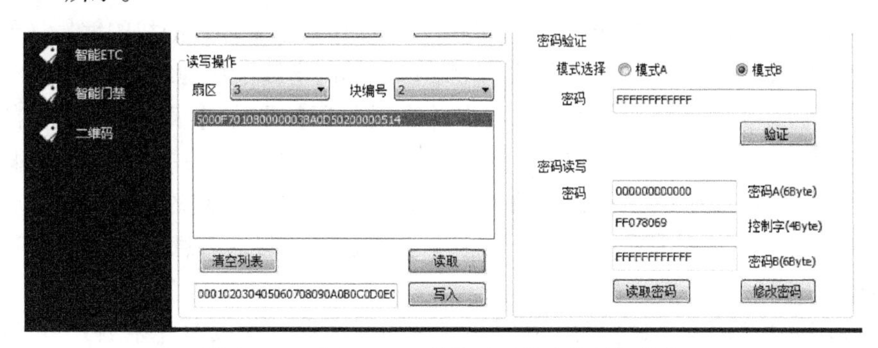

图4.3.9　高频14443模块清除指定块数据操作

（6）在【写入】左侧的文本框中输入要写入的数据（16个字节的十六进制数，不够16个字节会自动补零）。点击按钮【写入】，右侧信息框会显示“写卡成功！”的提示（如果提示失败，再次验证密码后再进行写卡操作）；再点击按钮【读取】，可以观察到【读取】上方的文本框中将显示之前写入的数据，说明写卡成功，如图4.3.10所示。

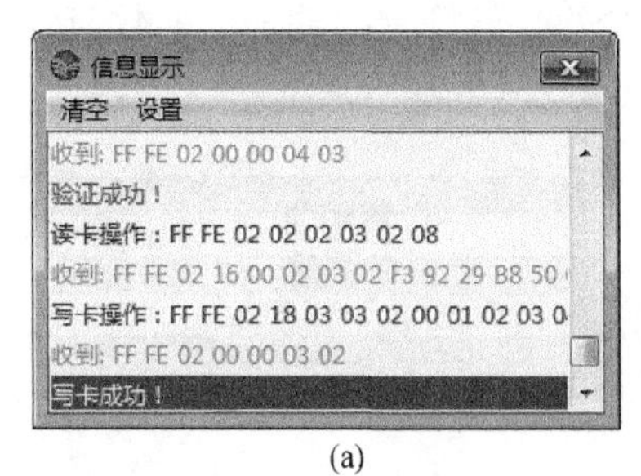

(a)

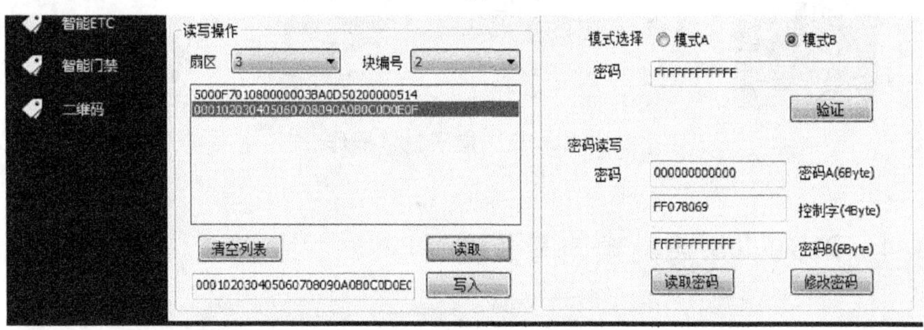

(b)

图4.3.10　高频14443模块对指定块写数据操作

4. 电子钱包操作

可以利用14443标签中某一扇区的某一块作为电子钱包，下面介绍具体的操作说明：

（1）在【读写操作】下方，【扇区】右侧的下拉列表中选中要操作的扇区编号（例如“3”），在【块编号】右侧的下拉列表中选中要操作的块的编号（例如“2”），这时，在【电子钱包】下方将显示已选择的扇区及块的编号。

（2）在【密码操作】下方，勾选中【密码验证】下方【模式B】左侧的圆框，在【密码】右侧的文本框中输入6个字节的密码（默认为“FFFFFFFFFFFF”），点击按钮【验证】，如果验证失败，右侧的信息显示框会提示“密码错误!”，如果验证成功，信息显示框会显示调试信息和“验证成功!”的提示。

（3）确认密码验证成功后，在【电子钱包】下方点击按钮【余额】，可以观察到【余额】左侧的文本框中显示出了电子钱包中的余额。

（4）在按钮【初始化】左侧的文本框中输入要初始化的金额，然后点击【初始化】，可以观察到余额变成初始化的金额。

（5）在按钮【充值】左侧的文本框中输入要充值的金额，然后点击【充值】，可以观察到余额变成初始化金额与充值金额的总和。

（6）在按钮【扣款】左侧的文本框中输入要扣掉的金额，然后点击【扣款】，可以观察到余额减少的数值等于扣款金额的数值。

操作结果如图4.3.11所示。

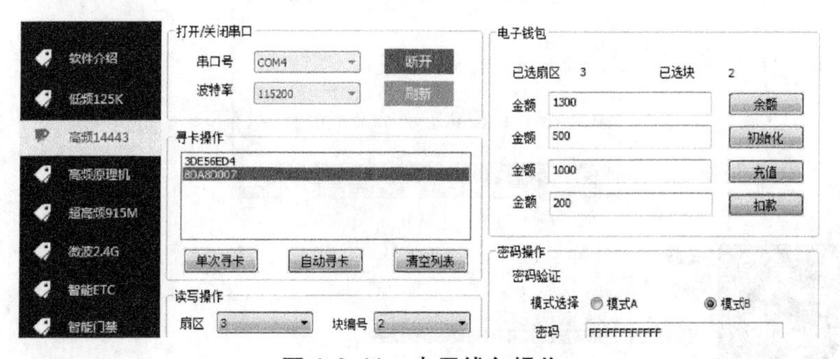

图4.3.11　电子钱包操作

4.4　915 MHz超高频读写模块

4.4.1　实验目的

（1）熟悉915 MHz超高频读写模块的使用方法。

（2）学习915 MHz标签的操作方法。

4.4.2 实验内容

通过PC端RFID综合实训系统对915 MHz标签进行寻卡、读写等操作。

4.4.3 实验环境

（1）硬件：1个915 MHz超高频读写模块、1个DC12V电源适配器、2张915 MHz标签、1根USB转串口线、1台PC机。

（2）软件：Windows 7/XP、PC端RFID综合实训系统。

4.4.4 实验步骤

4.4.4.1 设备上电

（1）请先确认跳线块的连接方式：P2跳针不接，连接P4跳针（TXD→TXD2，RXD→RXD2），如图4.4.1所示。

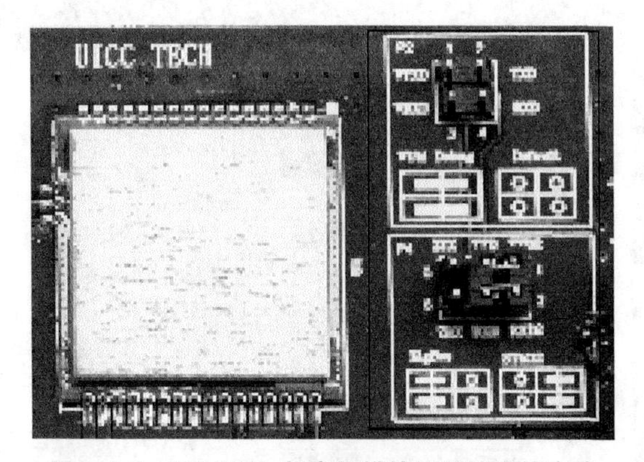

图4.4.1 915 MHz超高频模块跳线块连接方式

（2）将USB转串口线的USB口连接到PC机的USB口上，另一端连接到915 MHz超高频读写模块的RS232串口上。

（3）将DC12 V电源适配器的DC12 V接口插到RFID综合实验平台的电源输入接口，为电源适配器接通AC220 V电源，将电源总开关拨到位置【开】，为实验平台供电，模块上的电源指示灯点亮，如图4.4.2所示。

4.4.4.2 PC端软件操作

1. 准备工作

（1）双击打开【配套光盘\05-软件系统\RFID PC软件\1.2.10】中的“RFIDStudySys.exe”软件。

(2) 点击【超高频915M】进入超高频915 MHz操作界面，点击进入【915M_PRM92K_v1.2模块】选项卡，如图4.4.3所示。

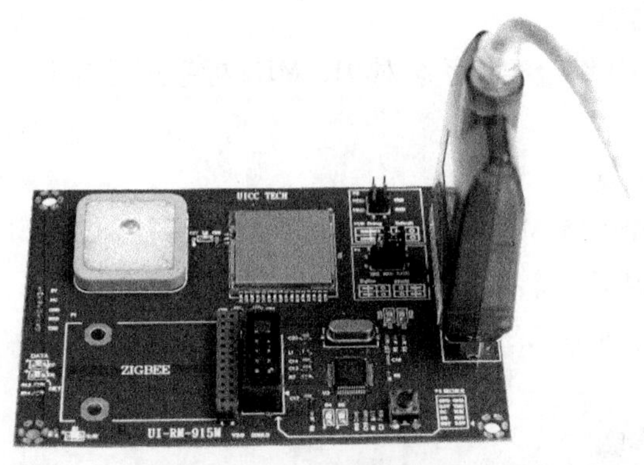

图4.4.2 915 MHz超高频模块与RS232连接图示

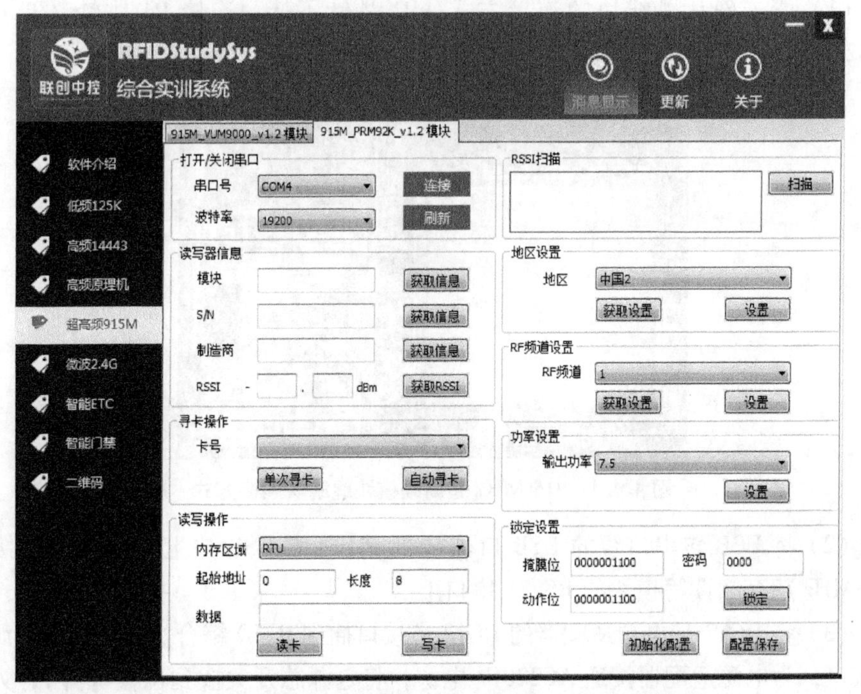

图4.4.3 915M_PRM92K_v1.2模块PC端软件界面

(3) 在【串口号】右侧的下拉列表中选择正确的串口端号（可参照第2章第2.4.1.2节查看串口端号）。如没有找到串口号或更换了串口的位置，请点击【刷新】再设置串口号。

(4) 在【波特率】右侧的下拉列表中选择“19200”，点击按钮【连接】。串口连接成功后，该按钮将变为【断开】，同时右侧信息显示框中会提示“串口成功打开”，如图4.4.4所示。

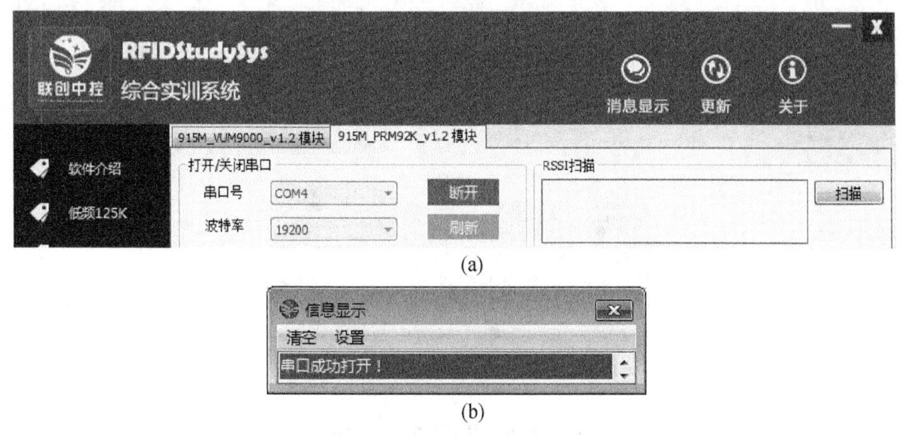

(a)

(b)

图4.4.4　成功连接串口

2. 读写器信息

点击【读写器信息】下方的四个按钮【获取信息】，可分别获取到读写模块的型号、S/N、制造商及RSSI信息，如图4.4.5所示。

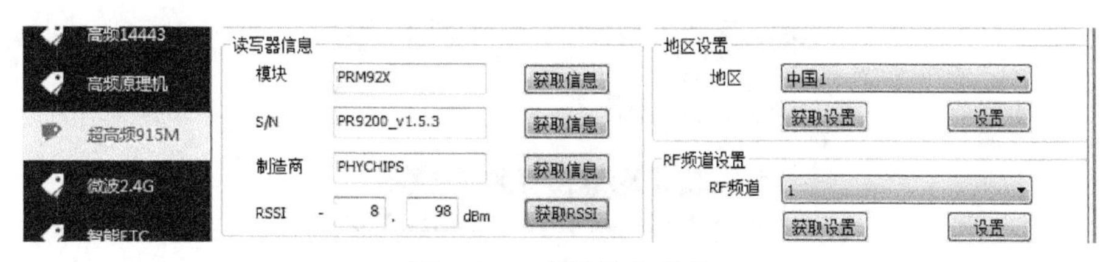

图4.4.5　获取信息操作

3. 配置操作

(1) 在【RSSI扫描】下方点击按钮【扫描】，可以在【RSSI扫描】下方的文本框中看到各频道的RSSI（Received Signal Strength Indication，接收的信号强度指示）及最优频道，同时观察到右侧信息显示框中会显示调试信息和“RSSI扫描成功！”的提示，如图4.4.6所示。

(2) 在【地区】右侧的下拉列表中选中“中国2”后点击按钮【设置】，此时右侧的信息显示框中将显示“设置地址码成功！”，说明设置成功，如图4.4.7所示。

(3) 在【RF频道】右侧的下拉列表中选中一个频道，然后点击按钮【设置】，右侧的信息显示框中将显示“设置RF频道成功！”的提示，如图4.4.8所示。

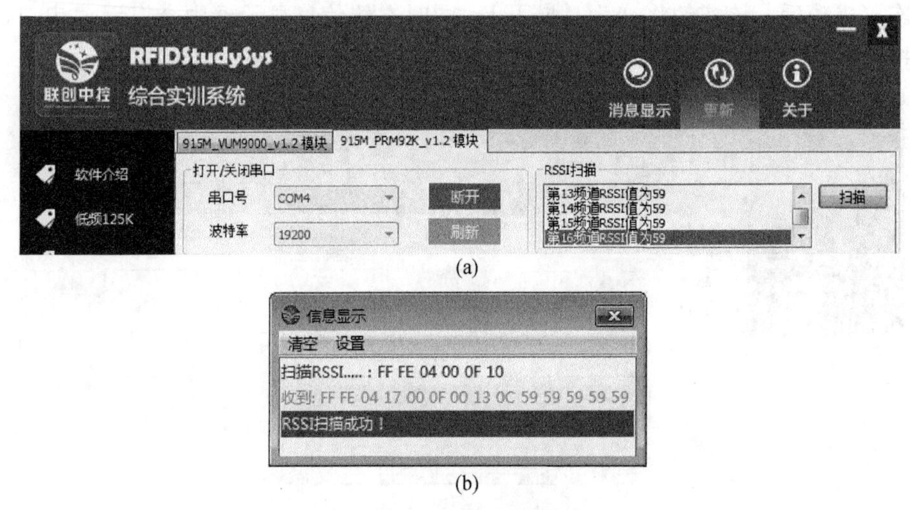

图 4.4.6　RSSI 扫描操作

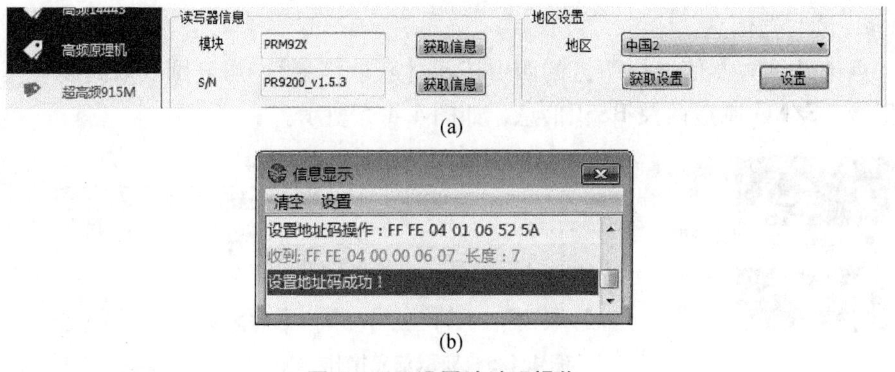

图 4.4.7　设置地址码操作

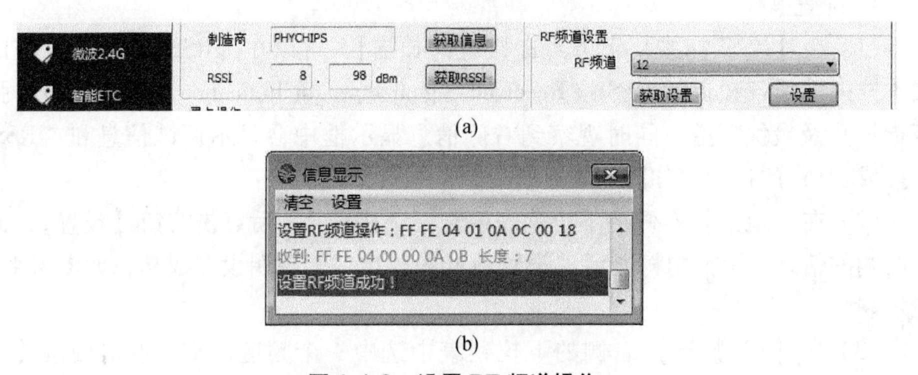

图 4.4.8　设置 RF 频道操作

（4）在【输出功率】右侧的下拉列表中选中一个输出功率，然后点击按钮

【设置】，右侧的信息显示框中将显示“输出功率设置成功!”的提示，如图4.4.9所示。

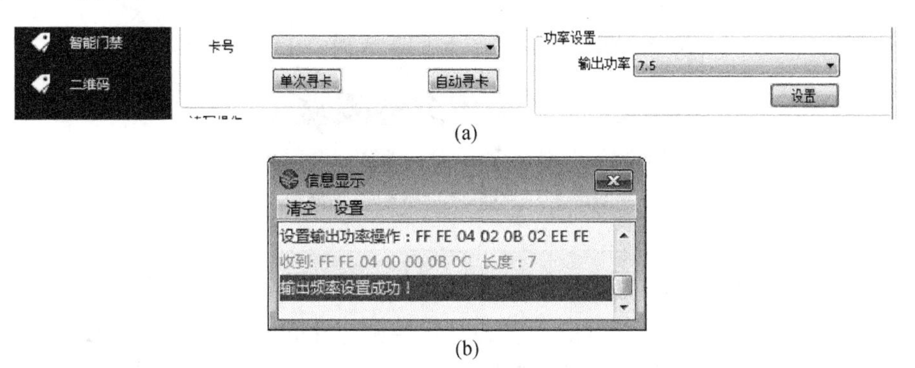

图4.4.9　设置输出功率操作

（5）在【锁定设置】下方的三个文本框中，分别输入要设置的掩膜位、密码、动作位，然后点击按钮【锁定】，会弹出图4.4.10所示的提示框，点击按钮【确定】即锁定成功。

注意：锁定操作不可逆，请谨慎操作。

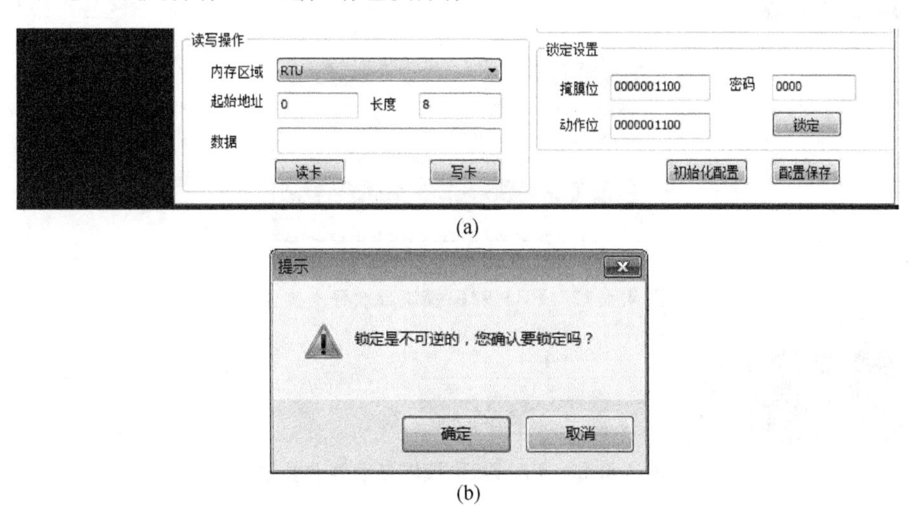

图4.4.10　锁定设置操作

（6）点击按钮【配置保存】，右侧的信息显示框中将显示“EEPROM设置成功!”的提示，即在915 MHz标签中成功保存了在第（2）~（5）步中的设置，如图4.4.11所示。如果想恢复到初始配置，则需要点击按钮【初始化配置】，然后重启电源即可。

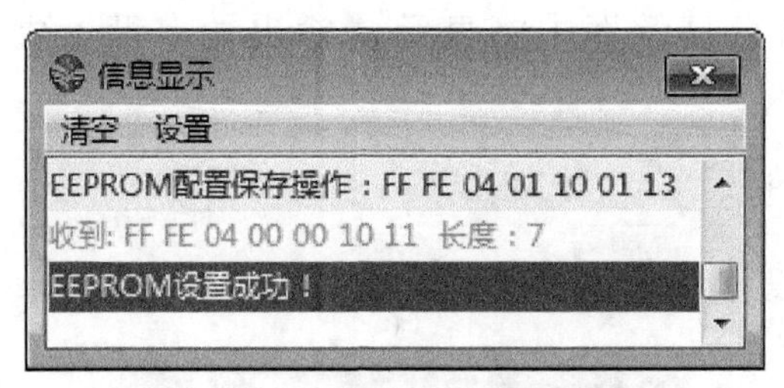

图 4.4.11　配置保存成功信息提示

4. 寻卡操作

（1）将 915 MHz 标签放到 PRM92K 模块上方，点击按钮【单次寻卡】，可以看到在【卡号】右侧的下拉列表中将显示出寻到标签的 ID，如图 4.4.12 所示。

（2）点击按钮【自动寻卡】该按钮会变为图 4.4.13 所示的【停止寻卡】。分别将两张不同的 915 MHz 标签放置在 PRM92K 模块上方，可以看到【卡号】右侧的下拉列表中显示了两个标签的 ID，点击【停止寻卡】停止操作。

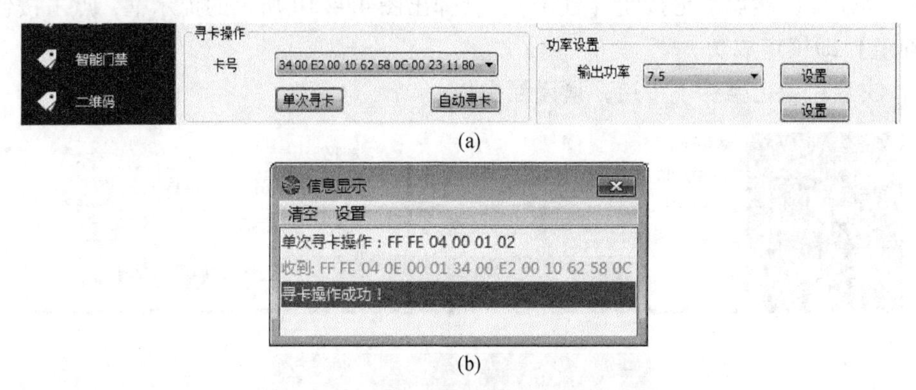

图 4.4.12　PRM92K 模块单次寻卡操作

图 4.4.13　PRM92K 模块自动寻卡操作

5. 读写操作

（1）在【读写操作】下方，【内存区域】右侧的下拉列表中选中“USER”，在【起始地址】右侧的文本框中输入想要的起始地址，在【长度】右侧的文本框中输入一个长度值（最大 64），然后点击按钮【读卡】，可以在【数据】右侧的文本框中看到读到的数据，如图 4.4.14 所示。

图 4.4.14　PRM92K 模块读写操作

（2）在【数据】右侧的文本框中输入要写入的数据，点击按钮【写卡】，如果成功写入数据，右侧信息显示框中会显示“写卡操作成功!”，如图 4.4.15 所示。

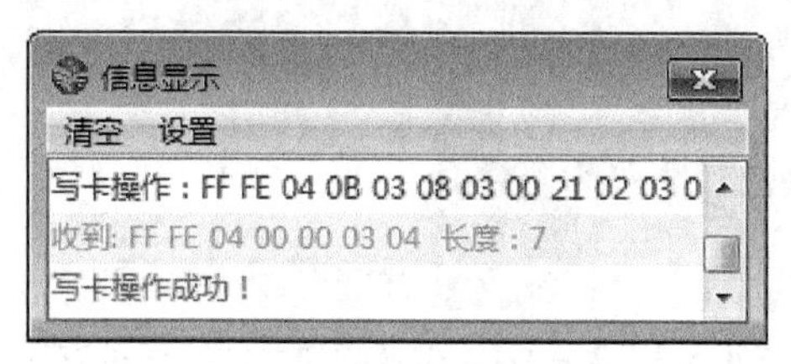

图 4.4.15　写卡操作成功信息提示

（3）删除【数据】右侧的文本框中的数据，点击按钮【读卡】，可以看到【数据】右侧的文本框中又显示出之前写入的数据，说明写卡成功。

4.5　2.4 GHz 微波读写模块

4.5.1　实验目的

（1）熟悉 2.4 GHz 微波读写模块的使用方法。

（2）学习 2.4 GHz 标签的操作方法。

4.5.2　实验内容

通过 PC 端 RFID 综合实训系统对 2.4 GHz 标签进行寻卡、读写等操作。

4.5.3　实验环境

（1）硬件：1 个 2.4 GHz 微波读写模块、1 个 DC12 V 电源适配器、2 个 2.4 GHz 标签（装有纽扣电池）、1 根 USB 转串口线、1 台 PC 机。

（2）软件：Windows 7/XP、PC 端 RFID 综合实训系统。

4.5.4　实验步骤

4.5.4.1　设备上电

（1）请先确认跳线块的连接方式：P4 跳针不接，连接 P2 跳针（PC 机与 2.4 GHz

模块通信），如图 4. 5. 1 所示。

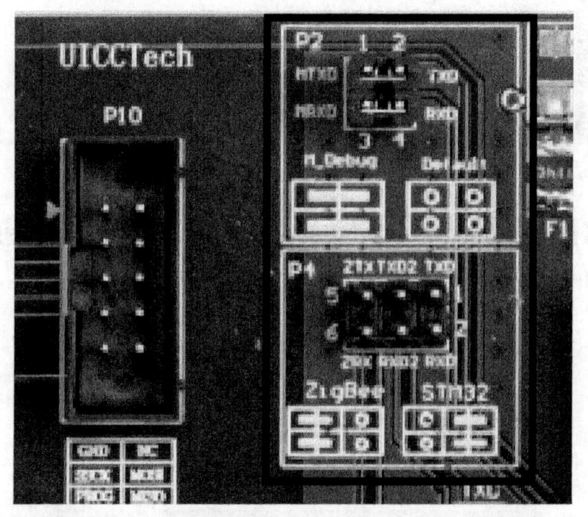

图 4. 5. 1　2. 4 GHz 微波模块跳线块连接方式

（2）将 USB 转串口线的 USB 口连接到 PC 机的 USB 口上，另一端连接到 2. 4 GHz 微波读写模块的 RS232 串口上。

（3）将 DC12 V 电源适配器的 DC12 V 接口插到 RFID 综合实验平台的电源输入接口，为电源适配器接通 AC220 V 电源，将电源总开关拨到位置【开】，为实验平台供电，模块上的电源指示灯点亮，如图 4. 5. 2 所示。

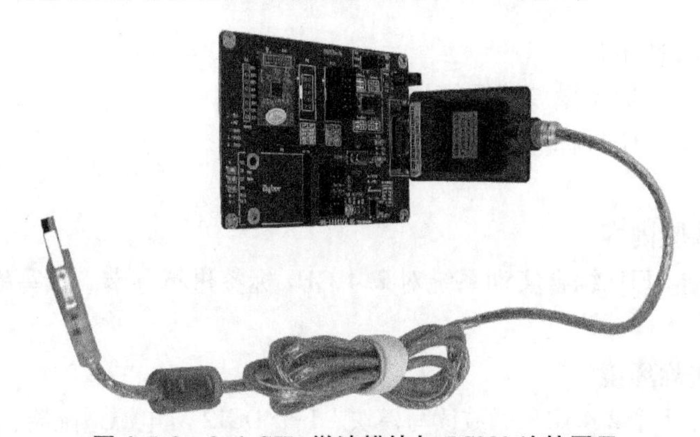

图 4. 5. 2　2. 4 GHz 微波模块与 RS232 连接图示

4. 5. 4. 2　PC 端软件操作

1. 准备工作

（1）双击打开“RFIDStudySys. exe”软件。

（2）点击【微波 2. 4GHz】进入微波 2. 4 GHz 操作界面，如图 4. 5. 3 所示。

图 4.5.3　2.4 GHz 微波模块 PC 端软件界面

（3）在【串口号】右侧的下拉列表中选择正确的串口端号（可参照第 2 章第 2.4.1.2 节查看串口端号）。如没有找到串口号或更换了串口的位置，请点击【刷新】再设置串口号。

（4）在【波特率】右侧的下拉列表中选择“9600”，点击按钮【连接】。串口连接成功后，该按钮将变为【断开】，同时右侧信息显示框中会提示“串口成功打开”，如图 4.5.4 所示。

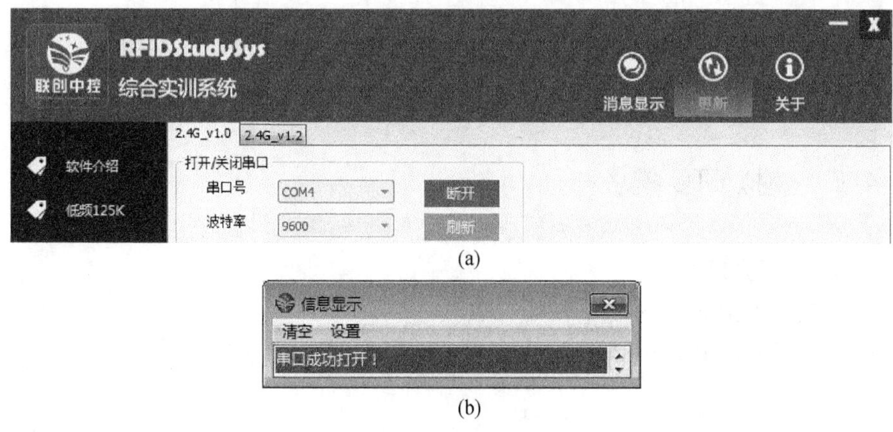

图 4.5.4　成功连接串口

2. 设置操作

(1) 在【工作模式】右侧的下拉列表中选中【工作模式 1】，然后点击按钮【设置】。

(2) 在【信号强度】右侧的下拉列表中选中【0 dBm】，点击按钮【设置】。

操作结果如图 4. 5. 5 所示。

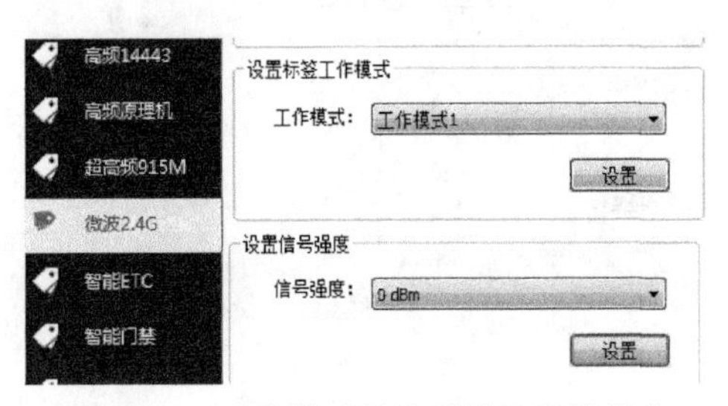

图 4. 5. 5　工作模式及信号强度设置操作

3. 接收数据

将 2. 4 GHz 标签装上 3 V 纽扣电池后，放置在 2. 4 GHz 微波读写模块旁边，右侧的信息显示框会显示出上位机接收到的数据，如图 4. 5. 6 所示。

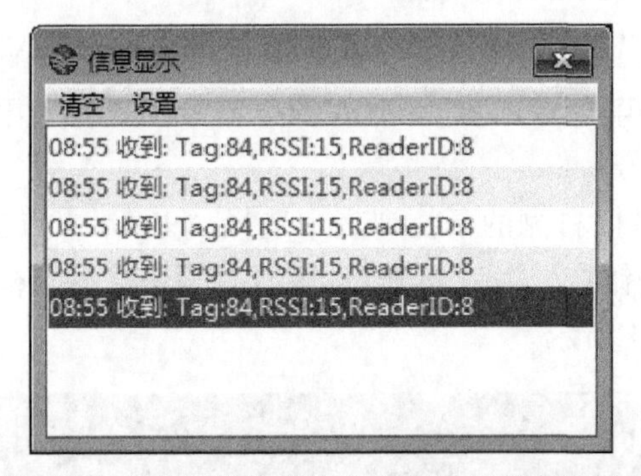

图 4. 5. 6　PC 端软件收到 2. 4 GHz 标签信息提示

4. 6　模拟 ETC 模块

4. 6. 1　实验目的

(1) 熟悉模拟 ETC 模块的使用方法。

(2) 掌握利用 PC 端 RFID 综合实训系统模拟 ETC 的操作。

4. 6. 2　实验内容

(1) 通过 PC 端 RFID 综合实训系统实现对 ETC 横杆的控制。

（2）通过 PC 端 RFID 综合实训系统模拟 ETC 操作。

4.6.3 实验环境

（1）硬件：1 个模拟 ETC 模块、1 个 13.56 MHz 高频原理机学习模块、1 个 DC12 V 电源适配器、1 张 15693 标签、2 根 USB 转串口线、1 台 PC 机。

（2）软件：Windows 7/XP、PC 端 RFID 综合实训系统。

4.6.4 实验步骤

4.6.4.1 设备上电

（1）将第一根 USB 转串口线的 USB 口连接到 PC 机的 USB 口上，另一端连接到模拟 ETC 模块的 RS232 串口上，在设备管理器中查看与这根线对应的串口端号并记录下来。

（2）将另一根 USB 转串口线的 USB 口连接到 PC 机的 USB 口上，另一端连接到 13.56 MHz 高频原理机学习模块的 USART3 接口上，在设备管理器中查看与这根线对应的串口端号并记录下来。

（3）将 DC12 V 电源适配器的 DC12 V 接口插到 RFID 综合实验平台的电源输入接口，为电源适配器接通 AC220 V 电源，将电源总开关拨到位置【开】，为实验平台供电，模拟 ETC 模块上的电源指示灯被点亮。

（4）将 13.56 MHz 高频原理机学习模块右上角的拨动开关拨到下方，为该模块接通电源，可以观察到拨动开关左侧的电源指示灯“POW_LED”被点亮，此时 ETC 横杆为横向放置。

设备上电如图 4.6.1 所示。

图 4.6.1 模拟 ETC 模块与 RS232 连接图示

4.6.4.2 PC端软件操作

1. 准备工作

（1）双击打开“RFIDStudySys. exe”软件。

（2）点击【智能ETC】进入智能ETC操作界面，如图4.6.2所示。

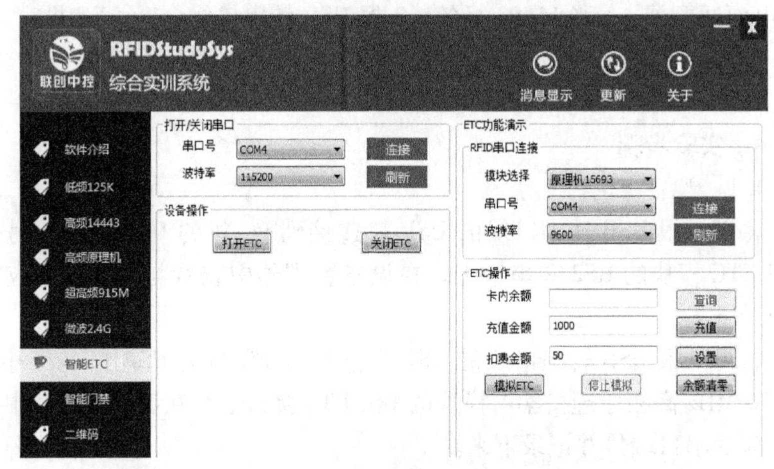

图4.6.2 智能ETC软件界面

（3）在【串口号】右侧的下拉列表中选择正确的串口端号（可参照第2章第2.4.1.2节查看串口端号）。如没有找到串口号或更换了串口的位置，点击【刷新】再设置串口号。

（4）在【波特率】右侧的下拉列表中选择“115200”，点击按钮【连接】。串口连接成功后，该按钮将变为【断开】，同时右侧信息显示框中会提示“串口成功打开”，如图4.6.3所示。

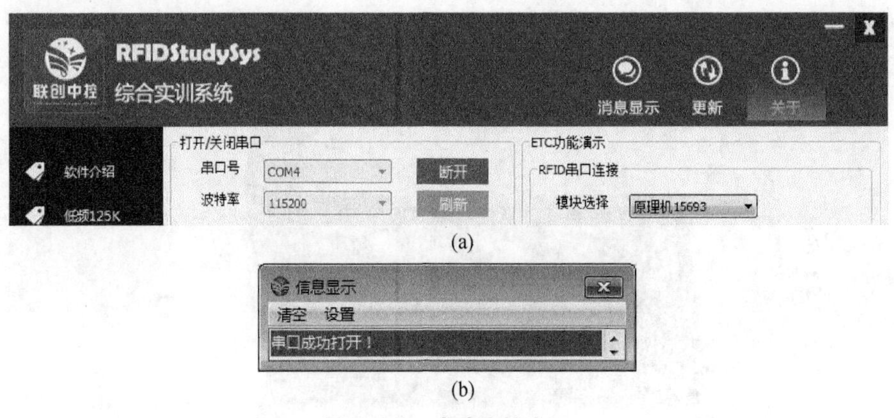

(a)

(b)

图4.6.3 成功连接串口

2. 设备操作

（1）点击按钮【打开 ETC】，可以看到 ETC 横杆沿逆时针方向转动了 90°，由横向放置变成纵向放置。

（2）点击按钮【关闭 ETC】，可以看到 ETC 横杆沿顺时针方向转动了 90°，恢复了横向放置。

3. ETC 功能演示

1）RFID 串口连接

设置 13.56 MHz 高频原理机学习模块的串口连接。

（1）在【模块选择】右侧的下拉列表中选中“原理机 15693”，在【串口号】右侧的下拉列表中，选中与 13.56 MHz 高频原理机学习模块上的 USB 转串口线对应的串口端号（如果没有找到串口号或更换了串口的位置，点击【刷新】再设置串口号）。

（2）在【波特率】右侧的下拉列表中选中“115200”，点击按钮【连接】。串口连接成功后，该按钮将变为【断开】，同时右侧信息显示框中会提示“串口成功打开”，如图 4.6.4 所示。

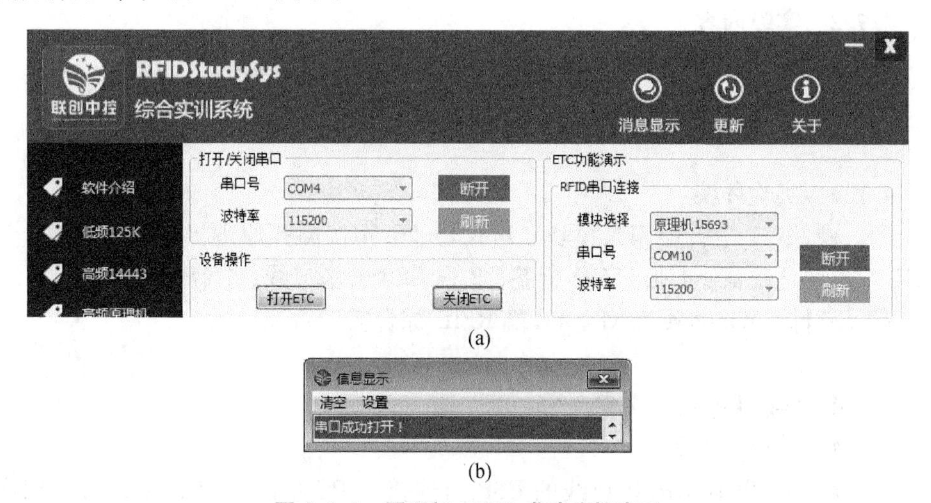

(a)

(b)

图 4.6.4　原理机 15693 成功连接串口

2）ETC 操作

利用 15693 标签模拟 ETC。

（1）点击按钮【查询】，可以看到【卡内余额】右侧的文本框中显示了当前卡内的余额。

（2）点击按钮【余额清零】可将当前卡内余额清零，【卡内余额】右侧的文本框中将显示为“0”。

（3）在【充值金额】右侧的文本框中输入要充值的金额，然后点击按钮【充值】，可以看到卡内余额变成之前查询的金额与充值金额的总和。

（4）在【扣费金额】右侧的文本框中输入每次进行 ETC 操作时要扣费的金额，然后点击按钮【设置】。

（5）将 15693 标签从感应区域上方移走，点击按钮【模拟 ETC】开始模拟 ETC 操作。此时，每刷一次卡，都可以观察到 ETC 横杆由横向放置变成纵向放置，然后又恢复横向放置，同时卡内余额会减掉之前设置的扣费金额。

（6）点击按钮【停止模拟】即可停止模拟 ETC 操作。

4.7 智能门禁模块

4.7.1 实验目的

（1）熟悉智能门禁模块的使用方法。

（2）掌握利用 PC 端综合实训系统进行模拟智能门禁的操作。

4.7.2 实验内容

（1）通过 PC 端 RFID 综合实训系统实现对门锁的控制。

（2）通过 PC 端 RFID 综合实训系统模拟门禁操作。

4.7.3 实验环境

（1）硬件：1 个智能门禁模块、1 个 13.56 MHz 高频原理机学习模块、1 个 DC12 V 电源适配器、1 张 15693 标签、2 根 USB 转串口线、1 台 PC 机。

（2）软件：Windows 7/XP、PC 端 RFID 综合实训系统。

4.7.4 实验步骤

4.7.4.1 设备上电

（1）将第一根 USB 转串口线的 USB 口连接到 PC 机的 USB 口上，另一端连接到智能门禁模块的 RS232 串口上，在设备管理器中查看与这根线对应的串口端号并记录下来。

（2）将另一根 USB 转串口线的 USB 口连接到 PC 机的 USB 口上，另一端连接到 13.56 MHz 高频原理机学习模块的 USART3 接口上，在设备管理器中查看与这根线对应的串口端号并记录下来。

（3）将 DC12 V 电源适配器的 DC12 V 接口插到 RFID 综合实验平台的电源输入接口，为电源适配器接通 AC220 V 电源。将电源总开关拨到位置【开】，为实验平台供电，智能门禁模块上的电源指示灯被点亮。

（4）将13.56 MHz高频原理机学习模块右上角的拨动开关拨到下方，为该模块接通电源，可以观察到拨动开关左侧的电源指示灯“POW_LED”被点亮。此时门锁处于关闭状态，如图4.7.1所示。

图4.7.1 智能门禁模块与RS232连接图示

4.7.4.2 PC端软件操作

1. 准备工作

（1）双击打开“RFIDStudySys.exe”软件。

（2）点击【智能门禁】进入智能门禁操作界面，如图4.7.2所示。

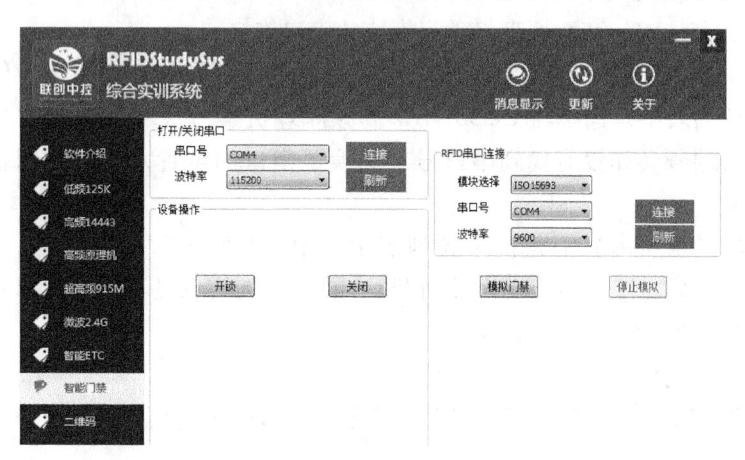

图4.7.2 智能门禁PC端软件界面

（3）在【串口号】右侧的下拉列表中选择正确的串口端号（可参照第2章第2.4.1.2节查看串口端号），如果没有找到串口号或更换了串口的位置，点击【刷新】再设置串口号。

（4）在【波特率】右侧的下拉列表中选择“115200”，点击按钮【连接】，串口连接成功后，该按钮将变为【断开】，同时右侧信息显示框中会提示“串口成功打开”，如图4.7.3所示。

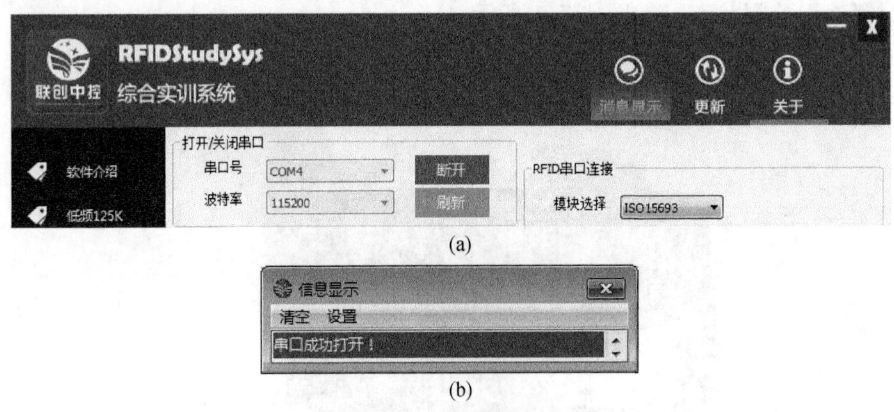

(a)

(b)

图4.7.3 成功连接串口

2. 设备操作

（1）点击按钮【开锁】，可以看到门锁变成开启状态。

（2）点击按钮【关闭】，可以看到门锁又恢复了关闭的状态。

3. 模拟门禁

1）RFID串口连接

设置13.56 MHz高频原理机学习模块的串口连接。

（1）在【模块选择】右侧的下拉列表中选中“原理机15693”，在【串口号】右侧的下拉列表中，选中与13.56 MHz高频原理机学习模块上的USB转串口线对应的串口端号（如没有找到串口号或更换了串口的位置，点击【刷新】再设置串口号）。

（2）在【波特率】右侧的下拉列表中选中“115200”，点击按钮【连接】。串口连接成功后，该按钮将变为【断开】，同时右侧信息显示框中会提示“串口成功打开”，如图4.7.4所示。

2）模拟门禁

（1）将15693标签从感应区域上方移走，点击按钮【模拟门禁】开始模拟门禁操作。

（2）每刷一次卡，都会观察到门锁由关闭状态变成开启状态，然后又恢复关闭状态。

（3）点击按钮【停止模拟】即可停止模拟门禁操作。

(a)

(b)

(c)

图 4.7.4　模拟门禁成功连接串口

4.8　二维码扫描模块

4.8.1　实验目的

（1）熟悉二维码扫描模块的使用方法。

（2）掌握利用 PC 端综合实训系统，进行扫描二维码的操作。

4.8.2　实验内容

（1）通过 PC 端 RFID 综合实训系统实现对门锁的控制。

（2）通过 PC 端 RFID 综合实训系统扫描二维码。

4.8.3　实验环境

（1）硬件：1 个二维码扫描模块、1 个 DC12 V 电源适配器、1 张二维码标签、1 根 USB 转串口线、1 台 PC 机。

（2）软件：Windows 7/XP、PC 端 RFID 综合实训系统。

4.8.4 实验步骤

4.8.4.1 设备上电

(1) 请先确认跳线块的连接方式：连接跳针（LV_RX→TXD，LV_TX→RXD），如图4.8.1所示。

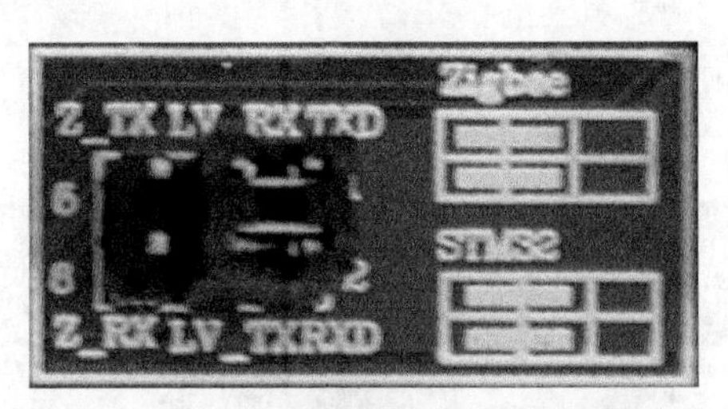

图4.8.1 二维码扫描模块跳线块连接方式

(2) 将USB转串口线的USB口连接到PC机的USB口上，另一端连接到二维码扫描模块的RS232串口上，在设备管理器中查看与这根线对应的串口端号并记录下来。

(3) 将DC12 V电源适配器的DC12 V接口插到RFID综合实验平台的电源输入接口，为电源适配器接通AC220 V电源。将电源总开关拨到位置【开】，为实验平台供电，模块上的电源指示灯被点亮，如图4.8.2所示。

图4.8.2 二维码扫描模块与RS232连接图示

4.8.4.2 PC端软件操作

1. 准备工作

(1) 双击打开"RFIDStudySys.exe"软件。

(2) 点击【二维码】进入二维码操作界面，如图4.8.3所示。

图4.8.3　二维码扫描模块PC端软件界面

（3）在【串口号】右侧的下拉列表中选择正确的串口端号（可参照第2章第2.4.1.2节查看串口端号）。如果没有找到串口号或更换了串口的位置，可点击【刷新】再设置串口号。

（4）在【波特率】右侧的下拉列表中选择“9600”，点击按钮【连接】。串口连接成功后，该按钮将变为【断开】，同时右侧信息显示框中会提示“串口成功打开”，如图4.8.4所示。

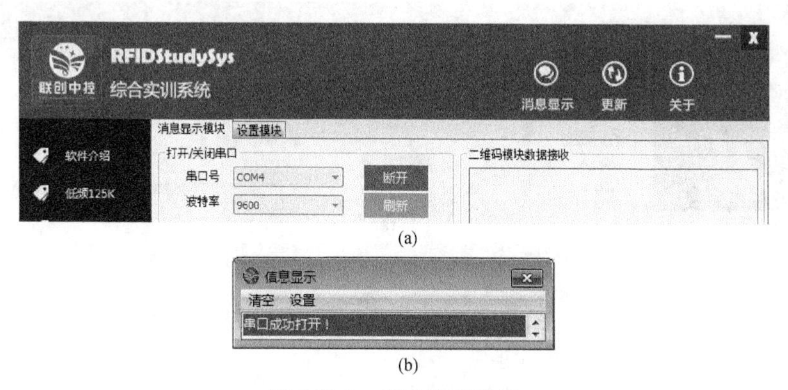

(a)

(b)

图4.8.4　成功连接串口

2. 设置模块

（1）点击进入【设置模块】选项卡，点击选中【读码模式设置】下方下拉列表中的“自动读码”，并点击按钮【设置】。

(2) 参照上一步，将【照明灯设置】设置为“闪烁模式”，将【对焦灯设置】设置为“感应模式”，将【灵敏度设置】设置为“高灵敏度”。

(3)【二维码模块设置】中的各项均保持默认设置。

设置结果如图 4.8.5 所示。

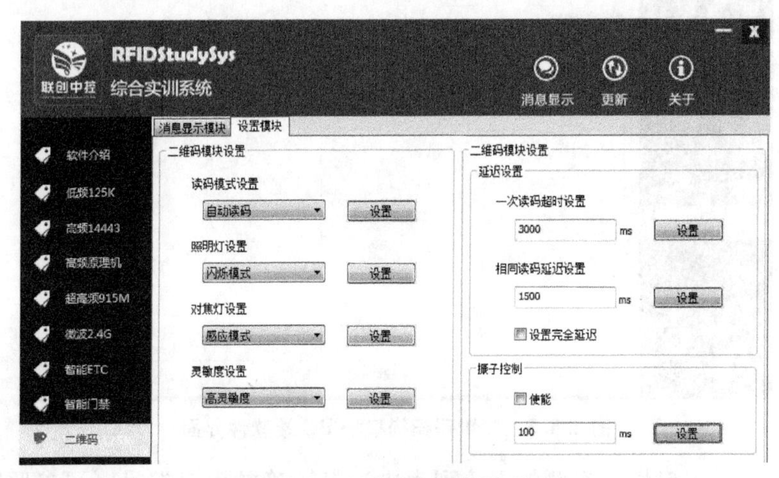

图 4.8.5　二维码扫描模块设置

3. 扫描二维码

点击进入【消息显示模块】选项卡，将二维码放在扫描口正上方 10 cm 左右的位置进行扫描，【二维码模块数据接收】下方的文本框及右侧的信息显示框中将显示扫描到的数据，如图 4.8.6 所示。

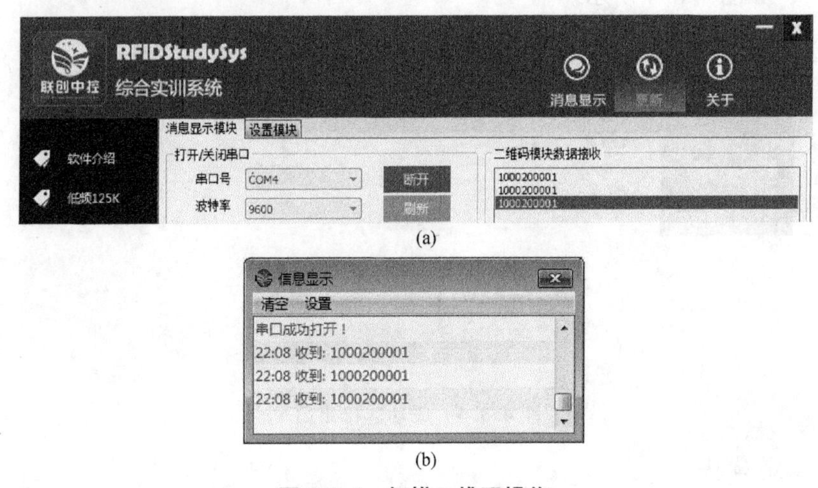

图 4.8.6　扫描二维码操作

第 5 章　RFID 认知实验——基于嵌入式网关

5.1　Android 端 RFID 综合实训系统介绍

5.1.1　打开软件

Android 端 RFID 综合实训系统是基于嵌入式网关的一款软件，在网关的主界面点击图标▦，进入应用程序列表，点击图标【URfidSystem】，即可打开软件。

5.1.2　软件功能

Android 端 RFID 综合实训系统的主界面上有 8 个按钮，点击这些按钮可以进入 8 个操作界面，分别是低频 125 kHz 界面、高频 13.56 MHz 14443 界面、高频 13.56 MHz 高频原理机界面、门禁模拟界面、超高频 915 MHz 界面、微波 2.4 GHz 界面、ETC 界面、二维码扫描界面（图 5.1.1）。

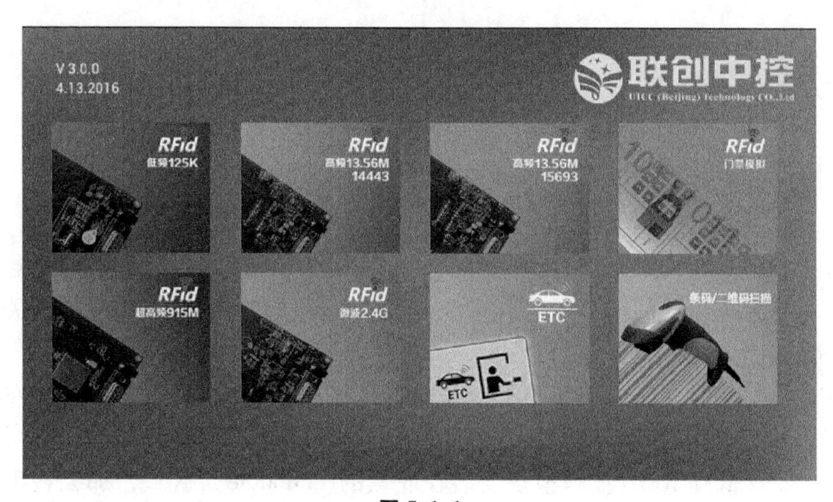

图 5.1.1

5.1.3　界面操作

下面以低频 125 kHz 界面的操作为例进行讲解。

（1）在主界面上点击第一个按钮【低频125K】即可进入低频125 kHz操作界面，如图5. 1. 2所示。

（2）点击界面上方的两个按钮【125K v1. 1】或【125K v1. 0】可用来选择硬件版本，其中“125K v1. 0”对应125 kHz低频只读模块，“125K v1. 1”对应125 kHz低频读写模块。默认版本为读写模块，如果所使用的硬件是只读模块，请选择“125K v1. 0”。

（3）界面右侧为调试窗口，在该窗口可查看串口调试信息，点击按钮【清空】可清空历史信息。

（4）界面左侧为操作窗口，点击该窗口下方的按钮可进入相应的设置或操作界面，按着按钮向左或向右滑动可查看更多按钮，进而进行更多操作。

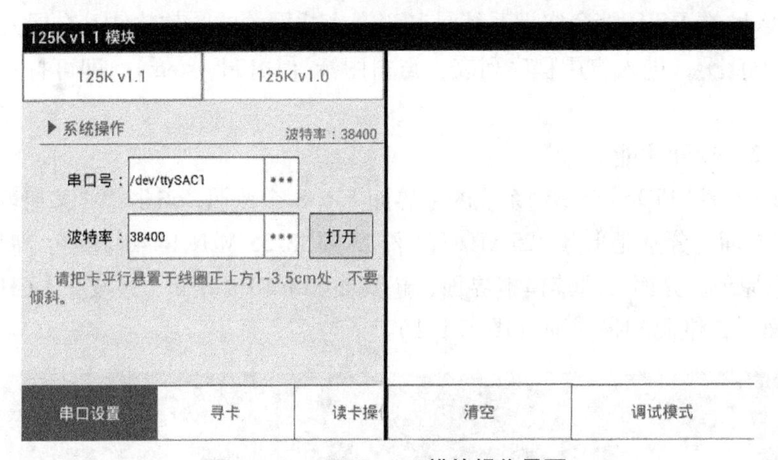

图5. 1. 2　125K v1. 1模块操作界面

5. 1. 4　串口设置

在串口设置界面，可设置网关与模块通信时使用的串口端号和波特率。其中波特率一定要与模块的串口通信波特率一致，串口号也要与模块连接的网关的串口号一致，否则无法正常通信。

在使用模块时，需要在实验平台底板左下方的串口选择区域（即网关左侧的电路板上）内，旋转该模块对应的黄色旋钮至某一挡位（可选1、2、3）。例如，如果125 kHz低频RFID读写模块安装在底板的“Module”区域，那么在串口选择区域内，该模块对应的是“Module”右侧的旋钮。如果将该旋钮旋转至挡位“1”，可以发现在旋钮右侧COM1对应的指示灯会被点亮，表明125 kHz低频RFID读写模块的串口已通过底板与网关的COM1口接通。

注意：为了防止信号干扰，请不要将网关的一个串口同时与多个模块接通。

在串口选择区域内选中 COM1 后，再在串口设置界面【串口号】右侧的下拉列表中选中“/dev/ttySAC1”（COM2 对应“/dev/ttySAC2”，COM3 对应“/dev/ttySAC3”）；在【波特率】右侧的下拉列表中选中 RFID 模块的波特率；然后点击按钮【打开】即成功设置并打开网关的串口，右侧调试窗口会显示“打开串口/dev/ttySAC1 成功”的提示。

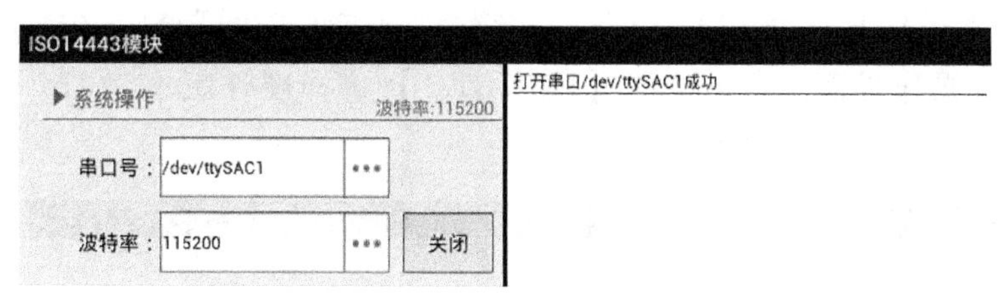

图 5.1.3　打开串口成功

5.2　125 kHz 低频 RFID 读写模块

5.2.1　实验目的

（1）熟悉 125 kHz 低频 RFID 读写模块的使用方法。

（2）学习 125 kHz 标签卡（EM4305）的操作方法。

5.2.2　实验内容

通过 Android 端 RFID 综合实训系统对 125 kHz 标签进行寻卡、设置、读写等操作。

5.2.3　实验环境

（1）硬件：1 个 125 kHz 低频 RFID 读写模块、1 个 DC12 V 电源适配器、2 张125 kHz 标签（EM4305）、1 个嵌入式网关。

（2）软件：Android 端 RFID 综合实训系统。

5.2.4　实验步骤

5.2.4.1　设备上电

（1）首先确认已将 125 kHz 低频 RFID 读写模块安装在底板的 Module1 区域上，将拨动开关拨到右侧。

（2）将 DC12 V 电源适配器的 DC12 V 接口插到 RFID 综合实验平台的电源输入接口，为电源适配器接通 AC220 V 电源。将电源总开关拨到位置【开】，为实验平台供电，网关上的液晶屏被点亮，模块上的电源指示灯也被点亮。

（3）在底板的串口选择区域内，旋转 Module1 右侧的黄色旋钮到档位“1”，观察到旋钮右侧 COM1 对应的指示灯被点亮。

5. 2. 4. 2　Android 端软件操作

1. 准备工作

（1）进入 Android 端 RFID 综合实训系统主界面，点击【低频 125K】进入低频 125 kHz 操作界面，点击按钮【125K v1. 1】选择硬件版本为 125 kHz 低频 RFID 读写模块，如图 5. 2. 1 所示。

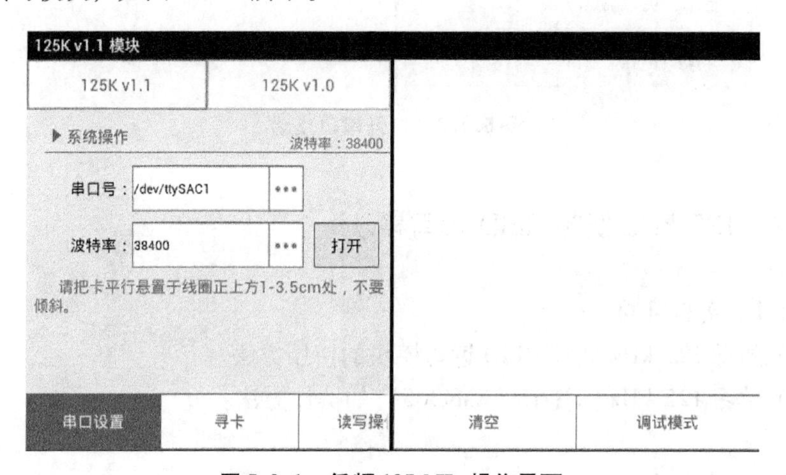

图 5. 2. 1　低频 125 kHz 操作界面

（2）在【串口号】右侧的下拉列表中选中“/dev/ttySAC1”，在【波特率】右侧的下拉列表中选中“38400”，然后点击按钮【打开】，即成功设置并打开了网关的串口，调试窗口会显示“打开串口/dev/ttySAC1 成功”的提示，如图 5. 2. 2所示。

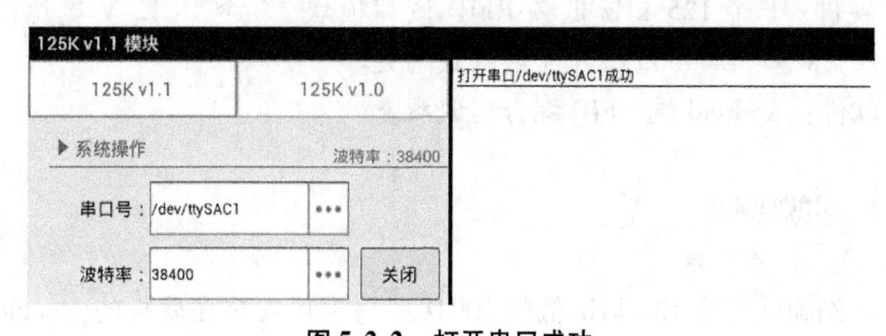

图 5. 2. 2　打开串口成功

2. 设置

点击操作窗口下方的按钮【设置】打开设置界面，在【空间传输速率】右侧的下拉列表中选中“RF/1”，然后点击按钮【设置】，设置成功后调试窗口会显示“修改速率成功!”的提示，如图 5. 2. 3 所示。

图 5. 2. 3　空间传输速率设置

3. 寻卡操作

（1）点击操作窗口下方的按钮【寻卡】，进入寻卡操作界面，如图 5. 2. 4 所示。

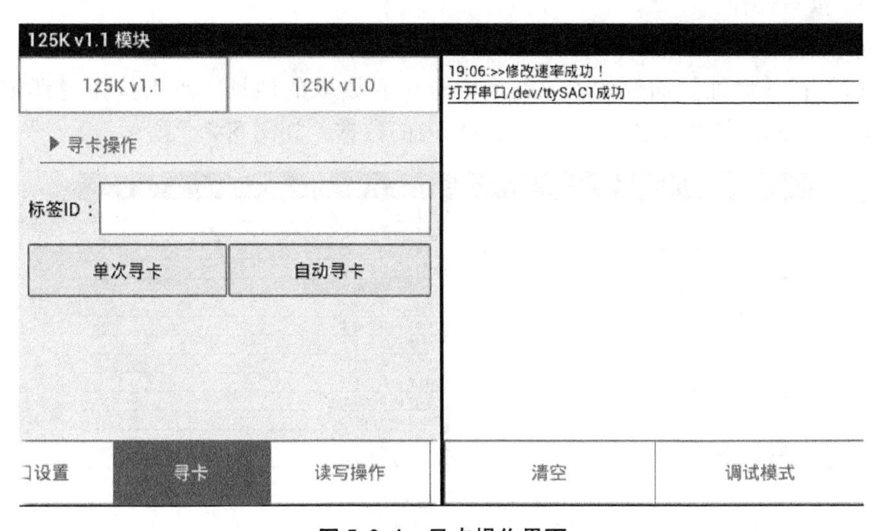

图 5. 2. 4　寻卡操作界面

（2）将 125 kHz 标签放到感应区域上方，点击按钮【单次寻卡】，可以看到在【标签 ID】右侧的文本框中将显示出寻到标签的 ID，如图 5. 2. 5 所示。

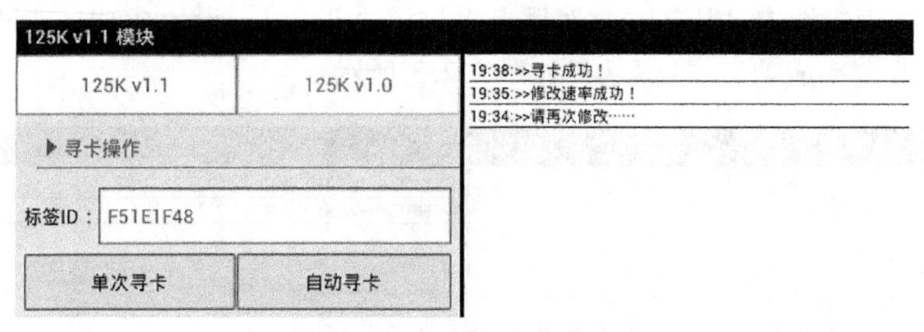

图 5.2.5　单次寻卡操作

（3）点击按钮【自动寻卡】，该按钮会变为图 5.2.6 所示的【停止寻卡】。分别将两张不同的 125 kHz 标签放置在感应区域上方，观察【标签 ID】右侧的文本框中标签 ID 的变化，点击【停止寻卡】停止操作。

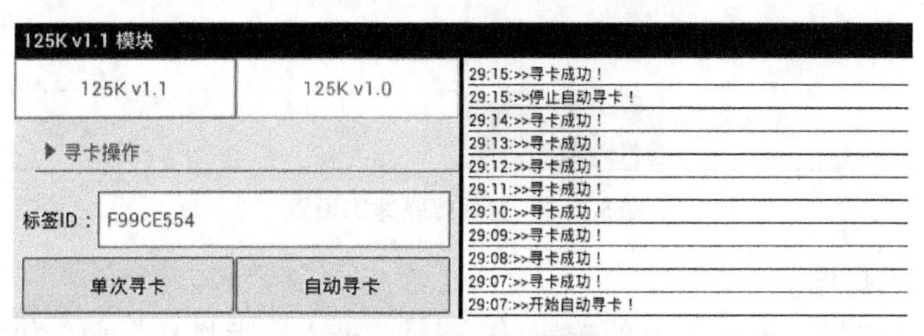

图 5.2.6　自动寻卡操作

4. 读写操作

（1）点击操作窗口下方的按钮【读写操作】，进入读写操作界面。

（2）在【地址】右侧的下拉列表中选中要读取的地址，点击按钮【读取】，【读取】右侧的文本框中会显示出该地址内的数据，如图 5.2.7 所示。

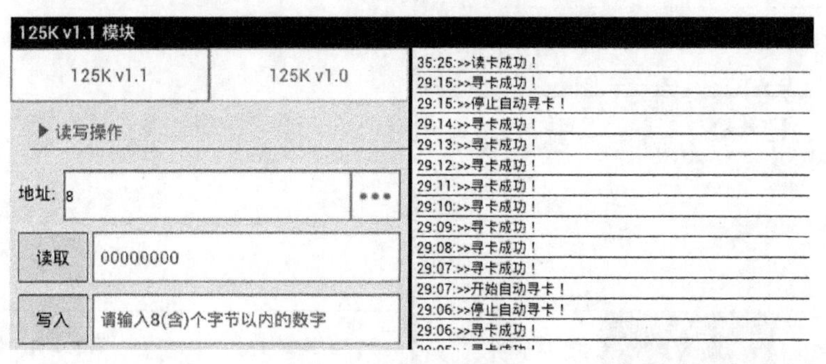

图 5.2.7　读写操作

（3）在按钮【写入】右侧的文本框中输入要写入的数据（8 个字节的十六进制数据），点击按钮【写入】，消息显示框中会显示“写卡成功!”的提示，如图 5.2.8所示。

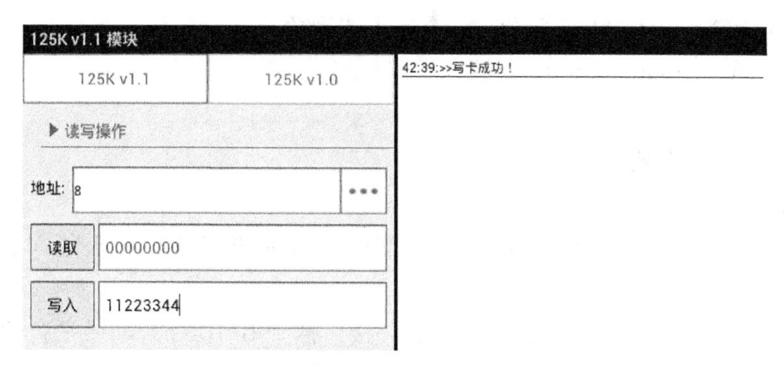

图 5.2.8 写卡操作

（4）点击按钮【读取】,【读取】右侧的文本框中会显示出该地址内的数据，该数据与上一步中写入的数据是一致的，如图 5.2.9 所示。

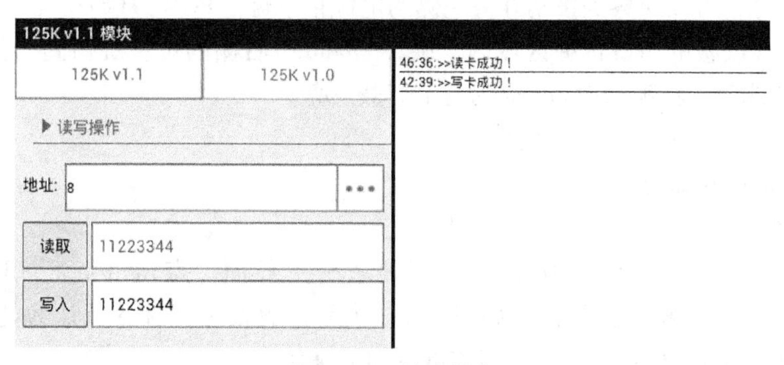

图 5.2.9 读卡操作

5.3 13.56 MHz 高频原理机学习模块

5.3.1 实验目的

（1）熟悉 13.56 MHz 高频原理机学习模块的使用方法。

（2）学习 15693 标签和 14443 标签的操作方法。

5.3.2 实验内容

通过 Android 端 RFID 综合实训系统对 15693 和 14443 标签进行寻卡、读写等操作。

5.3.3 实验环境

（1）硬件：1 个 13.56 MHz 高频原理机学习模块、1 个 DC12 V 电源适配器、

2个14443标签、2张15693标签、1个嵌入式网关。

（2）软件：Android端RFID综合实训系统。

5.3.4 实验步骤

5.3.4.1 设备上电

（1）首先确认将13.56 MHz高频原理机学习模块安装在底板的Module7区域上。

（2）将DC12 V电源适配器的DC12 V接口插到RFID综合实验平台的电源输入接口，为电源适配器接通AC220 V电源。将电源总开关拨到位置【开】，为实验平台供电，网关上的液晶屏被点亮，模块上的电源指示灯也被点亮。

（3）将13.56 MHz高频原理机学习模块右上角的拨动开关拨到下方，为该模块接通电源，可以观察到拨动开关左侧的电源指示灯“POW_ LED”正常点亮。

（4）在底板的串口选择区域内，旋转Module7右侧的黄色旋钮到挡位“1”，可以观察到旋钮右侧COM1对应的指示灯被点亮。

5.3.4.2 Android端软件操作

1. 15693标签操作

1）准备工作

（1）进入Android端RFID综合实训系统主界面，点击【高频13.56M 15693】进入原理机操作界面，如图5.3.1所示。界面上方标签默认为【原理机ISO15693协议】，即可对15693标签进行相关操作。

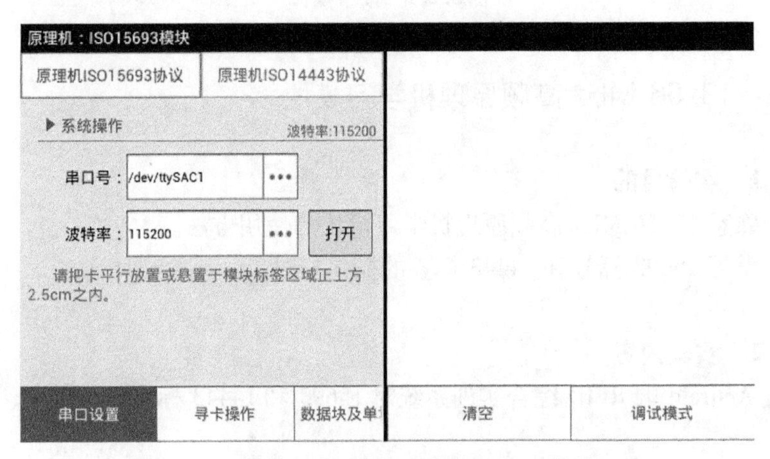

图5.3.1 高频13.56 MHz原理机15693操作界面

（2）在【串口号】右侧的下拉列表中选中“/dev/ttySAC1”，在【波特率】右侧的下拉列表中选中“115200”，然后点击按钮【打开】即成功设置并打开了网关的串口，调试窗口会显示“打开串口/dev/ttySAC1 成功”的提示，如图 5. 3. 2所示。

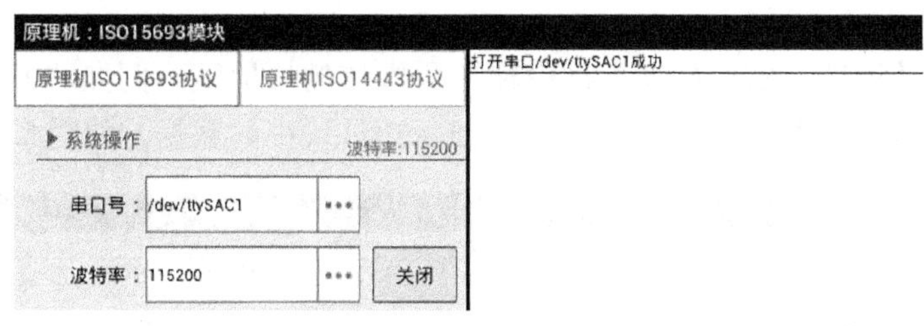

图 5. 3. 2　打开串口成功

2）寻卡操作

（1）点击操作窗口下方的按钮【寻卡操作】打开寻卡操作界面，将 15693 标签放到感应区域上方。

（2）点击按钮【单次寻卡】，右侧调试窗口将出现寻到的标签卡号，如图 5. 3. 3所示。

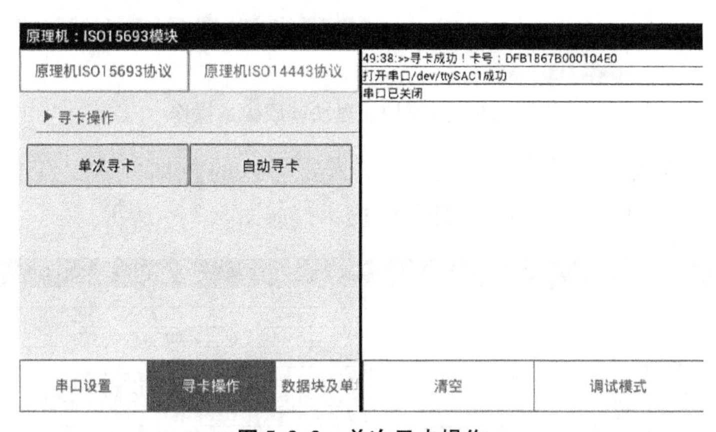

图 5. 3. 3　单次寻卡操作

（3）点击按钮【自动寻卡】该按钮会变为图 5. 3. 4 所示的【停止寻卡】。分别将两张不同的 15693 标签放置在感应区域上方，观察调试窗口中显示的信息，点击【停止寻卡】停止操作。

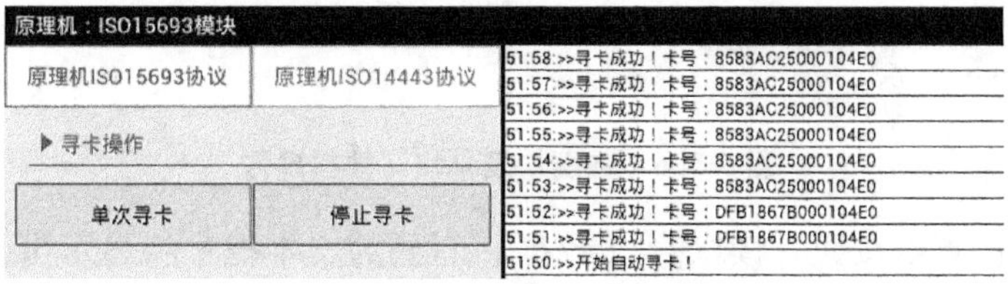

图 5. 3. 4　自动寻卡操作

3）数据块及单块操作

（1）点击操作窗口下方的按钮【数据块及单块操作】打开数据块及单块操作界面。

（2）在【地址】右侧的文本框中输入要操作的块地址，例如“03”，点击按钮【读取】，【数据】右侧的文本框中将显示出该块中的数据，如图5.3.5所示。

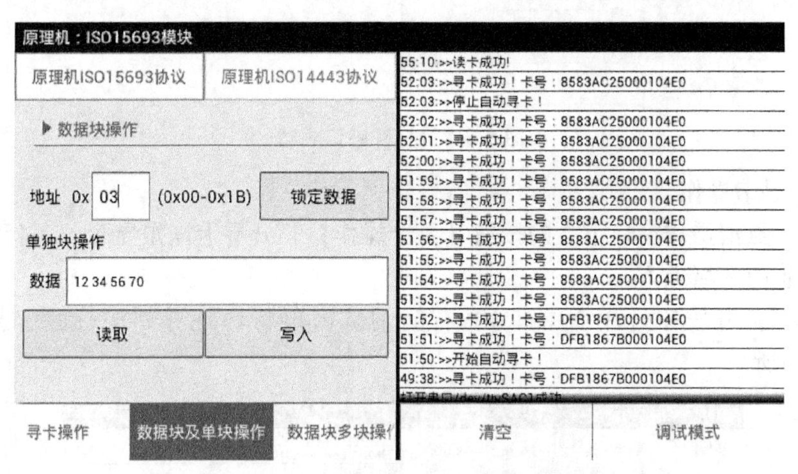

图5.3.5 数据块及单块读取数据操作

（3）在【数据】右侧的文本框中输入要写入的数据，然后点击按钮【写入】，调试窗口会显示“写卡成功!”的提示，如图5.3.6所示。

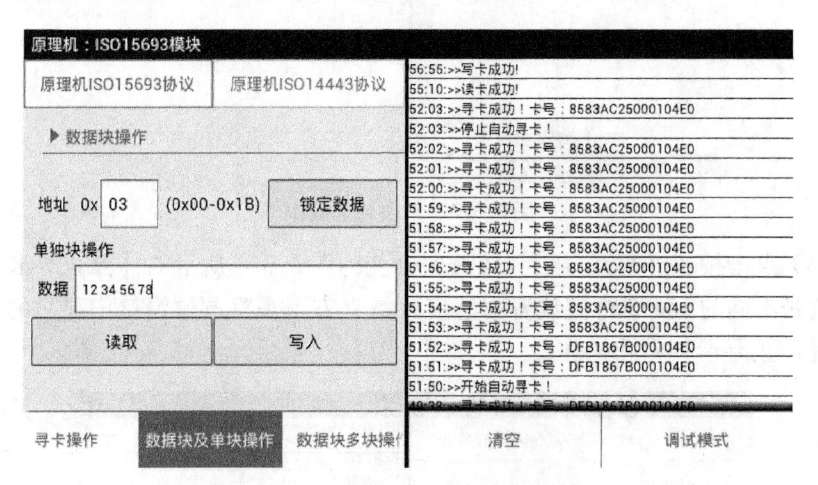

图5.3.6 数据块及单块写数据操作

（4）再次点击按钮【读取】，【数据】右侧的文本框中将显示出上一步中写入的数据。

4）数据块多块操作

（1）点击操作窗口下方的按钮【数据块多块操作】打开数据块多块操作界面。

（2）在【数量】右侧的下拉列表中选择要读取的块数量，例如“3”，然后点击按钮【读取】，【多块操作】下方的文本框中将显示读到的数据，如图5.3.7所示。

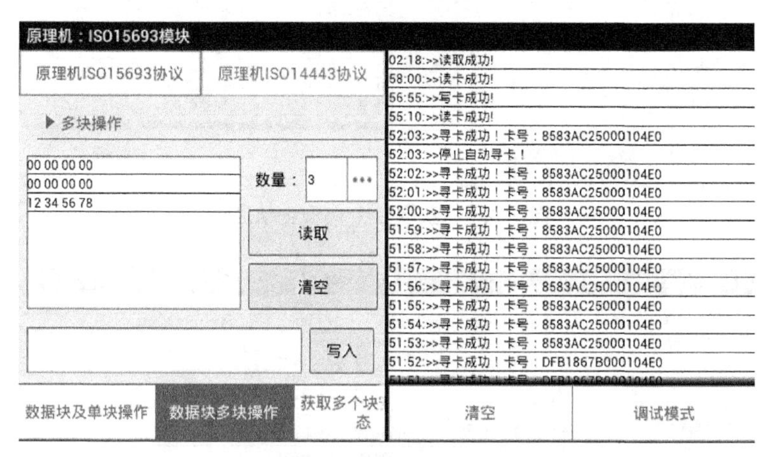

图5.3.7 数据块多块操作

（3）点击按钮【清空】即可清空上一步中读到的数据。

（4）在【写入】左侧的文本框中输入要写入的数据，然后点击按钮【写入】，调试窗口会显示“写卡成功！”的提示。

5）获取多个块安全状态

（1）点击操作窗口下方的按钮【获取多个块安全状态】打开获取多个块安全状态界面。

（2）在【地址】右侧的文本框中输入起始块地址，在【数量】右侧的文本框中输入块的数量，然后点击按钮【获取】，【获取】左侧的文本框中将显示出这几个块的安全状态。

操作界面如图5.3.8所示。

6）卡操作

（1）点击操作窗口下方的按钮【卡操作】打开卡操作界面。

（2）点击按钮【选择】可选中当前寻到的卡，点击按钮【静默】可使该卡进入静默状态，点击按钮【复位】可使该卡恢复到正常状态。

操作界面如图5.3.9所示。

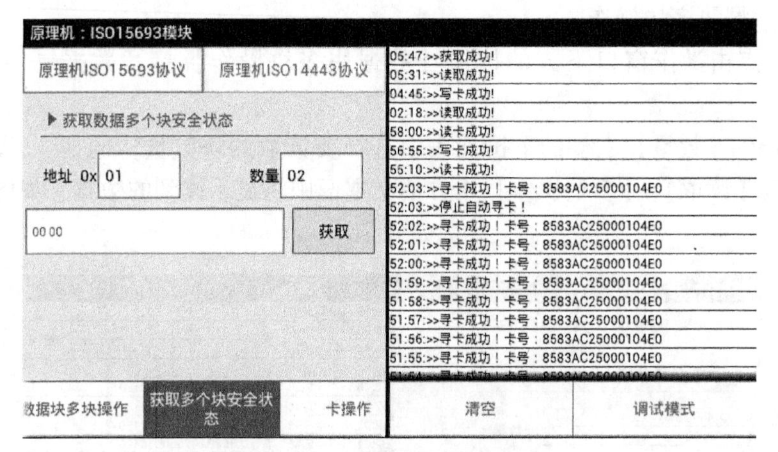

图 5.3.8　获取多个块安全状态

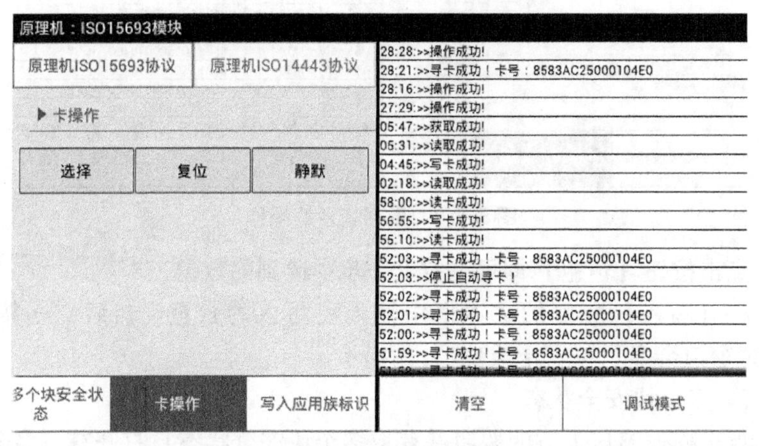

图 5.3.9　卡操作界面

7）写入应用标识

（1）点击操作窗口下方的按钮【写入应用族标识】打开写入应用族标识界面。

（2）在文本框中输入要写入的应用族标识，例如“00”，然后点击按钮【写入】即可成功写入。

操作界面如图 5.3.10 所示。

（3）点击按钮【锁定】，会弹出图 5.3.11 所示的提示框，点击按钮【确定】即锁定成功。

注意：锁定操作不可逆，请慎重操作。

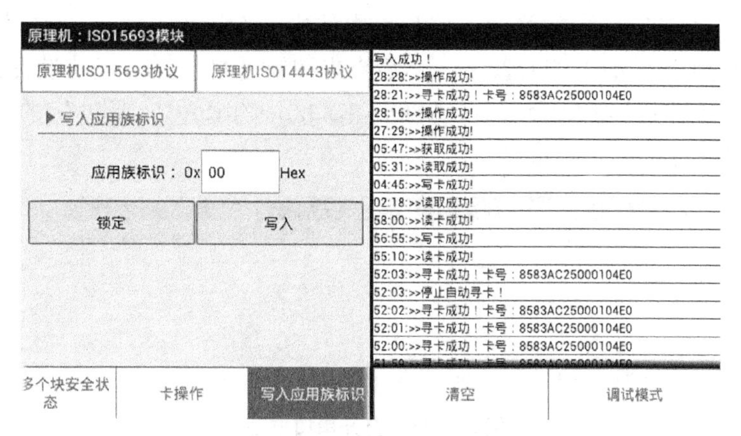

图 5.3.10　写入应用标识界面

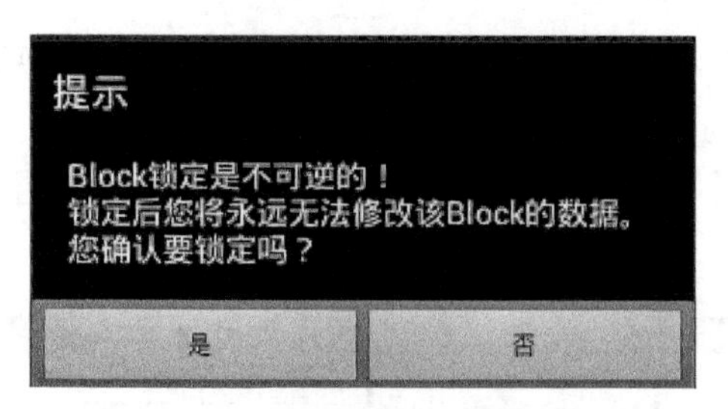

图 5.3.11　锁定操作不可逆提示框

2. 14443 标签操作

1）准备工作

（1）点击界面上方的标签【原理机 ISO14443 协议】，即可对 14443 标签进行相关操作，如图 5.3.12 所示。

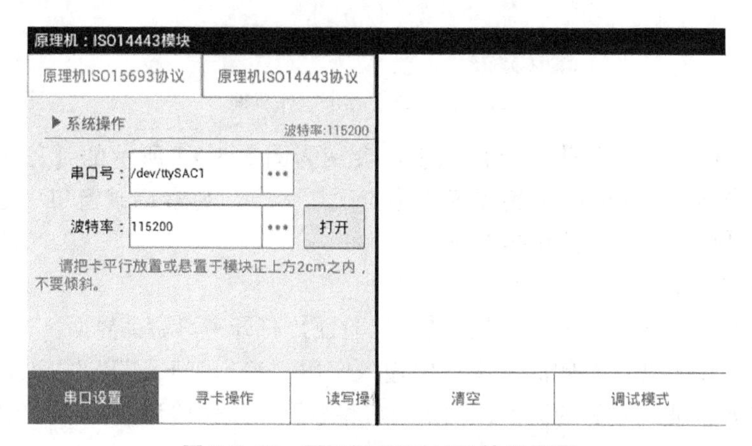

图 5.3.12　原理机 ISO14443 协议界面

（2）在【串口号】右侧的下拉列表中选中“/dev/ttySAC1”，在【波特率】右侧的下拉列表中选中“115200”，然后点击按钮【打开】即成功设置并打开了网关的串口，调试窗口会显示“打开串口/dev/ttySAC1 成功”的提示，如图5.3.13所示。

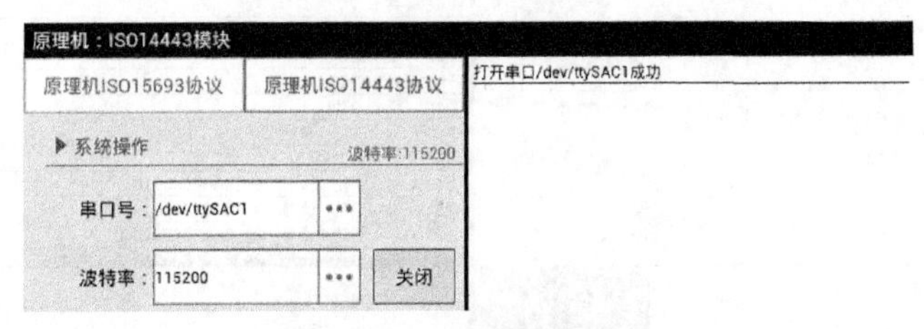

图5.3.13 打开串口成功

2）寻卡操作

（1）点击操作窗口下方的按钮【寻卡操作】打开寻卡操作界面，将14443标签放到感应区域上方。

（2）点击按钮【单次寻卡】，右侧调试窗口将出现寻到的标签卡号，如图5.3.14所示。

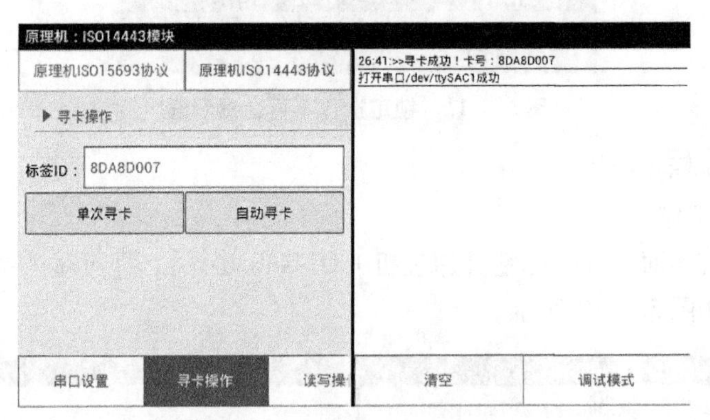

图5.3.14 单次寻卡操作界面

（3）点击按钮【自动寻卡】该按钮会变为图5.3.15所示的【停止寻卡】。分别将两张不同的14443标签放置在感应区域上方，观察调试窗口中显示的信息，点击【停止寻卡】停止操作。

3）密码验证

（1）点击操作窗口下方的按钮【密码验证】打开密码验证界面。

（2）在【密码】右侧的文本框中输入密码“FFFFFFFFFFFF”，然后点击选中“模式B验证”左侧的圆框，调试窗口将显示“密钥验证成功！”的提示，如图5.3.16所示。

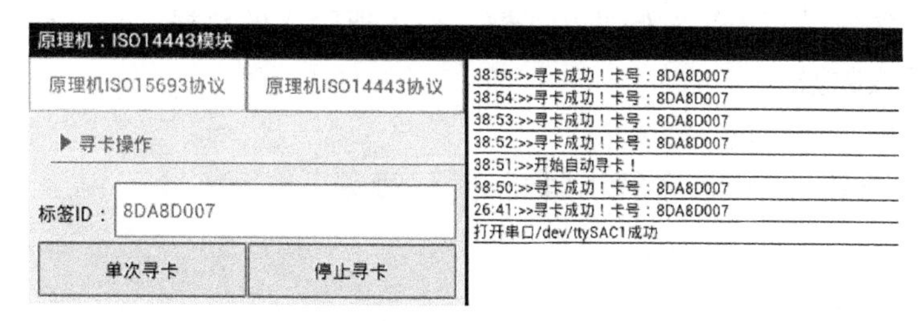

图 5. 3. 15　停止寻卡操作

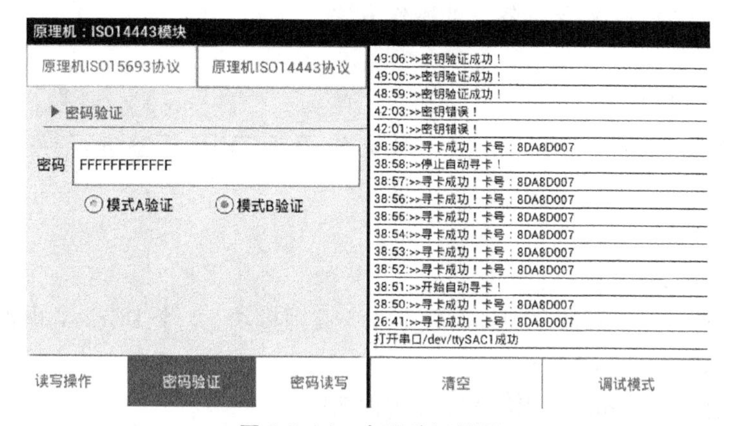

图 5. 3. 16　密码验证界面

4）读写操作

（1）点击操作窗口下方的按钮【读写操作】打开读写操作界面。

（2）在【扇分区】右侧的下拉列表中选择要读取的扇区编号，在【块编号】右侧的下拉列表中选择要读取的块编号，然后点击按钮【读取】，该按钮右侧的文本框中将显示出读取的数据，如图 5. 3. 17 所示。

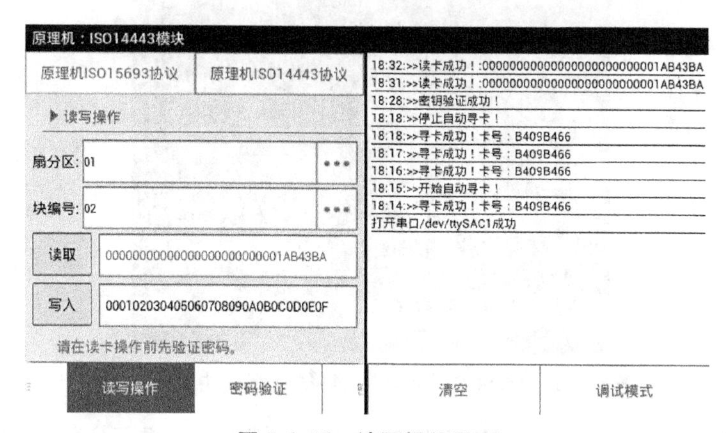

图 5. 3. 17　读写操作界面

（3）在按钮【写入】右侧的文本框中输入要写入的数据，然后点击该按钮，即可成功写入数据。

5.4 13.56 MHz高频14443读写模块

5.4.1 实验目的

（1）熟悉13.56 MHz高频14443读写模块的使用方法。

（2）学习13.56 MHz标签卡的操作方法。

5.4.2 实验内容

通过Android端RFID综合实训系统对13.56 MHz标签进行寻卡、读写等操作。

5.4.3 实验环境

（1）硬件：1个13.56 MHz高频14443读写模块、1个DC12 V电源适配器、2张14443标签、1个嵌入式网关。

（2）软件：Android端RFID综合实训系统。

5.4.4 实验步骤

5.4.4.1 设备上电

（1）请先确认跳线块的连接方式：P2跳针不接，连接P4跳针（TXD2→TXD，RXD2→RXD），如图5.4.1所示。

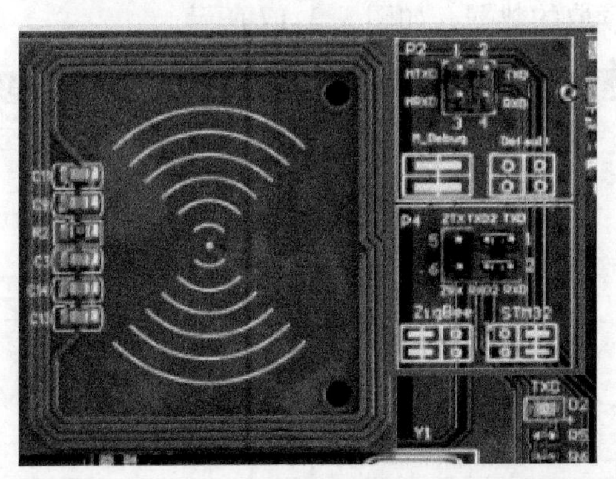

图5.4.1 13.56 MHz高频14443读写模块跳线方式

（2）然后确认将13.56 MHz高频14443读写模块安装在了底板的Module2区

域上。

(3) 将 DC12 V 电源适配器的 DC12 V 接口插到 RFID 综合实验平台的电源输入接口，为电源适配器接通 AC220 V 电源，将电源总开关拨到位置【开】，为实验平台供电，网关上的液晶屏点亮，模块上的电源指示灯点亮。

(4) 在底板的串口选择区域内，旋转 Module2 右侧的黄色旋钮到挡位“1”，观察到旋钮右侧 COM1 对应的指示灯被点亮。

5.4.4.2　Android 端软件操作

1. 准备工作

(1) 进入 Android 端 RFID 综合实训系统主界面，点击【高频 13.56 MHz 14443】进入高频 13.56 MHz 14443 操作界面，如图 5.4.2 所示。

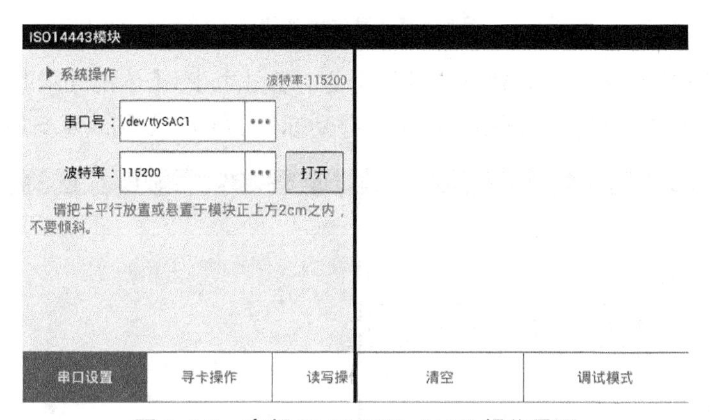

图 5.4.2　高频 13.56 MHz 14443 操作界面

(2) 在【串口号】右侧的下拉列表中选中“/dev/ttySAC1”，在【波特率】右侧的下拉列表中选中“115200”，然后点击按钮【打开】即成功设置并打开了网关的串口，调试窗口会显示“打开串口/dev/ttySAC1 成功”的提示，如图 5.4.3所示。

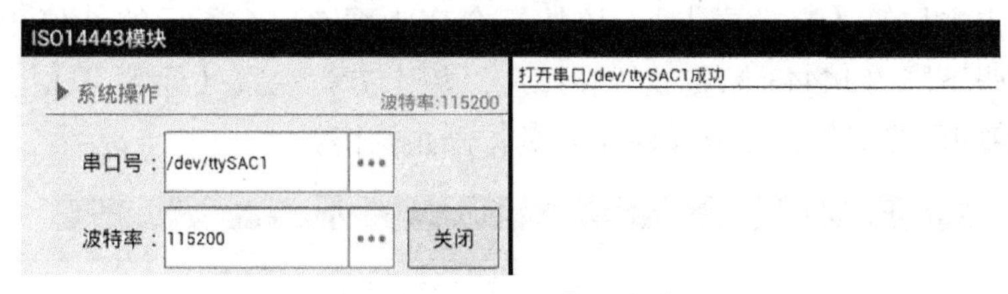

图 5.4.3　打开串口成功

2. 寻卡操作

(1) 点击操作窗口下方的按钮【寻卡操作】，进入寻卡操作界面，如图 5.4.4所示。

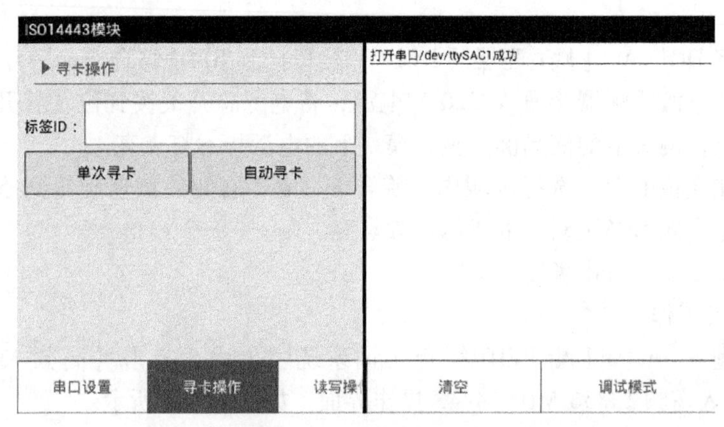

图 5.4.4　寻卡操作界面

（2）将 125 kHz 标签放到感应区域上方，点击按钮【单次寻卡】，可以看到在【标签 ID】右侧的文本框中将显示出寻到标签的 ID，如图 5.4.5 所示。

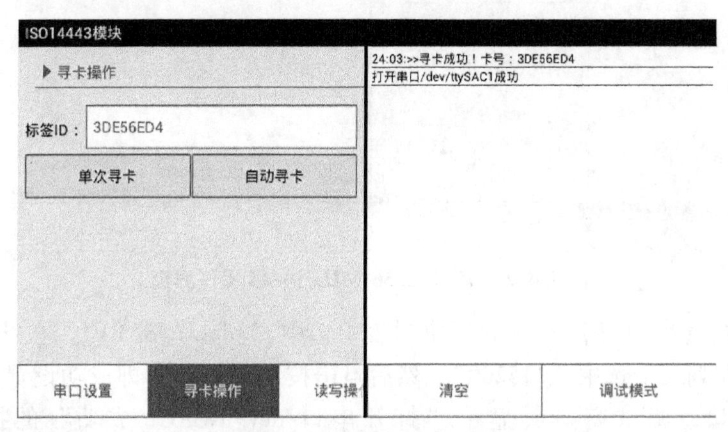

图 5.4.5　单次寻卡操作

（3）点击按钮【自动寻卡】，该按钮会变为图 5.4.6 所示的【停止寻卡】。分别将两张不同的 14443 标签放置在感应区域上方，观察【标签 ID】右侧的文本框中标签 ID 的变化，点击【停止寻卡】停止操作。

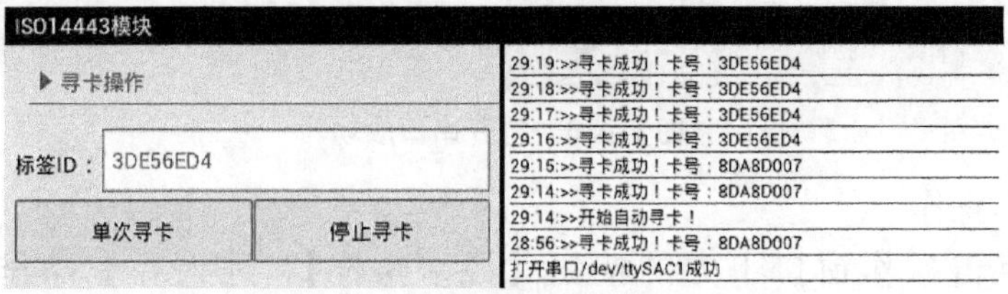

图 5.4.6　自动寻卡操作

3. 密码读写

（1）点击操作窗口下方的按钮【读写操作】，进入读写操作界面，在【扇分区】右侧的下拉列表中选中要操作的扇区编号，在【块编号】右侧的下拉列表中选中要操作的块编号，如图5.4.7所示。

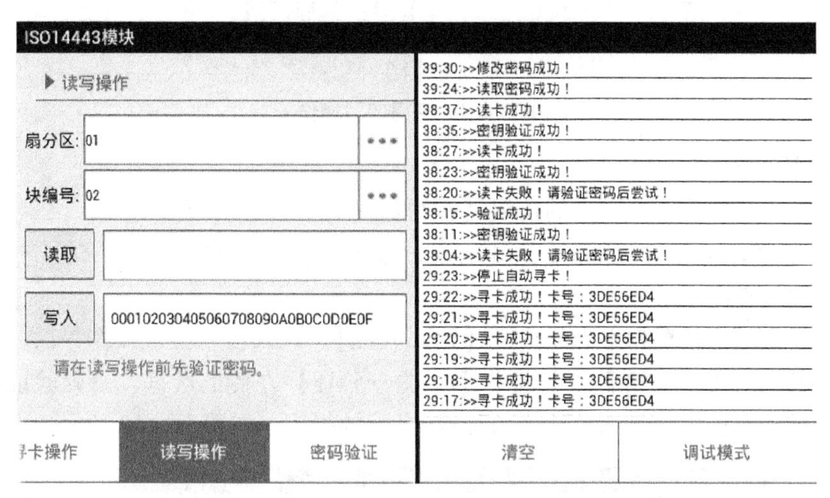

图5.4.7　读写操作界面

（2）点击操作窗口下方的按钮【密码验证】，进入密码验证操作界面。

（3）在文本框中输入密码A，然后点击选中【模式A验证】左侧的圆框；密码验证成功后，调试信息框中会显示“密钥验证成功!”的提示，如图5.4.8所示。

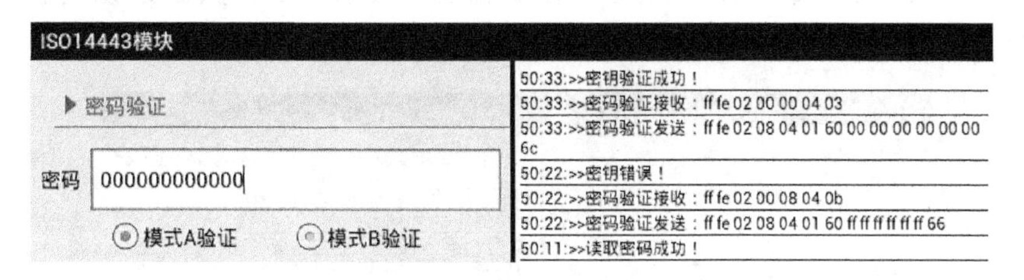

图5.4.8　密码验证操作

（4）密钥验证成功后，才能进行密码读写操作。点击操作窗口下方的按钮【密码读写】，进入密码读写操作界面。

（5）点击按钮【读取密码】，文本框中将显示出该扇区的密码A、控制字及密码B，如图5.4.9所示；也可以通过修改文本框中的数据，然后点击按钮【修改密码】来修改密码（请注意密码A和密码B是6个字节的十六进制数据，控制字是4个字节的十六进制数据）。

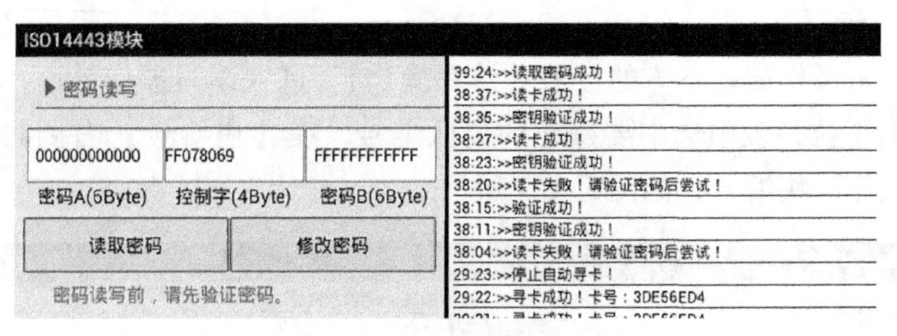

图 5.4.9　密码读写操作

4. 读写操作

(1) 点击操作窗口下方的按钮【读写操作】，进入读写操作界面，在【扇分区】右侧的下拉列表中选中要操作的扇区编号，在【块编号】右侧的下拉列表中选中要操作的块编号。

(2) 点击操作窗口下方的按钮【密码验证】，进入密码验证操作界面。在文本框中输入密码 A，然后点击选中【模式 A 验证】左侧的圆框，密码验证成功后，调试信息框中会显示“密钥验证成功!”的提示，如图 5.4.10 所示。

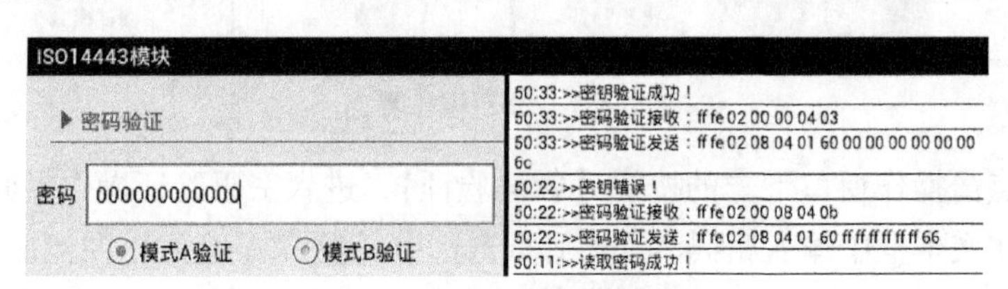

图 5.4.10　密码验证操作

(3) 回到读写操作界面，选中扇区编号和块编号后，点击按钮【读取】，【读取】右侧的文本框中将显示出读到的数据，如图 5.4.11 所示。

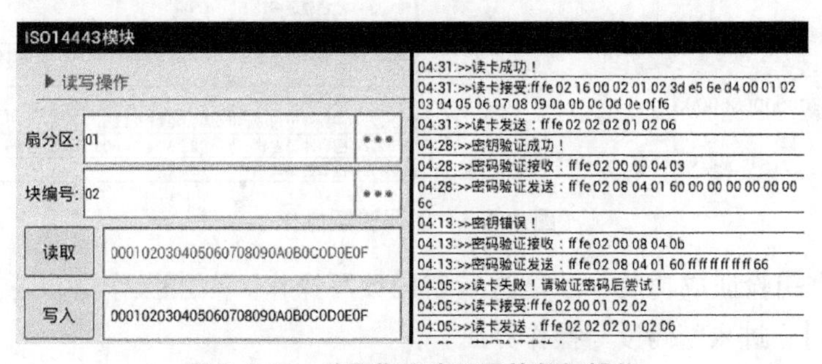

图 5.4.11　读取指定扇区及块数据操作

(4) 在按钮【写入】右侧的文本框中输入要写入的数据（16 个字节的十六进制数据），点击按钮【写入】，消息显示框中会显示“写卡成功!”的提示，如图 5.4.12 所示。

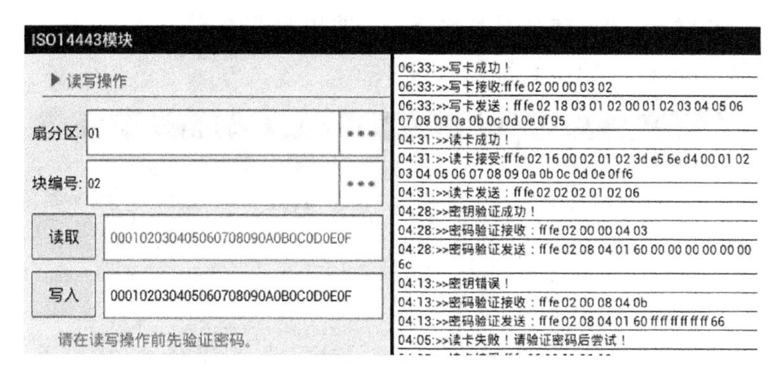

图 5.4.12　往指定扇区及块写数据操作

5. 电子钱包

（1）在读写操作界面选中要操作的扇区编号及块编号，然后在密码验证操作界面进行密码验证。

（2）点击操作窗口下方的按钮【电子钱包】，进入电子钱包操作界面，如图 5.4.13所示。

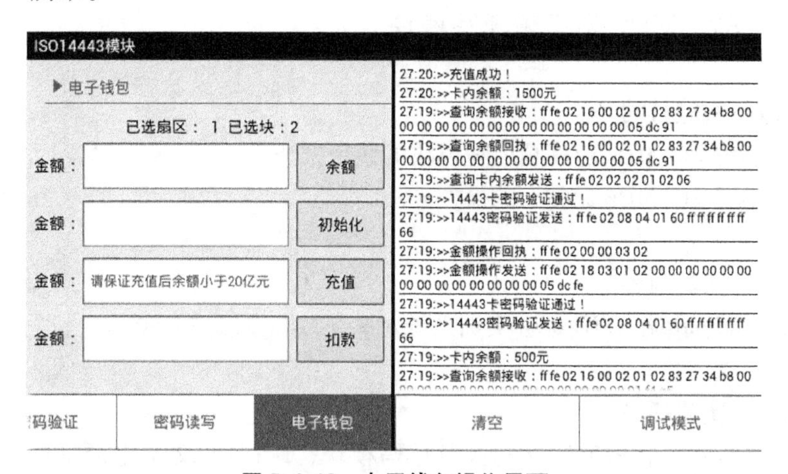

图 5.4.13　电子钱包操作界面

（3）点击按钮【余额】，【余额】左侧的文本框中将显示出当前电子钱包内的余额。

（4）在按钮【初始化】左侧的文本框中输入要初始化的金额，然后点击该按钮，当余额变为初始化金额，即表明初始化成功。

（5）在按钮【充值】左侧的文本框中输入要充值的金额，然后点击该按钮，金额会变为原有余额与充值金额的总和，即表明充值成功。

（6）在按钮【扣款】左侧的文本框中输入要扣掉的金额，然后点击该按钮，金额在原有余额的基础上减去了扣款金额，即扣款成功。

电子钱包界面读写操作如图 5. 4. 14 所示。

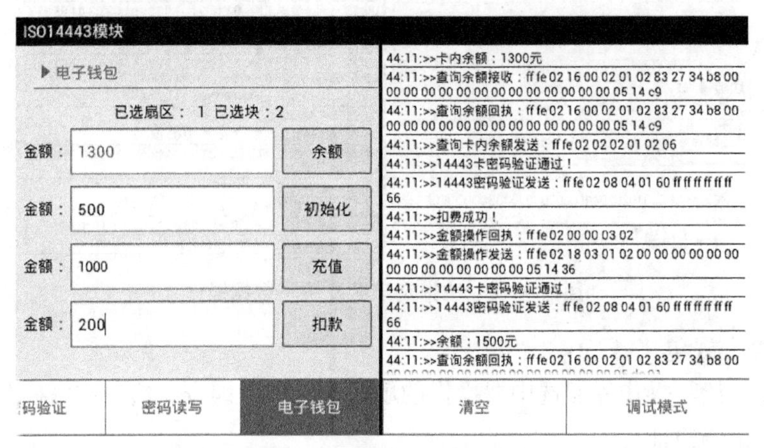

图 5. 4. 14　电子钱包充值及扣款操作

5. 5　915 MHz 超高频读写模块

5. 5. 1　实验目的

（1）熟悉 915 MHz 超高频读写模块的使用方法。

（2）学习 915 MHz 标签卡的操作方法。

5. 5. 2　实验内容

通过 Android 端 RFID 综合实训系统对 915 MHz 标签进行寻卡、读写等操作。

5. 5. 3　实验环境

（1）硬件：1 个 915 MHz 超高频读写模块、1 个 DC12 V 电源适配器、2 张 915 MHz 标签、1 个嵌入式网关。

（2）软件：Android 端 RFID 综合实训系统。

5. 5. 4　实验步骤

5. 5. 4. 1　设备上电

（1）先确认跳线块的连接方式：P2 跳针不接，连接 P4 跳针（TXD→TXD2，RXD→RXD2），如图 5. 5. 1 所示。

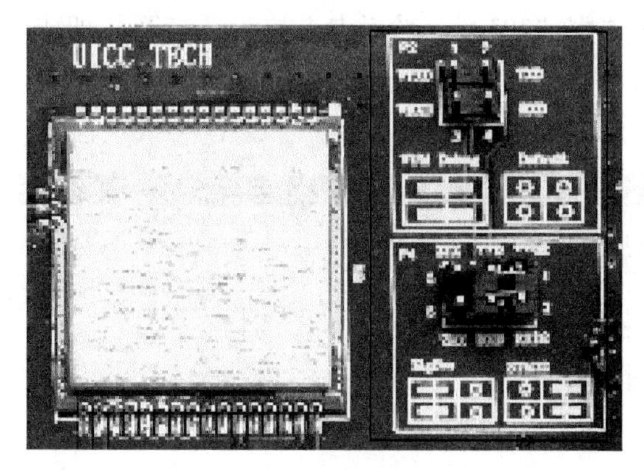

图 5.5.1　915 MHz 超高频读写模块跳线方式

（2）然后确认将 915 MHz 超高频读写模块安装在了底板的 Module3 区域上。

（3）将 DC12 V 电源适配器的 DC12 V 接口插到 RFID 综合实验平台的电源输入接口，为电源适配器接通 AC220 V 电源。将电源总开关拨到位置【开】，为实验平台供电，网关上的液晶屏被点亮，模块上的电源指示灯也被点亮。

（4）在底板的串口选择区域内，旋转 Module3 右侧的黄色旋钮到挡位“1”，可以观察到旋钮右侧 COM1 对应的指示灯被点亮。

5.5.4.2　Android 端软件操作

1. 准备工作

（1）进入 Android 端 RFID 综合实训系统主界面，点击【超高频 915M】进入超高频 915 MHz 操作界面，如图 5.5.2 所示。

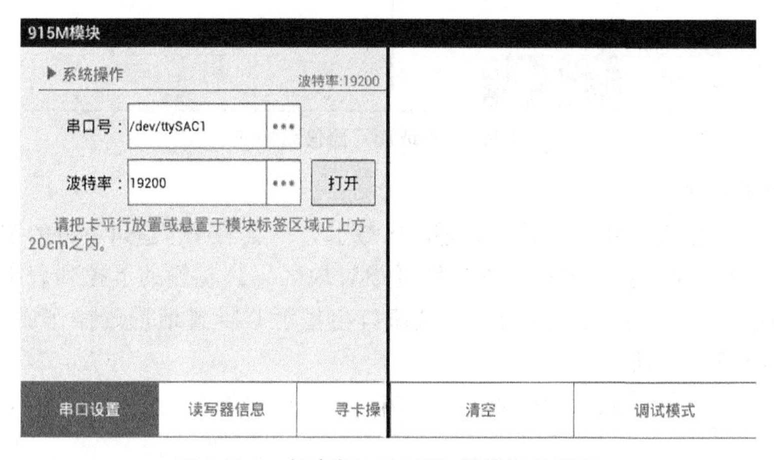

图 5.5.2　超高频 915 MHz 模块操作界面

（2）在【串口号】右侧的下拉列表中选中“/dev/ttySAC1”，在【波特率】

右侧的下拉列表中选中“1920”，然后点击按钮【打开】即成功设置并打开了网关的串口，调试窗口会显示“打开串口/dev/ttySAC1 成功”的提示，如图 5. 5. 3 所示。

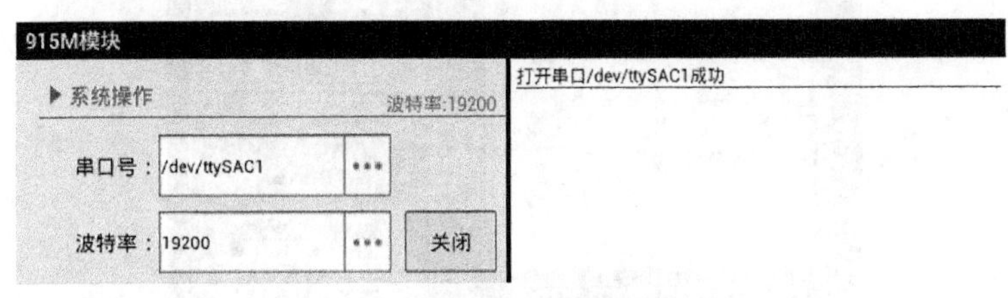

图 5. 5. 3　打开串口成功

2. 获取读写器信息

点击操作窗口下方的按钮【读写器信息】，进入读写器信息界面，分别点击按钮在【读写器信息】和【RSSI 数值】，调试窗口会显示读写器信息及 RSSI 数值，如图 5. 5. 4 所示。

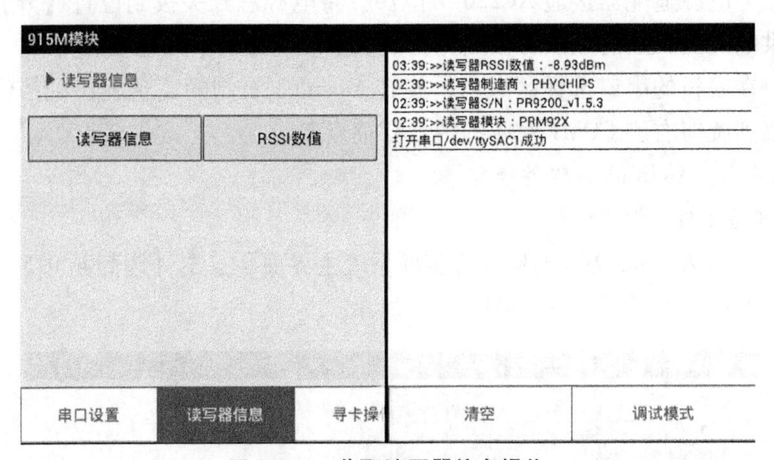

图 5. 5. 4　获取读写器信息操作

3. 地区操作

（1）将一张 915 MHz 标签放到感应区域上方，点击操作窗口下方的按钮【地区操作】，进入地区操作界面，在按钮【设置地区码】左侧的下拉列表中选择地区为“中国”，然后点击该按钮，调试窗口会显示“设置地址码操作成功!”的提示，如图 5. 5. 5 所示。

（2）点击按钮【获得地区码】，获得在上一步中设置的地区码，如图 5. 5. 6 所示。

（3）在按钮【设置 RF 频道】左侧的下拉列表中选择 RF 频道为 1，然后点击该按钮，调试窗口会显示“设置 RF 频道操作成功!”的提示，如图 5. 5. 7 所示。

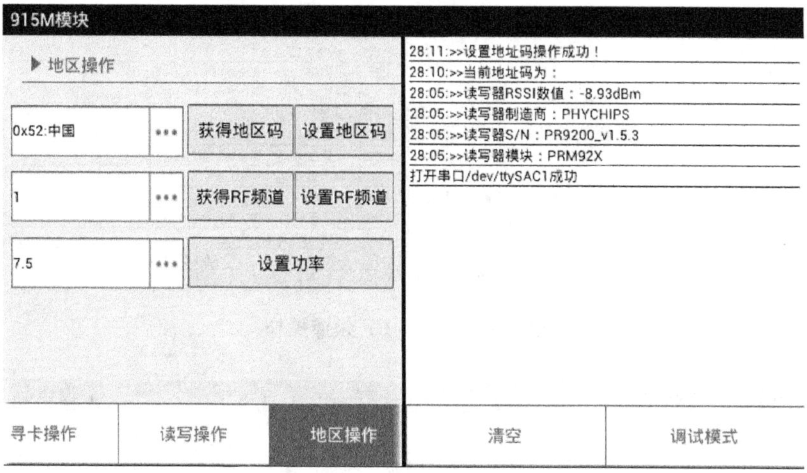

915M模块

▶ 地区操作

0x52:中国　获得地区码　设置地区码

1　获得RF频道　设置RF频道

7.5　设置功率

28:11:>>设置地址码操作成功！
28:10:>>当前地址码为：
28:05:>>读写器RSSI数值：-8.93dBm
28:05:>>读写器制造商：PHYCHIPS
28:05:>>读写器S/N：PR9200_v1.5.3
28:05:>>读写器模块：PRM92X
打开串口/dev/ttySAC1成功

寻卡操作　读写操作　地区操作　清空　调试模式

图 5. 5. 4　设置地区码操作

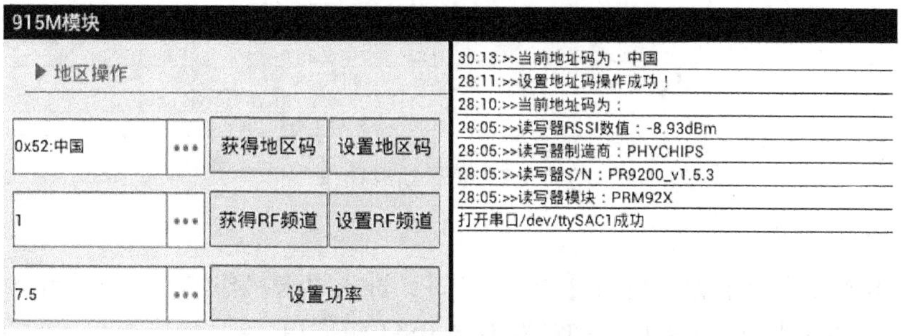

915M模块

▶ 地区操作

0x52:中国　获得地区码　设置地区码

1　获得RF频道　设置RF频道

7.5　设置功率

30:13:>>当前地址码为：中国
28:11:>>设置地址码操作成功！
28:10:>>当前地址码为：
28:05:>>读写器RSSI数值：-8.93dBm
28:05:>>读写器制造商：PHYCHIPS
28:05:>>读写器S/N：PR9200_v1.5.3
28:05:>>读写器模块：PRM92X
打开串口/dev/ttySAC1成功

图 5. 5. 6　获得地区码操作

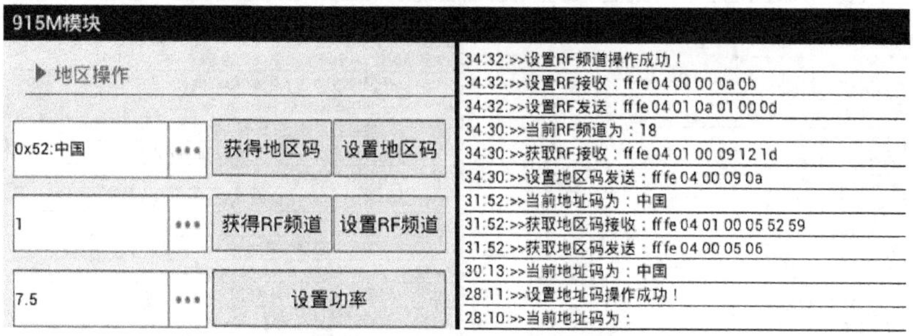

915M模块

▶ 地区操作

0x52:中国　获得地区码　设置地区码

1　获得RF频道　设置RF频道

7.5　设置功率

34:32:>>设置RF频道操作成功！
34:32:>>设置RF接收：ff fe 04 00 00 0a 0b
34:32:>>设置RF发送：ff fe 04 01 0a 01 00 0d
34:30:>>当前RF频道为：18
34:30:>>获取RF接收：ff fe 04 01 00 09 12 1d
34:30:>>设置地区码发送：ff fe 04 00 09 0a
31:52:>>当前地址码为：中国
31:52:>>获取地区码接收：ff fe 04 01 00 05 52 59
31:52:>>获取地区码发送：ff fe 04 00 05 06
30:13:>>当前地址码为：中国
28:11:>>设置地址码操作成功！
28:10:>>当前地址码为：

图 5. 5. 7　设置 RF 频道操作

（4）点击按钮【获得 RF 频道】，获得在上一步中设置的 RF 频道，如图 5. 5. 8所示。

（5）在按钮【设置功率】左侧的下拉列表中选择输出功率为 7. 5，然后点击该按钮，调试窗口会显示“设置功率操作成功!”的提示，如图 5. 5. 9 所示。

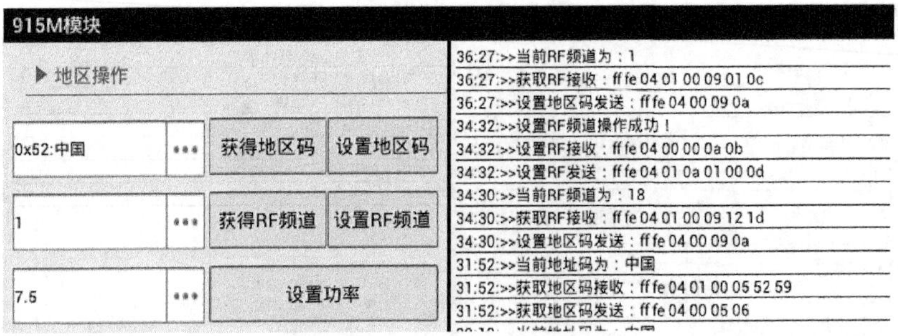

915M模块

▶ 地区操作

0x52:中国　　获得地区码　设置地区码

1　　获得RF频道　设置RF频道

7.5　　设置功率

36:27:>>当前RF频道为：1
36:27:>>获取RF接收：ff fe 04 01 00 09 01 0c
36:27:>>设置地区码发送：ff fe 04 00 09 0a
34:32:>>设置RF频道操作成功！
34:32:>>设置RF接收：ff fe 04 00 00 0a 0b
34:32:>>设置RF发送：ff fe 04 01 0a 01 00 0d
34:30:>>当前RF频道为：18
34:30:>>获取RF接收：ff fe 04 01 00 09 12 1d
34:30:>>设置地区码发送：ff fe 04 00 09 0a
31:52:>>当前地址码为：中国
31:52:>>获取地区码接收：ff fe 04 01 00 05 52 59
31:52:>>获取地区码发送：ff fe 04 00 05 06

图 5.5.8　获得 RF 频道操作

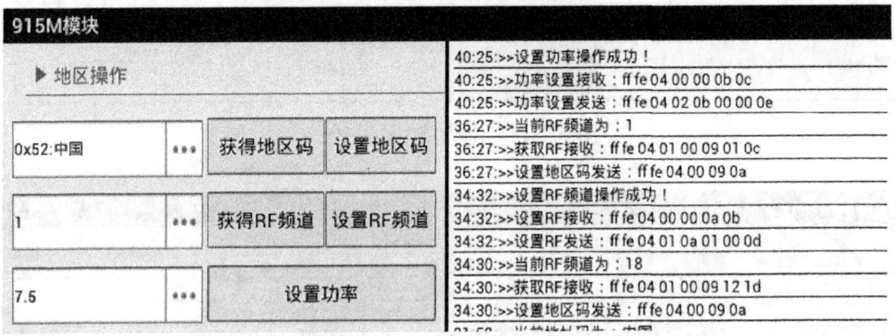

915M模块

▶ 地区操作

0x52:中国　　获得地区码　设置地区码

1　　获得RF频道　设置RF频道

7.5　　设置功率

40:25:>>设置功率操作成功！
40:25:>>功率设置接收：ff fe 04 00 00 0b 0c
40:25:>>功率设置发送：ff fe 04 02 0b 00 00 0e
36:27:>>当前RF频道为：1
36:27:>>获取RF接收：ff fe 04 01 00 09 01 0c
36:27:>>设置地区码发送：ff fe 04 00 09 0a
34:32:>>设置RF频道操作成功！
34:32:>>设置RF接收：ff fe 04 00 00 0a 0b
34:32:>>设置RF发送：ff fe 04 01 0a 01 00 0d
34:30:>>当前RF频道为：18
34:30:>>获取RF接收：ff fe 04 01 00 09 12 1d
34:30:>>设置地区码发送：ff fe 04 00 09 0a

图 5.5.9　设置功率操作

4. RSSI 操作

点击操作窗口下方的按钮【寻卡操作】，进入寻卡操作界面，如图 5.5.10 所示，点击按钮【扫描 RSSI】，即可获取到 RSSI 频道扫描列表。

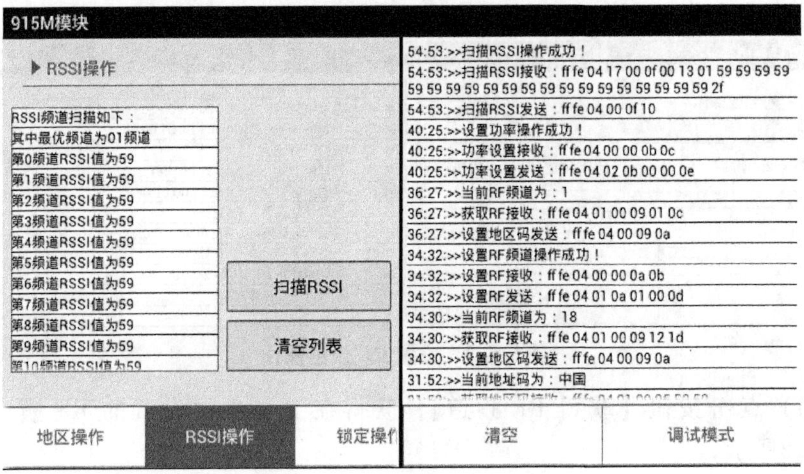

915M模块

▶ RSSI操作

RSSI频道扫描如下：
其中最优频道为01频道
第0频道RSSI值为59
第1频道RSSI值为59
第2频道RSSI值为59
第3频道RSSI值为59
第4频道RSSI值为59
第5频道RSSI值为59
第6频道RSSI值为59
第7频道RSSI值为59
第8频道RSSI值为59
第9频道RSSI值为59

扫描RSSI

清空列表

54:53:>>扫描RSSI操作成功！
54:53:>>扫描RSSI接收：ff fe 04 17 00 0f 00 13 01 59 59 59 59 59 59 59 59 59 59 59 59 59 59 59 59 59 59 59 59 2f
54:53:>>扫描RSSI发送：ff fe 04 00 0f 10
40:25:>>设置功率操作成功！
40:25:>>功率设置接收：ff fe 04 00 00 0b 0c
40:25:>>功率设置发送：ff fe 04 02 0b 00 00 0e
36:27:>>当前RF频道为：1
36:27:>>获取RF接收：ff fe 04 01 00 09 01 0c
36:27:>>设置地区码发送：ff fe 04 00 09 0a
34:32:>>设置RF频道操作成功！
34:32:>>设置RF接收：ff fe 04 00 00 0a 0b
34:32:>>设置RF发送：ff fe 04 01 0a 01 00 0d
34:30:>>当前RF频道为：18
34:30:>>获取RF接收：ff fe 04 01 00 09 12 1d
34:30:>>设置地区码发送：ff fe 04 00 09 0a
31:52:>>当前地址码为：中国

地区操作　RSSI操作　锁定操作　清空　调试模式

图 5.5.10　扫描 RSSI 操作

5. 配置操作

点击操作窗口下方的按钮【配置操作】，进入配置操作界面，如图 5.5.11 所示，点击按钮【配置保存】可保存当前配置。

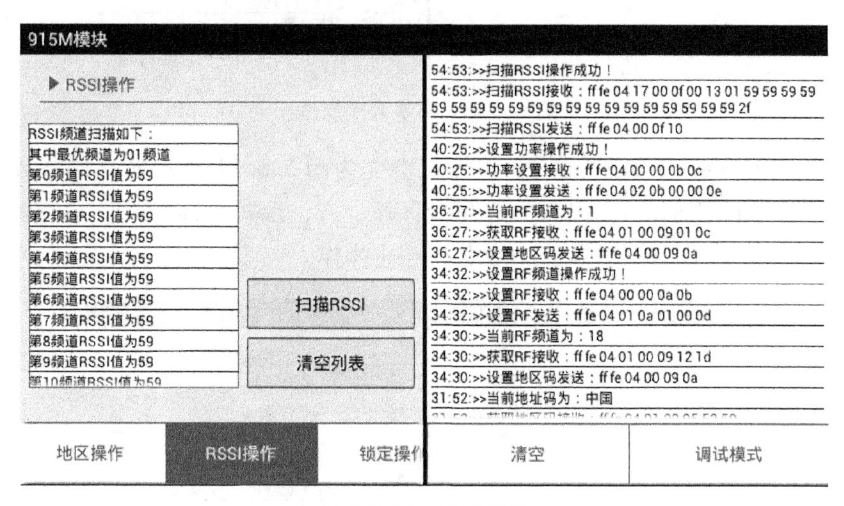

图 5.5.11　配置操作

6. 寻卡操作

（1）点击操作窗口下方的按钮【寻卡操作】，进入寻卡操作界面，如图 5.5.12所示。

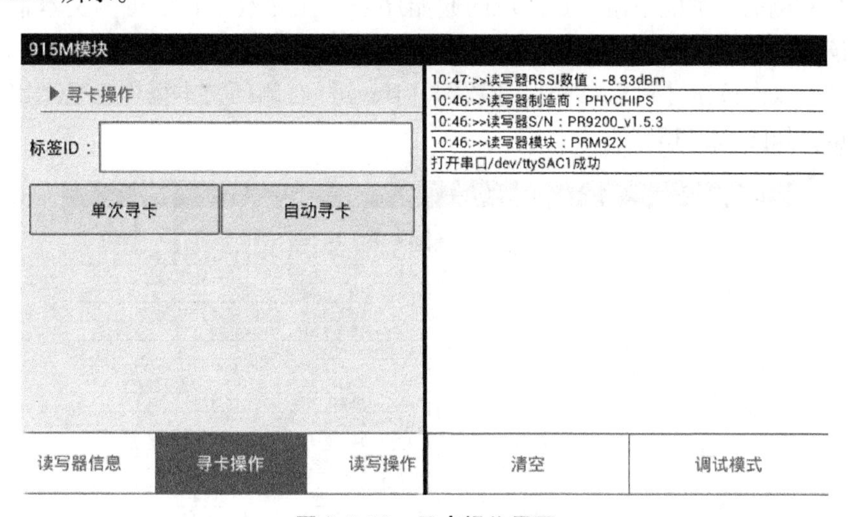

图 5.5.12　寻卡操作界面

（2）将 915M 标签放到感应区域上方，点击按钮【单次寻卡】，可以看到在【标签 ID】右侧的文本框中将显示出寻到标签的 ID，如图 5.5.13 所示。

图 5.5.13　单次寻卡操作

（3）点击按钮【自动寻卡】，该按钮会变为图 5.5.14 所示的【停止寻卡】。分别将两张不同的 915M 标签放置在感应区域上方，观察【标签 ID】右侧的文本框中标签 ID 的变化，点击【停止寻卡】停止操作。

图 5.5.14　自动寻卡操作

7. 读写操作

（1）点击操作窗口下方的按钮【读写操作】，进入读写操作界面，在【起始序号】右侧的文本框中输入要读取的起始序号，在【数量】右侧的文本框中输入要读取的数量。

（2）点击按钮【读取数据】，【数据（Hex）】右侧的文本框中将显示出读到的数据，如图 5.5.15 所示。

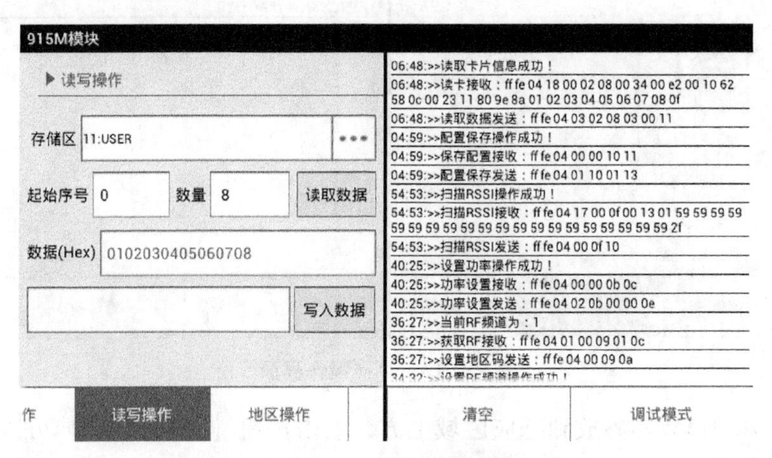

图 5.5.15　读取数据操作

（3）在按钮【写入数据】左侧的文本框中输入要写入的8个字节的十六进制数，然后点击按钮【写入数据】，调试窗口会显示“修改卡片信息成功!”的提示信息，如图5.5.16所示。

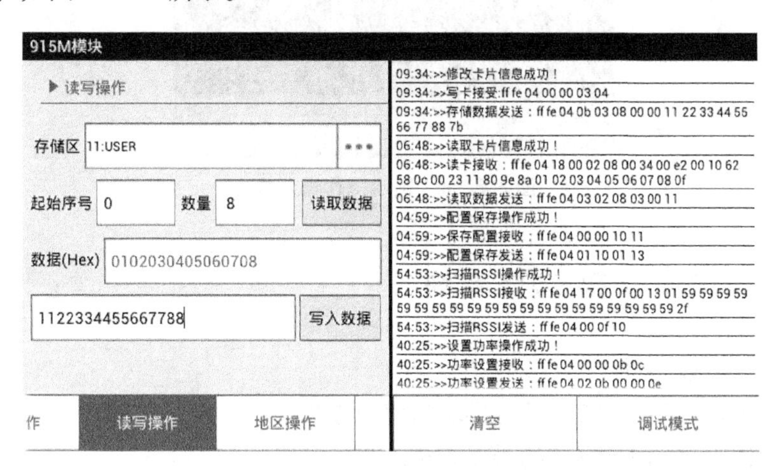

图5.5.16　写数据操作

8. 锁定操作

（1）点击操作窗口下方的按钮【锁定操作】，进入锁定操作界面，如图5.5.17所示。

图5.5.17　锁定操作

（2）点击按钮【锁定】，会弹出图5.5.18所示的提示框，点击按钮【确定】即锁定成功。

注意：锁定操作不可逆，请慎重操作。

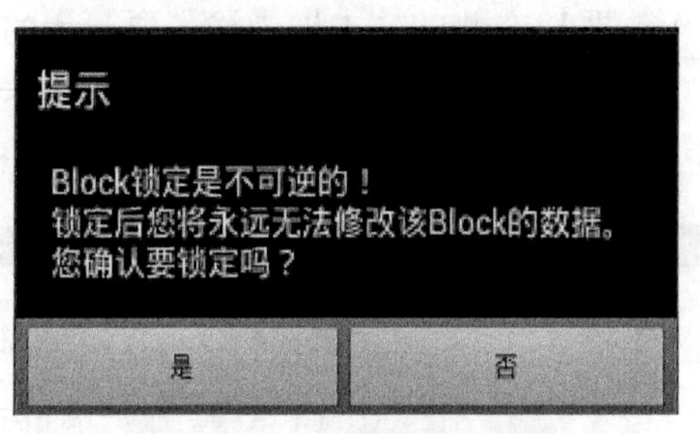

图 5.5.18　锁定操作提示框

5.6　2.4 GHz 微波读写模块

5.6.1　实验目的

（1）熟悉 2.4 GHz 微波读写模块的使用方法。

（2）学习 2.4 GHz 标签的操作方法。

5.6.2　实验内容

通过 Android 端 RFID 综合实训系统对 2.4 GHz 标签进行寻卡、读写等操作。

5.6.3　实验环境

（1）硬件：1 个 2.4 GHz 微波读写模块、1 个 DC12 V 电源适配器、2 张 2.4 GHz 标签（装有纽扣电池）、1 个嵌入式网关。

（2）软件：Android 端 RFID 综合实训系统。

5.6.4　实验步骤

5.6.4.1　设备上电

（1）请先确认跳线块的连接方式：P4 跳针不接，连接 P2 跳针，如图 5.6.1 所示。

（2）然后确认将 2.4 GHz 微波读写模块安装在了底板的 Module4 区域上。

（3）将 DC12 V 电源适配器的 DC12 V 接口插到 RFID 综合实验平台的电源输入接口，为电源适配器接通 AC220 V 电源。将电源总开关拨到位置【开】，为实验平台供电，网关上的液晶屏被点亮，模块上的电源指示灯也被点亮。

（4）在底板的串口选择区域内，旋转 Module 4 右侧的黄色旋钮到挡位“1”，可以观察到旋钮右侧 COM1 对应的指示灯被点亮。

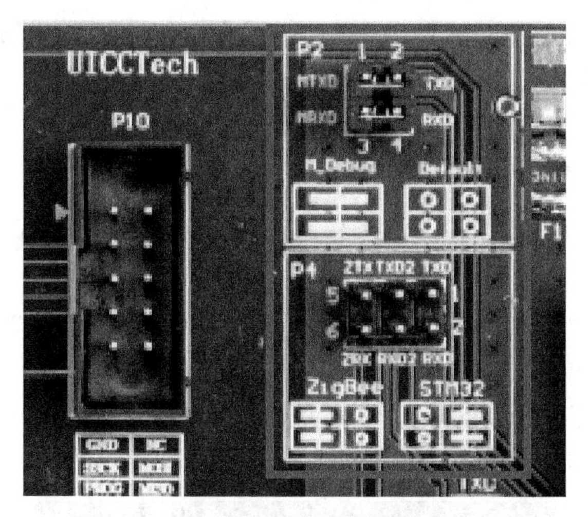

图5.6.1　2.4 GHz 微波读写模块跳线方式

5.6.4.2　Android 端软件操作

1. 准备工作

（1）进入 Android 端 RFID 综合实训系统主界面，点击【微波2.4G】进入微波2.4 GHz 操作界面，如图5.6.2所示。

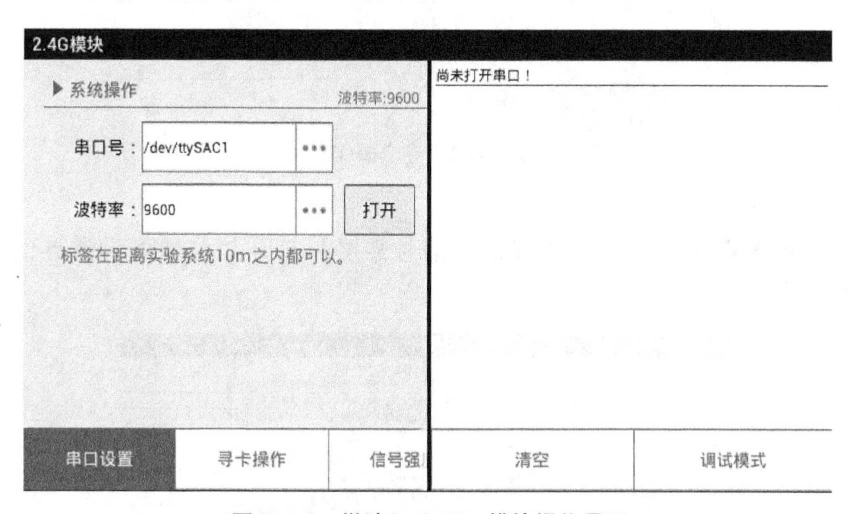

图5.6.2　微波2.4 GHz 模块操作界面

（2）在【串口号】右侧的下拉列表中选中“/dev/ttySAC1”，在【波特率】右侧的下拉列表中选中“9600”，然后点击按钮【打开】即成功设置并打开了网关的串口，调试窗口会显示“打开串口/dev/ttySAC1 成功”的提示，如图5.6.3所示。

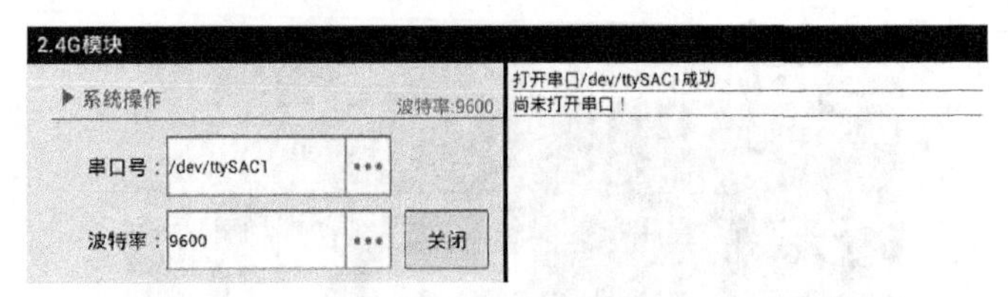

图 5.6.3　打开串口成功

2. 寻卡操作

(1) 点击操作窗口下方的按钮【寻卡操作】打开寻卡操作界面，将 2.4 GHz 标签装上 3 V 纽扣电池后，放置在 2.4 GHz 微波读写模块旁边。

(2) 点击按钮【开始寻卡】，右侧调试窗口将出现寻到的标签信息，点击按钮【停止寻卡】可停止寻卡操作，如图 5.6.4 所示。

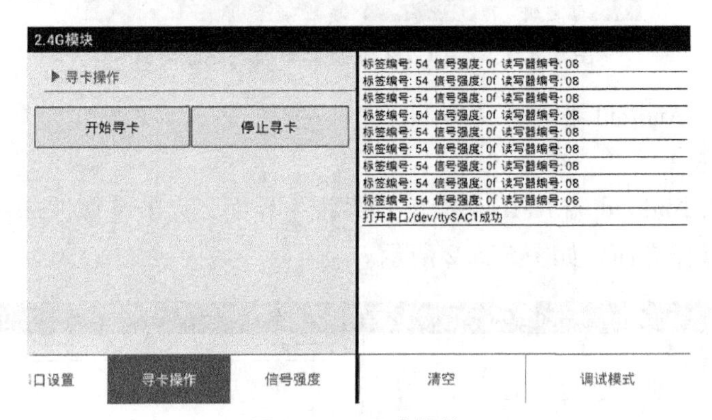

图 5.6.4　寻卡操作

3. 信号强度

(1) 点击操作窗口下方的按钮【信号强度】打开信号强度设置界面，如图 5.6.5所示。

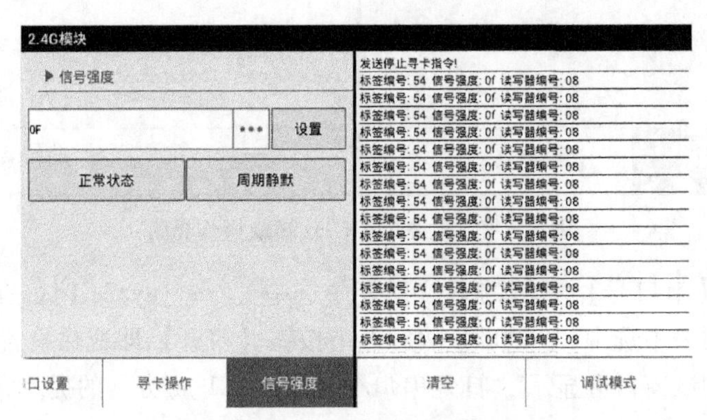

图 5.6.5　信号强度设置界面

（2）在按钮【设置】左侧的下拉列表中选择信号强度“0D”，然后点击该按钮，调试窗口会显示“设置信号成功!”的提示，如图 5. 6. 6 所示。

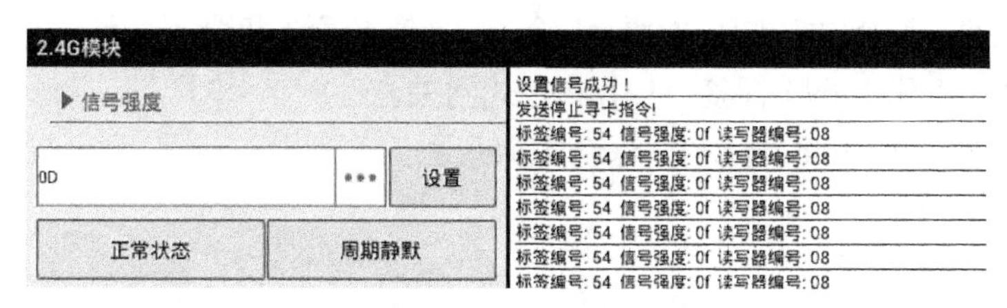

图 5. 6. 6　设置信号强度操作

（3）点击按钮【周期静默】，可使标签进入静默状态，如图 5. 6. 7 所示。

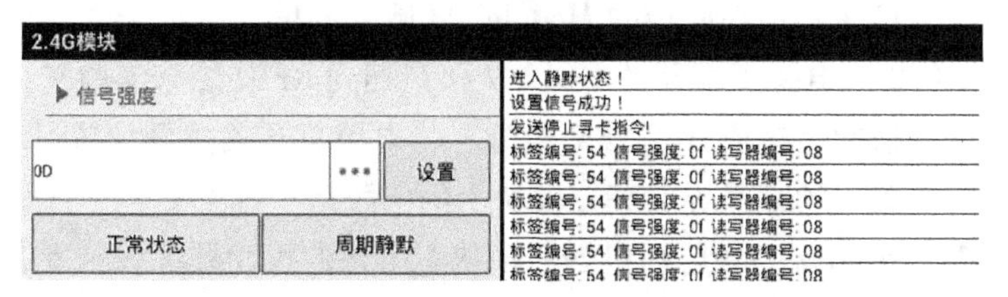

图 5. 6. 7　周期静默操作

（4）点击按钮【正常状态】，可使标签进入正常状态，如图 5. 6. 8 所示。

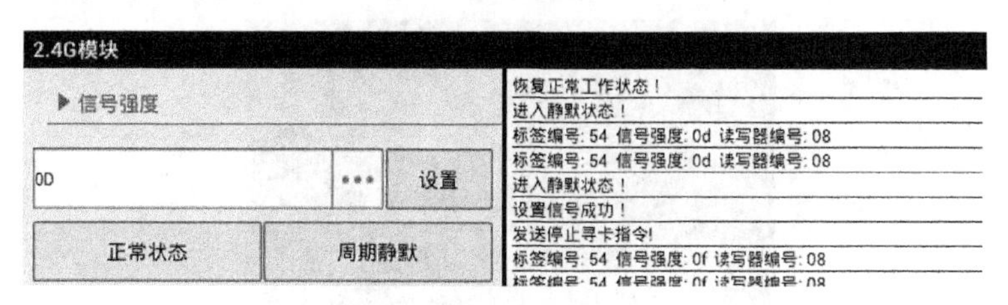

图 5. 6. 8　正常状态设置

5. 7　模拟 ETC 模块

5. 7. 1　实验目的

（1）熟悉模拟 ETC 模块的使用方法。

（2）利用模拟 ETC 模块和 13. 56 MHz 高频原理机学习模块进行模拟 ETC 操作。

5. 7. 2　实验内容

（1）通过 Android 端 RFID 综合实训系统对 ETC 横杆进行操作。

（2）利用 15693 标签模拟 ETC 操作。

5.7.3 实验环境

（1）硬件：1个模拟ETC模块、1个14443高频原理机学习模块、1个DC12 V电源适配器、1张15693标签、1个嵌入式网关。

（2）软件：Android端RFID综合实训系统。

5.7.4 实验步骤

5.7.4.1 设备上电

（1）首先确认将模拟ETC模块安装在底板的Module5区域上，并将13.56 MHz高频原理机学习模块安装在底板的Module7区域上。

（2）将DC12 V电源适配器的DC12 V接口插到RFID综合实验平台的电源输入接口，为电源适配器接通AC220 V电源，将电源总开关拨到位置【开】，为实验平台供电，网关上的液晶屏点亮，模块上的电源指示灯点亮。

（3）将13.56 MHz高频原理机学习模块右上角的拨动开关拨到下方，为该模块接通电源，可以观察到拨动开关左侧的电源指示灯“POW_LED”正常点亮。

设备上电模块安装如图5.7.1所示。

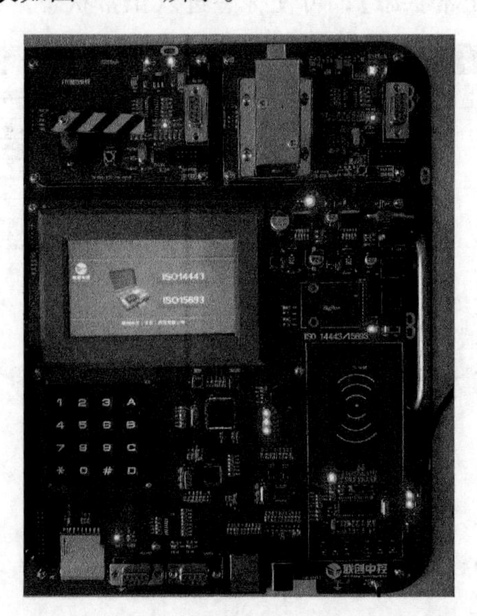

图5.7.1　13.56 MHz高频原理机上电图示

（4）在底板的串口选择区域内，旋转Module7右侧的黄色旋钮到挡位“1”，可以观察到旋钮右侧COM1对应的指示灯被点亮。再旋转Module5右侧的黄色旋钮到挡位“2”，可以观察到旋钮右侧COM2对应的指示灯被点亮。

5.7.4.2 Android 端软件操作

1. 准备工作

（1）进入 Android 端 RFID 综合实训系统主界面，点击【ETC】进入模拟 ETC 操作界面，如图 5.7.2 所示。

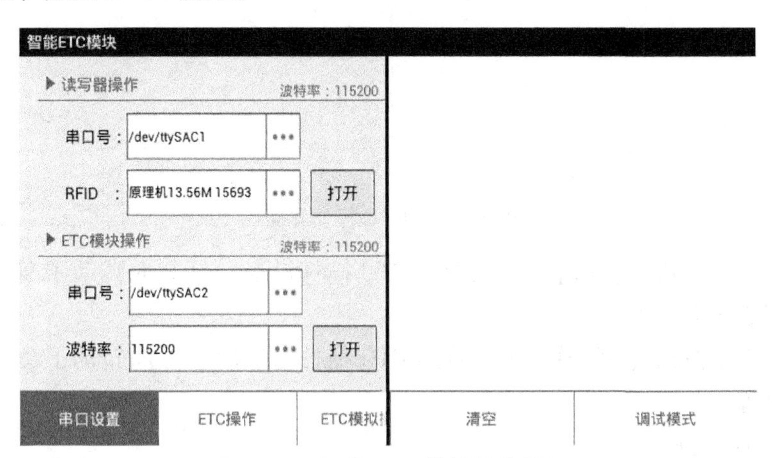

图 5.7.2　智能 ETC 模块操作界面

（2）在【读写器操作】下方，选中【串口号】右侧的下拉列表中的“/dev/ttySAC1”，选中【RFID】右侧的下拉列表中的“原理机 13.56M 15693”（也可以选择“高频 13.56 MHz 1444”或“超高频 915 MHz”，操作步骤类似，在此不赘述），然后点击按钮【打开】即成功设置并打开了网关的串口 1，调试窗口会显示“打开串口/dev/ttySAC1 成功”的提示，如图 5.7.3 所示。

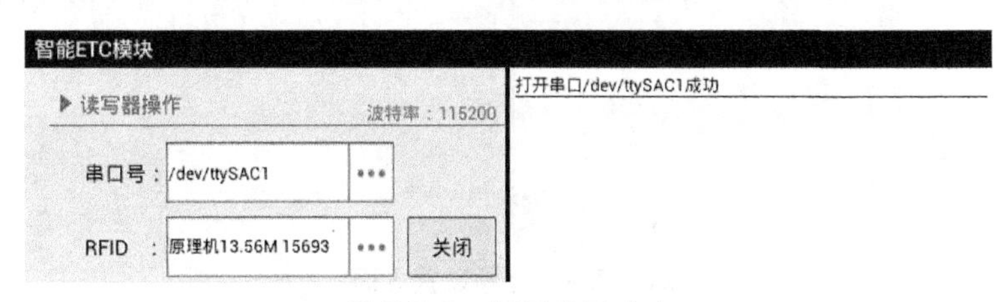

图 5.7.3　打开串口成功

（3）在【ETC 模块操作】下方，选中【串口号】右侧的下拉列表中的“/dev/ttySAC2”，选中【波特率】右侧的下拉列表中的“115200”，然后点击按钮【打开】即成功设置并打开了网关的串口 2，调试窗口会显示“打开串口/dev/ttySAC2 成功”的提示。

2. ETC 操作

（1）点击操作窗口下方的按钮【ETC 操作】打开 ETC 操作界面，如图 5.7.4 所示。

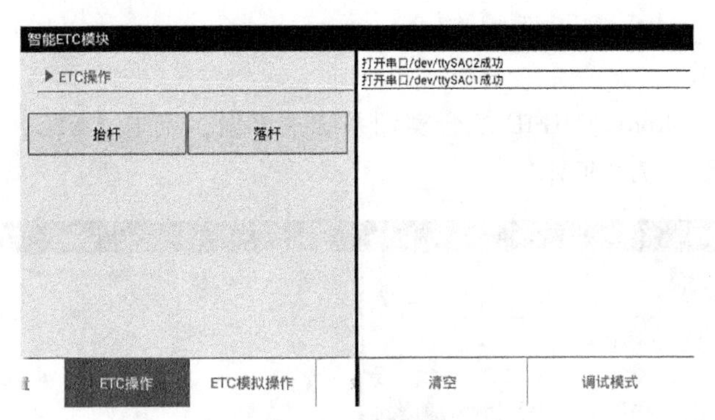

图 5.7.4　ETC 操作界面

（2）点击按钮【抬杆】，可以看到 ETC 横杆沿逆时针方向转动了 90°，由横向放置变成纵向放置。

（3）点击按钮【落杆】，可以看到 ETC 横杆沿顺时针方向转动了 90°，恢复了横向放置。

3. 金额设置

（1）点击操作窗口下方的按钮【金额设置】打开金额设置界面，如图 5.7.5 所示。

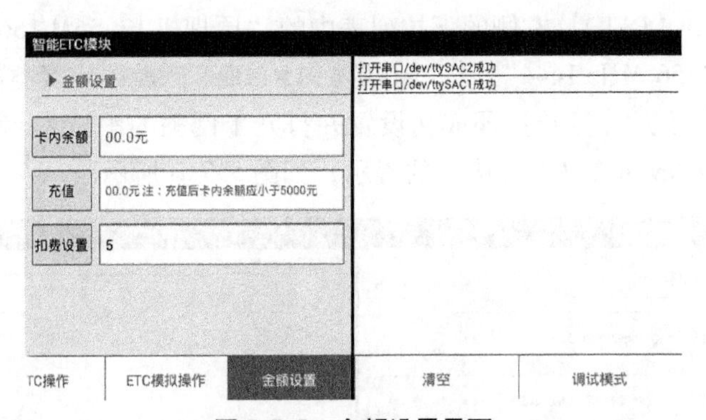

图 5.7.5　金额设置界面

（2）将 15693 标签放到 13.56 M 高频原理机学习模块的感应区域上方，然后点击按钮【卡内余额】，该按钮右侧的文本框中将显示出当前卡内余额，如图 5.7.6所示。

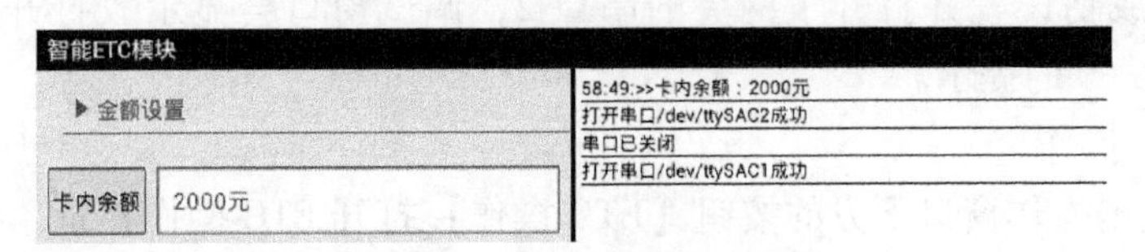

图 5.7.6　查询卡内余额界面

（3）在按钮【充值】右侧的文本框中输入要充值的金额，然后点击该按钮，调试窗口右侧会提示充值成功，卡内余额也会自动增加。

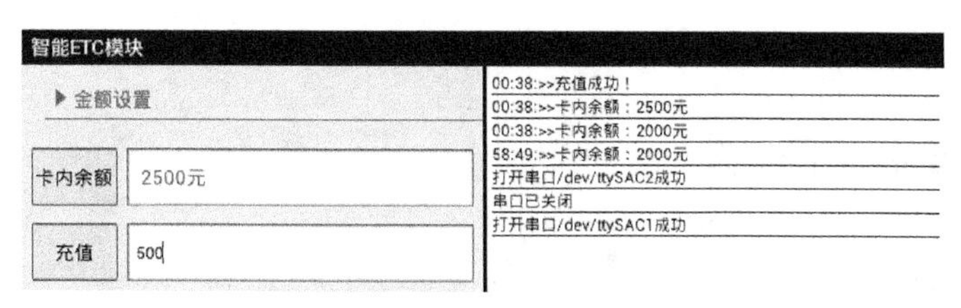

图 5.7.7　充值操作

（4）在按钮【扣费设置】右侧的文本框中输入每次 ETC 操作时扣费的金额，然后点击该按钮，调试窗口右侧会提示设置成功。

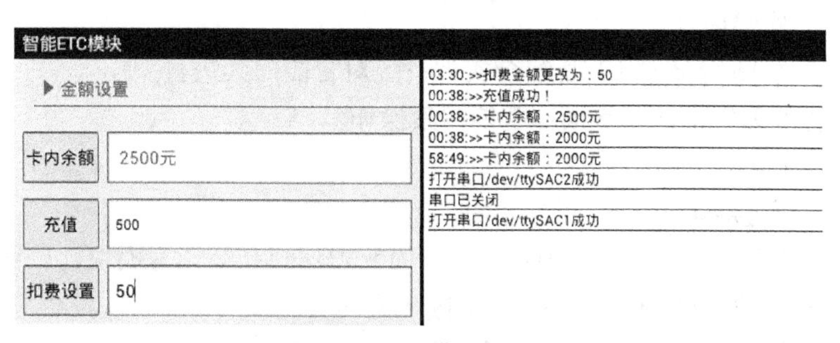

图 5.7.8　扣费设置界面

4. ETC 模拟操作

（1）点击操作窗口下方的按钮【ETC 模拟操作】打开 ETC 模拟操作界面，如图 5.7.9 所示。

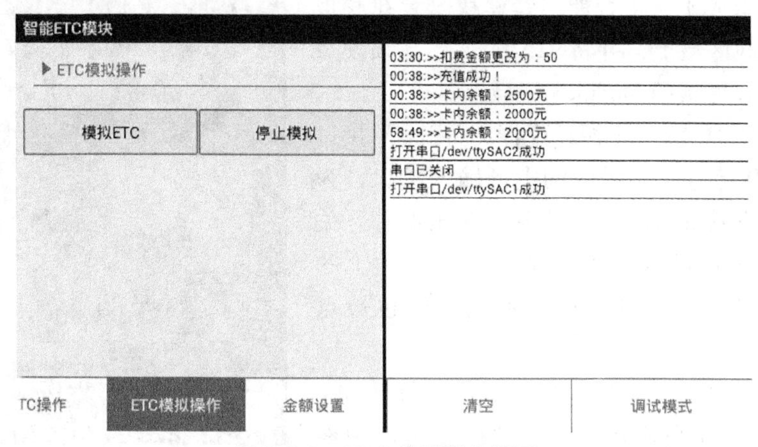

图 5.7.9　ETC 模拟操作界面

（2）点击按钮【模拟 ETC】，ETC 横杆将抬起，然后放下，并执行一次扣费操作。

（3）再回到金额设置界面，点击【卡内余额】，会发现设置的扣费金额已被扣除。

5.8 智能门禁模块

5.8.1 实验目的

（1）熟悉智能门禁模块的使用方法。

（2）利用智能门禁模块和915 MHz超高频读写模块进行模拟门禁操作。

5.8.2 实验内容

（1）通过Android端RFID综合实训系统对智能门禁进行操作。

（2）利用915 MHz标签模拟智能门禁操作。

5.8.3 实验环境

（1）硬件：1个模拟ETC模块、1个915 MHz超高频读写模块、1个DC12 V电源适配器、1张915 MHz标签、1个嵌入式网关。

（2）软件：Android端RFID综合实训系统。

5.8.4 实验步骤

5.8.4.1 设备上电

（1）首先确认将智能门禁模块安装在底板的Module6区域上，并将915 MHz超高频读写模块安装在底板的Module3区域上。

（2）将DC12 V电源适配器的DC12 V接口插到RFID综合实验平台的电源输入接口，为电源适配器接通AC220 V电源，将电源总开关拨到位置【开】，为实验平台供电，网关上的液晶屏被点亮，模块上的电源指示灯也被点亮，如图5.8.1所示。

图5.8.1 设备上电图示

（3）在底板的串口选择区域内，旋转Module3右侧的黄色旋钮到挡位“1”，可以观察到旋钮右侧COM1对应的指示灯被点亮；然后旋转 Module6 右侧的黄色旋钮到挡位“2”，可以观察到旋钮右侧 COM2 对应的指示灯被点亮。

5.8.4.2　Android 端软件操作

1. 准备工作

(1) 进入 Android 端 RFID 综合实训系统主界面，点击【门禁模拟】进入门禁模拟操作界面，如图 5.8.2 所示。

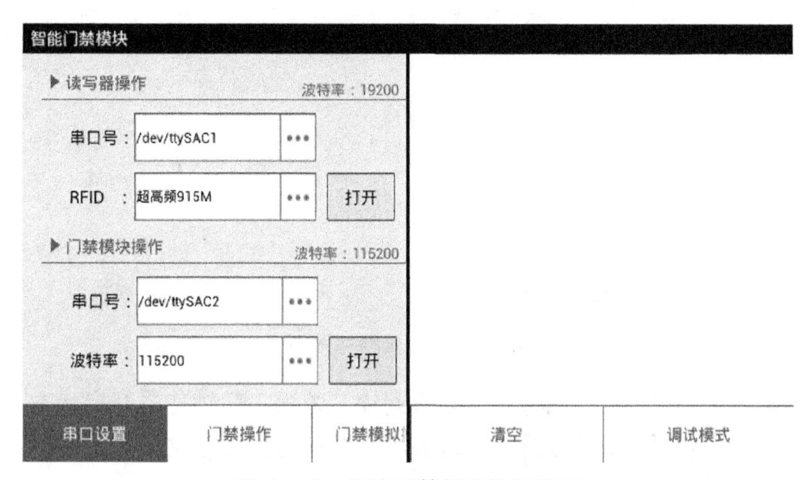

图 5.8.2　智能门禁模拟操作界面

(2) 在【读写器操作】下方，选中【串口号】右侧的下拉列表中的“/dev/ttySAC1”，选中【RFID】右侧的下拉列表中的“超高频 915M”（也可以选择“高频 13.56M 1444”或“原理机 13.56M 1569”，操作步骤类似，在此不赘述），然后点击按钮【打开】即成功设置并打开了网关的串口 1，调试窗口会显示“打开串口/dev/ttySAC1 成功”的提示，如图 5.8.3 所示。

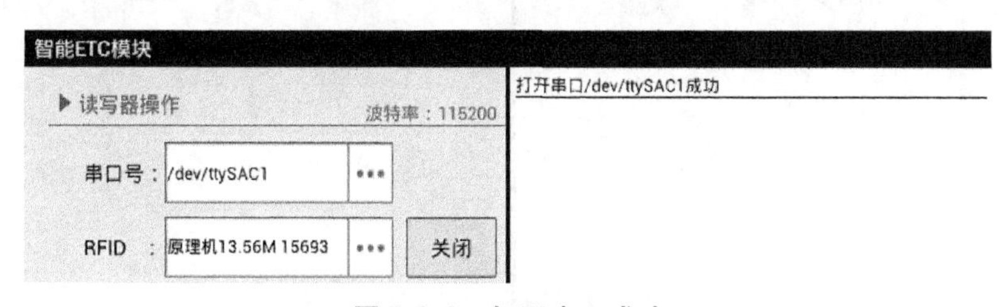

图 5.8.3　打开串口成功

(3) 在【门禁模块操作】下方，选中【串口号】右侧的下拉列表中的“/dev/ttySAC2”，选中【波特率】右侧的下拉列表中的“115200”，然后点击按钮【打开】即成功设置并打开了网关的串口 2，调试窗口会显示“打开串口/dev/ttySAC2 成功”的提示。

2. 门禁操作

（1）点击操作窗口下方的按钮【门禁操作】打开门禁操作界面，如图5.8.4所示。

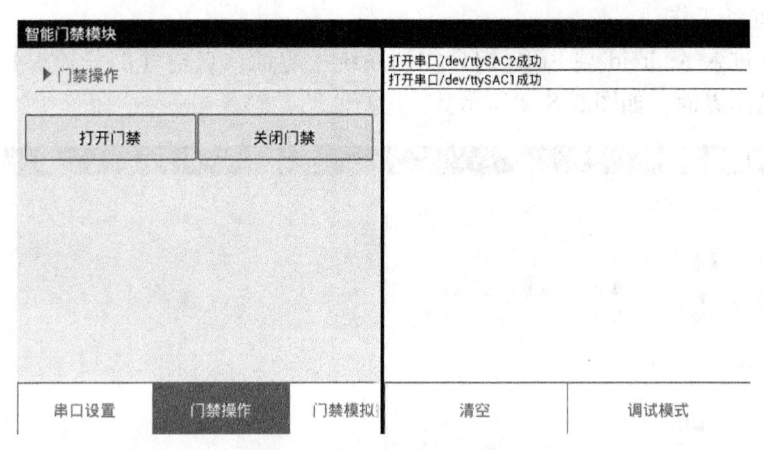

图5.8.4 门禁操作界面

（2）点击按钮【打开门禁】，可以看到锁芯缩回，门锁变成开启状态。

（3）点击按钮【关闭门禁】，可以看到锁芯伸出，门锁又恢复了关闭状态。

3. 门禁模拟

（1）点击操作窗口下方的按钮【门禁模拟】打开门禁模拟界面，如图5.8.5所示。

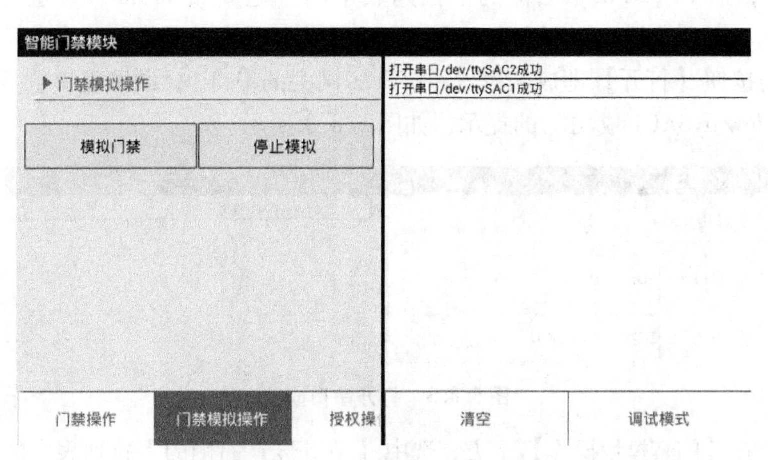

图5.8.5 门禁模拟操作界面

（2）将915 MHz标签放到915 MHz超高频读写模块的感应区域上方。

（3）点击按钮【模拟门禁】，调试窗口将提示标签卡未被授权，需要先进行授权操作，如图 5. 8. 6 所示。

图 5. 8. 6　标签卡未被授权提示

（4）点击操作窗口下方的按钮【授权操作】打开授权操作界面，如图 5. 8. 7 所示。

图 5. 8. 7　授权操作界面

（5）在卡号列表中，长按步骤 3）中显示的未被授权的卡号，将会弹出图 5. 8. 8 所示窗口。点击按钮【授权】，若该卡号左侧的圆框由红色变为绿色，已成功授权，之后可以用该卡打开门禁。

图 5. 8. 8　授权选择操作提示

（6）点击操作窗口下方的按钮【门禁模拟】，再回到门禁模拟界面，将 915 MHz 标签从感应区域移走。

（7）点击按钮【模拟门禁】，将 915 MHz 标签放到感应区域上方，可以看到门锁打开后又关闭，即执行了一次模拟门禁的操作。点击按钮【停止模拟】即可停止模拟门禁的操作。

5.9 二维码扫描模块

5.9.1 实验目的

（1）熟悉二维码扫描模块的使用方法。

（2）熟悉便携式蓝牙打印机的使用方法。

（3）学习二维码标签的打印及扫描方法。

5.9.2 实验内容

通过 Android 端 RFID 综合实训系统对二维码标签进行打印和扫描操作。

5.9.3 实验环境

（1）硬件：1 个二维码扫描模块、1 个便携式蓝牙打印机、1 个蓝牙适配器、1 个 DC12V 电源适配器、1 个嵌入式网关。

（2）软件：Android 端 RFID 综合实训系统。

5.9.4 实验步骤

5.9.4.1 设备上电

（1）先确认二维码扫描模块上，P3 跳针跳线块的连接方式：LV_RX→TXD，LV_TX→RXD，如图 5.9.1 所示。

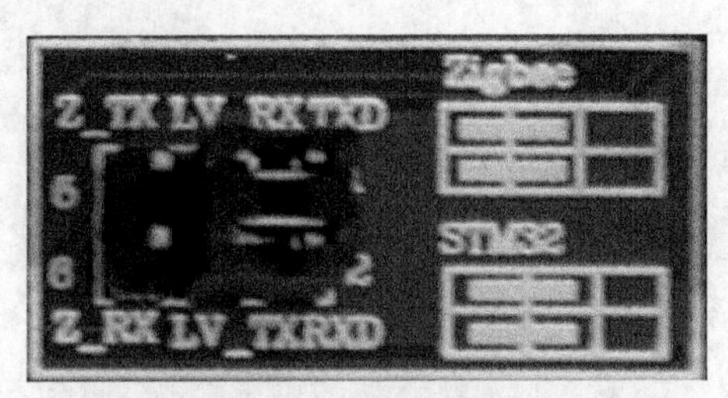

图 5.9.1 二维码扫描模块跳线方式

（2）然后确认将二维码扫描模块安装在了底板的 Module3 区域上（或 Module1 ~ Module6 中的其他区域）。

（3）将蓝牙适配器插到网关的 USB 口上。

（4）将 DC12 V 电源适配器的 DC12 V 接口插到 RFID 综合实验平台的电源输入接口，为电源适配器接通 AC220 V 电源，将电源总开关拨到位置【开】，为实验平台供电，网关上的液晶屏点亮，模块上的电源指示灯点亮。

（5）在底板的串口选择区域内，旋转Module3右侧的黄色旋钮到挡位“1”，可以观察到旋钮右侧COM1对应的指示灯被点亮。

5.9.4.2　Android端软件操作

1. 准备工作

（1）进入Android端RFID综合实训系统主界面，点击【条码/二维码扫描】进入条码/二维码扫描模块操作界面，如图5.9.2所示。

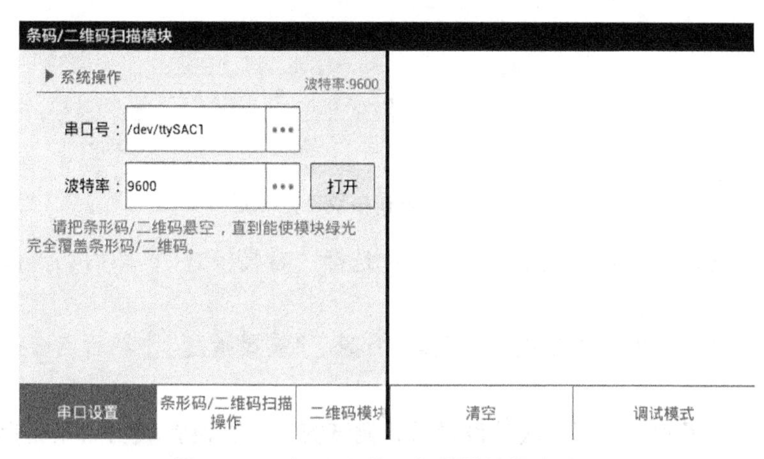

图5.9.2　条码/二维码扫描模块操作界面

（2）在【串口号】右侧的下拉列表中选中“/dev/ttySAC1”，在【波特率】右侧的下拉列表中选中“9600”，然后点击按钮【打开】即成功设置并打开了网关的串口，调试窗口会显示“打开串口/dev/ttySAC1成功”的提示，如图5.9.3所示。

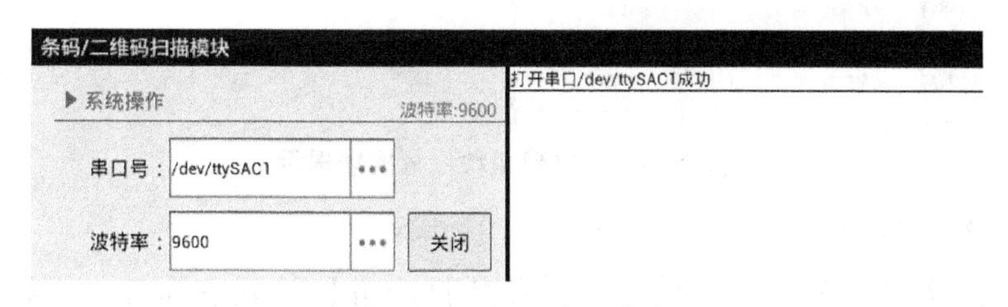

图5.9.3　打开串口成功

2. 二维码模块设置

（1）点击操作窗口下方的按钮【二维码模块设置】打开二维码模块设置界面，如图5.9.4所示。

（2）在【读码模式】右侧的下拉列表中选择“自动读码”，然后点击按钮【设置】。

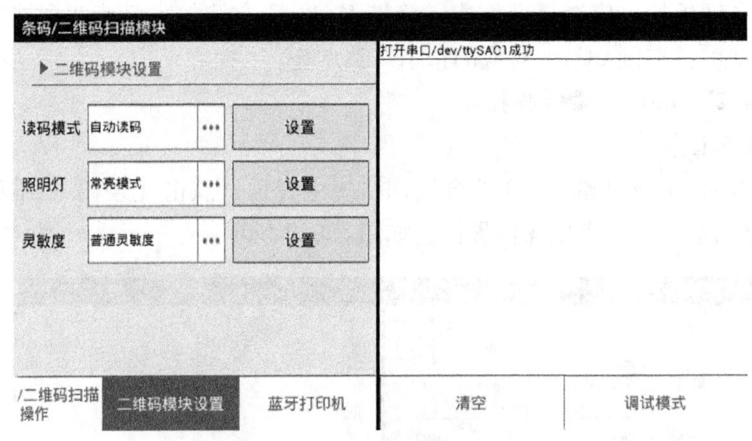

图 5.9.4　二维码模块设置界面

（3）在【照明灯】右侧的下拉列表中选择“常亮模式”，然后点击按钮【设置】。

（4）在【灵敏度】右侧的下拉列表中选择“高灵敏度”，然后点击按钮【设置】。

（5）完成了对二维码模块的设置后，调试窗口会有设置成功的相关提示，如图 5.9.5 所示。

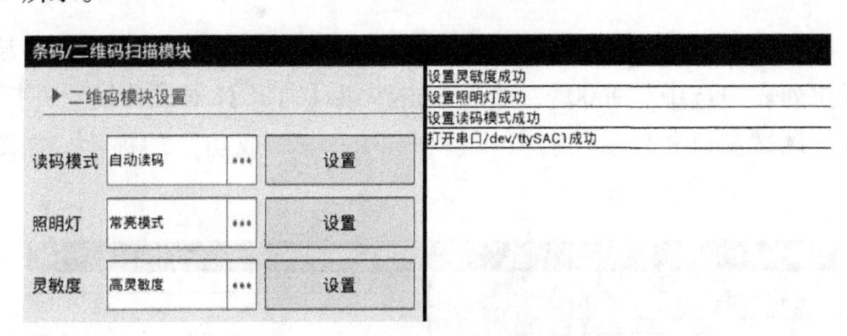

图 5.9.5　二维码模块设置成功提示

3. 二维码打印

（1）点击操作窗口下方的按钮【蓝牙打印机】打开蓝牙打印机界面，如图 5.9.6所示。

（2）点击按钮【蓝牙打印机】，进入图 5.9.7 所示的界面。如果蓝牙没有打开，则会弹出请求打开蓝牙设备的提示框，点击按钮【Yes】即可。

（3）点击按钮【检测设备】，检测网关是否装有蓝牙设备，如果提示“此设备没有蓝牙设备”，则需检查适配器是否装好。如果提示“此设备有蓝牙设备”，点击【扫描设备】，则下方将出现可配对设备列表。如图 5.9.8 所示，“QSprinter” 即为蓝牙打印机（每批次设备可能不同，请根据具体批次选择相对应的蓝牙打印机设备）。

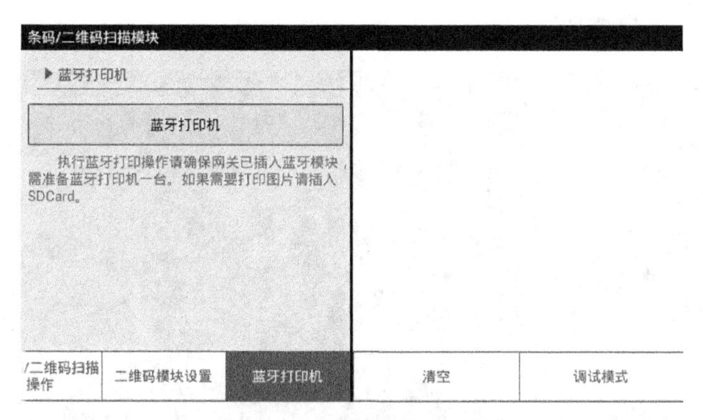

图 5.9.6　蓝牙打印机界面

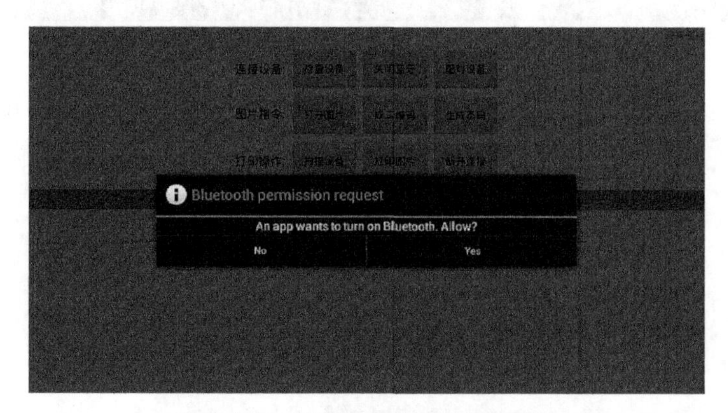

图 5.9.7　请求打开蓝牙设备提示框

没有连接
连接设备:　检查设备　关闭蓝牙　配对设备
图片指令:　打开图片　成二维码　生成条码
打印操作:　扫描设备　打印图片　断开连接
FA:60:28:14:08:2B
30:30:10:02:1A:8B
00:00:60:00:00:05
00:42:03:01:F4:03
5E:0F:00:00:FF:02
UICC-PC
34:23:87:FC:D1:00
QSprinter
00:19:5D:78:B3:CA

图 5.9.8　可配对设备列表

（4）在设备列表中点击连接蓝牙打印机。如果是第一次连接该蓝牙打印机，则屏幕会出现图5.9.9所示的蓝牙配对请求窗口，输入PIN码“0000”，配对成功后会提示“连接成功”。

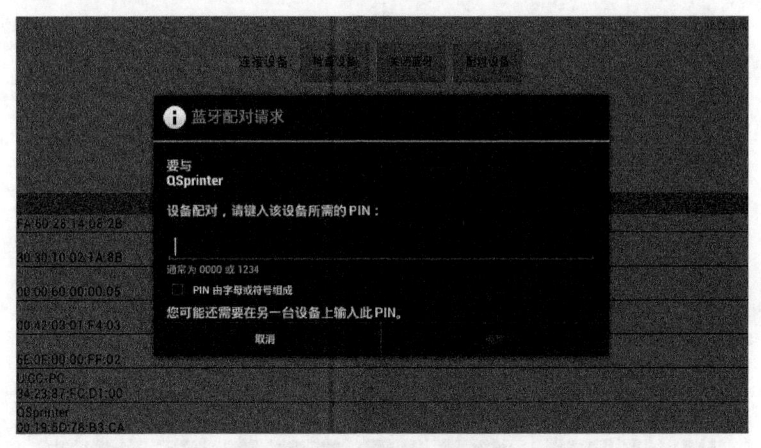

图5.9.9 蓝牙配对请求操作

（5）配对成功后在下方空白输入框中输入条码内容，效果如图5.9.10所示。

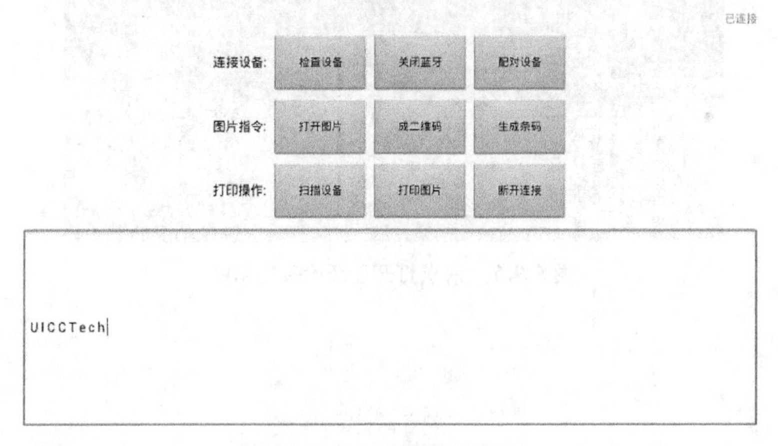

图5.9.10 蓝牙配对成功

（6）点击按钮【成二维码】，界面左侧会出现该内容对应的二维码，如图5.9.11所示。

（7）点击按钮“打印图片”，即可通过蓝牙通信，使便携式打印机打印出相应的二维码，按一下“FEED”按钮，使图片完整显示即可撕下。

（8）点击按钮【生成条码】，界面左侧会出现该内容对应的条码，如图5.9.12。

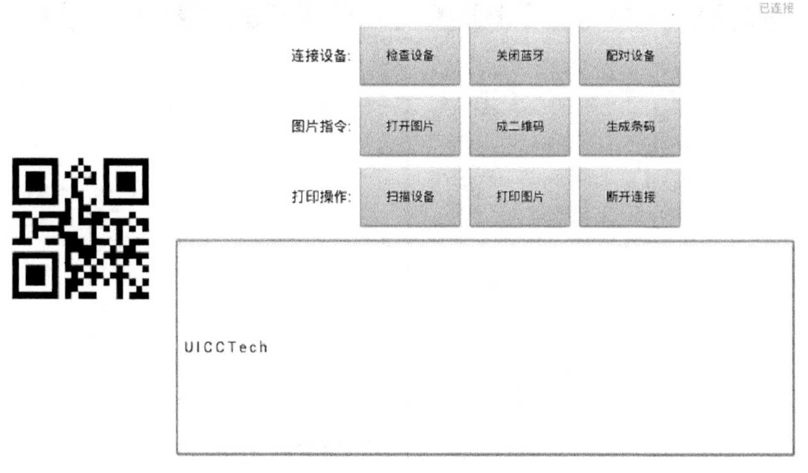

图 5.9.11 成二维码操作

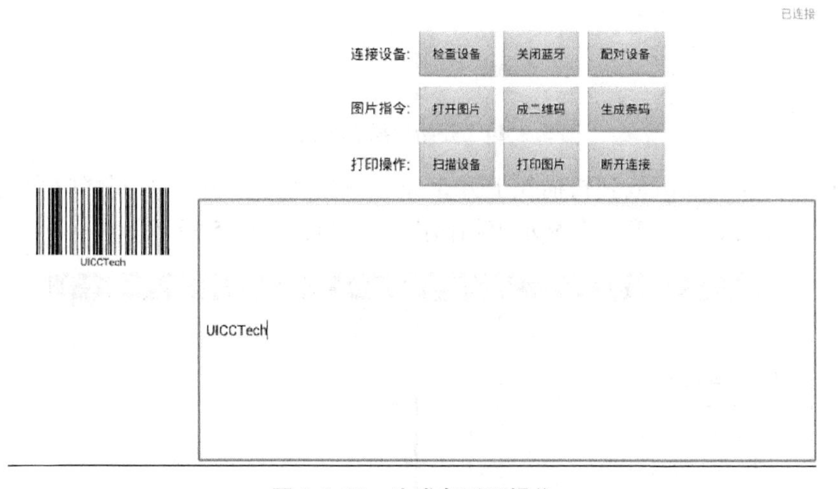

图 5.9.12 生成条形码操作

（9）点击按钮“打印图片”，即可通过蓝牙通信，使便携式打印机打印出相应的条码，按一下“FEED”按钮，使图片完整显示即可撕下。

4. 条码/二维码扫描操作

（1）点击操作窗口下方的按钮【条码/二维码扫描操作】打开条码/二维码扫描界面，如图5.9.13所示。

（2）点击按钮【开始扫描】，然后将二维码图案放到扫描仪上方10 cm左右的位置，可以听到蜂鸣器发出一声响声，并看到调试窗口会显示出扫描内容，如图5.9.14所示。

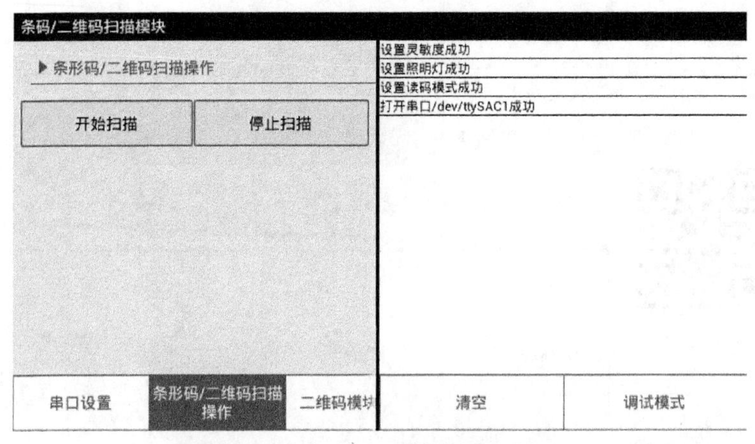

图 5.9.13　条码/二维码扫描操作界面

图 5.9.14　开始扫描二维码操作

（3）将条码图案放到扫描仪上方 5 cm 左右的位置，可以听到蜂鸣器发出一声响声，并看到调试窗口会显示出扫描内容，如图 5.9.15 所示。

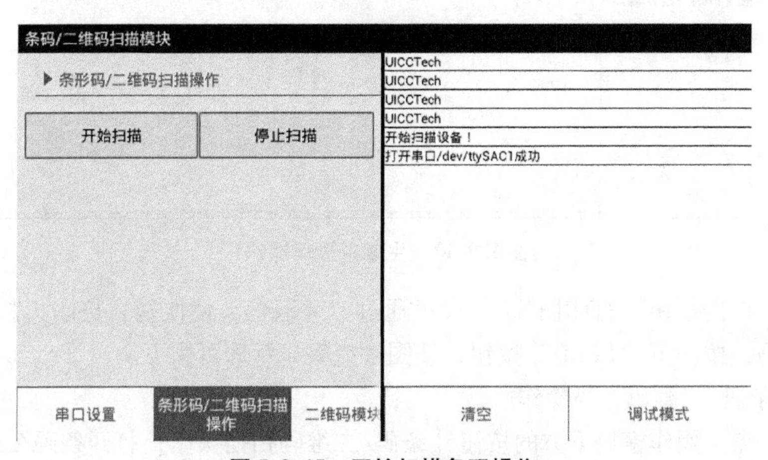

图 5.9.15　开始扫描条码操作

第 6 章　ISO/IEC 18000-2

ISO/IEC 18000-2 标准不仅定义了无线电频率识别设备（RFID）在低于 135 kHz 频率操作时的空中接口参数，而且定义了阅读器和应答器之间的物理接口、协议、命令和防冲突机制。该标准包含两种通信模式：TYPE A（全双工）、TYPE B（半全双工）。这两种类型的区别仅在于物理层，它们支持相同的防冲突机制和协议。

6.1　物理层

6.1.1　TYPE A 模式

1. 功率传送

功率传送到应答器是通过读写器和应答器中的耦合天线间的射频通信完成的。由读写器给应答器提供功率的射频工作场是通过读写器到应答器的通信（全双工）调制的。

2. 频率

射频工作场频率（f_c）为 125 kHz。

3. 通信信号接口

1）调制

采用振幅键控（Amplitude Shift Keying，ASK）调制原理，调制指数为 100%，如图 6.1.1 所示。

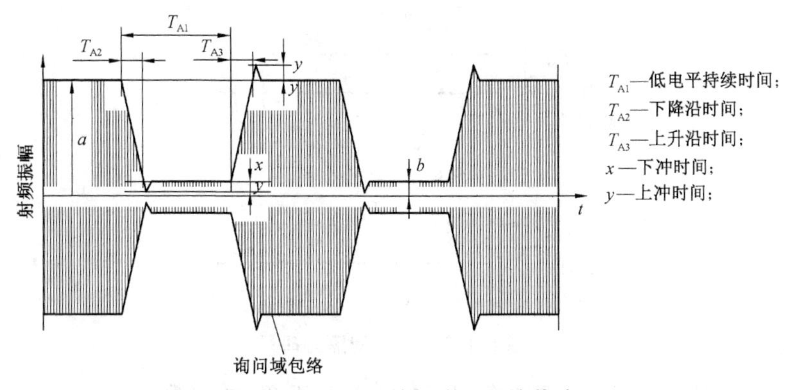

图 6.1.1　100%的幅度调制的载波

表6.1.1列出了图6.1.1中各时间标志相对于T_{Ac}的倍数。

表6.1.1 调制编码的倍数（$T_{Ac}=1/f_{Ac}\approx 8\ \mu s$）

符号	最小值	最大值
$m=(a-b)/(a+b)$	90%	100%
T_{A1}	$4T_{Ac}$	$10T_{Ac}$
T_{A2}	0	$0.5T_{A1}$
T_{A3}	0	$0.5T_{Ad0}$
x	0	$0.15a$
y	0	$0.05a$

2）数据编码

数据编码采用脉冲间隔编码，即通过定义下降沿之间的不同宽度来表示不同数据信号。整个通信中的数据信号定义为以下四种："0""1""SOF"（帧起始）和"EOF"（帧结束）。数据信号是由数据位"0"、"1"、违规编码和停止编码构成的，它们的编码格式如图6.1.2所示。

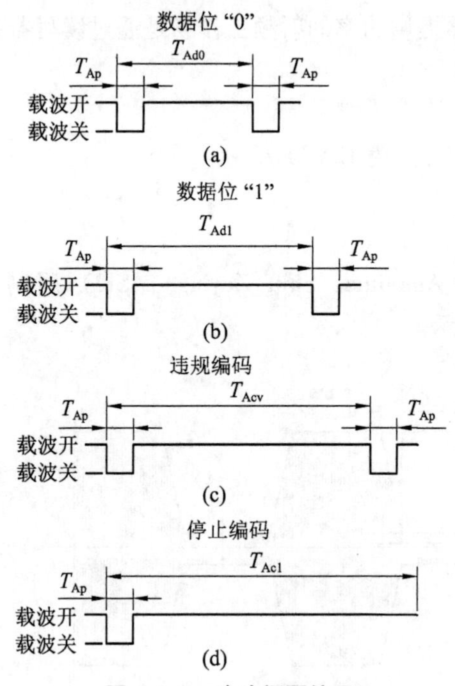

图6.1.2 脉冲间隔编码

表6.1.2列出了图6.1.2中各时间标志相对于T_{Ac}的倍数。

表 6.1.2 调制编码的倍数（$T_{Ac}=1/f_{Ac}\approx 8\ \mu s$）

名称	符号	最小值	最大值
载波周期	T_{Ap}	$4T_{Ac}$	$10T_{Ac}$
数据位“0”周期	T_{Ad0}	$18T_{Ac}$	$22T_{Ac}$
数据位“1”周期	T_{Ad1}	$26T_{Ac}$	$30T_{Ac}$
违规编码周期	T_{Acv}	$34T_{Ac}$	$38T_{Ac}$
停止编码周期	T_{Asc}	$\geq 42T_{Ac}$	n/a

4. 帧格式

每两个帧之间是由帧起始（SOF）和帧结束（EOF）来分隔的，通过使用编码违规来实现此功能。

1）开始帧格式

开始帧格式 SOF 由一个数据位“0”和一个违规编码构成，如图 6.1.3 所示。

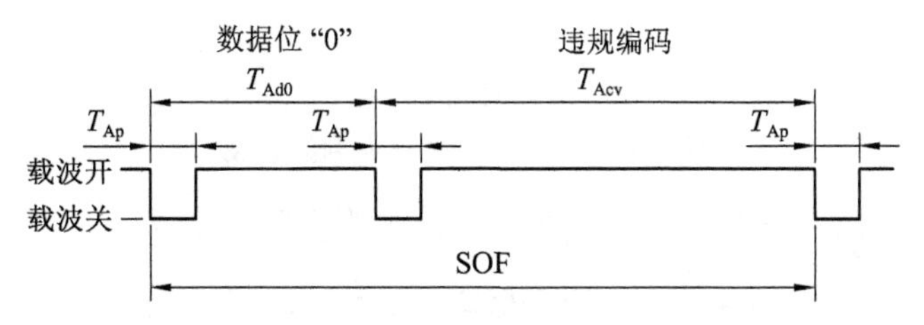

图 6.1.3 开始帧格式

2）结束帧格式

结束帧格式 EOF 由停止编码构成，如图 6.1.4 所示。

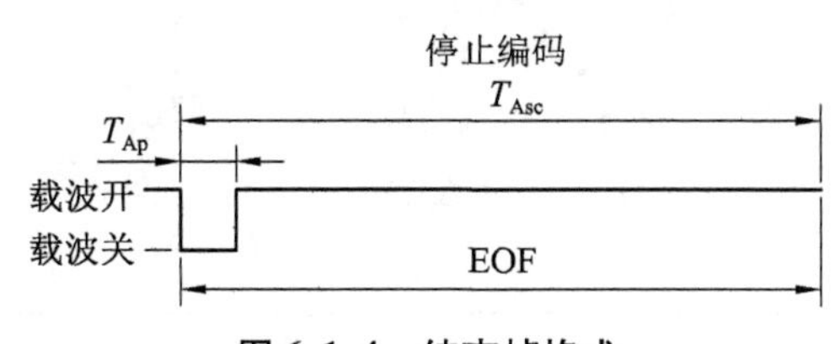

图 6.1.4 结束帧格式

6.1.2 TYPE B 模式

1. 功率传送

功率传送到应答器是通过读写器和应答器中的耦合天线间的射频通信完成的。由读写器给应答器提供功率的射频工作场是通过读写器到应答器的通信调制

（半全双工）的。

2. 频率

射频工作场频率（f_c）为 125 kHz。

3. 通信信号接口

1）调制

采用 ASK 的调制原理，调制指数为 100%，如图 6.1.5 所示。

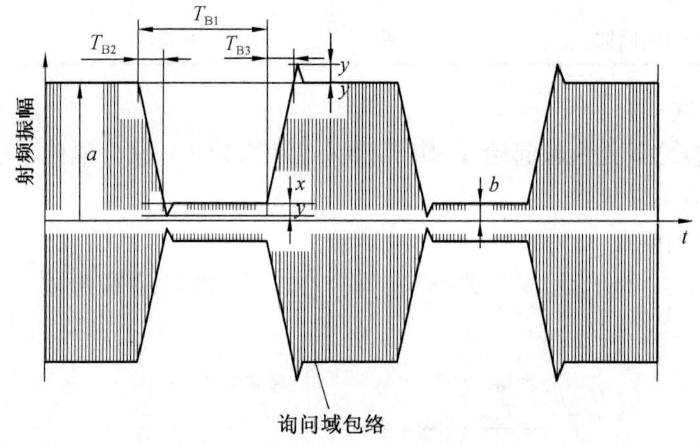

图 6.1.5　100%的幅度调制的载波

表 6.1.3 列出了图 6.1.5 中各时间标志相对于 T_{Bc} 的倍数。

表 6.1.3　调制编码的倍数（$T_{Bc}=1/f_{Bc}\approx 7\ 452\ \mu s$）

符号	高速率			低速率		
	最小值	正常值	最大值	最小值	正常值	最大值
T_{B1}	$11T_{Bc}$	$13T_{Bc}$	$18T_{Bc}$	$11T_{Bc}$	$13T_{Bc}$	$25T_{Bc}$
T_{B2}	$2T_{Bc}$	$7T_{Bc}$	$10T_{Bc}$	$2T_{Bc}$	$7T_{Bc}$	$10T_{Bc}$
T_{B3}	$5T_{Bc}$	$25T_{Bc}$	$32T_{Bc}$	$5T_{Bc}$	$100T_{Bc}$	$115T_{Bc}$
x	0	n/a	$0.15a$	0	n/a	$0.15a$
y	0	n/a	$0.05a$	0	n/a	$0.05a$

2）数据速率和数据编码

数据编码采用脉冲间隔编码，即通过定义下降沿之间的不同宽度来表示不同数据信号。整个通信中的数据信号定义为以下四种：“0”“1”“SOF”和“EOF”。数据信号是由数据位“0”“1”和违规编码构成的。它们的编码格式如图 6.1.6 所示。

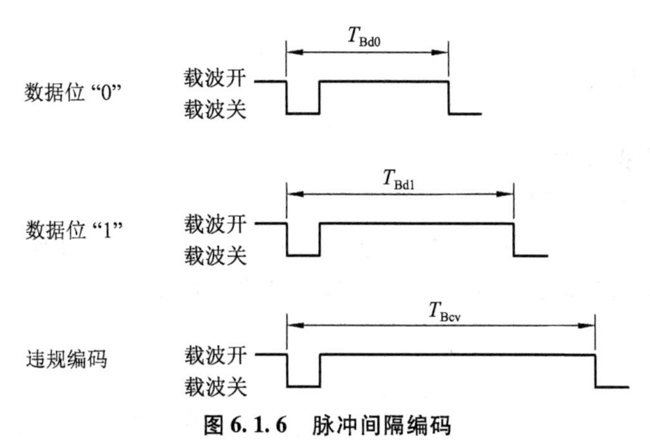

图 6.1.6 脉冲间隔编码

表6.1.4列出了图6.1.6中各时间标志相对于 T_{Bc} 的倍数。

表 6.1.4 调制编码的倍数（$T_{Bc}=1/f_{Bc}\approx 7452\ \mu s$）

符号	高速率			低速率		
	最小值	正常值	最大值	最小值	正常值	最大值
T_{Bd0}	$42T_{Bc}$	$47T_{Bc}$	$52T_{Bc}$	$110T_{Bc}$	$120T_{Bc}$	$130T_{Bc}$
T_{Bd1}	$62T_{Bc}$	$67T_{Bc}$	$72T_{Bc}$	$140T_{Bc}$	$150T_{Bc}$	$160T_{Bc}$
T_{Bcv}	$175T_{Bc}$	$180T_{Bc}$	$185T_{Bc}$	$200T_{Bc}$	$210T_{Bc}$	$220T_{Bc}$

4. 帧格式

每两个帧之间是由帧起始（SOF）和帧结束（EOF）来分隔的，通过使用编码违规来实现此功能。

1）开始帧格式

开始帧格式SOF由一个数据位“0”、一个数据位“1”和一个违规编码构成，如图6.1.7所示。

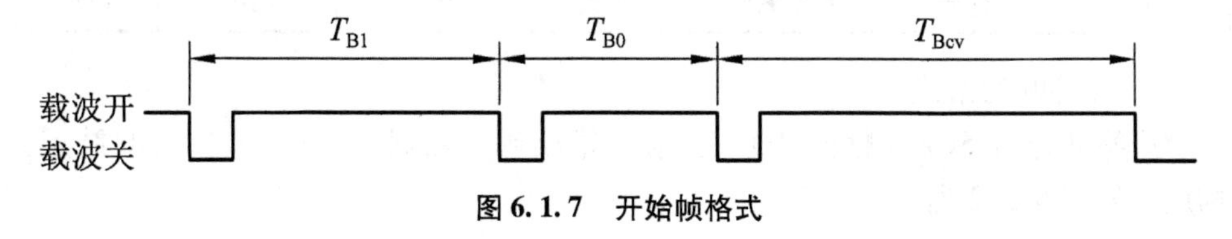

图 6.1.7 开始帧格式

2）结束帧格式

结束帧EOF被定义为下降沿后跟一个比 T_{B1} 长的延迟时间。对于16插槽库存序列，EOF指示应答器来切换到下一个槽。

6.2 传输协议

6.2.1 数据元素

1. 唯一标识符（UID）

应答器由一个64位的唯一标识符唯一标识，用来定位每个唯一特别的应答器。UID由IC制造商永久地设定，格式如图6.2.1所示。

MSB		LSB
64 57	56 49	48 1
‘E0’	IC厂商代码	IC厂商序列号

图6.2.1 UID的格式

UID包括：

① 8位MSB应为“E0”；

② 8位IC制造商编码；

③ 由制造商设定的48位唯一流水号。

2. SUID

SUID用于防碰撞过程，它是UID的一部分，由40位组成，其中，高8位是制造商代码，低32位是制造商指定的48位唯一序列号中的低32位。

6.2.2 命令帧和应答帧的格式

1. 命令帧的格式

命令帧由SOF（帧开始）、标志、命令编码、参数、数据、CRC、EOF（帧结束）构成，如表6.2.1所示。

表6.2.1 命令帧的格式

SOF	标志	命令编码	参数	数据	CRC	EOF

2. 应答帧的格式

应答帧包含SOF（帧开始）、标志、错误码、数据、CRC、EOF（帧结束）构成，如表6.2.2所示。

表6.2.2 应答帧的格式

SOF	标志	错误编码	数据	CRC	EOF

6.2.3 命令

按类型，命令分为强制命令、可选命令、定制命令和专有命令 4 类命令。

（1）强制命令的编码范围为 00 ~ 0FH。强制命令是所有应答器必须支持的。

（2）可选命令的编码范围为 10H ~ 27H。应答器对可选命令的支持不是强制的。

（3）定制命令的编码范围为 28H ~ 37H。定制命令是制造商定义的，当应答器不支持定制命令时可保持沉默。

（4）专有命令的编码值为 38H ~ 3FH。专有命令用于测试和系统信息编程等制造商专用的项目。

6.2.4 应答器的状态

应答器具有断电、就绪、静默、选择 4 个状态，如图 6.2.2 所示。

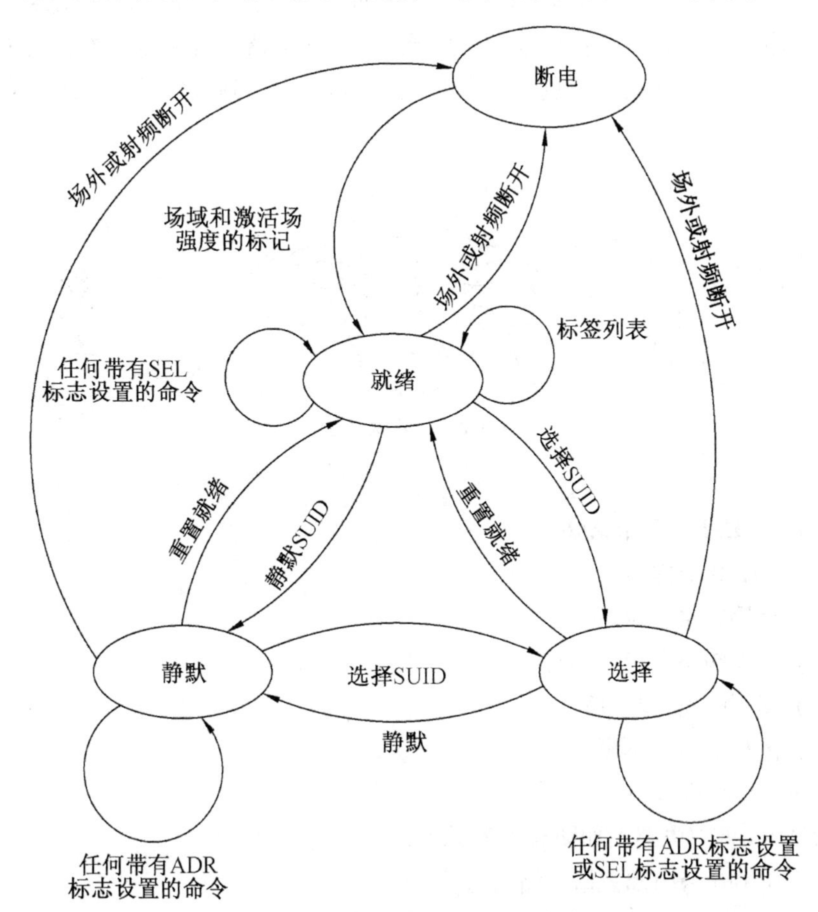

图 6.2.2 应答器状态与转换关系

（1）断电（Power off）状态：处于断电状态时，无源应答器处于无能量状态，有源应答器不能接收射频能量唤醒。

（2）就绪（Ready）状态：应答器获得可正常工作的能量后进入就绪状态。在就绪状态，可以处理阅读器的任何选择标志位为0的命令。

（3）静默（Quiet）状态：应答器可处理防碰撞过程（Census）标志为0、寻址标志为1的任何命令。

（4）选择（Selected）状态：应答器处理选择标志位为1的命令。

6.3 125 kHz 协议介绍

如图6.3.1所示，当EM4100卡靠近读卡器的时候，EM4100卡的内部天线线圈会产生磁场，并激活其内部寄存器。EM4100卡经过内部电源解压器、时钟解压器等相关操作后，再把数据通过其天线传给读卡器；读卡器中的射频芯片把数据解析回来，并传给单片机；单片机通过串口，上传到上位机，从而完成数据的传输。

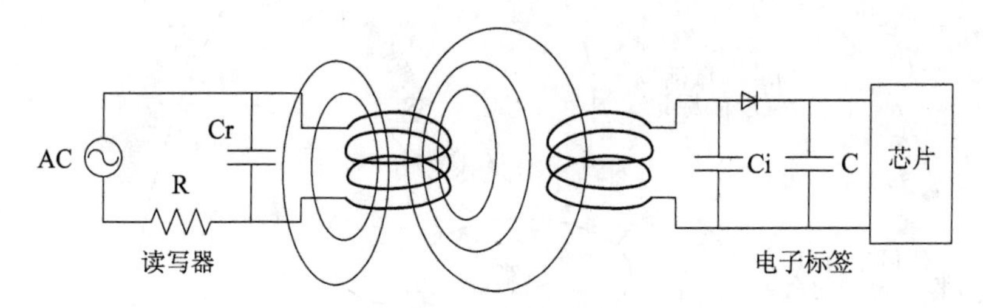

图6.3.1 电感耦合

6.3.1 EM4100卡认知

1. EM4100卡描述

（1）存储容量：64 bit。

（2）工作频率：125 kHz。

（3）读写距离：2～15 cm。

（4）擦写寿命：不限。

2. EM4100内部电路图

EM4100内部电路图如图6.3.2所示。

3. EM4100卡内部数据存储结构

EM4100卡内部数据存储结构如图6.3.3所示。

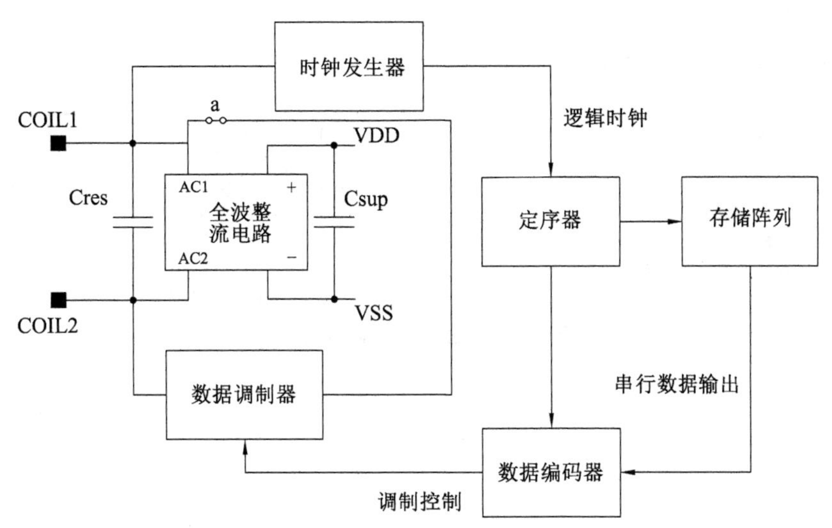

a：只为PSK版本打开

图 6.3.2 EM4100 内部电路图

	1	1	1	1	1	
	1	1	1	1	1	9 个“1”的头部
8位版本号或用户ID	D00	D01	D02	D03	P0	
	D10	D11	D12	D13	P1	
32位识别号	D20	D21	D22	D23	P2	
	D30	D31	D32	D33	P3	
	D40	D41	D42	D43	P4	
	D50	D51	D52	D53	P5	
	D60	D61	D62	D63	P6	
	D70	D71	D72	D73	P7	
	D80	D81	D82	D83	P8	
	D90	D91	D92	D93	P9	
	PC0	PC1	PC2	PC3	S0	10行奇偶校验位
	4 column parity bits					

图 6.3.3 EM4100 卡内部数据存储结构

6.3.2 EM4100 两种编码方式

1. 曼彻斯特解码方式

曼彻斯特解码方式如图 6.3.4 所示。

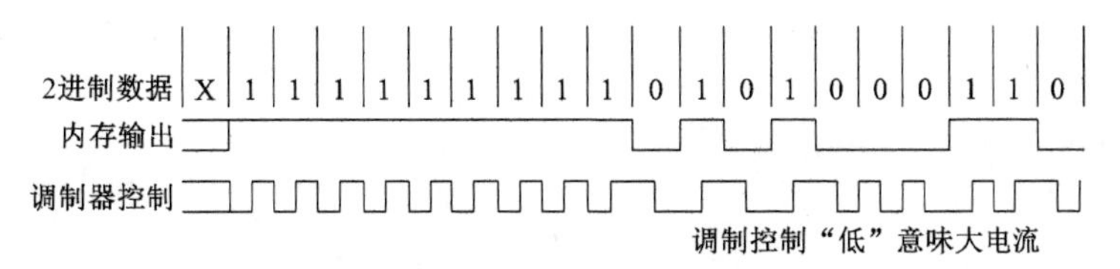

图 6.3.4 曼彻斯特解码方式

2. Bi-phase 解码方式

Bi-phase 解码方式如图 6.3.5 所示。

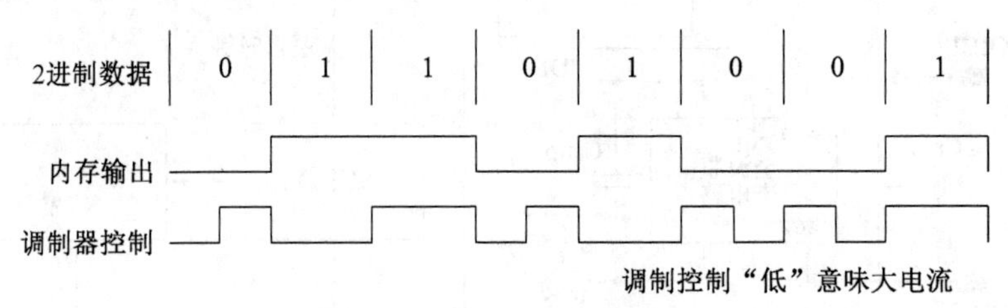

图 6.3.5　Bi-phase 解码方式

第7章 ISO/IEC 14443

7.1 射频功率和信号接口

7.1.1 邻近卡的初始对话

读卡器（Proximity Coupling Device，PCD）和邻近卡（Proximity Cards，PICC）之间的初始对话是通过下面一系列连续操作进行的：

① PCD的射频工作场激活PICC；

② PICC静待来自PCD的命令；

③ PCD传输命令；

④ PICC传输响应。

这些操作使用下面规定的射频功率和信号接口。

7.1.2 功率传送

PCD应产生给予能量的射频工作场，通过该射频工作场与PICC的耦合来传送功率，并且功率被调制后进行通信。

1. 频率

射频工作场频率（f_c）应为13.56 MHz ±7 kHz。

2. 工作场

最小未调制工作场为H_{min}，其值为1.5 A/m（rms）。

最大未调制工作场为H_{max}，其值为7.5 A/m（rms）。

PICC应按预期在H_{min}和H_{max}之间持续工作。

PCD应在制造商规定的位置（工作空间）处产生一个最小为H_{min}，但不超过H_{max}的场。

另外，在制造商规定的位置（工作空间），PCD应能将功率提供给任意的PICC。

3. 信号接口

下面描述A、B两类通信信号接口：

在检测到A类或B类的PICC存在之前，PCD应先选择两种调制方法之一。

在通信期间，直到 PCD 停止通信或 PICC 被移走，只有一个通信信号接口可以是有效的。然后，后续序列可以使用任一调制方法。

举例如图 7.1.1 所示。

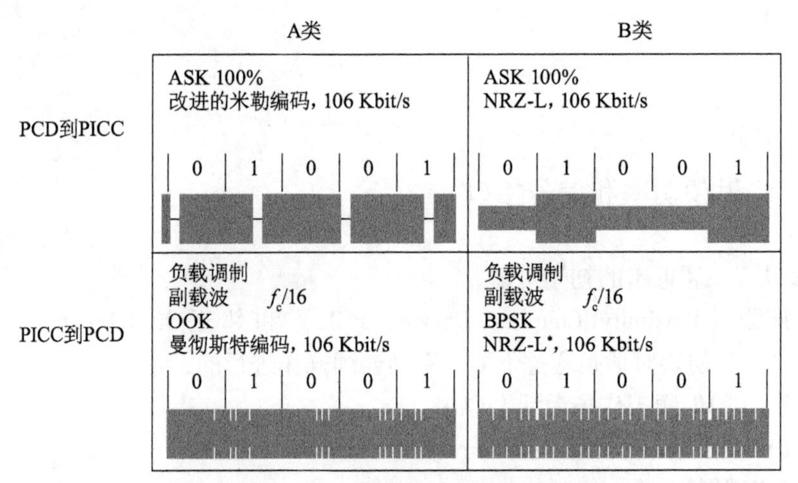

图 7.1.1 A 类、B 类接口的通信信号举例

7.2 A 类通信信号接口

7.2.1 从 PCD 到 PICC 的通信

1. 数据速率

在初始化和防冲突期间，传输的数据波特率应为 $f_c/128$（106 Kbps）。

2. 调制

通过使用射频工作场的 ASK 100% 调制原理，产生一个如图 7.2.1 所示的暂停状态，来进行 PCD 和 PICC 间的通信。

PCD 场的包络线应单调递减到小于其初始值的 5%，并至少在 t_2 时间内保持包络线小于初始值得 5%。

如果 PCD 场的包络线不单调递减，则当前最大值和在当前最大值前通过相同值的时间应不超过 0.5 μs。当然，如果当前最大值大于初始值的 5%，那么这种情况才适用。

在场的包络线超出初始值的 5% 之后和超出初始值的 60% 之前，PICC 应检测到“暂停结束”，如图 7.2.2 所示。

注：在设计成一段时间内仅处理一张卡的系统中，对 t_4 不必加以考虑。

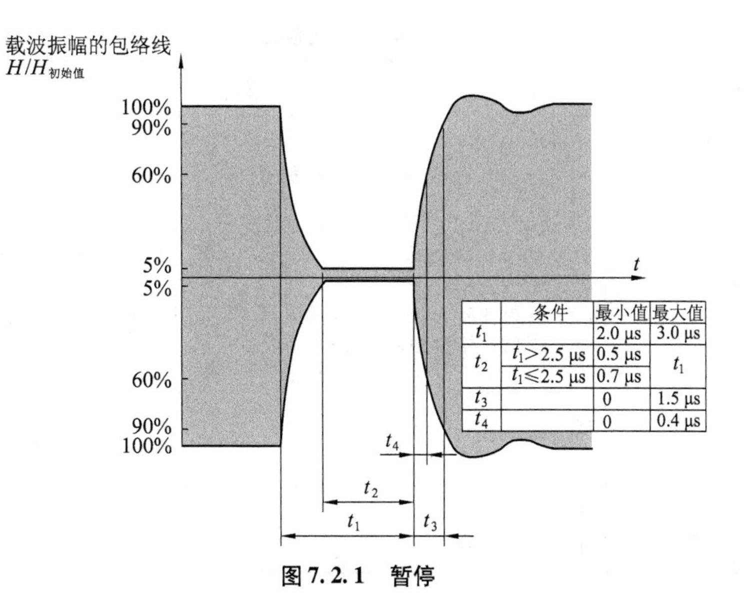

	条件	最小值	最大值
t_1		2.0 μs	3.0 μs
t_2	t_1>2.5 μs	0.5 μs	t_1
	t_1≤2.5 μs	0.7 μs	
t_3		0	1.5 μs
t_4		0	0.4 μs

图 7.2.1　暂停

注：该定义适用于所有包络定时的调制。

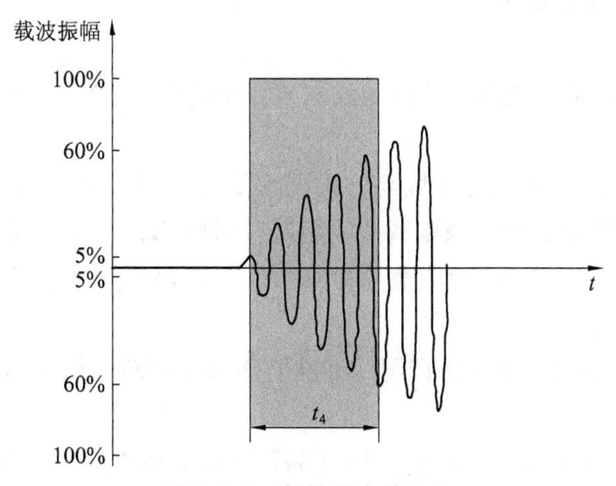

图 7.2.2　暂停结束的定义

位的表示和编码，如表 7.2.1 和表 7.2.2 所示。

表 7.2.1　序列定义

序列	定义
序列 X	在 $64/f_c$ 时间后，一个“暂停”应出现
序列 Y	在整个位持续时间（$128/f_c$），没有调制出现
序列 Z	在位持续时间开始时，一个“暂停”应出现

表 7.2.2 编码信息

信息	编码
逻辑“1”	序列 X
逻辑“0”	序列 Y 带有下列两种异常情况： (1) 如果有两个或两个以上的连续“0”，则序列 Z 应从第二个“0”处开始被使用； (2) 如果在起始帧后的第一位是“0”，则序列 Z 应被用来表示它，并且以后直接紧跟着任意个“0”
通信的开始	序列 Z
通信的结束	逻辑“0”，后面跟随着序列 Y
没有信息	至少两个序列 Y

7.2.2 从 PICC 到 PCD 的通信

1. 数据速率

在初始化和防冲突期间，传输的数据波特率应为 $f_c/128$（106 Kbps）。

2. 负载调制

PICC 应能经由电感耦合区域与 PCD 通信，在该区域中，所加载的载波频率能产生频率为 f_s 的副载波。该副载波应能通过切换 PICC 中的负载来产生。

在测试时，负载调制幅度应至少为 $30/H^{1.2}$mV（峰值），其中 H 是以 A/m 为单位的磁场强度的值。

PICC 负载调制的测试方法在国际标准 ISO/IEC 10373-6 中有定义。

3. 副载波

副载波负载调制的频率应为 $f_c/16$（847 kHz），因此，在初始化和防冲突期间，一个位持续时间等于 8 个副载波周期。

4. 副载波调制

每一个位持续时间均以已定义的与副载波相关的相位开始。位周期从已加载的副载波状态开始。

副载波由“接通”/“断开”键控按第 5 点定义的序列来调制。

5. 位的表示和编码

位编码应是带有表 7.2.3 中定义的曼彻斯特编码。

表 7.2.3 位的表示和编码

编码	定义
序列 D	对于位持续时间的第 1 个 1/2（50%），载波应以副载波来调制
序列 E	对于位持续时间的第 2 个 1/2（50%），载波应以副载波来调制
序列 F	对于 1 个位持续时间，载波不以副载波来调制
逻辑“1”	序列 D
逻辑“0”	序列 E
通信开始	序列 D
通信结束	序列 F
没有信息	没有副载波

7.3 B 类通信信号接口

7.3.1 PCD 到 PICC 的通信

1. 数据速率

在初始化和防冲突期间，传输的数据波特率应为 $f_c/128$（106 Kbps）。

2. 调制

借助射频工作场的 ASK 10% 调幅来进行 PCD 和 PICC 间的通信。调制指数最小应为 8%，最大应为 14%。调制波形应符合图 7.3.1，调制的上升、下降沿应该是单调的。

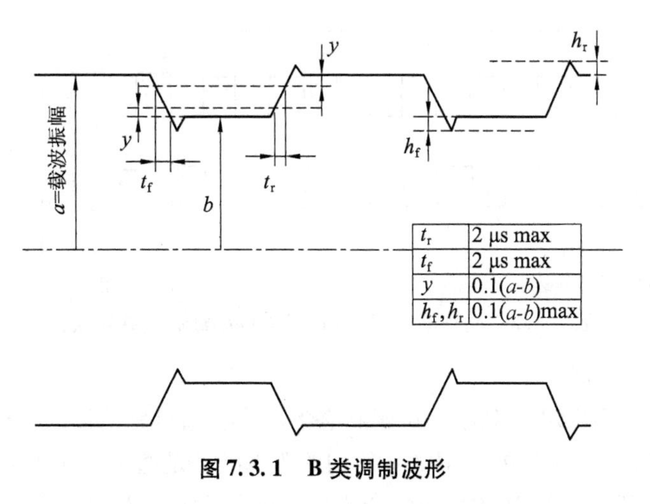

图 7.3.1 B 类调制波形

3. 位的表示和编码

位编码格式是带有如下定义的逻辑电平：

① 逻辑“1”：载波场高幅度（没有使用调制）；

② 逻辑“0”：载波场低幅度。

7.3.2 从PICC到PCD的通信

1. 数据速率

在初始化和防冲突期间，传输的数据波特率应为$f_c/128$（106 Kbps）。

2. 负载调制

PICC应能经由电感耦合区域与PCD通信，在该区域中，所加载的载波频率能产生频率为f_s的副载波。该副载波应能通过切换PICC中的负载来产生。

在以测试方法描述的方法测试时，负载调制幅度应至少为$30/H^{1.2}$ mV（峰值），其中H是以A/m为单位的磁场强度的值。

PICC负载调制的测试方法在国际标准ISO/IEC 10373-6中有定义。

3. 副载波

副载波负载调制的频率应为$f_c/16$（847 kHz），因此，在初始化和防冲突期间，一个位持续时间等于8个副载波周期。

PICC仅当数据被发送时才产生一个副载波。

4. 副载波调制

副载波应按图7.3.2进行BPSK调制。移相应仅在副载波的上升或下降沿的标称位置发生。

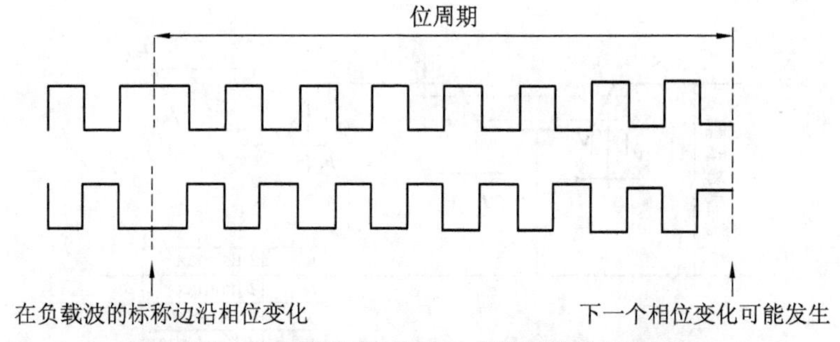

图7.3.2 允许的移相（PICC内部副载波负载切换）

5. 位的表示和编码

位编码应是NRZ-L，其中，逻辑状态的改变应通过副载波的移相（180°）来表示。在PICC帧的开始处，NRZ-L的初始逻辑电平是通过下面的步骤建立的：

（1）在收到来自PCD的任何命令之后，在保护时间T_{R0}内，PICC应不生成副载波。T_{R0}应大于 $64/f_s$。

（2）在延迟 T_{R1}之前，PICC 应生成没有相位跃变的副载波，建立了副载波相位基准 Φ 0。T_{R1}应大于 $80/f_s$。

（3）副载波的初始相位状态 Φ 0 应定义为逻辑“1”，从而第一个相位跃变表示从逻辑“1”到逻辑“0”的跃变。

（4）逻辑状态根据副载波相位基准来定义，如表 7. 3. 1 所示。

表 7. 3. 1　副载波相位基准

相位	基准
Φ 0	逻辑状态 1
Φ 0 + 180°	逻辑状态 0

7. 3. 3　PICC 最小耦合区

PICC 耦合天线可以有任何形状和位置，但应围绕区域，如图 7. 3. 3 所示。

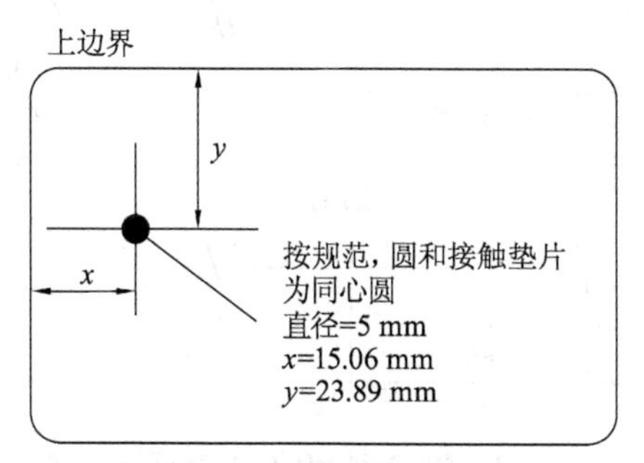

图 7. 3. 3　PICC 最小耦合区

7. 4　初始化和防冲突

7. 4. 1　轮询

当 PICC 暴露于未调制的工作场中时，它能在 5 ms 内接受一个请求。例如：

① 当通信接口类型为 A 的 PICC 接收到任何 B 类型的命令时，它能在 5 ms 内接受一个 REQA（A 类请求）。

② 当通信接口类型为 B 的 PICC 接收到任何 A 类型的命令时，它能在 5 ms 内接受一个 REQB（B 类请求）。

为了检测进入其激励场的 PICC，PCD 发送重复的请求命令并寻找 ATQ（应答内容）。请求命令可按任何顺序使用这里描述的 REQA 和 REQB，这个过程被称为轮询。

7.4.2 类型A初始化和防冲突

本节描述了适用于类型A的PICC的比特冲突检测协议，定义了通信初始化和防冲突期间使用的字节、帧与命令的格式和定时。

(1) 帧延迟时间：帧延迟时间（FDT）定义为在相反方向上所发送的两个帧之间的时间。

(2) 帧保护时间：帧保护时间（FGT）定义为最小帧延迟时间。

(3) PCD到PICC的帧延迟时间：PCD所发送的最后一个暂停的结束与PICC所发送的起始位范围内的第一个调制边沿之间的时间。它应遵守图7.4.1中定义的定时，此处 n 为整数值。

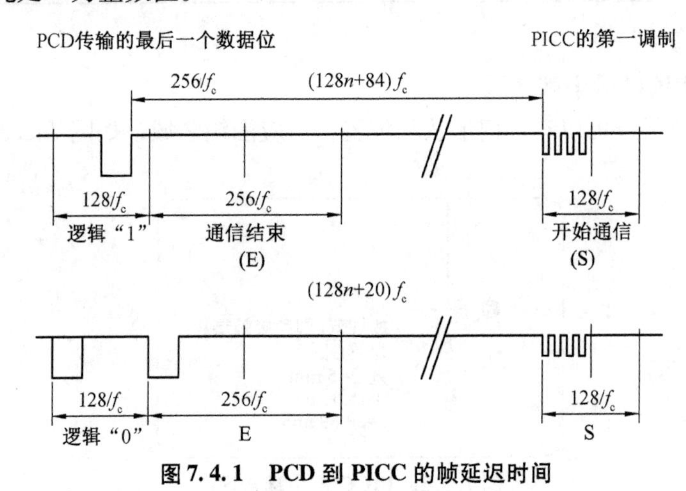

图7.4.1 PCD到PICC的帧延迟时间

表7.4.1中定义了 n、依赖于命令类型的FDT的值，以及这一命令中最后发送的数据位的逻辑状态。

表7.4.1 PICC到PCD的帧延迟时间

命令类型	n（整数值）	FDT	
		最后一位 =“1”	最后一位 =“0”
REQA命令	9	$1236/f_c$	$1172/f_c$
WAKE-UP命令			
ANTICOLLISION命令			
SELECT命令			
所有其他命令	≥（$128n+84$）$/f_c$	（$128n+20$）$/f_c$	

对于所有其他命令，PICC应确保起始位范围内的第一个调制边沿与中定义的位格对齐。

1. PICC到PCD的帧延迟时间

PICC所发送的最后一个调制与PCD所发送的第一个暂停之间的时间，应至少为$1172/f_c$。

2. 请求保护时间

请求保护时间定义为两个连续请求命令的起始位间的最小时间。它的值为$7000/f_c$。

3. 帧格式

对于比特冲突检测协议，定义下列帧类型：请求（REQA）和唤醒（WAKE-UP）帧。

请求和唤醒帧用来初始化通信并按以下顺序组成：

① S：通信开始。

② 发送7个数据位：首先发送LSB（标准REQA帧的数据内容是“0x26”（图7.4.2），WAKE-UP帧的数据内容是“52”）。

③ E：通信结束时不加奇偶校验位。

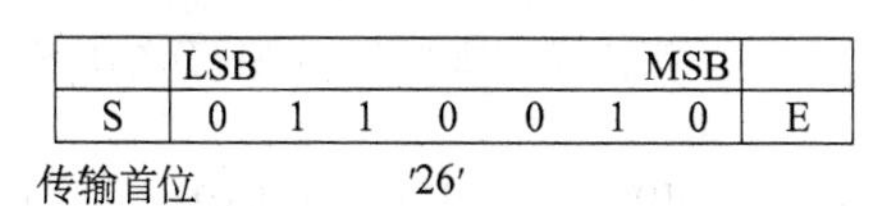

图7.4.2 REQA帧

4. 标准帧

标准帧用于数据交换并按以下顺序组成：

① S：通信开始。

② 发送（8个数据位+奇偶校验位）n位数据，$n \geqslant 1$。每个数据字节的LSB首先被发送，每个数据字节后面跟随一个奇偶校验位，如图7.4.3所示。

③ E：通信结束。

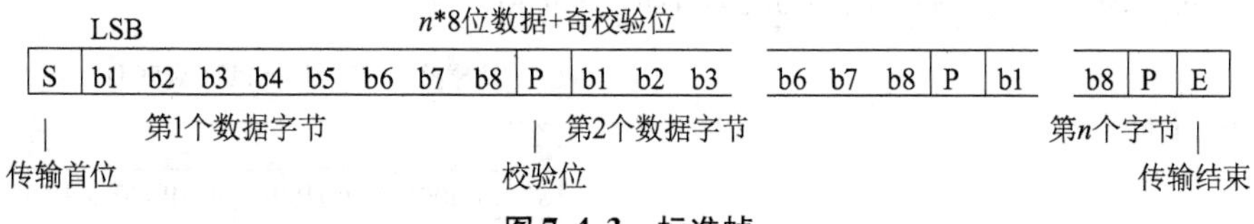

图7.4.3 标准帧

5. 面向比特的防冲突帧

当至少两个PICC发送不同比特模式到PCD时可检测到冲突。这种情况下，至少一个比特的整个位持续时间内，载波以副载波进行调制。

面向比特的防冲突帧仅在比特帧防冲突环期间使用，并且该帧是带有7个数据字节的标准帧。它被分离成两部分：第一部分用于从PCD到PICC的传输，第二部分用于从PICC到PCD的传输。

下列规则应适用于第一部分和第二部分的长度：

规则1：数据位之和应为56。

规则2：第一部分的最小长度应为16个数据位。

规则3：第一部分的最大长度应为55个数据位。

规则4：第二部分的最小长度应为1个数据位，最大长度应为40个数据位。

由于该分离可以出现在一个数据字节范围内的任何比特位置，故定义了两种情况：

① 全字节（FULL BYTE）：在完整数据字节后分离。在第一部分的最后数据位之后加上一个奇偶校验位。

② 分离字节（SPLIT BYTE）：在数据字节范围内分离。在第一部分的最后数据位之后不加奇偶校验位。

图7.4.4为FULL BYTE和SPLIT BYTE两种情况的例子，定义了位的组织结构和位传输的次序。这些例子包含NVB和BCC的正确值。

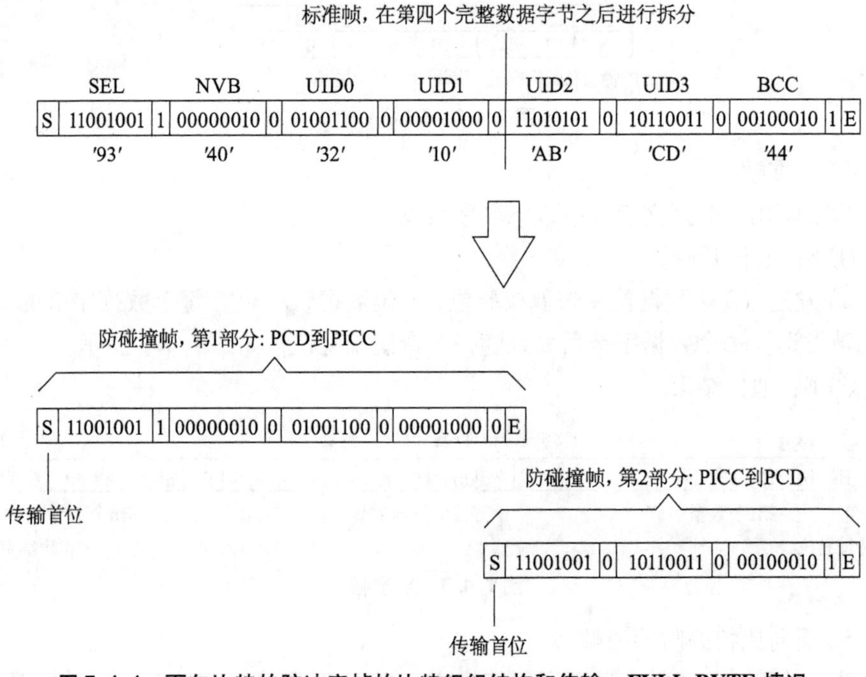

标准帧，在第四个完整数据字节之后进行拆分

	SEL		NVB		UID0		UID1		UID2		UID3		BCC		
S	11001001	1	00000010	0	01001100	0	00001000	0	11010101	0	10110011	0	00100010	1	E
	'93'		'40'		'32'		'10'		'AB'		'CD'		'44'		

防碰撞帧，第1部分：PCD到PICC

S	11001001	1	00000010	0	01001100	0	00001000	0	E

传输首位

防碰撞帧，第2部分：PICC到PCD

S	11001001	0	10110011	0	00100010	1	E

传输首位

图7.4.4　面向比特的防冲突帧的比特组织结构和传输，FULL BYTE情况

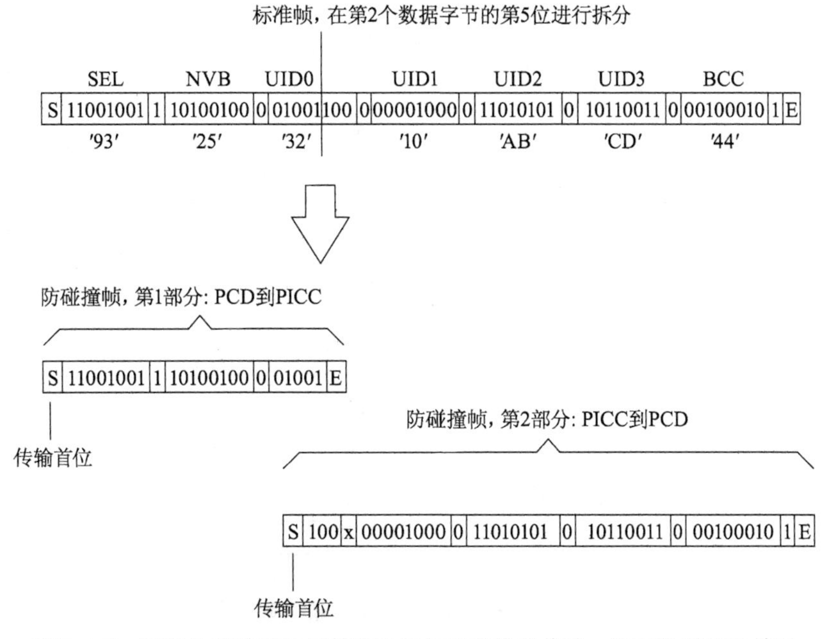

图 7.4.5　面向比特的防冲突帧的比特组织结构和传输，SPLIT BYTE 情况

对于 SPLIT BYTE，PCD 应忽略第二部分的第一个奇偶校验位。

6. CRC_A

CRC_A 编码用来生成校验位的多项式为 $x^{16}+x^{12}+x^{5}+1$。初始值应为“6363”。CRC_A 应被添加到数据字节中并通过标准帧来发送。

其他描述可以从考虑了如下修改后的 ISO/IEC 3309 派生：

① 初始值：“6363” 而不是 “FFFF”。

② 计算后寄存器内容应不取反。

7.4.3　PICC 状态

下面描述几种专门针对类型 A 的比特冲突检测协议的 PICC 状态（图 7.4.6）。

1. POWER-OFF 状态

在 POWER-OFF 状态中，由于缺少载波能量，PICC 不能被激励并且应不发射副载波。

2. IDLF 状态

在 7.4.1 小节中定义的最大延迟内激活工作场后，PICC 应进入其 IDLE 状态。在这种状态中，PICC 被加电，并且能够解调和识别来自 PCD 的有效 REQA 和 WAKE-UP 命令。

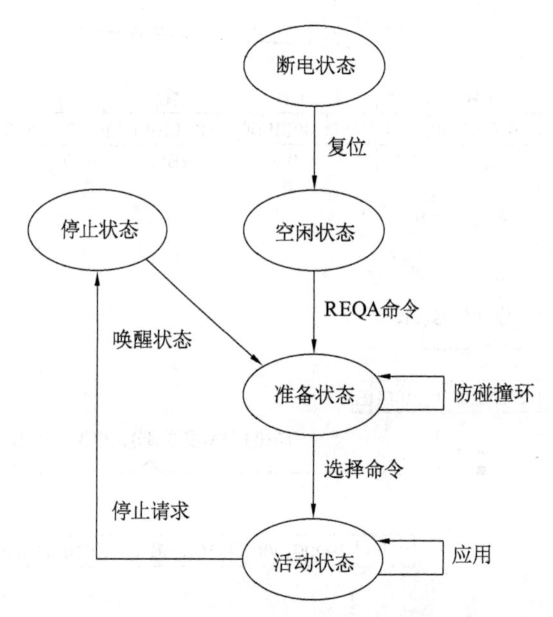

图 7.4.6　类型 A PICC 状态图

3. READY 状态

一旦收到有效 REQA 或 WAKE-UP 报文，就立即进入该状态，用其 UID 选择 PICC 后退出该状态。在这种状态，比特帧防冲突或其他任选的防冲突方法都可以使用。所有串联级别都在这一状态内处理，以取得所有 UID CLn。

4. ACTIVE 状态

通过使用完整 UID 选择 PICC 来进入该状态。

5. HALT 状态

该状态通过上面定义的 HALT 命令或本部分中未定义的应用特定命令来进入。在这种状态中，PICC 应仅响应使 PICC 转换为 READY 状态的 WAKE-UP 命令。

注意：处于 HALT 状态的 PICC 将不参与任何进一步的通信，除非使用了 WAKE-UP 命令。

7.4.4　命令集

PCD 用来管理与几个 PICC 通信的命令是：REQA、WAKE-UP、ANTICOLLISION、SELECT、HALT。这些命令使用上面描述的字节和帧格式。

1. REQA 命令

REQA 命令由 PCD 发出，以探测用于类型 A PICC 的工作场。

2. WAKE-UP 命令

WAKE-UP 命令由 PCD 发出，使已经进入 HALT 状态的 PICC 回到 READY 状态。它们应当参与进一步的防冲突和选择规程。

表 7.4.2 中列出了使用请求帧格式的 REAQA 和 WAKE-UP 命令的编码。

表 7.4.2 请求帧的编码

b7	b6	b5	b4	b3	b2	b1	含义
0	1	0	0	1	1	0	'26' = REQA
1	0	1	0	0	1	0	'52' = WAKE-UP
0	1	1	0	1	0	1	'35' = 任选时间槽方法
1	0	0	×	×	×	×	'40' to '4'' = 专有的
1	1	1	1	×	×	×	'78' to '7F' = 专有的
所有其他命令							RFU

3. ANTICOLLISION 命令和 SELECT 命令

这些命令在防冲突环期间使用。ANTICOLLISION 和 SELECT 命令由下列内容组成：

① 选择代码 SEL（1 个字节）；

② 有效位的数目 NVB（1 个字节）；

③ 根据 NVB 的值，UID CLn 的 0 到 40 个数据位；

④ SEL 规定了串联级别 CLn；

⑤ NVB 规定了 PCD 所发送的 CLn 的有效位的数目。

注意：只要 NVB 没有规定 40 个有效位，若 PICC 保持在 READY 状态中，则该命令就被称为 ANTICOLLISION 命令。

如果 NVB 规定了 UID CLn 的 40 个数据位（NVB = '70'），则应添加 CRC_A，该命令称为 SELECT 命令。如果 PICC 已发送了完整的 UID，则它从 READY 状态转换到 ACTIVE 状态并在其 SAK-响应中指出 UID 完整；否则，PICC 保持在 READY 状态中并且该 PCD 应以递增串联级别启动一个新的防冲突环。

4. HALT 命令

HALT 命令由 4 个字节组成并应使用标准帧来发送，如图 7.4.7 所示。

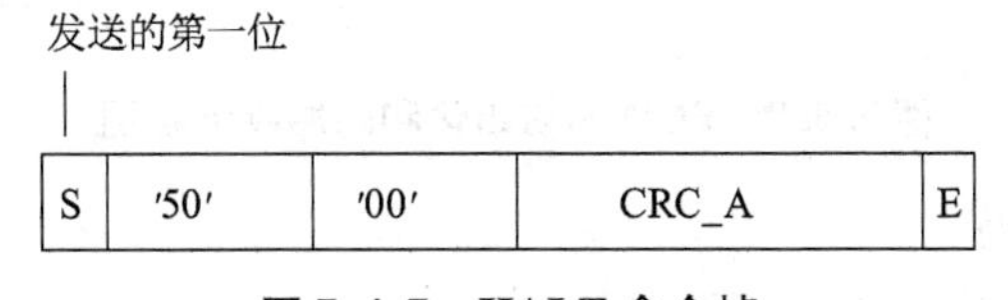

图 7.4.7 HALT 命令帧

如果 PICC 在 HALT 帧结束后 1 ms 时间内以任何调制表示响应，则该响应应解释为“不确认”。

7.4.5 选择序列

选择序列的目的是获得来自 PICC 的 UID，以及选择该 PICC 以便进一步通信。

1. ATQA-请求应答

如图 7.4.8 所示，在 PCD 发送请求命令（REQA）之后，所有 PICC 以两个字节的请求应答（ATQA）（其中编码了可用防冲突类型）同步地进行响应。

如果有多个卡应答，则冲突可能出现。PCD 应把 ATQA 内的冲突解码为一个（1）b，其结果是所有 ATQA 为逻辑“或”。

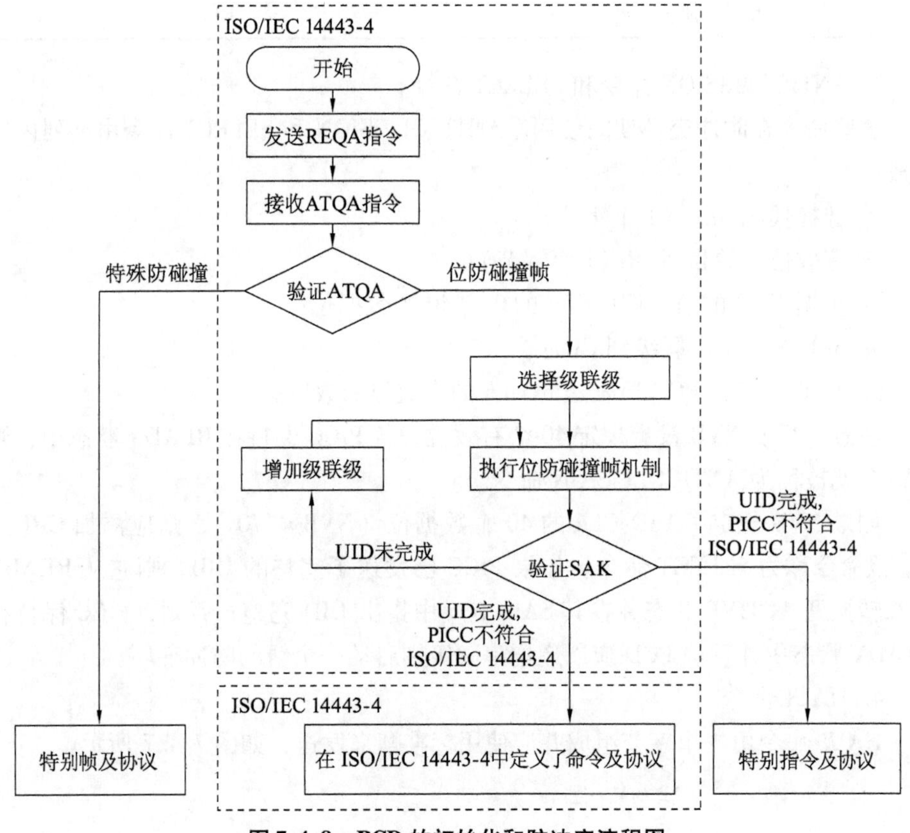

图 7.4.8　PCD 的初始化和防冲突流程图

1）ATQA 的编码

ATQA 的编码如表 7.4.3 所示。

表 7.4.3 ATQA 的编码

b16	b15	b14	b13	b12	b11	b10	b9	b8	b7	b6	b5	b4	b3	b2	b1
RFU				UID 长度比特帧				RFU				比特帧防冲突			

2）比特帧防冲突的编码规则

规则 1：位 b7 和 b8 编码了 UID 长度（单个、两个或三个）。

规则 2：b1、b2、b3、b4 或 b5 中的一个应置为（1）b 以指出比特帧防冲突。

具体如表 7.4.4 所示。

表 7.4.4 比特帧防冲突用的 b7 和 b8 的编码

b8	b7	含义
0	0	UID 长度：单个
0	1	UID 长度：两个
1	0	UID 长度：三个
1	1	RFU

表 7.4.5 比特帧防冲突用的 b1 ~ b5 的编码

b5	b4	b3	b2	b1	含义
1	0	0	0	0	比特帧防冲突
0	1	0	0	0	比特帧防冲突
0	0	1	0	0	比特帧防冲突
0	0	0	1	0	比特帧防冲突
0	0	0	0	1	比特帧防冲突
所有其他					RFU

2. 防冲突和选择

每个串联级别范围内的防冲突环

下面的算法适用于防冲突环：

步骤 1：PCD 为选择的防冲突类型和串联级别分配了带有编码的 SEL。

步骤 2：PCD 分配了带有值为'20'的 NVB。

（注：该值定义了该 PCD 将不发送 UID CLn 的任何部分。因此该命令迫使工作场内的所有 PICC 以其完整的 UID CLn 表示响应。）

步骤 3：PCD 发送 SEL 和 NVB。

步骤 4：工作场内的所有 PICC 应使用它们的完整的 UID CLn 响应。

步骤 5：假设场内的 PICC 拥有唯一序列号，那么，如果一个以上的 PICC 响应，则冲突发生。如果没有冲突发生，则可跳过步骤 6 到步骤 10。

步骤 6：PCD 应识别出第一个冲突的位置。

步骤 7：PCD 分配了带有值的 NVB，该值规定了 UID CLn 有效比特数。这些有效位应是 PCD 所决定的冲突发生之前被接收到的 UID CLn 的一部分再加上（0）b 或（1）b。典型的实现是增加（1）b。

步骤 8：PCD 发送 SEL 和 NVB，后随有效位本身。

步骤 9：只有 PICC 的 UID CLn 中的一部分等于 PCD 所发送的有效位时，PICC 才应发送其 UID CLn 的其余部分。

步骤 10：如果出现进一步的冲突，则重复步骤 6 到步骤 9。最大的环数目是 32。

步骤 11：如果不出现进一步的冲突，则 PCD 分配带有值为'70'的 NVB。（注：该值定义了 PCD 将发送完整的 UID CLn）

步骤 12：PCD 发送 SEL 和 NVB，后随 UID CLn 的所有 40 个位，后面又紧跟 CRC_A 校验和。

步骤 13：它的 UID CLn 与 40 个比特匹配，则该 PICC 以其 SAK 表示响应。

步骤 14：如果 UID 完整，则 PICC 应发送带有清空的串联级别位的 SAK，并从 READY 状态转换到 ACTIVE 状态。

步骤 15：PCD 应检验 SAK 的串联比特是否被设置，以决定带有递增串联级别的进一步防冲突环是否应继续进行。

流程图如图 7.4.9 所示。

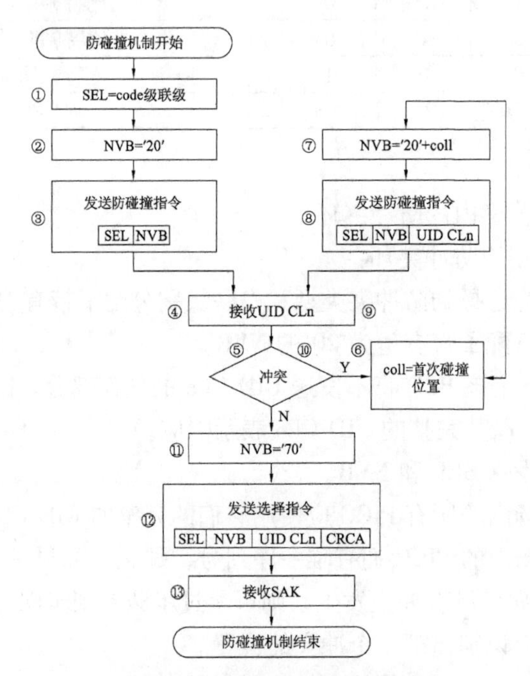

图 7.4.9　PCD 防冲突环流程图

如果 PICC 的 UID 是已知的，则 PCD 可以跳过步骤 2 到步骤 10 直接选择该 PICC，而无须执行防冲突环。

1）SEL 的编码（选择代码）

长度：1 字节。

可能值:'93','95','97'。

具体如表 7.4.6 所示。

表 7.4.6 SEL 的编码

b8	b7	b6	b5	b4	b3	b2	b1	含义
1	0	0	1	0	0	1	1	'93'：选择串联级别 1
1	0	0	1	0	1	0	1	'95'：选择串联级别 2
1	0	0	1	0	1	1	1	'97'：选择串联级别 3
1	0	0	1	所有其他				RFU

2）NVB 的编码（有效比特的数）

长度：1 字节。

较高 4 位称为字节计数，规定所有被 8 分开的有效数据位的数，包括被 PCD 发送的 NVB 和 SEL。这样，字节计数的最小值是 2，最大值是 7。

较低 4 位称为比特计数，规定由 PCD 发送的模 8 所有有效数据位的数。具体如表表 7.4.7 所示。

表 7.4.7 NVB 的编码

b8	b7	b6	b5	b4	b3	b2	b1	含义
0	0	1	0	–	–	–	–	字节计数 =2
0	0	1	1	–	–	–	–	字节计数 =3
0	1	0	0	–	–	–	–	字节计数 =4
0	1	0	1	–	–	–	–	字节计数 =5
0	1	1	0	–	–	–	–	字节计数 =6
0	1	1	1	–	–	–	–	字节计数 =7
–	–	–	–	0	0	0	0	比特计数 =0
–	–	–	–	0	0	0	1	比特计数 =1
–	–	–	–	0	0	1	0	比特计数 =2
–	–	–	–	0	0	1	1	比特计数 =3
–	–	–	–	0	1	0	0	比特计数 =4
–	–	–	–	0	1	0	1	比特计数 =5
–	–	–	–	0	1	1	0	比特计数 =6
–	–	–	–	0	1	1	1	比特计数 =7

3）SAK的编码（选择确认）

当NVB规定40个有效位并且当所有这些数据位与UID CLn相配时，SAK由PICC来发送。

SAK通过标准帧来发送，后随CRC_A。

具体如表7.4.8所示。

表7.4.8 选择确认（SAK）

SAK	CRC_A
1字节	2字节

PCD应以校验位b3判定UID是否完整。位b3和b6的编码已在表7.4.9中给出。

表7.4.9 SAK的编码

b8	b7	b6	b5	b4	b3	b2	b1	含义
×	×	×	×	×	1	×	×	串联比特设置：UID不完整
×	×	1	×	×	0	×	×	UID完整，PICC遵循ISO/IEC 14443－4
×	×	0	×	×	0	×	×	UID完整，PICC不遵循ISO/IEC 14443－4

如果UID不完整，PICC应保持READY状态并且PCD应以递增的串联级别来初始化新的防冲突环。如果UID完整，PICC应发送带有清空的串联比特的SAK并从READY状态转换到ACTIVE状态。当提供了附加信息时，PICC应设置SAK的第6位b6。

3. UID内容和串联级别

UID由4、7或10个UID字节组成。因此，PICC最多应处理3个串联级别，以得到所有UID字节。在每个串联级别内，由5个数据字节组成的UID的一部分应被发送到PCD。根据最大串联级别，定义了UID长度的三个类型。该UID长度必须与表7.4.10一致。

表7.4.10 UID长度

最大串联级别	UID长度	字节数
1	单个	4
2	两个	7
3	三个	10

对于UID内容，使用下列定义：

UID CLn：根据串联级别n，UID的一部分，由5个字节组成，$1 \leqslant n \leqslant 3$。

UIDn：UID的字节n，$n \geqslant 0$。

BCC：UID　CLn校验字节，4个先前字节的“异或”值。

CT：串联标记，“88”。

UID 是一固定的唯一数或由 PICC 动态生成的随机数。UID 的第一个字节（uid0）分配后随 UID 字节的内容，如表 7.4.11 所示。

表 7.4.11 单个长度的 UID

uid0	描述
“08”	uid1 到 uid3 是动态生成的随机数
“x0” ～ “x7”，“x9” ～ “xE”	专有的固定数
“18” ～ “F8”，“xF”	RFU

串联标记 CT 的值‘88’应不用于单个长度 UID 中的 uid0，如表 7.4.12 所示。

表 7.4.12 两个和三个长度的 UID

uid0	描述
制造商 ID 根据 ISO/IEC 7816-6/AM1	每一制造商对唯一编号的其他字节的值的唯一性负责

在 ISO/IEC 7816-6/AM1 中为“私用”标出的值“81”到“FE”，在上下文中应不予允许。

串联级别的使用如图 7.4.10 所示。

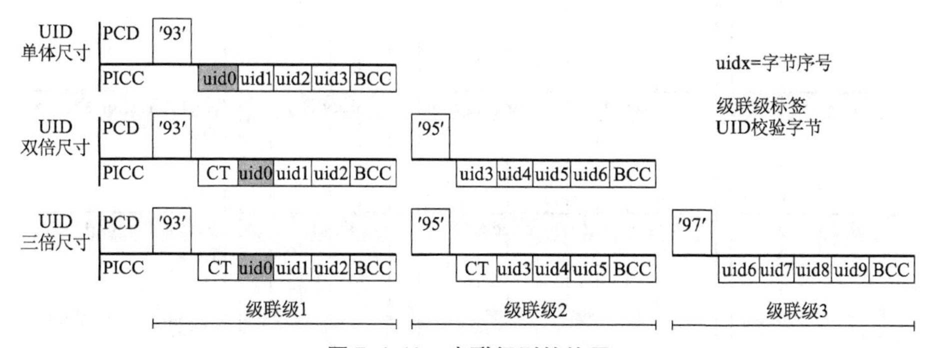

图 7.4.10 串联级别的使用

注：串联标记用来造成与具有较小 UID 长度的 PICC 冲突。因此，UID0 或 UID3 都不应具有串联标记的值。

下列算法应适用于 PCD，以获得完整的 UID：

步骤 1：PCD 选择串联级别 1；

步骤 2：应执行防冲突环；

步骤 3：PCD 应检验 SAK 的串联比特；

步骤 4：如果设置了串联比特，PCD 应增加串联级别并初始化一个新的防冲突环；

步骤5：当使用完整UID来选择PICC时，PICC应发送带有清空串联比特的SAK，并从READY状态转换到ACTIVE状态。

7.5 MIFARE 1卡介绍

7.5.1 MIFARE 1卡片的存储区划分

MIFARE 1卡片的存储区的划分如图7.5.1所示。

		块内数据																
扇区	块	0	1	2	3	4	5	6	7	8	9	10	11	12	13	14	15	描述
15	3	Key A						Access Bits				Key B						Sector Trailer 15
	2																	Data
	1																	Data
	0																	Data
14	3	Key A						Access Bits				Key B						Sector Trailer 14
	2																	Data
	1																	Data
	0																	Data
⋮	⋮																	
1	3	Key A						Access Bits				Key B						Sector Trailer 1
	2																	Data
	1																	Data
	0																	Data
0	3	Key A						Access Bits				Key B						Sector Trailer 0
	2																	Data
	1																	Data
	0																	Manufacturer Block

图7.5.1 MIFARE 1卡片的存储区划分

(1) 存储介质：EEPROM。

(2) 存储容量：分为16个扇区（扇区0～15），每个扇区有4个块（Block）块0、块1、块2和块3，每个块有16个字节，即1024×8位字长（1 KB）。

7.5.2 块功能详解

1. 厂商块

厂商块如图7.5.2所示。

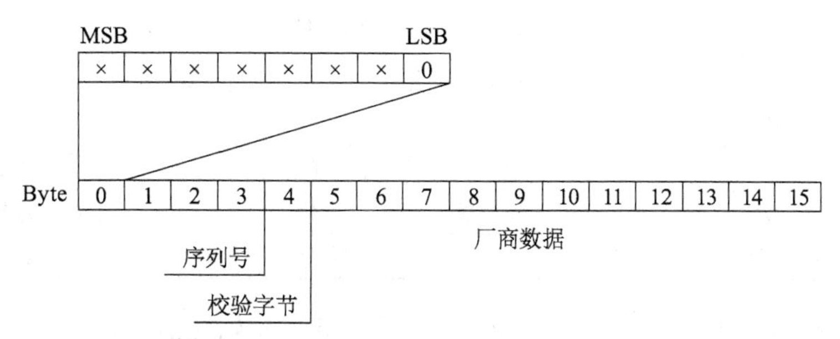

图 7.5.2 厂商块

（1）地址：扇区0块0。

（2）内容：第0~3个字节为卡序列号SN，第4个字节为序列号的校验码，第5~15个字节为厂商数据。

（3）特性：基于保密性和系统的安全性，这一块在IC卡厂商编程之后被置为写保护，因此该块不能再复用为应用数据块。

2. 数据块

每个扇区有3个数据块（扇区0只有2个），每块16字节。它可由区尾块中的存取控制位（Access bits）作如下配置：

（1）读写块：用作一般的数据保存，可用读/写命令直接读/写整个块。

（2）值块：用作数值块，可以进行初始化值、加值、减值、读值的运算。

通常数据块中的数据都是需要保密的数据，对这些数据的操作需符合该块存取条件的要求和通过该扇区的密码认证。

3. 区尾块

区尾块如图7.5.3所示。

字节描述	0	1	2	3	4	5	6	7	8	9	10	11	12	13	14	15
	Key A						Access Bits				Key B(optional)					

图 7.5.3 区尾块

每个扇区的块3为区尾（Sector Trailer）块：

（1）KEY A（6 Byte）+Access bits（4 Byte）+KEY B（6 Byte）。

（2）KEY A和KEY B读时总是返回0。

7.5.3 存取控制位与数据区的关系

1. 存取控制位的结构

存取控制位（Access bits）定义该扇区中4个块的访问条件，以及数据块的类型（读写），如表7.5.1所示。

表 7.5.1　块的访问条件

存取控制位	有效的操作	块号	描述
C13　C23　C33	读、写	3	尾区块
C12　C22　C32	读、写、加、减、转移、重存	2	数据块
C11　C21　C31	读、写、加、减、转移、重存	1	数据块
C10　C20　C30	读、写、加、减、转移、重存	0	数据块

MIFARE 1 卡出厂初始化时，所有扇区中块 3 的初始化值均为

FFFFFFFFFFFF　FF078069　FFFFFFFFFFFF

存取控制位的结构如图 7.5.4 所示。存取控制位的初始值和值分别如表 7.5.2和表 7.5.3 所示。

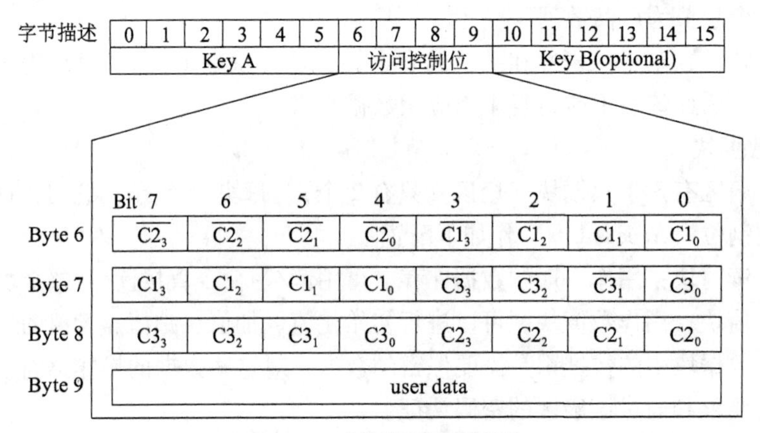

图 7.5.4　存取控制位的结构

表 7.5.2　存取控制位的初始值

	Bit 7	Bit 6	Bit 5	Bit 4	Bit 3	Bit 2	Bit 1	Bit 0	
Byte 6	1	1	1	1	1	1	1	1	FFH
Byte 7	0	0	0	0	0	1	1	1	07H
Byte 8	1	0	0	0	0	0	0	0	80H
Byte 9	0	1	1	0	1	0	0	1	69H

表 7.5.3　存取控制位的值

存取控制位	存储控制位的值	块号	描述
C13　C23　C33	001	3	尾区块
C12　C22　C32	000	2	数据块
C11　C21　C31	000	1	数据块
C10　C20　C30	000	0	数据块

2. 块 0 至块 2 的存取条件

对任意区的块 0 至块 2，存取条件如表 7. 5. 4 所示。

表 7. 5. 4　块 0 至块 2 的存取条件

C1	C2	C3	读	写	加	减 转移 重存
0	0	0	KEY A ∣ B	KEY A ∣ B	KEY A ∣ B	KEY A ∣ B
0	1	0	KEY A ∣ B	Never	Never	Never
1	0	0	KEY A ∣ B	KEY B	Never	Never
1	1	0	KEY A ∣ B	KEY B	KEY B	KEY A ∣ B
0	0	1	KEY A ∣ B	Never	Never	KEY A ∣ B
0	1	1	KEY B	KEY B	Never	Never
1	0	1	KEY B	Never	Never	Never
1	1	1	Never	Never	Never	Never

注：Never 表示没有条件实现

由表 7. 5. 3 可得出当块 0 至块 2 的存取控制位的值为 0、0、0 时，任意区的块 0 至块 2 的读写条件如表 7. 5. 5 所示，即在正确校验密码 A 或密码 B 后方可操作。

表 7. 5. 5　初始时 MIFARE 1 卡块 0 至块 2 的读写条件

读	写	加	减 转移 重存
KEY A ∣ B	KEY A ∣ B	KEY A ∣ B	KEY A ∣ B

3. 块 3 的存取条件

块 3 的存取条件不同于块 0 至块 2 的存取条件，如表 7. 5. 6 所示。

表 7. 5. 6　块 3 的存取条件

存取控制位			密码 A		存取控制位		密码 B	
C1	C2	C3	读	写	读	写	读	写
0	0	0	Never	KEY A ∣ B	KEY A ∣ B	Never	KEY A ∣ B	KEY A ∣ B
0	1	0	Never	Never	KEY A ∣ B	Never	KEY A ∣ B	Never
1	0	0	Never	KEY B	KEY A ∣ B	Never	Never	KEY B
1	1	0	Never	Never	KEY A ∣ B	Never	Never	Never

续表

存取控制位			密码 A		存取控制位		密码 B	
0	0	1	Never	KEY A | B	KEY A | B	KEY A | B	KEY A | B	KEY A | B
0	1	1	Never	KEY B	KEY A | B	KEY B	Never	KEY B
1	0	1	Never	Never	KEY A | B	KEY B	Never	Never
1	1	1	Never	Never	KEY A | B	Never	Never	Never

由表 7.5.3 查到存取控制位为 0、0、1，代入表 7.5.6 得到块 3 的存取条件如下：密码 A 永不可读，在正确校验密码 A 或密码 B 后可以修改；密码 B 在正确校验密码 A 或密码 B 后可读且可修改；存储控制位在正确校验密码 A 或密码 B 后可读且可修改。按照此种方法，可以根据区尾块中的存储控制位得到本区中任意块的存取条件。

应用人员可以根据具体应用情况，对不同的扇区选用不同的存取控制、不同的密码，但应注意其每一位的格式，以免误用。一旦将某数据块设置为不可读/写/加值/减值，该块将被锁死；而一旦忘记某扇区的密码，要想重新试出来几乎是不可能的，因此该扇区也将被永久地锁死。

注：不得随意修改各扇区块 3 的数据，特别是访问权限字节，以免造成扇区被锁死。

卡出厂初始化后的存取控制条件如下：

(1) 密码 A 永不可读，校验密码 A 或密码 B 正确后可以修改。

(2) 密码 B 在校验密码 A 或密码 B 正确后可读，可修改。

(3) 数据块在校验密码 A 或密码 B 正确后可读，可修改。

第8章 ISO/IEC 15693

8.1 附近式卡的初始对话

附近式卡读写器（Vicinity Coupling Device，VCD）和附近式卡（Vicinity Integrated Circuit Card，VICC）之间的初始对话通过下列连续操作进行：

① VCD 的射频工作场激活 VICC；

② VICC 静待来自 VCD 的命令；

③ VCD 传输命令；

④ VICC 传输响应。

8.2 功率传送

功率传送到 VICC 是通过 VCD 和 VICC 中的耦合天线间射频完成的。由 VCD 给 VICC 提供功率的射频工作场通过 VCD 到 VICC 的通信调制。

8.2.1 频率

射频工作场频率（f_c）应为 13.56 MHz ±7 kHz。

8.2.2 工作场

（1）VICC 应按预期在 H_{min} 和 H_{max} 之间持续工作。

（2）最小工作场为 H_{min}，其值为 150 mA/m（rms）。

（3）最大工作场为 H_{max}，其值为 5 A/m（rms）。

（4）VCD 应在制造商规定的位置（工作空间）处产生一个最小为 H_{min}，但不超过 H_{max} 的场。

（5）另外，在制造商规定的位置（工作空间），VCD 应能将功率提供给任意的单个参考 VICC。

8.3　VCD 到 VICC 的通信信号接口

一些参数定义了多种模式，以满足不同的国际无线电规则和不同的应用需求。根据规定的模式，任何数据编码可以与任何调制方式相结合应用。

8.3.1　调制

采用 ASK 的调制原理，在 VCD 和 VICC 之间产生通信。使用两个调制指数，10% 和 100%。VICC 应对两者都能够解码。VCD 决定使用何种调制指数。

根据 VCD 选定的某种调制指数，将产生一个如图 8.3.1 和图 8.3.2 所示的“暂停”（Pause）状态。

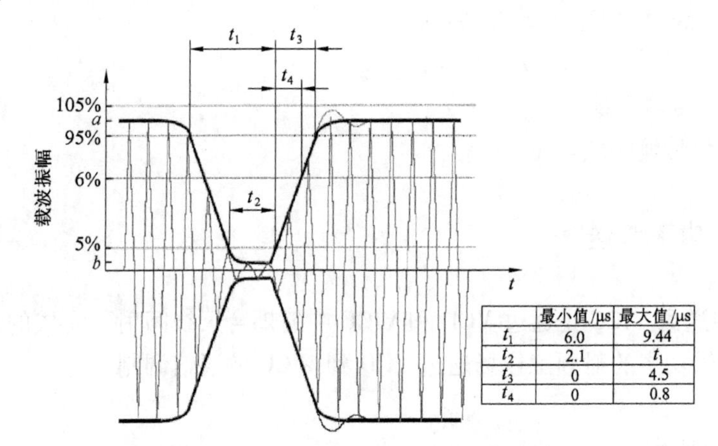

	最小值/μs	最大值/μs
t_1	6.0	9.44
t_2	2.1	t_1
t_3	0	4.5
t_4	0	0.8

图 8.3.1　以 100% 的幅度调制的载波

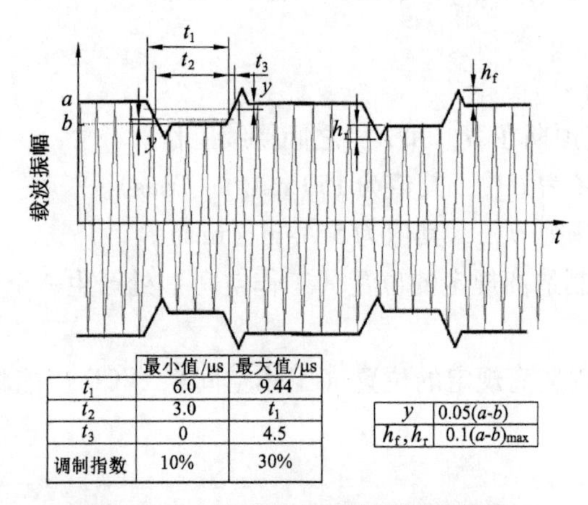

	最小值/μs	最大值/μs
t_1	6.0	9.44
t_2	3.0	t_1
t_3	0	4.5
调制指数	10%	30%

y	$0.05(a-b)$
h_f, h_r	$0.1(a-b)_{max}$

图 8.3.2　以 10% 的幅度调制的载波

在10%和30%之间的任何调制值时VICC应进行操作。

8.3.2 数据速率和数据编码

数据编码采用脉冲位置调制。VICC应能够支持两种数据编码模式。VCD决定选择哪一种模式，并在帧起始（SOF）时向VICC发出指示。

1. 数据编码模式：256取1

一个单字节的值可以由一个暂停的位置表示。在$256/f_c$（约18.88 μs）的连续时间内，256取1的暂停决定了字节的值。传输一个字节需要4.833 ms，数据速率是1.54 Kbits/s（$f_c/8192$）。最后一帧字节应在VCD发出EOF前被完整传送。图8.3.3显示了该脉冲位置调制技术。

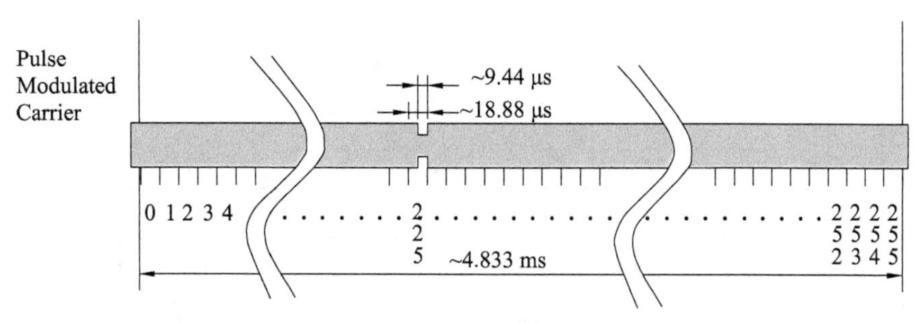

图8.3.3 256取1编码模式

在图8.3.4中，数据E_1 = （11100001）b = （225）是由VCD发送给VICC的。暂停产生在已决定值的时间周期的后一半。

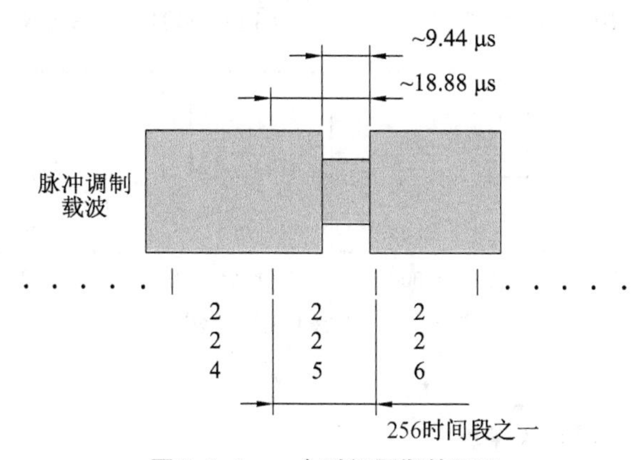

图8.3.4 一个时间周期的延迟

2. 数据编码模式：4取1

使用4取1脉冲位置调制模式，这种位置一次决定2个位。4个连续的位对构成1个字节，首先传送最低的位对。

数据速率为26.48 Kbits/s（$f_c/512$）。

图8.3.5显示出4取1脉冲位置技术和编码。

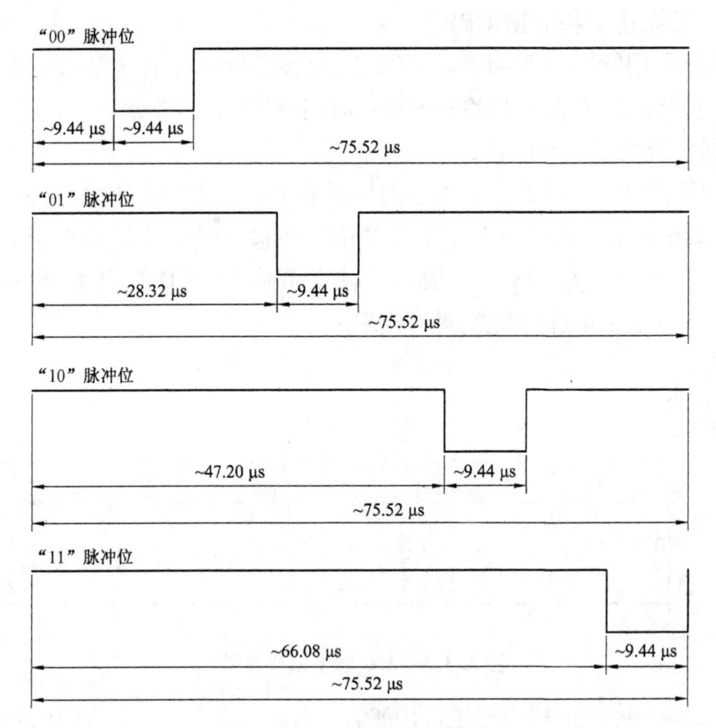

图8.3.5　4取1编码模式

图8.3.6显示出了VCD传送"E1" =（11100001）b =225。

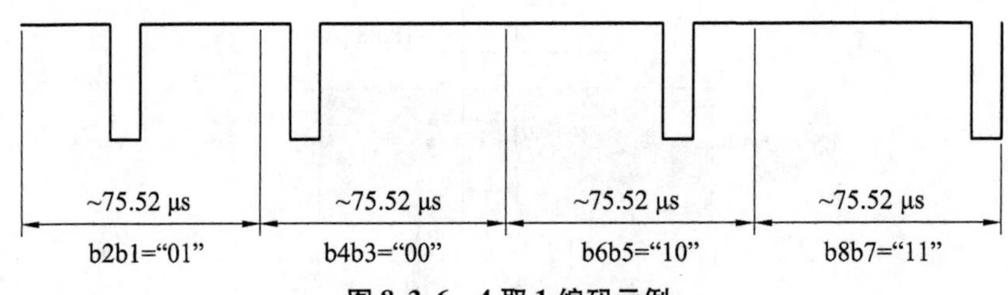

图8.3.6　4取1编码示例

8.3.3　VCD到VICC帧

帧由帧起始（SOF）和帧结束（EOF）来分隔，使用编码违例来实现此功能。ISO/IEC保留未使用项，以备将来使用。

在发送一帧数据给VCD后，VICC应准备在300 μs内接收来自VCD的一帧数据。

VICC 应准备在能量场激活的情况下，在 1 ms 内接收一帧数据。

1. SOF 选择 256 取 1 编码

图 8.3.7 显示了 SOF 序列选择 256 取 1 的数据编码模式。

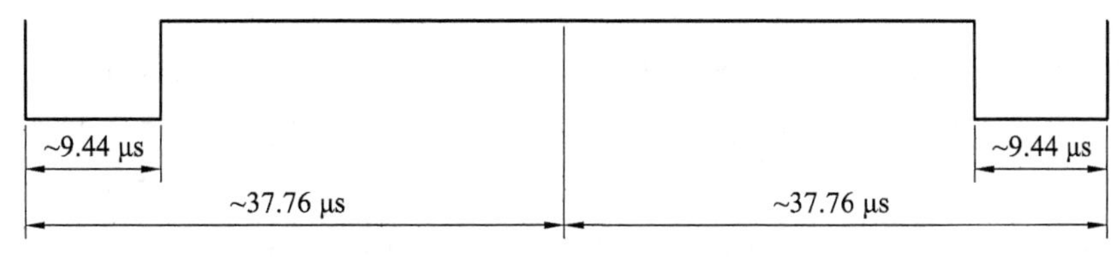

图 8.3.7　256 取 1 模式的开始帧

2. SOF 选择 4 取 1 编码

图 8.3.8 显示了 SOF 序列选择 4 取 1 的数据编码模式。

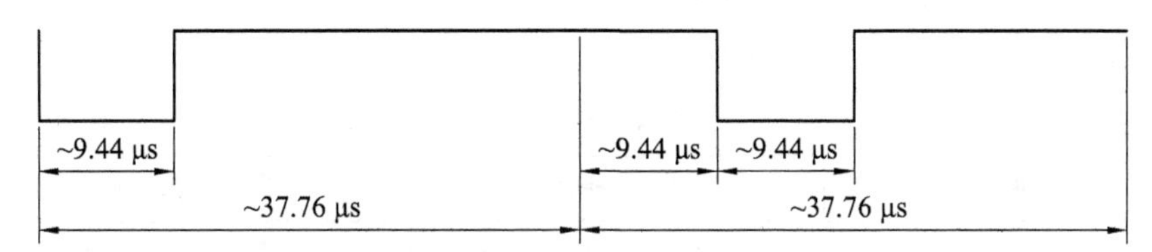

图 8.3.8　4 取 1 模式的开始帧

3. EOF 满足两者中任意一种数据编码模式

图 8.3.9 显示出了 EOF 序列选择任意一种数据编码模式。

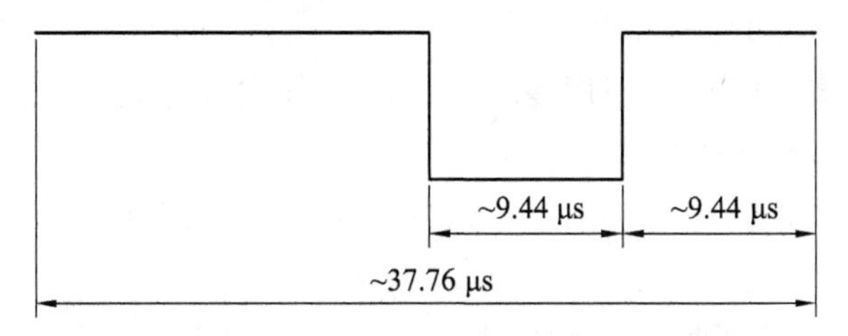

图 8.3.9　任意模式的结束帧

8.4　VICC 到 VCD 通信信号接口

对于一些参数定义了多种模式，以满足不同的噪声环境和不同的应用需求。

8.4.1　负载调制

VICC 应能经电感耦合区域与 VCD 通信。在该区域中，所加载的载波频率能产生频率为 f_s 的副载波。该副载波应能通过切换 VICC 中的负载来产生。

按测试方法的描述进行测量，负载调制振幅应至少为 10 mV。

8.4.2 副载波

由VCD通信协议报头的第一位选择使用一种或两种副载波。VICC应支持两种模式。

当使用一种副载波时，副载波负载调制频率 f_{s1} 应为 $f_C/32$（约423.75 kHz）。

当使用两种副载波时，频率 f_{s1} 应为 $f_c/32$（约423.75 kHz），频率 f_{s2} 应为 $f_c/28$（约484.28 kHz）。

若两种副载波都出现，则它们之间应有连续的相位关系。

8.4.3 数据速率

使用低或高数据速率。由VCD通信协议报头的第二位选择使用何种速率。VICC应支持表8.4.1列出的数据速率。

表8.4.1 数据速率

数据速率	单副载波	双副载波
低	6.62 Kbits/s（$f_c/2048$）	6.67 Kbits（$f_c/2032$）
高	26.48 Kbits/s（$f_c/512$）	26.69 Kbits（$f_c/508$）

8.4.4 位表示和编码

根据以下方案，数据应使用曼彻斯特编码方式进行编码。所有时间参考了VICC到VCD的高数据速率。

对低数据速率，使用同样的副载波频率或频率，因此，脉冲数和时间应乘以4。

1. 使用一个副载波时的位编码

逻辑“0”以频率为 $f_c/32$（约423.75 kHz）的8个脉冲开始，接着是非调制时间 $256/f_c$（约18.88 μs），如图8.4.1所示。

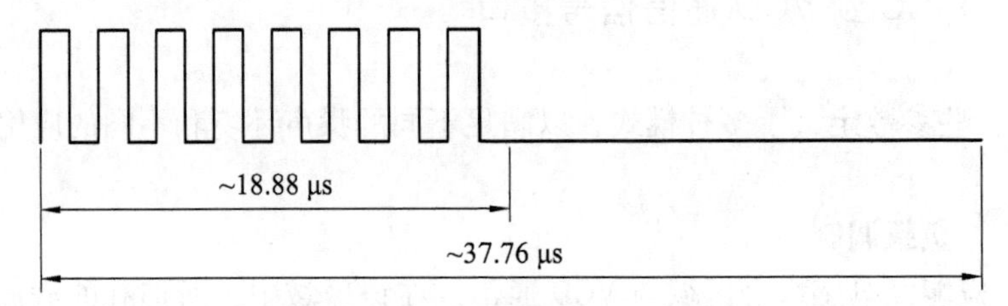

图8.4.1 使用一个副载波时的逻辑“0”

逻辑“1”以非调制时间 $256/f_c$（约18.88 μs）开始，接着是频率为 $f_c/32$

（约 423.75 kHz）的 8 个脉冲，如图 8.4.2 所示。

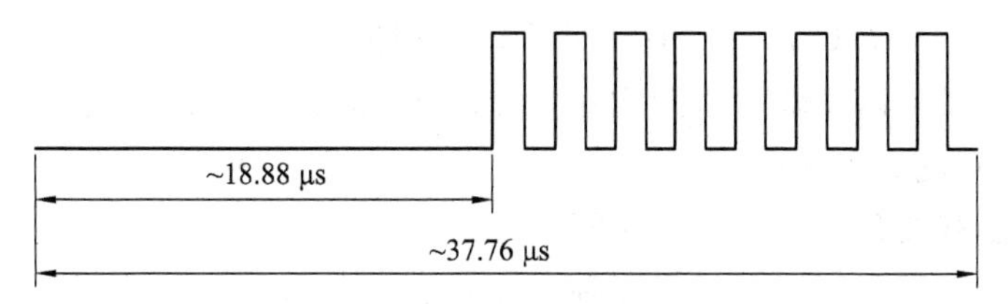

图 8.4.2　使用一个副载波时的逻辑“1”

2. 使用两个副载波时的位编码

逻辑“0”以频率为 $f_c/32$（约 423.75 kHz）的 8 个脉冲开始，接着是频率为 $f_c/28$（约 484.28 kHz）的 9 个脉冲，如图 8.4.3 所示。

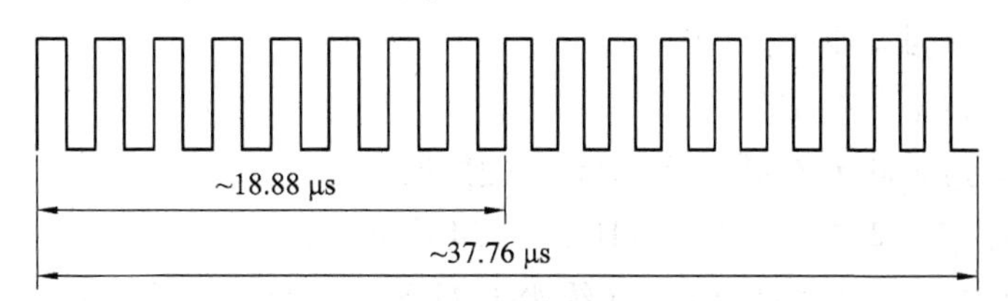

图 8.4.3　使用两个副载波时的逻辑“0”

逻辑“1”以频率为 $f_c/28$（约 484.28 kHz）的 9 个脉冲开始，接着是频率为 $f_c/32$（约 423.75 kHz）的 8 个脉冲，如图 8.4.4 所示。

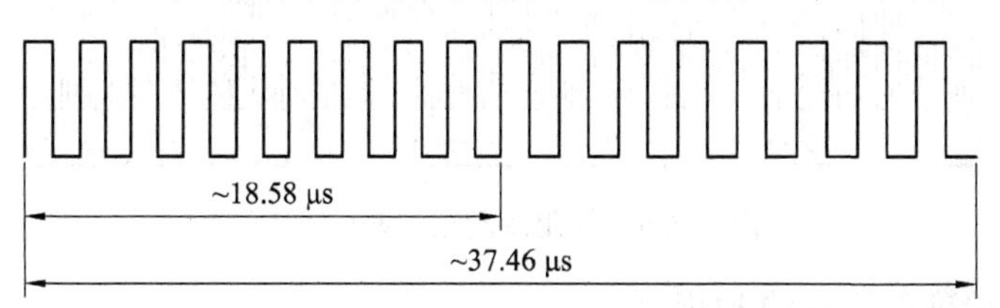

图 8.4.4　使用两个副载波时的逻辑“1”

8.4.5　VICC 到 VCD 帧

帧由帧起始（SOF）和帧结束（EOF）来分隔，使用编码违例来实现此功能。ISO/IEC 保留未使用项，以备将来使用。

所有时间参考了 VICC 到 VCD 的高数据速率。

对低数据速率，使用同样的副载波频率或频率，因此，脉冲数和时间应乘以 4。

在发送一帧数据给 VCD 后，VICC 应准备在 300 μs 内接收来自 VCD 的一帧数据。

1. 使用单副载波时的 SOF

SOF 包含以下三个部分：

① 一个非调制时间 $768/f_c$（56.64 μs）；

② 频率为 $f_c/32$（423.75 kHz）的24个脉冲；

③ 逻辑“1”以非调制时间 $256/f_c$（18.88 μs）开始，接着是频率为 $f_c/32$（423.75 kHz）的8个脉冲。

使用单副载波SOF如图8.4.5所示。

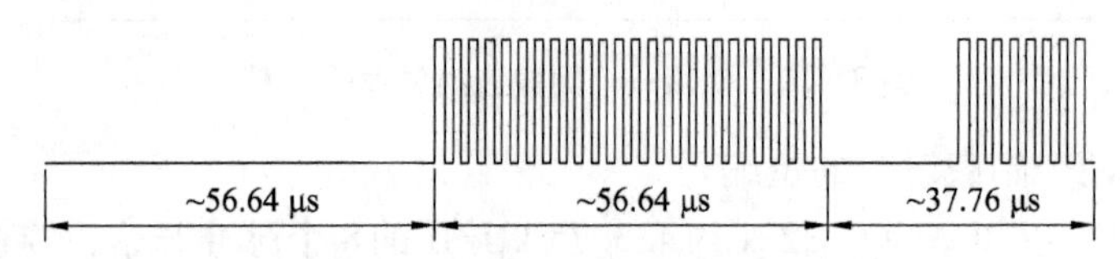

图8.4.5 使用单副载波时的SOF

2. 使用双副载波时的SOF

SOF包含以下三个部分：

① 频率为 $f_c/28$（约484.28 kHz）的脉冲；

② 频率为 $f_c/32$（约423.75 kHz）的24个脉冲；

③ 逻辑“1”以频率为 $f_c/28$（约484.28 kHz）的9个脉冲开始，接着是频率为 $f_c/32$（约423.75 kHz）的8个脉冲。

使用双副载波时的SOF如图8.4.6所示。

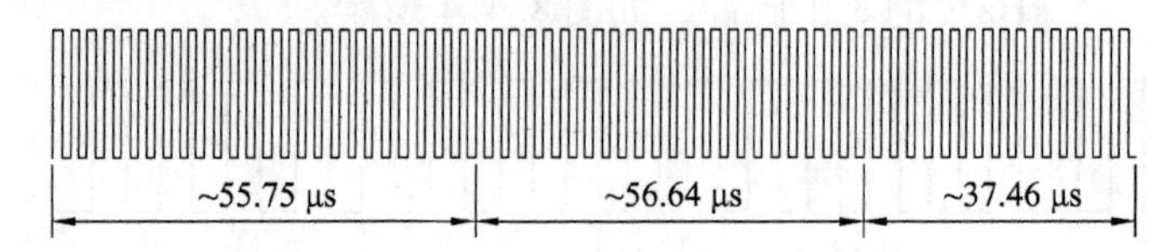

图8.4.6 使用双副载波时的SOF

3. 使用单副载波时的EOF

EOF包含以下三个部分：

① 逻辑“0”以频率为 $f_c/32$（约423.75 kHz）的8个脉冲开始，接着是非调制时间 $256/f_c$（约18.88 μs）；

② 频率为 $f_c/32$（约423.75 kHz）的24个脉冲；

③ 一个非调制时间 $768/f_c$（约56.64 μs）。

使用单副载波时的EOF如图8.4.7所示。

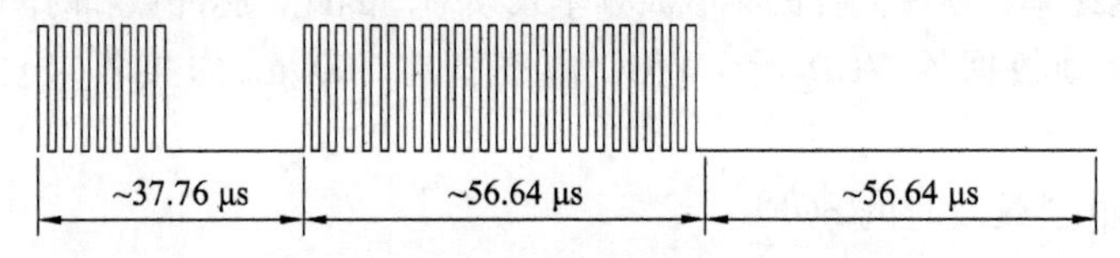

图8.4.7 使用单副载波时的EOF

4. 使用两个副载波时的 EOF

EOF 包含以下三个部分：

① 逻辑“0”以频率为f_c/32（约 423.75 kHz）的 8 个脉冲开始，接着是频率为f_c/28（约 484.28 kHz）的 9 个脉冲；

② 频率为f_c/32（约 423.75 kHz）的 24 个脉冲；

③ 频率为f_c/28（约 484.28 kHz）的 27 个脉冲。

使用双副载波时的 EOF 如图 8.4.8 所示。

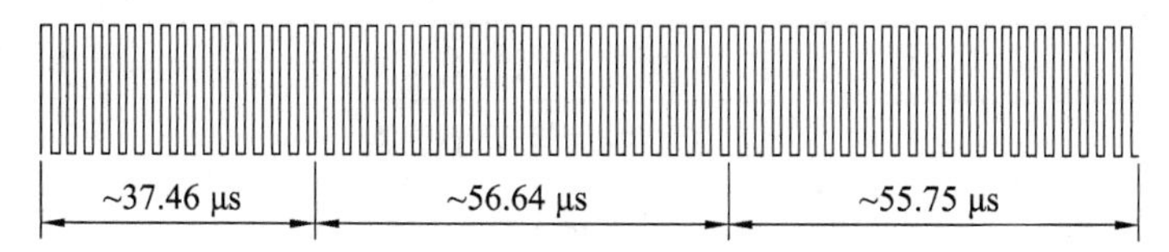

图 8.4.8　使用双副载波的 EOF

8.5　数据元素定义

8.5.1　唯一标识符（UID）

VICC 由一个 64 位（bits）的唯一标识符唯一标识。在 VCD 和 VICC 之间防冲突和一对一交换期间，用来定位每个唯一特别的 VICC。

根据图 8.5.1，UID 应永久地由 IC 制造商设定。

MSB　　　　LSB

64 57	56 49	48 1
‘E0’	IC厂商代码	IC厂商序列号

图 8.5.1　UID 格式

UID 包括：

① 8 位（bits）MSB 应为“E0”；

② 根据 ISO/IEC 7816-6：1996/Amd. 1，IC 制造商编码为 8 位（bits）；

③ 由制造商制定的 48 位（bits）唯一流水号。

8.5.2　应用族标识符

应用族标识符（Application Family Identifier，AFI）代表由 VCD 锁定的应用类型。VICCs 只有满足所需的应用准则，才能从出现的 VICCs 中被挑选出来。

AFI 将被相应的命令编程和锁定。

AFI 被编码在一个字节里，由两个半字节组成。

AFI的高位半字节用于编码一个特定的或所有应用族，这在表8.5.1中有定义。

AFI的低位半字节用于编码一个特定的或所有应用子族。子族不同于0的编码，有其自己的所有权。

表8.5.1 AFI编码

AFI高半字节	AFI低半字节	VICCs的响应方式	举例/注释
0	0	所有族和子族	无可用预选
X	0	所有X族的子族	宽可用预选
X	0	X族的仅第Y个子族	
0	Y	仅子族Y所有权	
1	Y	运输	批量运输，公交，航空
2	0，Y	金融	IEP，银行，零售
3	0，Y	标识	进入控制
4	0，Y	无线电通信	公共电话，GSM
5	0，Y	医疗	
6	0，Y	多媒体	互联网服务
7	0，Y	游戏	
8	0，Y	数据存储	便携文件夹
9	0，Y	条款管理	
A	0，Y	快递包裹	
B	0，Y	邮政服务	
C	0，Y	航空运输	
D	0，Y	RFU	
E	0，Y	RFU	
F	0，Y	RFU	

注：X=1，…，F；Y=1，…，F

VICC支持的AFI是可选的。

假如VICC不支持AFI，且AFI标志已设置，则VICC对任何请求中的AFI值将不予应答。

假如VICC支持AFI，VICC将根据表8.5.1中匹配的规则做出应答。

VICC对AFI的判定树如图8.5.2所示。

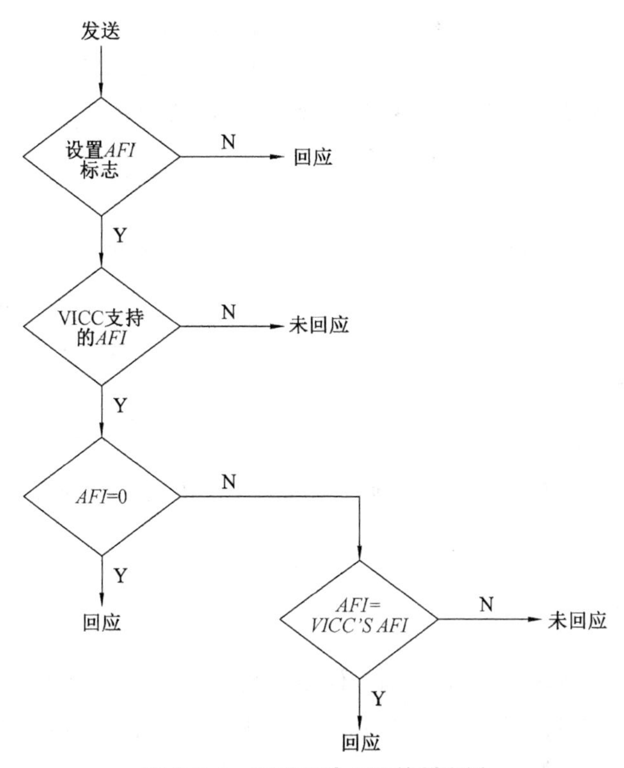

图 8.5.2　VICC 对 AFI 的判定树

8.5.3　数据存储格式标识符

数据存储格式标识符（Data Storage Format Identifier，DSFID）指出了数据在 VICC 内存中是怎样构成的。

DSFID 被相应的命令编程和锁定。DSFID 被编码在一个字节里。DSFID 允许即时知道数据的逻辑组织。

假如 VICC 不支持 DSFID 的编程，VICC 将以值“0”作为应答。

8.5.4　循环冗余校验

循环冗余校验（Cyclical Redundancy Check，CRC）是根据 ISO/IEC 13239 计算出的。

初始登记内容应该全是 1：“FFFF”。

在每一帧内 EOF 前的两字节 CRC 附加于每一次请求和应答。CRC 的计算作用于 SOF 后的所有字节，但不包括 CRC 域。

当收到来自 VCD 的一次请求时，VICC 将校对 CRC 的值是否有效；假如

CRC 的值无效，VICC 将丢掉该帧，并不作回答（调制）。

当收到来自 VICC 的一次响应时，建议 VCD 校对 CRC 的值是否有效；假如 CRC 的值无效，则其责任就留给 VCD 的设计者来承担了。

首先传输 CRC 的最低有效字节，然后传输每一字节的最低有效位，如图 8.5.3 所示。

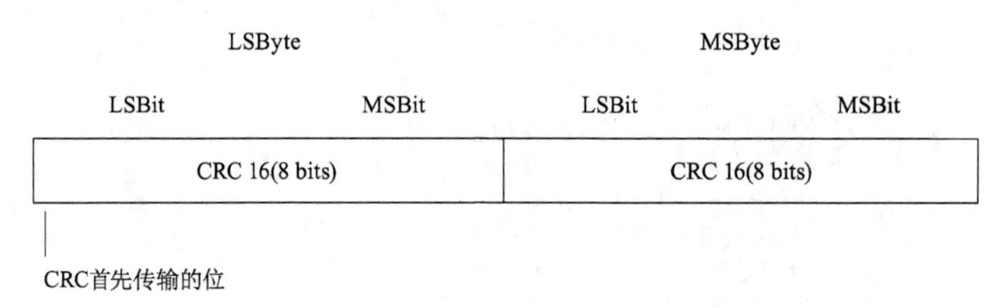

图 8.5.3　CRC 位（bits）和字节（Bytes）的传输规则

8.6　VICC 内存结构

标准 ISO/IEC/5693 中规定的命令假定物理内存以固定大小的块（或页）出现，达到 256 个块可被寻址，块大小可至 256 位（bits）。这可导致最大的内存容量达到8 KBytes（64 Kbits）。

注：该结构允许未来扩展至最大内存容量。这个标准中规定的命令集允许按块操作（读和写）。关于其他操作方式，没有暗示或明示的限制（例如：在未来标准的修订版或客户定制命令集中，由字节或逻辑对象决定）。

8.7　块安全状态

在响应一次 VCD 请求时，块安全状态作为参数由 VICC 返回。块安全状态编码成一个字节。

块安全状态是协议的一个元素，如表 8.7.1 所示。关于在 VICC 的物理内存结构中的 8 位（bits）是否执行，这里没有暗示或明示的规定。

表 8.7.1　块安全状态

位（bit）	标志名称	值	描述
b1	Lock _ flag	0	非锁定
		1	锁定
b2 ~ b8	RFU	0	

8.8 全部协议描述

8.8.1 协议概念

传输协议（或协议）定义了 VCD 和 VICC 之间指令和数据双向交换的机制。它基于“VCD 首先说”的概念。

这意味着除非收到并正确地解码一个 VCD 发送来的指令，否则任何 VICC 将不会开始传输（即根据 ISO/IEC 15693-2 进行调制）。

（1）协议基于一个交换。

（2）从 VCD 到 VICC 的一次请求。

（3）从 VICC（s）到 VCD 的一次响应。

（4）每一次请求和每一次响应包含在一帧内。帧分隔符（SOF、EOF）在 ISO/IEC 15693-2 中有规定。

（5）每次请求包括以下域：

① 标志；

② 命令编码；

③ 强制和可选的参数域，取决于命令；

④ 应用数据域；

⑤ CRC。

（6）每次响应包括以下域：

① 标志；

② 强制和可选的参数域，取决于命令；

③ 应用数据域；

④ CRC。

（7）协议是双向的。一帧中传输的位的个数是 8 的倍数，即整数个字节。

（8）一个单字节域在通信中首先传输最低有效位（LSBit）。

（9）一个多字节域在通信中首先传输最低有效字节（LSByte），每字节首先传输最低有效位（LSBit）。

（10）标志的设置表明可选域的存在。当标志设置为“1”时，这个域存在；当标志设置为“0”时，这个域不存在。

（11）RFU 标志应设置为 0。

8.8.2 模式

条件模式参考了在一次请求中，VICC 应回答请求的设置所规定的机制。

1. 寻址模式

当寻址标志设置为“1”（寻址模式）时，请求应包含编址的VICC的唯一ID（UID）。任何VICC在收到寻址标志为“1”的请求时，都应将收到的唯一ID（地址）和自身ID相比较：假如匹配，VICC将执行它（假如可能），并根据命令描述的规定返回一个响应给VCD；假如不匹配，VICC将保持沉默。

2. 非寻址模式

当寻址标志设置为“0”（非寻址模式）时，请求将不包含唯一的ID。任何VICC在收到寻址标志为“0”的请求时，VICC将执行它（假如可能），并根据命令描述的规定给VCD返回一个响应。

3. 选择模式

当选择标志设置为“1”（选择模式）时，请求将不包含VICC的唯一ID。处于选择状态的VICC在收到选择标志为“1”的请求时，VICC将执行它（假如可能），并根据命令描述的规定给VCD返回一个响应。VICC只有处于选择状态，才会响应选择标志为“1”的请求。

8.8.3 请求格式

请求包含以下域：① 标志；② 命令编码；③ 参数和数据域；④ CRC。

通用请求格式如表8.8.1所示。

表8.8.1 通用请求格式

SOF	标志	命令编码	参数	数据	CRC	EOF

请求标志：

在一次请求中，域“标志”规定了VICC完成的动作及响应域是否出现或请求标志1~4的规定，如表8.8.2所示。它包含8位（bits）。

表8.8.2 请求标志1~4的规定

位（bit）	标志名称	值	描述
b1	副载波标志	0	VICC应使用单个副载波频率
		1	VICC应使用两个副载波
b2	数据速率标志	0	使用低数据速率
		1	使用高数据速率
b3	目录标志	0	标志5~8的意思根据表6
		1	标志5~8的意思根据表7

续表

位（bit）	标志名称	值	描述
b4	协议扩展标志	0	无协议格式扩展
		1	协议格式已扩展，保留供以后使用

注：副载波标志参考 ISO/IEC 15693-2 中规定的 VICC-to-VCD 通信。数据速率标志参考 ISO/IEC 15693-2 中规定的 VICC-to-VCD 通信。

当目录标志没有设置时，请求标志 5 ~ 8 的规定如表 8. 8. 3 所示。

表 8. 8. 3　当目录标志没有设置时请求标志 5 ~ 8 的规定

位（bit）	标志名称	值	描述
b5	选择标志	0	根据寻址标志设置，请求将由任何 VICC 执行
		1	请求只由处于选择状态的 VICC 执行 寻址标志应设置为“0”，UID 域应不包含在请求中
b6	寻址标志	0	请求没有寻址，不包括 UID 域，可以由任何 VICC 执行
		1	请求有寻址，包括 UID 域，仅由那些自身 UID 与请求中规定的 UID 匹配的 VICC 才能执行。
b7	选择权标志	0	含义由命令描述定义。如果没有被命令定义，它应设置为“0”
		1	含义由命令描述定义
b8	RFU	0	

当目录标志设置时，请求标志 5 ~ 8 的规定如表 8. 8. 4 所示。

表 8. 8. 4　当目录标志设置时请求标志 5 ~ 8 的规定

位（bit）	标志名称	值	描述
b5	AFI 标志	0	AFI 域没有出现
		1	AFI 域有出现
b6	Nb _ slots 标志	0	16 slots
		1	1 slot
b7	选择权标志	0	含义由命令描述定义。如果没有被命令定义，它应设置为 0
		1	含义由命令描述定义
b8	RFU	0	

8.8.4 响应格式

响应包含以下域：

① 标志；② 一个或多个参数域；③ 数据；④ CRC。

通用响应格式如表8.8.5所示。

表8.8.5 通用响应格式

SOF	标志	参数	CRC	EOF

1. 响应标志

在一次响应中，响应标志指出VICC是怎样完成动作的，并且相应域是否出现。响应标志由8 bits组成，如表8.8.6所示。

表8.8.6 响应标志1~8定义

位（bit）	标志名称	值	描述
b1	出错标志	0	没有错误
		1	检测到错误，错误码在错误域
b2	RFU	0	
b3	RFU	0	
b4	扩展标志	0	无协议格式扩展
		1	协议格式已扩展，保留供以后使用
b5	RFU	0	
b6	RFU	0	
b7	RFU	0	
b8	RFU	0	

2. 响应错误码

当错误标志被VICC置位，将包含错误码域，并提供出现的错误信息。错误码在表8.8.7中定义。

表8.8.7 响应错误码定义

错误码	意义
01	不支持命令，即请求码不能被识别
02	命令不能被识别，例如：发生一次格式错误
03	不支持命令选项

续表

错误码	意义
0F	无错误信息或规定的错误码不支持该错误
10	规定块不可用（不存在）
11	规定块被锁，因此不能被再锁
12	规定块被锁，其内容不能改变
13	规定块没有被成功编程
14	规定块没有被成功锁定
A0 - DF	客户定制命令错误码
其他	RFU

8. 8. 5　VICC 状态

一个 VICC 可能处于以下 4 种状态中的一种：① 断电；② 准备；③ 静默；④ 选择。

这些状态间的转换在图 8. 8. 1VICC 状态转换图中有规定。断电、准备和静默状态的支持是强制性的，选择状态的支持是可选的。

1. 断电状态

当 VICC 不能被 VCD 激活的时候，它处于断电状态。

2. 准备状态

当 VICC 被 VCD 激活的时候，它处于准备状态。选择标志没有置位时，它将处理任何请求。

3. 静默状态

在 VICC 处于静默状态、目录标志没有设置且寻址标志已设置的情况下，VICC 将处理任何请求。

4. 选择状态

只有处于选择状态的 VICC 才会处理选择标志已设置的请求。

VICC 状态转换如图 8. 8. 1 所示。

图 8. 8. 1 中，状态转换方法的意图是，某一时间只有一个 VICC 应处于选择状态。VICC 状态转换图只显示有效的转换。在所有的其他情况下，当前的 VICC 状态保持不变。当 VICC 不能处理一个 VCD 请求时（如 CRC 错误），它将仍然处于当前状态。虚线表示的选择状态表示 VICC 支持的选择状态是可选的。

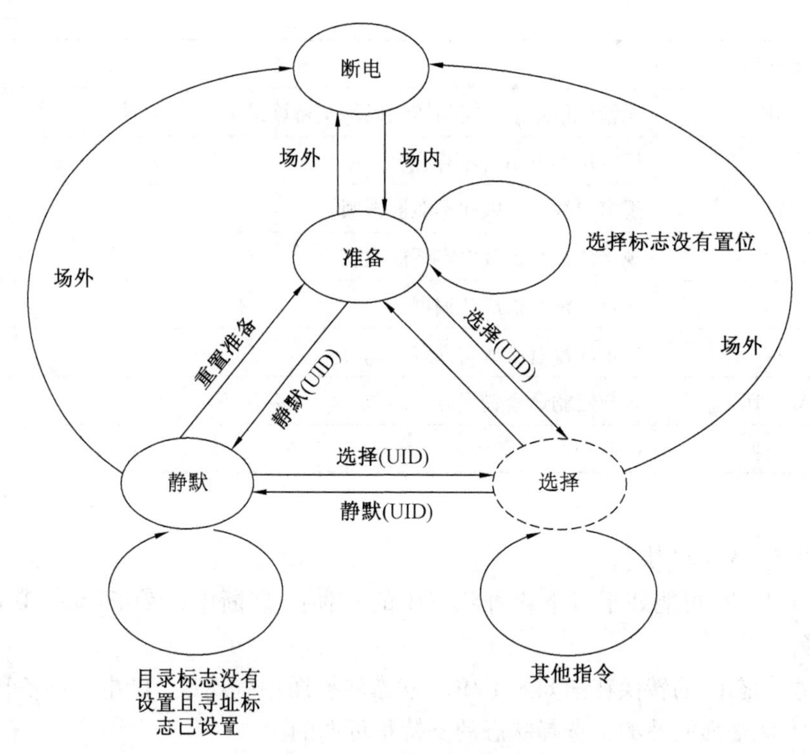

图 8. 8. 1　VICC 状态转换图

8. 9　TI Tag-it HF-I 标签介绍

8. 9. 1　Tag-it HF-I 简介

Tag-it HF-I 应答器集成电路是一种低功耗、全双工使用被动接触与应答器集成电路识别应答器的系统。该应答器集成电路设计工作于 13. 56 MHz 的载波频率。ISO 标准定义了多种模式的通信参数，以满足不同的国际无线电规则和不同的应用需求。因此，阅读器和应答器（下行链路通信）之间的通信使用指数在 10% ~30% 或 100% 的 ASK 调制和'1 出 4'或'1 出 256'的数据编码（脉冲位置调制）。

根据 ISO 15693，上行通信（应答器到阅读器）可以兼容一个载波（ASK 调制）或两个载波（FSK 调制）。这两种模式（ASK 和 FSK）都可以在高或低数据速率下工作。应答器将应答所有通信参数组合的阅读器寻卡操作。上行和下行链路是帧同步和 CRC 校验保护。每个标器都有一个唯一的标识符（UID）在出厂时被编程到两个存储块中。它可以用来寻址唯一的应答器，完成阅读器和应答器之间一对一的通信。防冲突的机制也被执行。这个特性允许同时对多个应答器进行操作，唯一的地址可以在很短的时间完成大量的应答器的寻卡操作。

Tag-it HF-I 同样也支持应用族标识（AFI）和数据存储格式标识（DSFID）。

8.9.2　内存结构

用户数据存储在被分为 64 个块的 256 bit 的非易失性内存中，32 bit 的每块用户可以编程或锁存以保护数据不被修改。锁存位一旦设置便不可被重设，用户内存以块为单位进行编程。支持用户通过 U 位锁存一个块，生产商通过 F 位锁存一个块两种块锁存机制。

Tag-it HF-I 内存结构如图 8.9.1 所示。

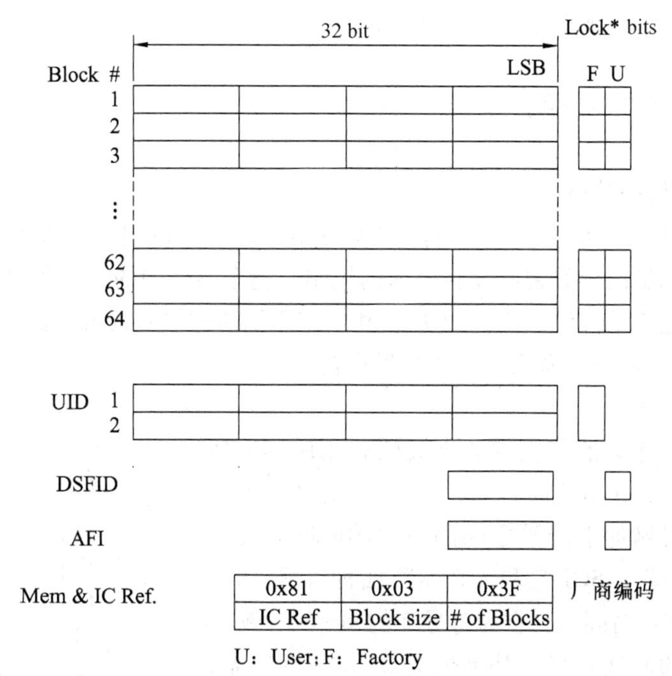

图 8.9.1　Tag-it HF-I 内存结构

第 9 章 ISO/IEC 18000-6

ISO/IEC 18000-6 标准的第六部分是工作频率在 860 ~ 930 MHz 的空中接口通信技术参数。它定义了阅读器和应答器之间的物理接口、协议、命令和防碰撞机制。标准包含三种通信模式：TYPE A、TYPE B 和 TYPE C。阅读器应支持三种模式，并能在三种模式之间进行切换。应答器则至少支持其中一种模式，应答器向阅读器的信息传输基于反向散射工作方式。

9.1 TYPE A 模式

9.1.1 物理接口

Type A 协议的通信机制是一种“读写器先发言”的机制，即基于读写器的命令与电子标签的应答之间交替发送的机制。整个通信中的数据信号以帧为单位进行传输，定义了“0”“1”“SOF”和“EOF”四种符号的编码。

9.1.1.1 阅读器向应答器的数据传输

1. 数据编码

阅读器向应答器传输的数据编码采用脉冲间隔编码（Pulse Interval Encoding，PIE）。在 PIE 编码中，通过定义脉冲下降沿之间的不同的时间宽度来表示“0”“1”“SOF”和“EOF”四种符号。Tari 时间段称为基本时间段，它为符号 0 的相邻两个脉冲下降沿之间的时间宽度，基准值为 20 μs ± 100 ppm（ppm 表示基准值的 10^{-6}）。

符号“0”“1”“SOF”“EOF”编码的波形如图 9.1.1 所示，编码方法如表 9.1.1 所示。编码时，字节高位先编码。

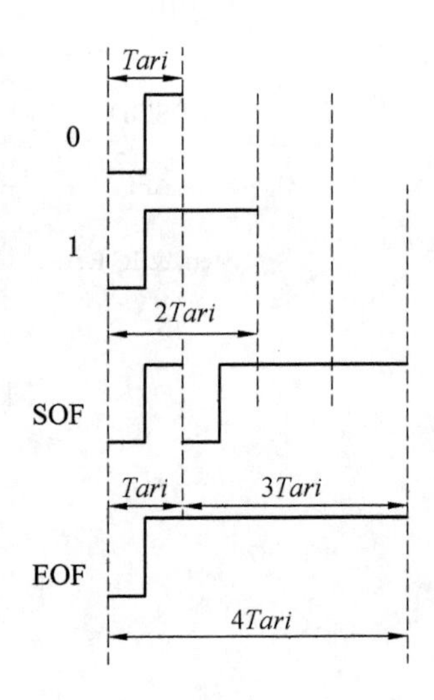

图 9.1.1 PIE 编码的波形图

表 9.1.1 PIE 编码

符号	编码持续时间
0	*Tari*
1	2 *Tari*
SOF	*Tari* 后跟 3 *Tari*
EOF	4 *Tari*

2. 帧格式

在传送帧前，阅读器建立一个未调制的载波，持续时间至少为 300 μs 的静默时间，在图 9.1.2 中用 Taq 表示。接下来传送的帧由 SOF、数据位、EOF 构成，在发送完 EOF 后，阅读器必须继续维持一段时间的稳定载波以提供应答器能量。

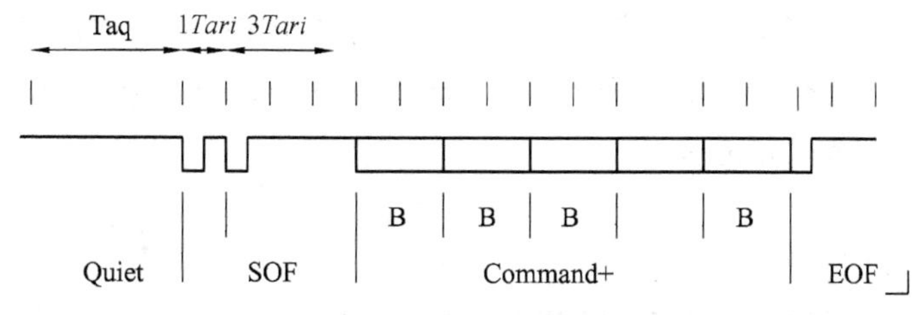

图 9.1.2 阅读器向应答器发送的帧格式

3. 调制

采用 ASK 调制，调制系数为 30%。

9.1.1.2 应答器向阅读器的数据传输

1. 数据编码

应答器向阅读器的数据传输采用反向散射的方式，数据传输速率为 40 Kbps，采用 FMO 编码，编码时高位优先。FMO 编码的波形如图 9.1.3 所示，图中第一个数字“1”的电平取决于它的前一位。编码规则如下：前一位为数字“0”时，在位起始和位中间都有电平的跳变；前一位为数字“1”时，仅在位起始时电平跳变。

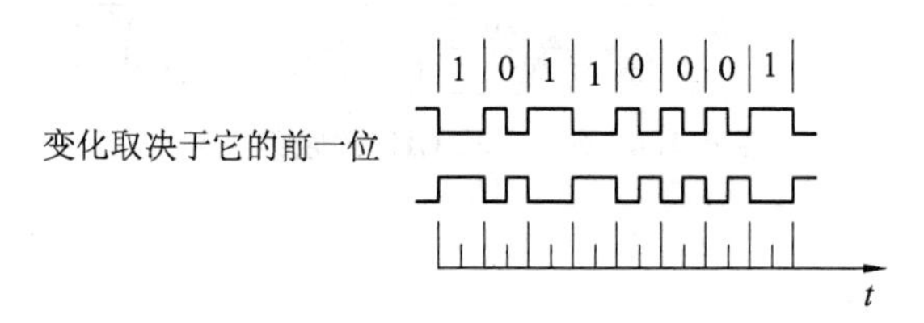

图 9.1.3 FMO 编码的波形图

2. 帧格式

应答器的应答帧由前同步码和若干域（标志、参数、数据、CRC）组成。前

同步码可供阅读器获得同步时钟。它为二进制码

0000 0101 0101 0101 0101 0001 1011 0001（055551B1H）

其中，0 表示应答器的调制器处于高阻状态，此时无反向散射调制；1 表示应答器的调制器转换为低阻抗状态，产生反向散射调制。

3. CRC 检验

TYPE A 和 B 都采用 CRC-16 作为检验码，在 TYPE A 中短命令还采用 CRC-5 检验码。应答器接收到阅读器的命令后，用 CRC 码检测正确性。若 CRC 检验发生错误，则应答器将抛弃该帧，不予应答并保持原态。

CRC-5 的生成多项式为 x^5+x^2+1。计算 CRC 时，寄存器的预置值为 12H，计算范围从 SOF 至 CRC 前。CRC 最高有效位优先。

CRC-16 的生成多项式为 $x^{16}+x^{12}+x^5+1$。计算 CRC 时，寄存器的预置值为 FFFFH，计算范围不包含 CRC 自身，计算产生的 CRC 的位值经取反后送入信息包。传送时高字节优先传送。

9.1.2 数据元素

数据元素包括唯一标识符（UID）、子唯一标识符（SUID）、应用族标识符（AFI）和数据存储格式标识符（DSFID）。UID、AFI、DSFID 在上面都已讨论过。SUID 用于防碰撞过程，作为 UID 的一部分，它由 40 位组成，其中，高 8 位是制造商代码，低 32 位是制造商制定的 48 位唯一序列号中的低 32 位。SUID 和 UID 的映射关系如图 9. 1. 4 所示。

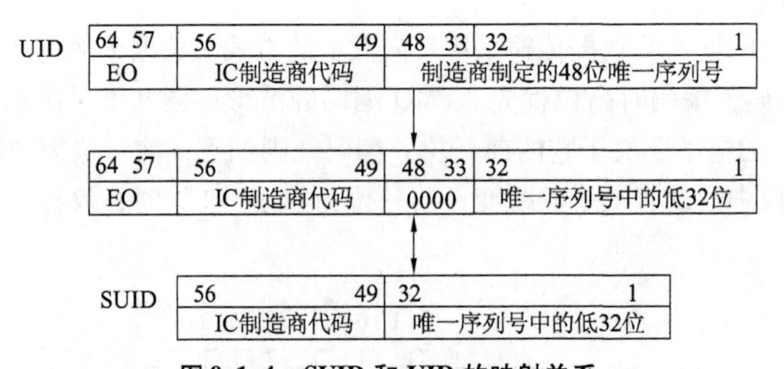

图 9. 1. 4 SUID 和 UID 的映射关系

9.1.3 协议元素

1. 应答器存储结构

物理内存以固定块的方式组织，可寻址 256 个块，每块的位数可达 256 位，因此最大存储容量可达到 8 KB。

2. 对具有辅助电池的应答器的支持

当正常工作时，具有辅助电池的应答器和无源应答器在功能上没有什么区别。但应答器具有辅助电池的系统，在应用中能提供下述支持：① 应答器应答系统信息命令时，返回应答器类型和灵敏度信息；② 在防碰撞序列开始时，阅读器应指明是否所有应答器还是仅为无源应答器参与；③ 应答器在防碰撞序列应答时，应返回有无辅助电池及电池状态的信息。

3. 块锁存状态

应答器在应答阅读器获得块锁存状态的命令时，返回块锁存状态参数，块锁存在存储器结构中实现。应答器返回锁定状态使用两位编码，用户锁存用 b1 位编码，厂商锁存用 b2 位编码，位值为 1 表示实现了锁存。

4. 应答器签名

应答器签名包含 4 位，用于防碰撞过程。签名的产生可采用多种方法，例如，利用一个 4 位伪随机数产生器，或是采用应答器 UID 或 CRC 的一部分，产生方法可由制造商设计确定。

9.1.4 命令

1. 命令格式

阅读器发出的命令由协议扩展名（1 位）、命令编码（6 位）、命令标志（4 位）、参数、数据和 CRC 检验域组成。命令格式如表 9.1.2 所示。

表 9.1.2 命令格式

协议扩展位	命令编码	命令标志	参数	数据	CRC

2. 命令编码

命令编码为 6 位，定义了以下 4 种命令：

① 强制类命令：编码值为 00 ~ 0FH；

② 可选类命令：编码值为 10H ~ 27H；

③ 定制类命令：编码值为 28H ~ 37H；

④ 专有类命令：编码值为 38H ~ 3FH。

3. 命令标志

命令标志域由 4 位构成。b1 为防碰撞过程（Census）标志，b1 = 0 表示命令的执行不处于防碰撞过程，b1 = 1 表示命令的执行处于防碰撞过程中，b2、b3、b4 位的含义取决于 b1 位的值。

当 b1 = 0 时，b2、b3、b4 位的定义如表 9.1.3 所示。当 b1 = 1 时，b2、b3、b4 位的定义如表 9.1.4 所示。

表 9.1.3　b1 = 0 时，b2、b3、b4 命令标志的定义

<table>
<tr><th>位</th><th>标志名称</th><th>位值</th><th>描述</th></tr>
<tr><td rowspan="2">b2</td><td rowspan="2">选择标志</td><td>0</td><td>任一寻址标志为“1”的应答器执行命令</td></tr>
<tr><td>1</td><td>命令仅有处于选择状态的应答器执行，寻址标志应为“0”，命令中不包含 SUID 域</td></tr>
<tr><td rowspan="2">b3</td><td rowspan="2">寻址标志</td><td>0</td><td>命令不寻址，不包含 SUID 域，任一应答器都应执行此命令</td></tr>
<tr><td>1</td><td>命令进行寻址，包含 SUID 域，仅 SUID 匹配的应答器执行此命令</td></tr>
<tr><td rowspan="2">b4</td><td rowspan="2">RFU</td><td>0</td><td>该位应为“0”</td></tr>
<tr><td>1</td><td>备用</td></tr>
</table>

表 9.1.4　b1 = 1 时，b2、b3、b4 命令标志的定义

<table>
<tr><th>位</th><th>标志名称</th><th>位值</th><th>描述</th></tr>
<tr><td rowspan="2">b2</td><td rowspan="2">时隙延迟标志</td><td>0</td><td>时隙开始后，应答器应立即应答</td></tr>
<tr><td>1</td><td>应答器在时隙开始后延迟一段时间应答</td></tr>
<tr><td rowspan="2">b3</td><td rowspan="2">AFI 标志</td><td>0</td><td>没有 AFI 域</td></tr>
<tr><td>1</td><td>有 AFI 域</td></tr>
<tr><td rowspan="2">b4</td><td rowspan="2">SUID 标志</td><td>0</td><td>应答器在应答中不含 SUID 域，返回它的存储器中前 128 位的数据</td></tr>
<tr><td>1</td><td>应答器在应答中包含 SUID 域</td></tr>
</table>

9.1.5　响应

应答器的响应格式如表 9.1.5 所示，由前同步码、标志、参数、数据和 CRC 域组成。

表 9.1.5　应答器的响应格式

前同步码	标志	参数	数据	CRC

标志域为两位，其编码如表 9.1.9 所示。

表 9.1.6　标志域的编码

<table>
<tr><th>位</th><th>标志名称</th><th>值</th><th>描述</th></tr>
<tr><td rowspan="2">b1</td><td rowspan="2">错误标志</td><td>0</td><td>无错误</td></tr>
<tr><td>1</td><td>检测到错误，需要后跟错误码</td></tr>
<tr><td>b2</td><td>RFU</td><td>0</td><td>应为“0”</td></tr>
</table>

应答器检测到错误后，响应信息中应包含错误码。错误码为 4 位，其定义如表 9.1.7 所示。

表 9.1.7　错误码的定义

错误码	描述	错误码	描述
0H	RFU	5H	指定的数据不能被编程或已被锁存
1H	命令不被支持	6H ~ AH	RFU
2H	命令不能辨识，如格式错误	BH ~ EH	定制命令错误码
3H	指定的数据块不存在	FH	不能给出信息的错误或错误码不支持
4H	指定的		

9.1.6　应答器的状态

应答器具有离场、就绪、静默、选择、循环激活、循环准备 6 种状态。

（1）离场（RF Field Off）状态：处于离场状态时，无源应答器处于无能量状态，有源应答器不能被接收的射频能量唤醒。

（2）就绪（Ready）状态：应答器获得可正常工作的能量后进入就绪状态。在就绪状态，可以处理阅读器的任何选择标志位为“0”的命令。

（3）静默（Quiet）状态：应答器可处理防碰撞过程（Census）标志为“0”、寻址标志为“1”的任何命令。

（4）选择（Selected）状态：应答器处理选择标志位为“1”的命令。

（5）循环激活（Round_active）状态：在此状态的应答器参与防碰撞循环。

（6）循环准备（Round_standby）状态：在此状态的应答器不参与防碰撞循环。

应答器状态与转换关系如图 9.1.5 所示。

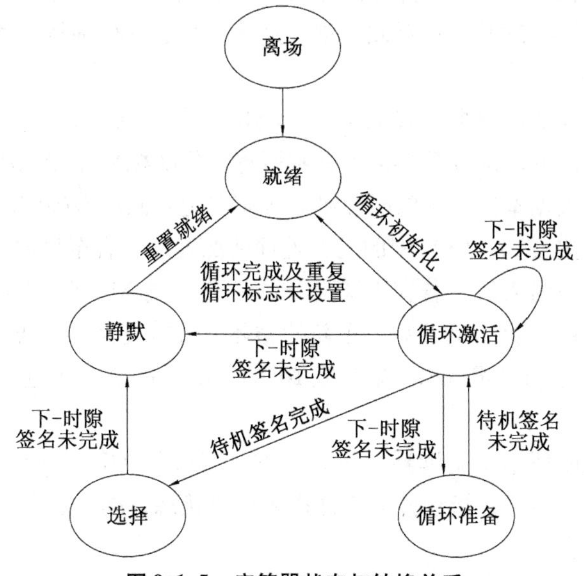

图 9.1.5　应答器状态与转换关系

9.1.7 防碰撞

TYPE A 的防碰撞算法基于动态时隙 ALOHA 算法，将应答器的数据信息传输分配在不同循环的不同时隙里进行，每个时隙的大小由阅读器决定。TYPE A 的防碰撞过程如下：

1. 启动防碰撞过程

阅读器发出 INT ROUND 命令启动防碰撞过程，在命令中给出循环空间大小，阅读器可根据碰撞情况，动态地为下一轮循环选择合适的循环空间大小。

2. 参与防碰撞过程的应答器对命令的处理

参与防碰撞过程的应答器时隙计数器复位至“1”，并由产生的随机数选择它在此循环中发回应答的时隙。若 INT ROUND 命令中的时隙延迟标志位为“0”，则应答器在选择时隙开始后立即发回应答帧。若时隙延迟标志位为 1，它在选择时隙开始后延迟一段伪随机数时间发回应答帧，延迟时间 0 ~ 7 个应答器传输信息的位时间。若时隙延迟标志位大于“1”，它将维持这个时隙数并等待该时隙或下一个命令。

3. 阅读器发出 INT ROUND 命令后可能出现的情况

（1）阅读器在一个时隙中没有检测到应答帧时，发出 CLOSE SLOT 命令。

（2）阅读器检测到碰撞或错误的 CRC 时，在确认无应答仍在传输应答的情况下，发出 CLOSE SLOT 命令。

（3）阅读器接收到一个应答器无差错的应答帧时，发送 NEXT SLOT 命令，命令中包括该应答器的签名；对此已被识别的应答器进行确认，使它进入静默状态以便继续循环。

（4）参与循环的应答器在接收 CLOSE SLOT 命令或 NEXT SLOT 命令而签名不匹配时，将自己的时隙计数器加 1 并和所选择的随机数比较以决定该时隙是否发回应答帧，并根据本次循环的时隙延迟标志决定发回应答帧的时延。

（5）阅读器按（1）~（3）中的三种处理情况处理，直至该循环结束。

（6）一个循环结束后，若在 CLOSE SLOT 命令或 NEXT SLOT 命令中重复循环标志位置为“1”，则自动开启一个新的循环。若重复循环标志位置为 0，阅读器可以决定用新的 CLOSE SLOT 命令或 NEXT SLOT 命令继续进行循环以完成防碰撞过程。

（7）在一次循环中，阅读器通过发送 STANDBY ROUND 命令来确认签名匹配的应答器有效应答，并指示该应答器进入选择状态，同时签名不匹配的应答器进入循环准备状态。

9.2　TYPE B 模式

9.2.1　物理接口

阅读器和应答器之间以命令和应答的方式进行信息交互，阅读器先讲，应答器根据接收到的命令应答，数据传输以帧为单位。

1. 阅读器向应答器的数据传输

阅读器向应答器传输的数据编码采用曼彻斯特编码。逻辑“0”的曼彻斯特码表示为 NRZ 码时为 01，逻辑“1”相应地表示为 NRZ 码的 10。NRZ 码的 0 为产生调制，1 是不产生调制。

调制方式采用 ASK 调制，调制系数为 11%（数据传输速率为 10 Kbps）或 99%（数据传输速率为 40 Kbps）。

2. 应答器向阅读器的数据传输

与 TYPE A 相同，应答器向阅读器的数据传输采用反向散射的方式，数据传输速率为 40 Kbps，数据编码采用 FM0 编码。

9.2.2　命令帧和应答帧的格式

1. 命令帧格式

命令帧包含前同步侦测、前同步码、分隔符、命令编码、参数、数据和 CRC 七个域，如表 9.2.1 所示。

表 9.2.1　命令帧的格式

前同步侦测	前同步码	分隔符	命令编码	参数	数据	CRC

（1）前同步码域共有 9 位，为曼彻斯特码的 0，提供应答器解码的同步信号。

（2）分隔符有 4 种，用于告知命令开始，用 NRZ 码表示为

11 0011 1010，01 0111 0011，00 1110 0101，110 1110 0101

其中，最前和最后的分隔符支持所用的各类命令。分隔符 110 1110 0101 用于指示，返回数据传输速率为阅读器向应答器的数据传输速率的 4 倍。分隔符 01 0111 0011 和 00 1110 0101 保留给以后使用。

（3）命令编码域为位，参数和数据域取决于命令。

（4）CRC 域为 16 位 CRC 码，算法同 TYPE A 中的 CRC－16。

2. 应答帧的格式

应答帧包含静默、应答前同步码、数据和 CRC 四个域。

（1）静默域定义了无反向散射调制的时间段。该时间段为16位的时间值，当数据传输速率为40 Kbps时为400 μs。

（2）前同步码域为16位，其相应的NRZ码为

0000 0101 0101 0101 0101 0001 1010 0001（055551A1H）

以反向散射调制方式传送。

（3）数据域包含对命令应答的数据、确认（ACK）或错误码，以FM0码传送。

（4）CRC域为16位CRC码，算法同TYPE A中的CRC-16。

9.2.3 数据元素

1. UID

UID包括8个字节，分为3个子域。第一个子域是芯片制造商定义的识别号，共50位（第63－14位）。第二个子域是厂商识别码，共12位（第13－2位）。第三个子域是检验和，共两位（第1－0位），有效值为0，1，2，3。应答器的UID用于防碰撞过程。

2. CRC

CRC域为16位CRC码，算法同TYPE A中的CRC-16。

3. 标志域

应答器的标志域为8位，其中，低4位分别代表4个标志，高4位为RFU（置为0）。

9.2.4 命令

按类型，命令分为强制命令、可选命令、定制命令和专有命令4类。

（1）强制命令的编码范围为00～0FH、11H～13H、1DH～3FH。强制命令是所有应答器必须支持的。

（2）可选命令的编码范围为17H～1CH、40H～9FH。应答器对可选命令的支持不是强制的。

（3）定制命令的编码范围为A0H～DFH。此命令是制造商定义的，当应答器不支持定制命令时可保持沉默。

（4）专有命令的编码值为10H、14H、16H和E0H～FFH。专有命令用于测试和系统信息编程等制造商专用的项目。

9.2.5 应答器的状态

应答器具有断电（Power-Off）、就绪（Ready）、识别（ID）和数据交换（Data Exchange）4个状态。当阅读器辐射场的能量不能激活应答器时，应答器处于Power-Off状态。当应答器被阅读器辐射场激活，所获能量可支持应答器正常工作时，应答器进入就绪（Ready）状态。应答器状态与转换关系如图9.2.1所示。

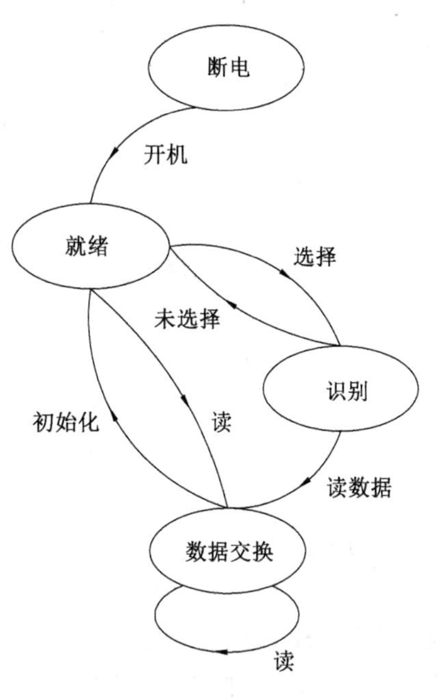

图9.2.1 应答器状态与转换关系

9.2.6 防碰撞

TYPE B的防碰撞算法基于二进制树防碰撞算法，应答器的硬件具有一个8位的计数器和一个产生0或1的随机数产生器。

在防碰撞开始的时候，通过GROUP SELECT命令使一组应答器进入识别状态，将它们的内部计数器清零，并可采用GROUP UNSELECT命令使组的子集回到Ready状态，也可在防碰撞识别过程开始之前选择其他的组。在完成上述工作后，防碰撞过程进入下面的循环：

（1）所有处于识别状态并且内部计数器为0的应答器发送它们的识别码（UID）。

（2）如果超过一个应答器发送识别码，阅读器接收一个错误的响应，发出FAIL命令。

（3）所有接收到FAIL命令且内部计数器不为0的应答器将本身的计数器加1，它们在识别中进一步推迟。所有接收到FAIL命令且内部计数器为0的应答器产生0或1的随机数。若随机数为1，则将自己的计数器加1；若随机数为0，则应答器将保持内部计数器为0，且再次发送它的UID。

（4）如果超过一个应答器传送，则应答器重复步骤（2），并发出FAIL命令。

（5）如果所有应答器随机数为1，阅读器不会收到任何应答。这时阅读器发送SUCCESS命令，所有在识别状态的应答帧内部计数器减1，计数器值为0的应答器发送应答没有传送。通常将返回到步骤（2）。

（6）如果仅一个应答器发回应答帧，阅读器正确收到返回的UID后发送DATA READ命令，应答器正确接收后进入数据交换状态，并且发送它的数据。此后，阅读器发送 SUCCESS 命令，使所有在识别状态的应答器的内部计数器减 1。

（7）如果仅一个应答器发回应答帧，阅读器可重复步骤（6）发送 DATA READ 命令，或重复步骤（5）发送 SUCCESS 命令。

（8）在只有一个应答器发回应答帧，但 UID 出现错误时，阅读器发送 RESEND 命令。若 UID 经 *N* 次传送仍不能正确接收，则假定有多个应答器应答，发生了碰撞，转至步骤（2）进行处理。

9.3 TYPE C 模式

9.3.1 物理接口

阅读器和应答器之间以命令和应答的方式进行信息交互，阅读器先讲，应答器根据接收到的命令应答，数据传输以帧为单位。

9.3.1.1 阅读器向应答器的数据传输

1. 调制

阅读器和应答器采用双旁带振幅移位键控（DSB-ASK）、单边带振幅移位键控（SSB-ASK）或反向振幅移位键控（PR-ASK）调制方式进行通信。应答器应能够解调上述三种类型的调制。

2. 数据编码

阅读器向应答器传输的数据编码采用脉冲间隔编码（Pulse Interval Encoding，PIE）。*Tari* 为阅读器对应答器发信的基准时间间隔，是数据至 0 的持续时间。高电平代表发送连续波 CW，低电平代表发送衰减的 CW。符号 0、1 编码的波形如图 9.3.1 所示。其中 *PW* 是射频脉冲宽度，其最小值为 0.265 *Tari*，最大值为 0.525 *Tari*。

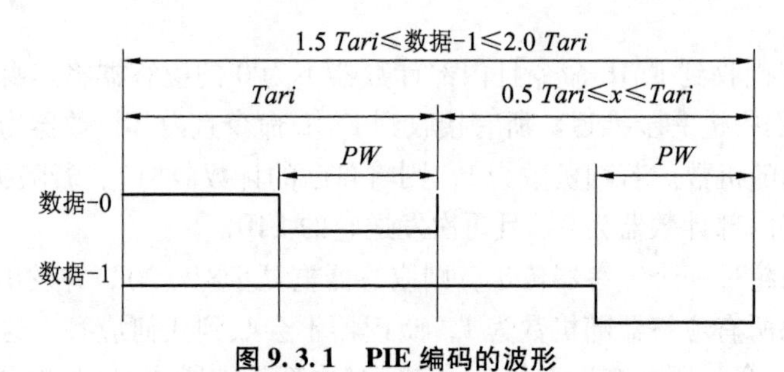

图 9.3.1 PIE 编码的波形

9.3.1.2 应答器向阅读器的数据传输

1. 调制

应答器反向散射采用 ASK 和/或 PSK 调制。应答器选择调制形式，阅读器应能够解调上述两种调制。

2. 数据编码

应答器向阅读器的数据传输采用反向散射的方式，在反向散射中，应答器根据正在发送的数据在两种状态间切换天线的反射系数。采用FM0编码或Miller调制，编码方式由读写器选择。FM0编码的符号和序列如图9.3.2所示。图9.3.3显示了Miller调制副载波序列，Miller序列每位应包含2、4或8个副载波周期(M)，Miller序列的选择取决于前一次传输。

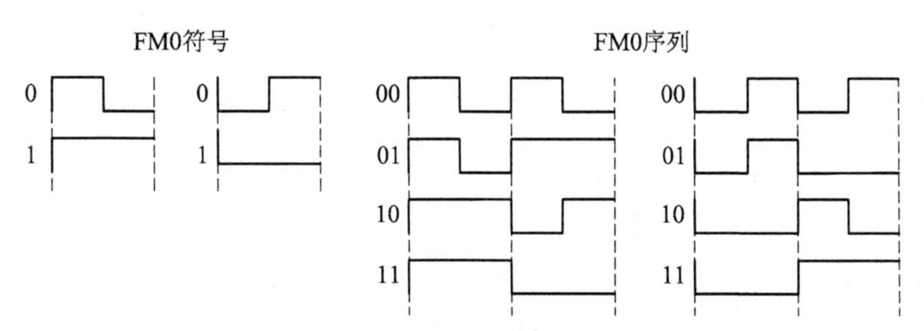

图9.3.2 FM0编码的符号和序列

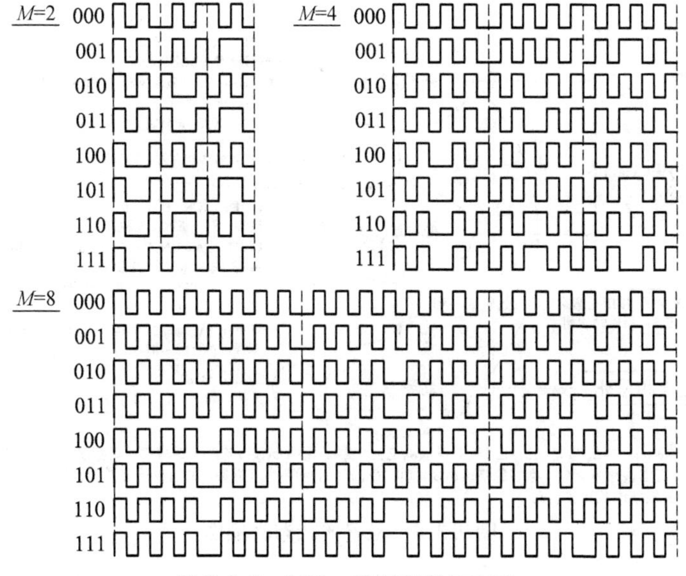

图9.3.3 Miller调制副载波序列

9.3.2 应答器的状态

应答器具有就绪、仲裁、应答、确认、开放、保护、杀死7个状态。应答器状态转换图如图9.3.4所示。

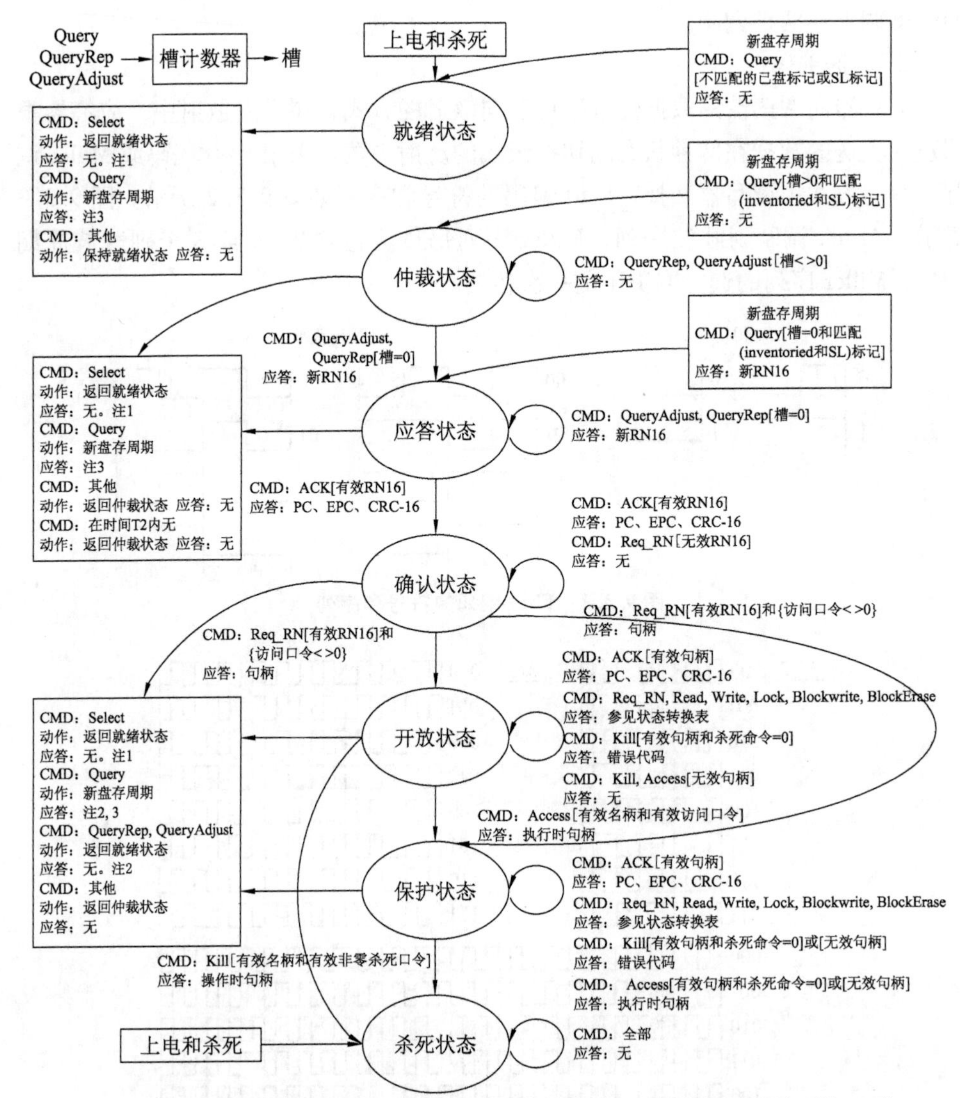

注:① Select：确认/取消确认SL或设置已盘标记到A或B。② Query：若新通话与前通话匹配的话，则为A→B或B→A，否则该命令无效，标签忽略该命令。③ Query：启动新盘存周期，并可以改变通话。标签可以进入就绪状态、仲裁状态或应答状态

图 9.3.4　应答器状态转换图

9.4　三种类型比较

ISO/IEC 18000-6 标准的三种类型比较如表 9.4.1 所示。

表 9.4.1　ISO/IEC 18000-6 标准的三种类型比较

技术特征		类型		
		TYPE（CD）	TYPE（CD）	TYPE C
读写器到标签	工作频段	860 ~ 960 MHz	860 ~ 960 MHz	860 ~ 960 MHz
	速率	33 KB/s，由无线电政策限制	10 KB/s 或 40 KB/s，由无线电政策限制	26.7 ~ 128 KB/s
	调制方式	ASK	ASK	DSB-ASK、SSB-ASK 或 PR-ASK
	编制方式	PIE	Manchester	PIE
标签到读写器	副载波频率	未用	未用	40 ~ 640 kHz
	速率	40 KB/s	40 KB/s	FM0：40 ~ 640 KB/s 子载频调制：5 ~ 320 KB/s
	调制方式	ASK	ASK	由标签选择 ASK 和（或）PSK
	编码方式	FM0	FM0	FM0 或者 Miller 调制子载频由查询器选择
	唯一识别符长度	64 bit	64 bit	可变，最小 16 bit，最大 496 bit
防碰撞	算法	ALOHA	Adaptive Binary Tree	时隙随机防碰撞
	类型（概率或确定型）	概率	概率	概率

第10章　125 kHz 低频 RFID 读写模块

10.1　EM4305 卡简介

EM4305 是 CMOS 集成电路，主要应用于射频读写卡，其供电是通过外界线圈感应连续性 125 kHz 磁场而获取能量。此线圈与集成在芯片内部的电容形成振荡电路，IC 从其内部的 EEPROM 中读取数据并将其向外发送是通过切换与线圈并联的负载电阻的通断，命令和 EEPROM 的数据的更新是通过 100% AM 调制的 125 kHz 磁场来完成的，有多种速率和数据编码方式可选，选项是通过 EEPROM 的配置字来完成，对 EEPROM 的读写访问受 32 位密码保护。EEPROM 中的所有数据块均可通过设置锁定位来达到保护，该锁定位可以将所有数据块变成只读，EM4305 芯片包含工厂编程锁定的 32 位唯一 ID 号、芯片类型和客户码。

EM4305 芯片卡可以用于复制 EM4100、TK4100，广泛应用于门禁、电梯、酒店门锁等领域。

该芯片的主要特点如下：

① 16 个 32 位的数据块组成 512 位 EEPROM；

② 32 位密码读写保护；

③ 32 位唯一的 ID 码；

④ 10 位客户码兼容；

⑤ ISO 11784/11785 标准；

⑥ 锁定位将 EEPROM 的数据块变成只读模式多种编码（Manchester，Bi-phase，miller，PSK，FSK）多种速率（从 1 ~ 32 K 波特）；

⑦ 工作频率范围 100 ~ 150 kHz；

⑧ 片内整流和电压限幅无须外部电容；

⑨ 温度范围 -40 ~ 85 ℃；

⑩ 超低功耗。

10.2　硬件开发

10.2.1　资源介绍

125 kHz 低频 RFID 读写模块由 STM32 处理器、EM4095 射频芯片、125 kHz 模块天线、RS232 接口、调试接口、ZigBee 模块接口等部分组成。

STM32 处理器采用 STM32F103C8T6，STM32 通过串口 1 与射频芯片通信，通过串口 2 与上位机进行通信。该模块主要的硬件资源如图 10.2.1 所示。

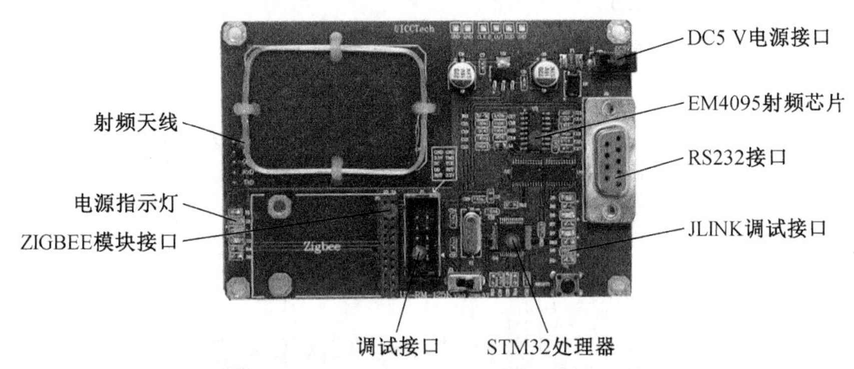

图 10.2.1　125 kHz 低频读写模块硬件资源

10.2.2　电路设计

该模块的电路原理图可在【配套光盘\01－文档资料\01－硬件原理图\01－RFID125K－4095 V1.1.pdf】文件里查看。下面分别对各功能模块的设计进行介绍。

10.2.2.1　电源设计

电路板通过电源接口 J1 获取 5 V 电源，可直接给射频芯片 EM4095 供电，经 SPX1117 芯片转换出 3.3 V 电源给 MCU 供电，如图 10.2.2 所示。

10.2.2.2　MCU

该模块的 MCU 采用了 STM32F103C8T6。MCU 的原理电路如图 10.2.3 所示。

注：① J3 为拨码开关，当拨到右边时 COM 与 GND 相连，BOOT0 为 0，CPU 启动运行；

② R13、K1、C26 组成 CPU 的按键复位电路；

③ C30～C32 为电源滤波电容；

④ Y1 为晶振，C33 和 C34 为晶振滤波电容。

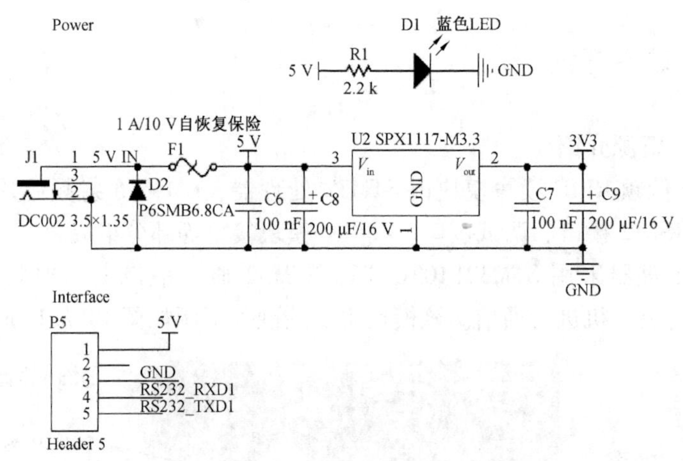

1—D1 为电源指示灯；2—D2 为电压保护二极管；3—F1 为自恢复保险；4—C6 至 C9 为滤波电容

图 10.2.2　125 kHz 低频模块电源设计

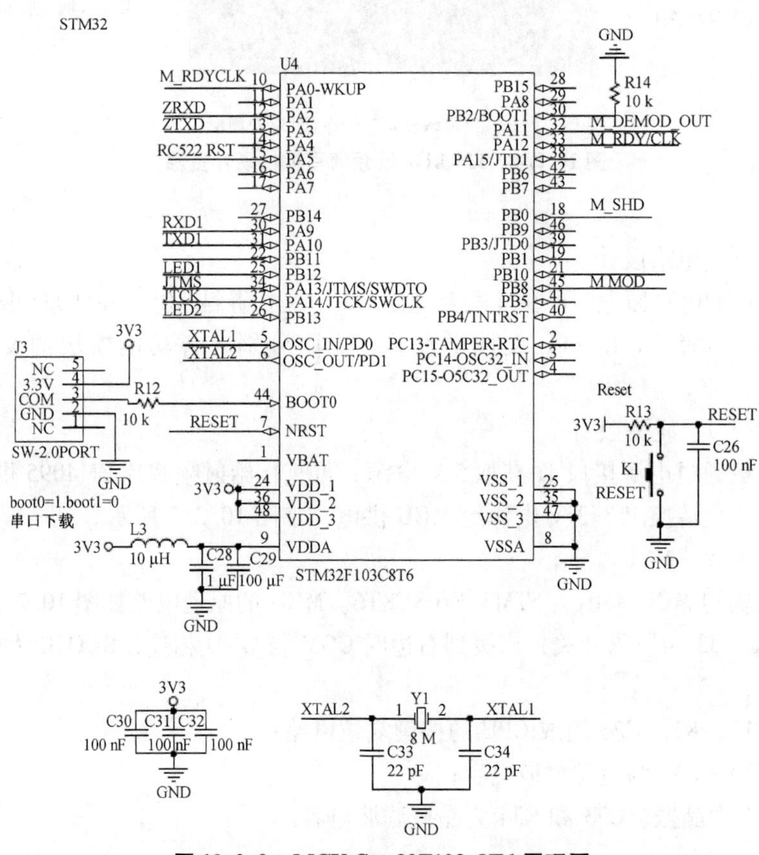

图 10.2.3　MCU Stm32F103c8T6 原理图

10.2.2.3 射频电路

射频电路主要由 EM4095 射频芯片和射频天线组成。

射频天线安装在 INT1 和 INT2 之间，然后经电容滤波电路连接至 EM4095 的 ANT1、ANT2、DEMOOD_IN 引脚。接收模块解调的输入信号是天线上的电压信号，DEMOD_IN 引脚则用来接收这个信号。

EM4095 的引脚 SHD 和 MOD 用来操作设备。当 SHD 为高电平的时候，EM4095 为睡眠模式，电流消耗最小。在上电的时候，SHD 输入必须是高电平，确保正确的初始化操作；若 SHD 为低电平，回路允许发射射频场，并且开始对天线上的振幅调制信号进行解调。

引脚 MOD 是用来对 125 kHz 射频信号进行调制的。事实上，当在该引脚上施加高电平时，将阻塞天线驱动，并关掉电磁场；在该引脚上施加低电平时，将使片上 VCO 进入自由运行模式，天线上将出现没有经过调制的 125 kHz 的载波。

RDY/CLK 这个信号为外部微处理器提供 ANT1 上信号的同步时钟及 EM4095 内部状态的信息。ANT1 上的同步时钟表示 PLL 被锁定并且接收链路操作点被设置。当 SHD 为高电平时，RDY/CLK 引脚被强制为低电平。当 SHD 上的电平由高转低时，PLL 为锁定状态，接收链路工作。经过时间 Test 后，PLL 被锁定，接收链路操作点已经建立。这时，传送到 ANT1 上的信号同时也传送至 RDY/CLK，提示微处理器可以开始观察 DEMOD_OUT 上的信号和与此同时的时钟信号。

125 kHz 射频电路的电路图如图 10.2.4 所示。

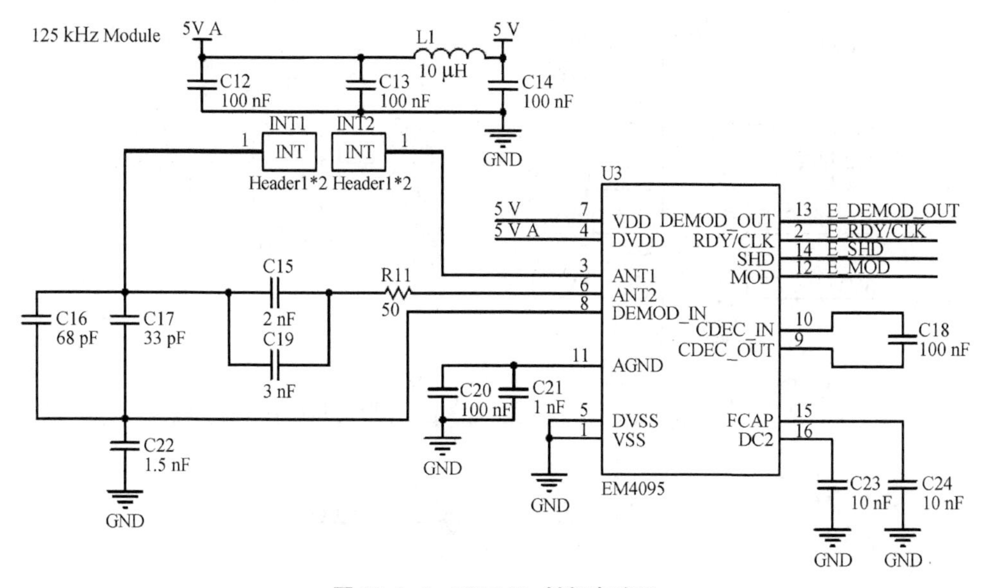

图 10.2.4 125 kHz 射频电路图

10.2.2.4 电平转换电路

在上文中已经提到，MCU 是由 3.3 V 供电的，而 EM4095 是由 5.5 V 供电的，所以两者间进行信号传输时还需要经过电平转换电路，如图 10.2.5 所示。74LVC4245 的 DIR 引脚为高时，信号从右侧传到左侧，即从 EM4095 传到 MCU，引脚为低时则方向相反。

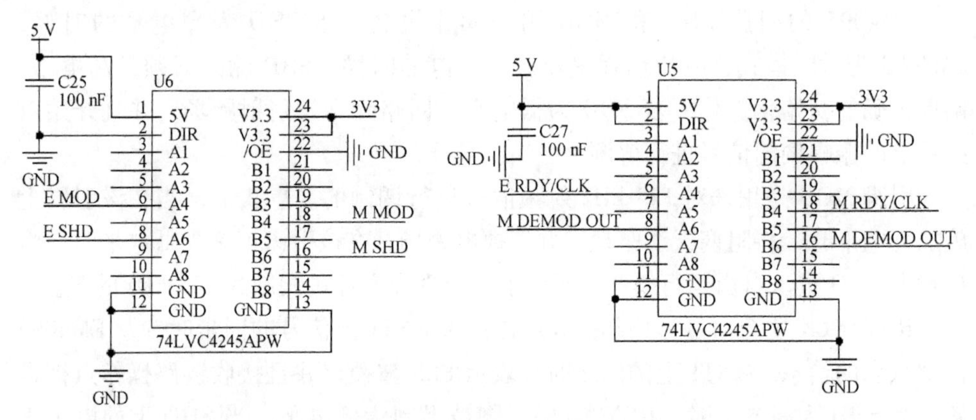

图 10.2.5 电平转换电路

10.2.2.5 ZigBee

ZigBee 扩展接口与调试接口如图 10.2.6 所示。

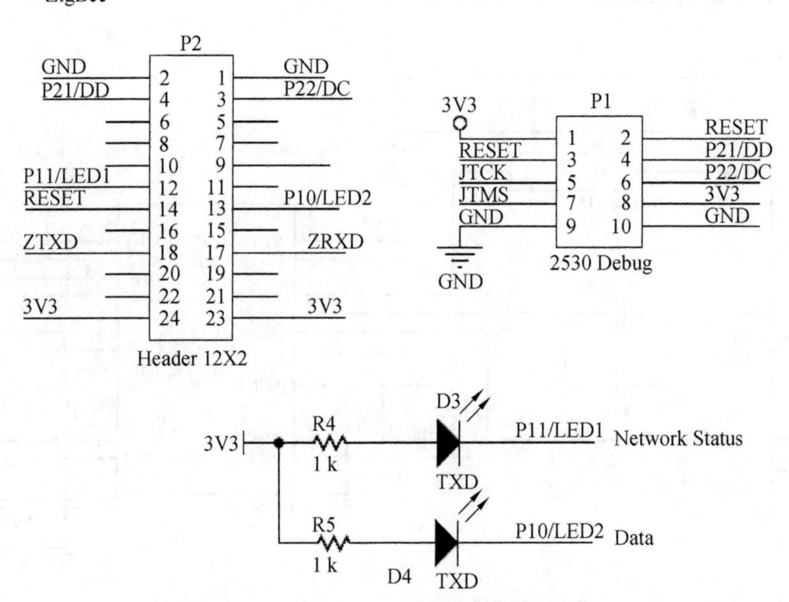

图 10.2.6 ZigBee 扩展接口与调试接口

（1）P2 为 ZigBee 扩展接口，与 STM32 的串口 5 相连，以供 ZigBee 模块与 STM32 通信。

（2）P1 为 ZigBee 模块的核心芯片 CC2530 及 STM32 的调试接口。

10.2.2.6　串口通信

图 10.2.7 为串口通信电路，采用 SP202 芯片实现的 TTL 转 232，D5 和 D6 分别为发送和接收指示灯。

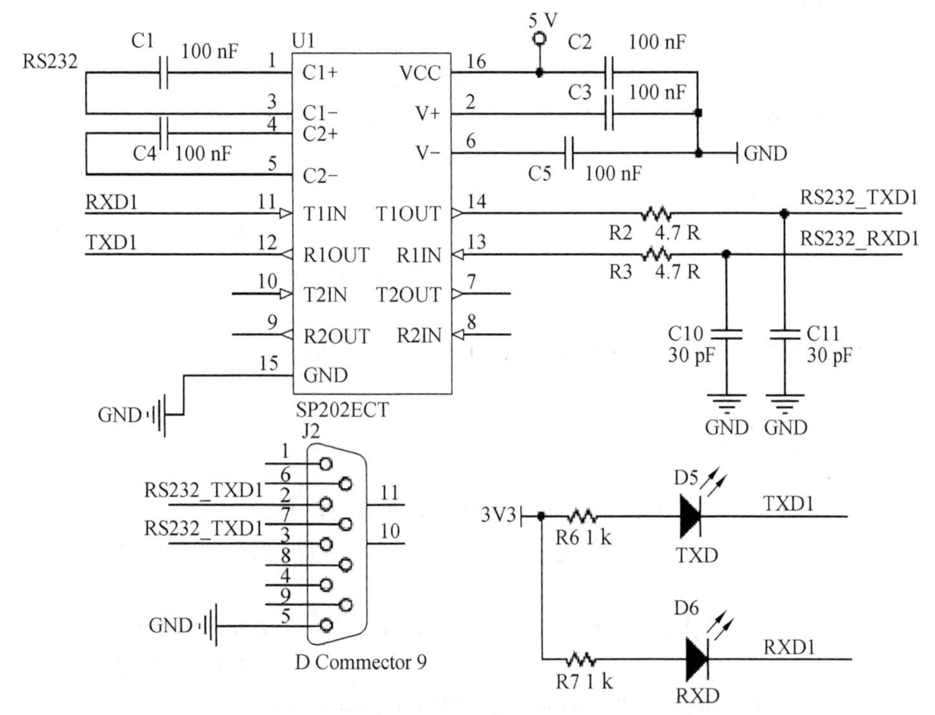

图 10.2.7　串口通信电路原理

10.3　程序开发

10.3.1　程序介绍

125 kHz 读写模块通过 RS232 串口与上位机通信，来进行寻卡、读卡、写卡、登陆等操作，上位机与模块间的串口通信协议在【配套光盘\01 - 文档资料\04 - 通信协议\RFID 实验箱通用串口通信协议 V1.0.pdf】文件中进行了详细说明。工程文件在【配套光盘\04 - 实验例程\02 - 第 10 章 125 kHz 低频 RFID 读写模块\Object】目录中，下面对主要代码进行讲解。

10.3.2 代码讲解

（1）MCU 初始化（在使用 STM32 之前必须对用到的外设进行初始化）。

```
RCC_Configuration ();                //配置时钟
SHD_MOD_config ();                   //连接 EM4095 的 SHD 和 MOD 引脚的 IO 口配置
PB8_MOD_L;                           //拉低 MOD，使片上 VCO 进入自由运行模式
PB0_SHD_H;                           //拉高 SHD，使 EM4095 进入睡眠模式
USARTInit ();                        //串口初始化
timer1_overlow_init (  );            //timer1 溢出函数初始化
timer1_capture_init (  );            //timer1 捕获函数初始化
timer2_overlow_init (  );            //timer2 溢出函数初始化
Delay_ARMJISHU (1000);               //延时等待
ReadConfiguration (  );              //读取 EM4095 配置
PB0_SHD_L;                           //拉低 SHD，回路允许发射射频场，并且开始对
                                     //天线上的振幅调制信号进行解调
first_read (  );                     //初次读取
```

（2）接收到上位机发给单片机的串口 1 的信息以后，在中断函数中进行如下处理。

```
void USART1_IRQHandler(void)
{
    if(USART_GetITStatus(USART1, USART_IT_RXNE)! = RESET)
                                         //判断中断标志是否为 1
    {
        uart_in_buffer[uart_in_write++] = USART_ReceiveData(USART1);
                                         //将接收到的数据存到数组中
        if((uart_in_buffer[0] ==0xff)&&(uart_head ==0))
                                     //判断是否字节 0 为 0xff 且数据长度为 0
        {
            uart_head =1;
            USART_ClearITPendingBit(USART1,USART_IT_RXNE);
                                         //清除中断标志
            return;
        }
        else if((uart_in_buffer[1] ==0xfe)&&(uart_head ==1))
                                     //判断是否字节 1 为 0xfe 且数据长度为 1
        {
            uart_head =2;
            USART_ClearITPendingBit(USART1,USART_IT_RXNE);
```

```
                                    //清除中断标志
        return;
      }
    else if((uart_in_buffer[2] ==0x01)&&(uart_head ==2))
                                //判断是否字节 2 为 0x01 且数据长度为 2
  {
    uart_head =3;
    USART_ClearITPendingBit(USART1,USART_IT_RXNE);
                                    //清除中断标志
    return;
  }
  else if(((uart_in_buffer[3] ==0x01)||(uart_in_buffer[3] ==0x05)||(uart_in_
  buffer[3] ==0x09))&&(uart_head ==3))
                        //判断字节 3 是否为这几个命令字节,且数据长度为 3
  {
    uart_head =4;
    USART_ClearITPendingBit(USART1,USART_IT_RXNE);
    return;
    }
else if(uart_head ==4)              //判断是否前 4 个字节校验正确,正确则返回
{
    USART_ClearITPendingBit(USART1,USART_IT_RXNE);
    return;
}
else
{
    if((uart_in_buffer[0]! =0xff)||(uart_in_buffer[1]! =0xfe)||(uart_in_buff-
    er[2]! =0x01))
    {
        uart_head =5;               //如果前 3 个字节校验有误,uart_head 置 5
    }
        uart_in_buffer[0] =uart_in_buffer[1] =uart_in_buffer[2] =uart_in_buffer
        [3] =uart_in_buffer[4] =uart_in_buffer[5] =0;
                                    //将 uart_in_buffer[  ]中数据清零
        uart_in_write =0;
        USART_ClearITPendingBit(USART1,USART_IT_RXNE);
                                    //清除中断标志
```

```
            }
        }
    }
```

（3）将处理完的信息发送给上位机；上位机分析完数据以后，再将有效信息（比如卡片ID号码）显示出来。

```
    while(1)
    {
      if(uart_in_write > = UART_IN_BUFFER_SIZE)          //防止数据溢出
      {
        uart_in_write = 0;
      }
    if(uart_head == 5)                            //帧头校验 0xff  0xfe  0x01,为 5 时校验有误
      {
        uart_head = 0;
        FormatResponse_Short(0x00,uart_in_buffer[5],0x02);              //无效指令回执
      }
      else  if(uart_head == 4)                   //uart_in_buffer[ ]前四个字节校验正确
      {
        if(uart_in_buffer[3] == 1)               //如果数据长度为 1
        {
          if(uart_in_write == SHORT_IN)  //接收到的串口数据字节数为 7
          receive_ok = 1;                //数据正确标志位置 1
        }
        else  if(uart_in_buffer[3] == 5)     //如果数据长度为 5
        {
          if(uart_in_write == LARGE_IN)  //接收到的串口数据字节数为 11
          receive_ok = 1;
        }
        else  if(uart_in_buffer[3] == 9)     //如果数据长度为 9
        {
          if(uart_in_write == PASSWORD)  //接收到的串口数据字节数为 15
          receive_ok = 1;
        }
        if(receive_ok == 1)                  //数据正确,需要校验和
        {
          receive_ok = 0;
          uart_head = 0;
```

```
check_sum = 0;
for(i = 0;i < (uart_in_write - 1);i ++ )
{
  check_sum = check_sum + uart_in_buffer[i];        //计算校验和
}
if((check_sum == uart_in_buffer[6]) || (check_sum == uart_in_buffer[10]) ||
(check_sum == uart_in_buffer[14]))
                          //判断接收的最后一个字节的数据是否等于校验和
{
  if(uart_in_buffer[4] > 6)                        //无效指令
  {
    for(i = 0;i < UART_IN_BUFFER_SIZE;i ++ )
    {
      uart_in_buffer[i] = 0;                       //将数组清零
    }
    uart_in_write = 0;
  FormatResponse_Short(0x00,uart_in_buffer[5],0x02);//无效指令回执
  }
  else
  {
    forward_ptr = forwardLink_data;
    switch(uart_in_buffer[4])                      //判断指令类型
    {
      case  0x00:                                  //为 0,EM4095 译码配置
      manchester_decode_config();
      break;
      case  0x01:                                  //为 1,修改配置字段
        if(uart_in_buffer[6] == 0x03)              //RF/32
        {
          config_data_rate = 15;                   //set default values
          uart_in_buffer[6] = 0x8f;
        }
        else  if(uart_in_buffer[6] == 0x04)        //RF/64
        {
          config_data_rate = 0x1f;
          uart_in_buffer[6] = 0x9f;
        }
```

```
    ReadConfiguration();                          //读取 EM4095 配置
    write_tag_memory_word_low = ((uint16_t)uart_in_buffer[7] <<8) +
    uart_in_buffer[6];                            //低字节数据
    write_tag_memory_word_hi = ((uint16_t)uart_in_buffer[9] <<8) +
    uart_in_buffer[8];                            //高字节数据
    check_stat = WriteWord(uart_in_buffer[5],write_tag_memory_word_low,
    write_tag_memory_word_hi);
                        //将配置数据写入 EM4305 中 uart_in_buffer[5]指
                        //定的地址,并获取应答状态
    FormatResponse_Short(0x01,uart_in_buffer[4],check_stat);
                                                  //将应答状态发送给上位机
  break;
  case  0x02:                                     //为 1,寻卡
    check_stat = ReadWord(uart_in_buffer[5]);
                              //在 uart_in_buffer[5]指定的地址中读取卡号
    FormatResponse_AddrWord(check_stat,uart_in_buffer[4],uart_in_buffer[5],
    read_tag_memory_word_low,read_tag_memory_word_hi);
                                                  //回执寻卡数据
  break;
  case  0x03:                                     //为 3,写卡
    write_tag_memory_word_low = ((uint16_t)uart_in_buffer[7] <<8) + uart
    _in_buffer[6];
    write_tag_memory_word_hi = ((uint16_t)uart_in_buffer[9] <<8) + uart_
    in_buffer[8];
    check_stat = WriteWord(uart_in_buffer[5],write_tag_memory_word_low,
    write_tag_memory_word_hi);
    FormatResponse_Short(0x01,uart_in_buffer[4],check_stat);
                                                  //回执上位机
  break;

  case  0x04:                                     //为 4,读卡
    for(i=0;i<200;i++)                        //初始化数组 temp_array[250]
    temp_array[i++]=0;
      temp_num=0;
      check_stat = ReadWord(uart_in_buffer[5]);
                              //读取 uart_in_buffer[5]指定地址中的数据
      FormatResponse_AddrWord(check_stat,uart_in_buffer[4],uart_in_
```

```
    buffer[5],read_tag_memory_word_low,read_tag_memory_word_hi);
                                          //将读卡数据回执上位机
break;

case  0x05:                               //为 5,密钥登录
     write_tag_memory_login_low = ((uint16_t)uart_in_buffer[7] <<8)
      + uart_in_buffer[6];
     write_tag_memory_login_hi = ((uint16_t)uart_in_buffer[9] <<8) +
     uart_in_buffer[8];
  check_stat = login_em4305();            //登录 EM4305
     FormatResponse_Short(0x01,uart_in_buffer[4],check_stat);
                                          //回执上位机
break;

case  0x06:                               //为 6,修改密码
  write_tag_memory_login_low = ((uint16_t)uart_in_buffer[7] <<8) +
  uart_in_buffer[6];
  write_tag_memory_login_hi = ((uint16_t)uart_in_buffer[9] <<8) +
  uart_in_buffer[8];
  check_stat = login_em4305();            //登录 EM4305
     FormatResponse_Short(0x01,uart_in_buffer[4],check_stat);
                                          //回执上位机
  Delay_ARMJISHU(100);                    //延时等待
  if(check_stat ==0)                      //如果登录成功
  {
     forward_ptr = forwardLink_data;
     read_tag_memory_word_low = ((uint16_t)uart_in_buffer[11] <<8) +
     uart_in_buffer[10];
     read_tag_memory_word_hi = ((uint16_t)uart_in_buffer[13] <<8) +
     uart_in_buffer[12];
     check_stat = WriteWord(uart_in_buffer[5],read_tag_memory_word_
     low,read_tag_memory_word_hi);//向 EM4305 发送修改密码的信息
     FormatResponse_Short(0x01,uart_in_buffer[4],check_stat);
                                       //回执上位机
  }
break;
```

```
                    default:
                    break;
                }
            }
        }
        else
        {
            EmmitError(0x03);              //如果校验和不正确,发送错误应答数据
        }
        for(i=0;i<UART_IN_BUFFER_SIZE;i++)
                                           //处理完毕,将 uart_in_buffer[]中数据清零
        {
            uart_in_buffer[i] =0;
        }
        uart_in_write =0;
    }
  }
}
```

(4) 通过前面 3 步就完成了上位机 STM32 单片机对 EM4305 卡的寻卡、读卡、写卡、登录等操作，并实现了上传信息到 PC 机的功能。

第11章　13.56 MHz 高频原理机学习模块

11.1　基本原理

CLRC632 恩智浦公司推出了适用于工作频率为 13.56 MHz 的非接触式智能卡和标签射频基站芯片，并且支持这个频段范围内多种 ISO 非接触式标准，其中包括 ISO 1443 和 ISO 15693。该芯片的特点如下：

① 读卡距离可达 10 cm；

② 3 ~5 V 工作电压；

③ 标准并行接口；

④ 标准 SPI 接口；

⑤ 可读 ISO/IEC 14443 Type A 和 Type B 的卡；

⑥ 可读 ISO/IEC 15693 标准的卡。

CLRC632 负责读写器对非接触式智能卡和标签的读写等功能，其基本功能包括调制、解调、产生射频信号、安全管理和防冲突处理，是读写器 MCU（微控制器）与非接触式智能卡和标签交换信息的桥梁。

1. CLRC632 硬件接口电路

MCM 的硬件内核接口电路可分为以下 3 个部分：

① 与 MCU（微处理机 CPU）接口电路；

② 与天线射频接口电路；

③ 与电源接口电路。

2. CLRC632 的基本操作

MCU 通过对 CLRC632 的控制，实现非接触式智能卡和标签的读写操作。MCU 对 CLRC632 的控制有 3 种方式：

① 执行命令来初始化函数和控制数据操作；

② 通过设置配置位来设置电气和函数的行为；

③ 通过读取状态标识来监控 CLRC632 的状态。

这三种方式本质都是通过读、写 CLRC632 的寄存器来实现。执行命令即将命令代码写入 CLRC632 的命令寄存器，通过 CLRC632 的 FIFO 缓冲区来传递参数和交换数据；设置配置位即设置 CLRC632 的寄存器的相应位；监控 CLRC632 的状态是通过读 CLRC632 的寄存器来实现的。CLRC632 内部有 64 个寄存器，这些寄存器被分为 8 页，每页有 8 个寄存器。无论页是否被选中，页寄存器总是可以被访问的。

3．CLRC632 的命令集

CLRC632 的行为是通过其内部状态机执行特定的命令来实现的。通过将命令代码写入命令寄存器来开始这些命令。执行命令所需要的参数和数据主要通过 MFRC500 内部的 FIFO 缓冲区来实现交换。具体的实现步骤如下：

（1）如果某条命令执行时需要输入数据，那么它会将 FIFO 缓冲区中找到的数据作为输入数据。

（2）如果某条命令执行时需要几个参数，那么只有通过 FIFO 缓冲区得到正确数据的参数后，该命令才可以开始被执行。

（3）在命令开始被执行时，FIFO 缓冲区并不自动清空，所以可以将命令参数和数据写入 FIFO 缓冲区后再开始执行命令。

（4）微处理器可以写入新的命令代码到命令寄存器来中断任何正在执行的命令，例如 Idle 命令，但 StartUp 命令不可以被中断。

11.2 硬件开发

11.2.1 资源介绍

13.56 MHz 高频原理机学习模块的 CPU 采用了 STM32F103VCT6，它通过 SPI 总线与 CLRC632 通信，然后通过串口将对射频的卡的信息打印出来发送给上位机，也可以通过串口屏对 15693 和 14443 两种射频卡进行寻卡操作。该模块主要的硬件资源如图 11.2.1。

11.2.2 电路设计

11.2.2.1 MCU

该模块的 MCU 采用了 STM32F103VCT6，MCU 的原理电路如图 11.2.2 所示。

注：① 图 11.2.2 上方 Y1 为晶振，C13 和 C14 为晶振滤波电容。

② R10 为 BOOT1 的状态设置电阻，即设置 BOOT1 为低电平，BOOT1 和 BOOT0 的状态影响 CPU 的启动方式。

③ 图中 K1 与 R14 为 BOOT0 状态设置电路，K1 按下时 BOOT0 为高电平，松开时则为低电平。

④ R17、K2、C15 组成 CPU 的按键复位电路。

⑤ C16 ~ C22 为 CPU 的电源滤波电容。

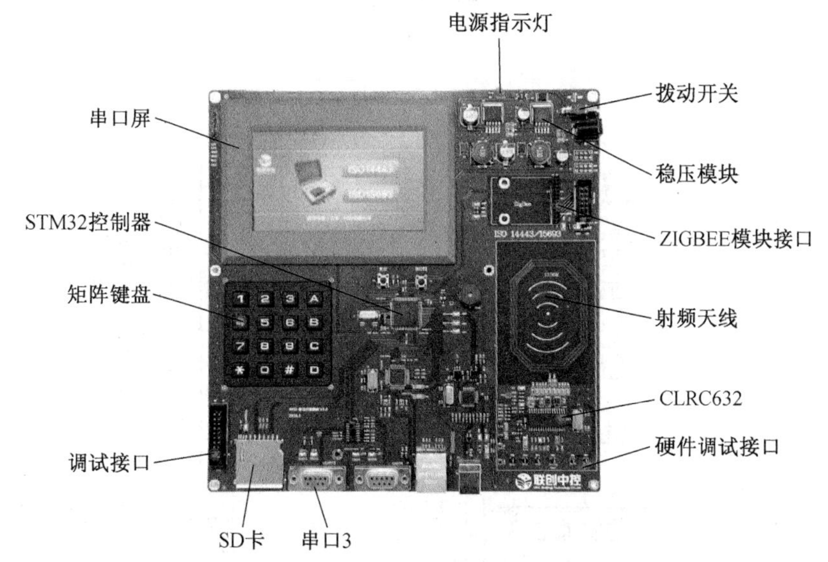

图 11. 2. 1　13. 56 MHz 原理机硬件资源图

11. 2. 2. 2　射频电路

该模块射频功能主要由 CLRC632 控制。其电路原理图如图 11. 2. 3 和图 11. 2. 4所示。

图 11. 2. 3 中，R55、D7 组成状态指示电路，FB1、FB2、C76 组成电源隔离与滤波电路（抗干扰设计）。右边部分为电源稳压电路，将 5 V 转为 3. 3 V。

图 11. 2. 4 中，第一部分为射频天线滤波与阻抗匹配电路，第二部分为电源隔离、滤波电路。

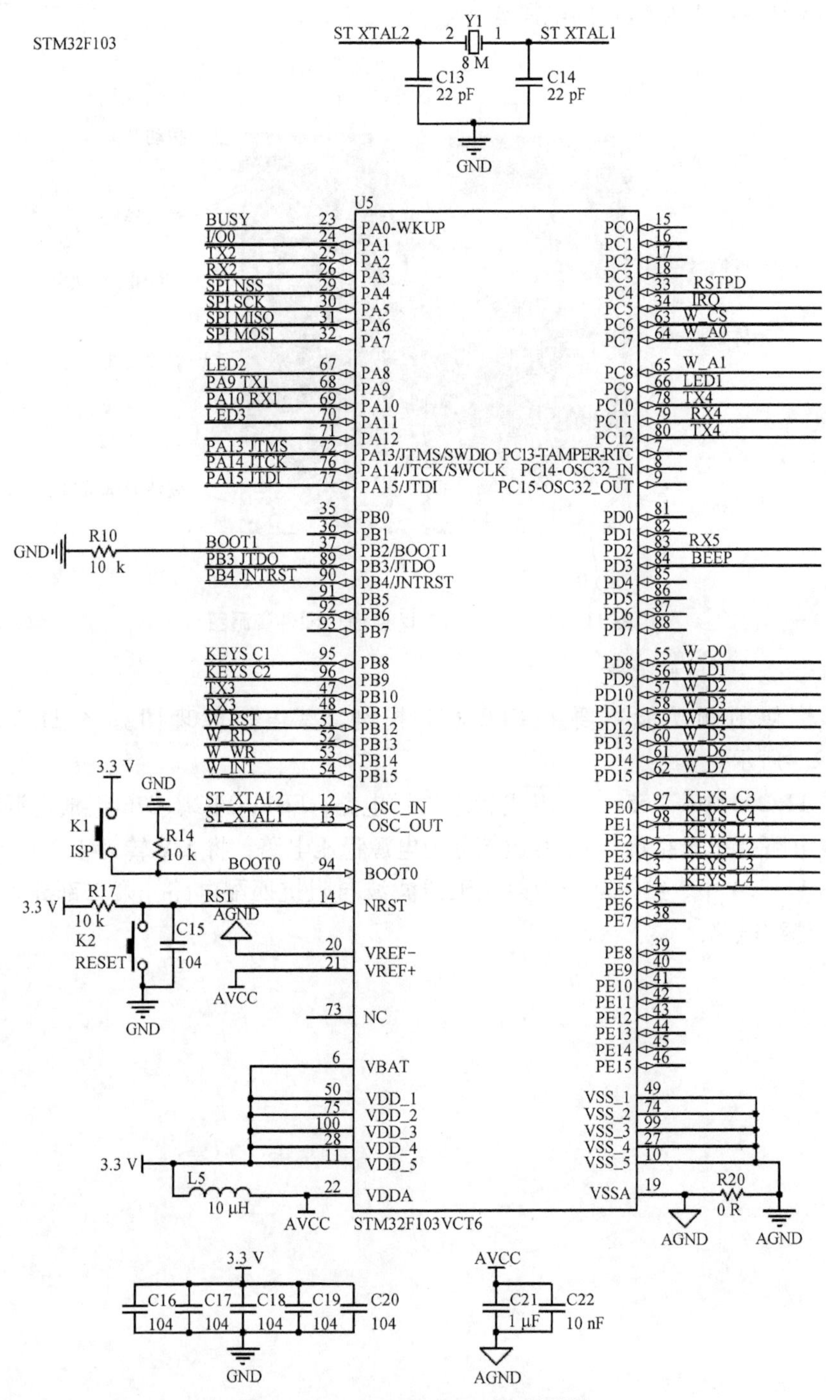

图 11.2.2 stm32F103vcT6 原理图

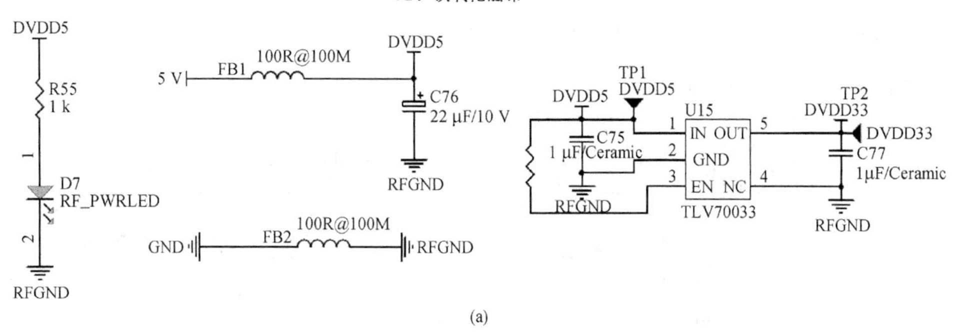

(a)

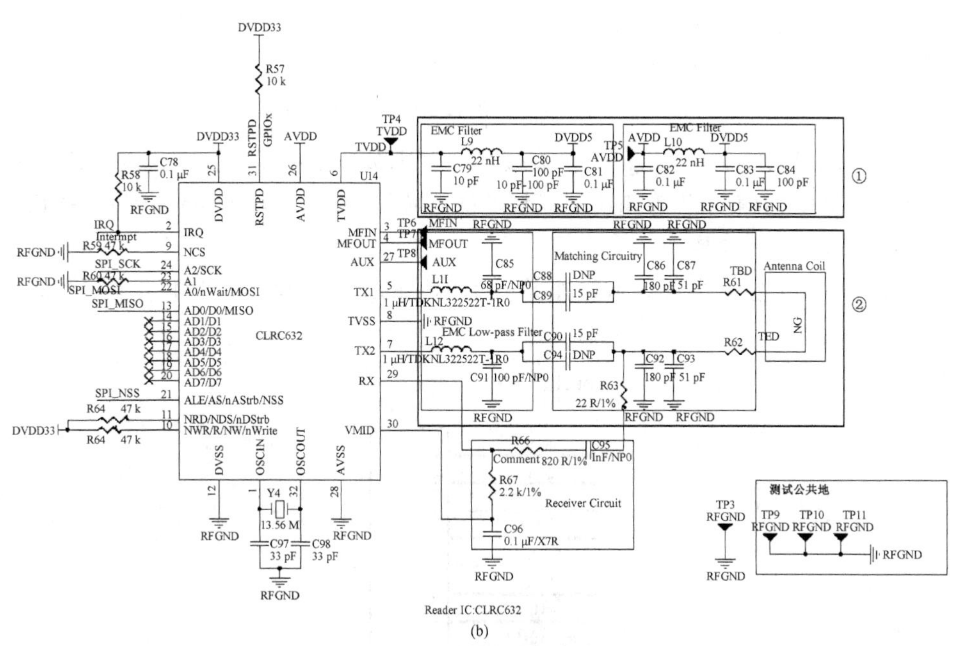

(b)

图 11.2.3　CLRC632 电路原理图

11.2.2.3　电源设计

该模块工作时所需电源为 5 V 电压与 3.3 V 电压，均采用 LM2596 稳压芯片获得，如图 11.2.4 所示。

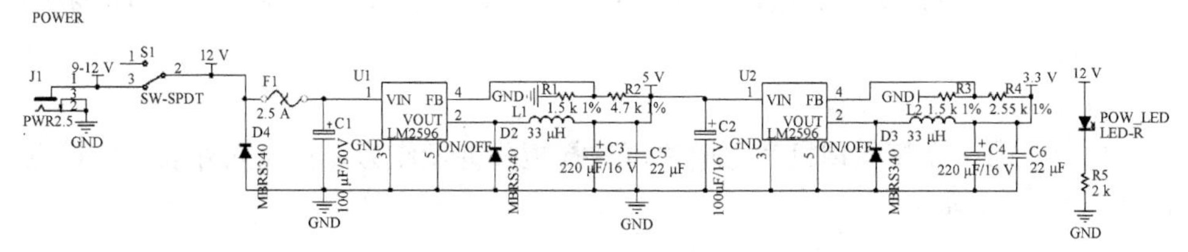

图 11.2.4　电源设计原理图

11.2.2.4　ZigBee

ZigBee 扩展接口与调试接口如图 11.2.5 所示。

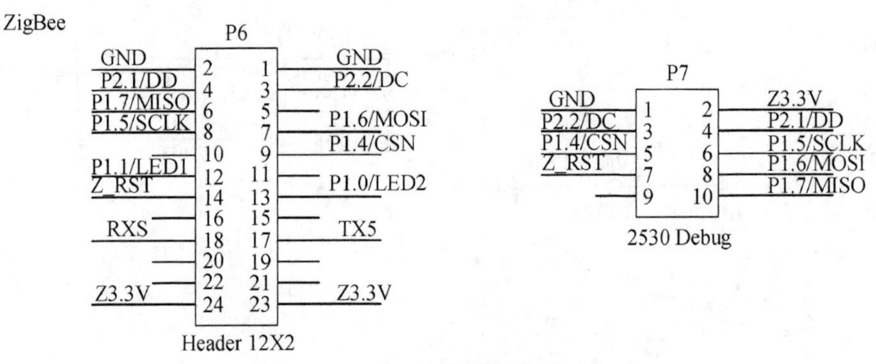

图 11.2.5　ZigBee 扩展接口与调试接口

图 11.2.5 中，P6 为 ZigBee 扩展接口，与 STM32 的串口 5 相连，以供 ZigBee 模块与 STM32 通信。P7 为 ZigBee 模块的核心芯片 CC2530 及 STM32 的调试接口。

11.2.2.5　串口屏

通过串口屏也可实现寻卡操作并显示标签的卡号，串口屏接口如图 11.2.6 所示。

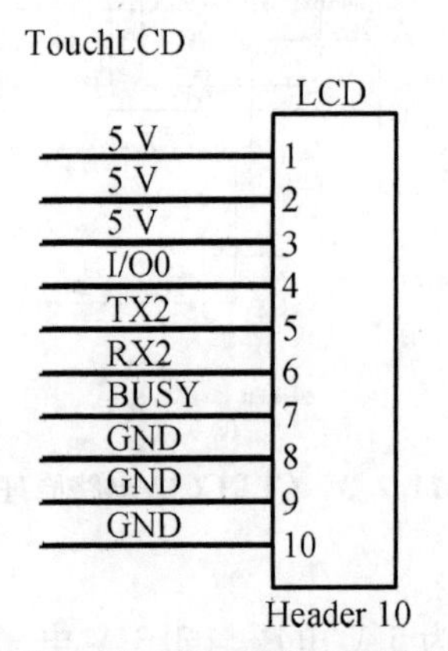

图 11.2.6　串口屏接口原理图

图 11.2.6 中，串口屏通过 TX2、RX2 与 STM32 的串口 2 通信，串口屏采用 5 V 电源供电。

11.2.2.6　矩阵键盘

13.56 MHz 高频原理机学习模块可选择矩阵键盘作为一种输入外设，接口电路如图 11.2.7 所示。

4*4KeyBoard

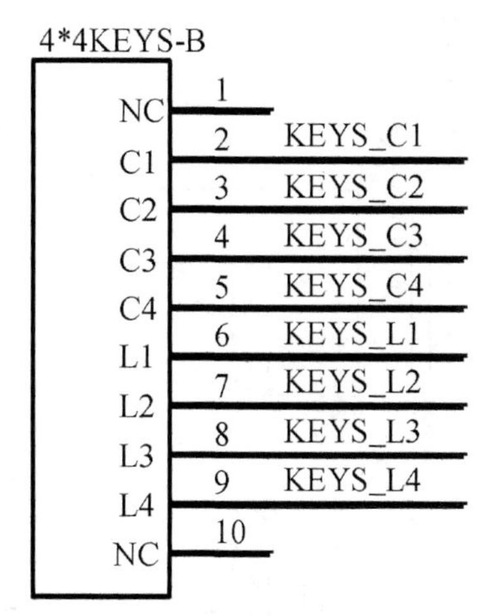

图 11.2.7　矩阵键盘原理图

STM32 采用反转扫描法检测键盘按键状态，具体实现方法请参照第 3 章第 3.4 节。

11.2.2.7　串口通信

由于单片机串口使用的是 TTL 电平，与计算机串口的电平不同，在电路设计时采用了电平转换电路：232 转 TTL、USB 转 TTL。

1．232 转 TTL 电路

如图 11.2.8 所示。

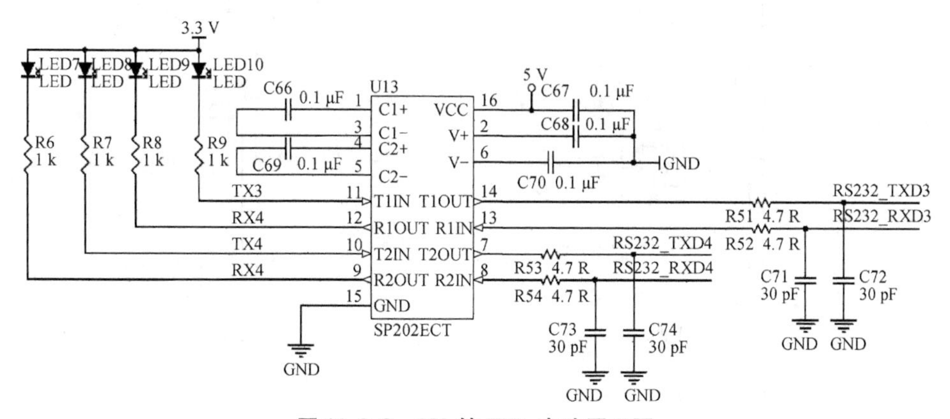

图 11.2.8　232 转 TTL 电路原理图

2．USB 转 TTL 电路

如图 11.2.9 所示。

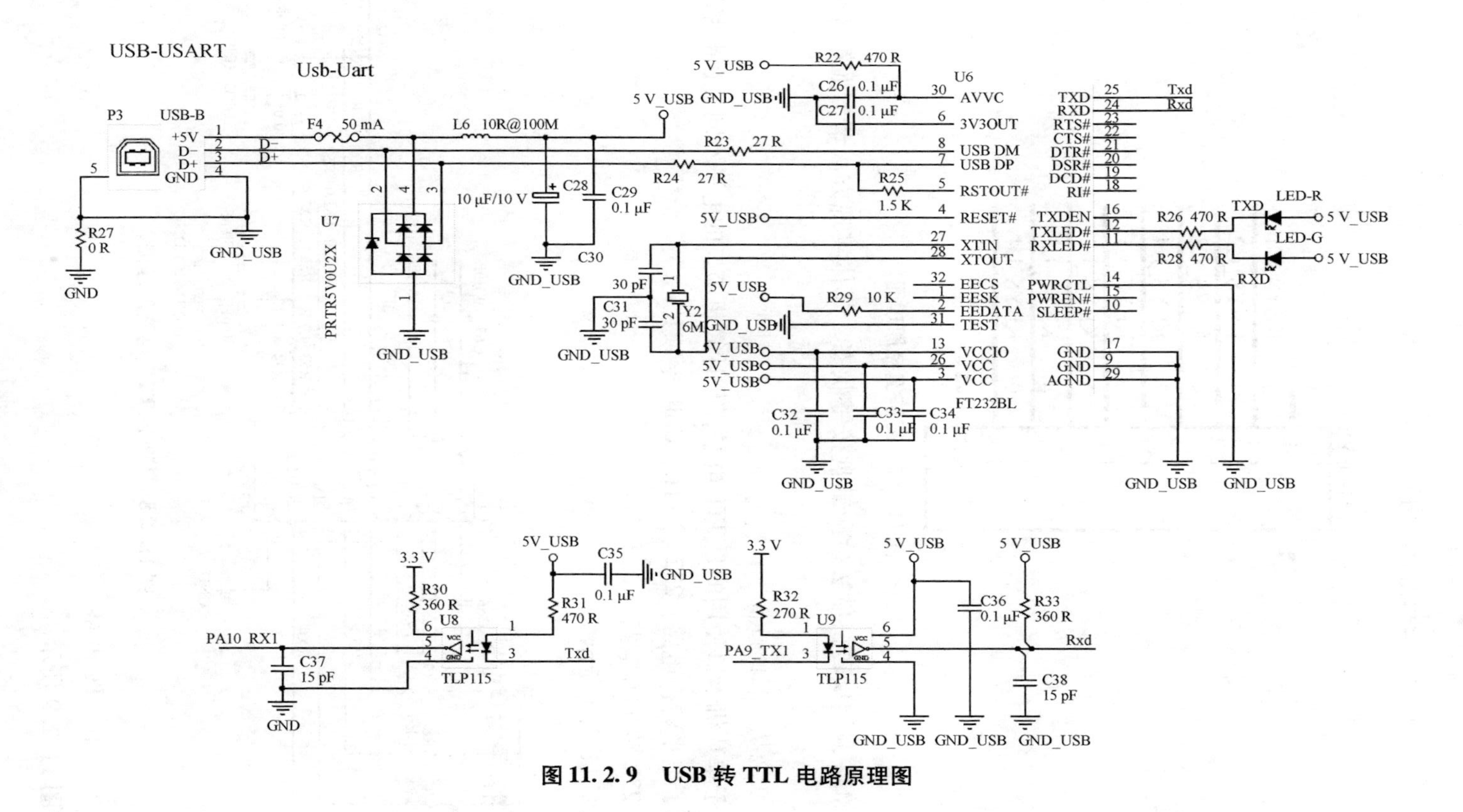

图 11.2.9 USB转TTL电路原理图

图中 U8、U9 为光耦隔离芯片，用于消除计算机串口与单片机串口的相互干扰。

11.2.2.8　调试接口

图 11.2.10 中采用了标准的 20 针 JTAG 接口。

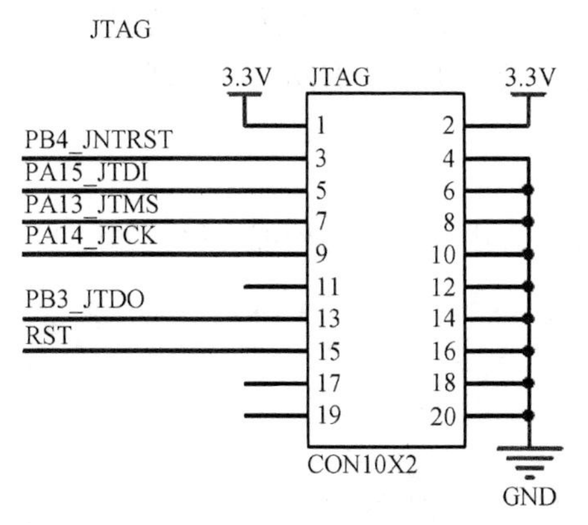

图 11.2.10　标准 20 针 JTAC 接口原理图

11.2.2.9　蜂鸣器

图 11.2.11 中采用了 Q2（PNP 三极管）驱动蜂鸣器。BEEP 蜂鸣器为无源蜂鸣器，需要使用脉冲来驱动。R16、R19 为限流电阻。

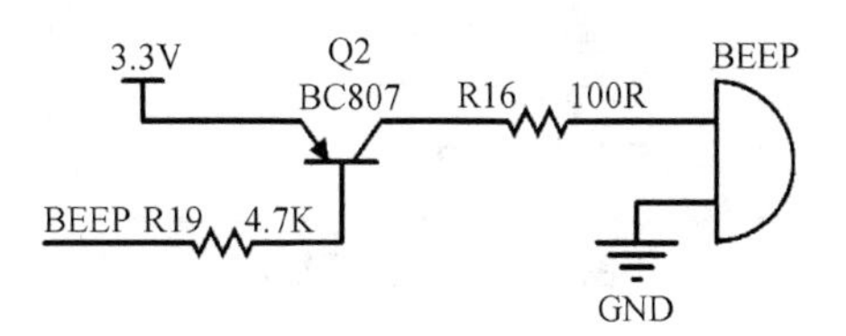

图 11.2.11　蜂鸣器原理图

11.2.2.10　LED 指示灯

如图 11.2.12 所示，STM32 通过输出低电平驱动二极管发光，其中 R11、R12、R13 为限流电阻。

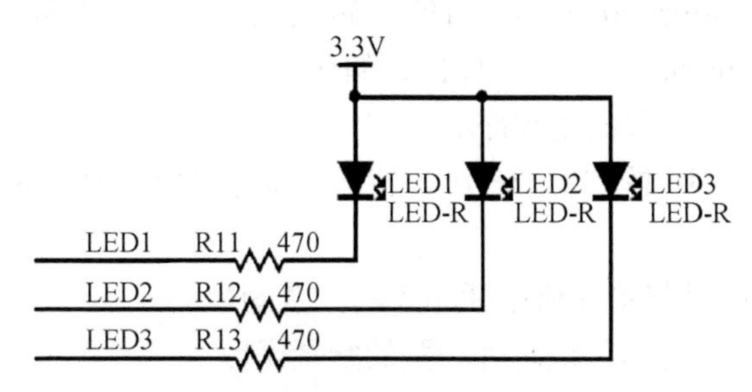

图 11.2.12　LED 指示灯原理图

11.3 程序开发

为了循序渐进地、更快地学习 CLRC632 的程序开发，本节先将每个功能分离开，即每个工程只实现一个功能。在熟悉每个功能的实现原理以后，再将所有功能集成在一起，结合上位机讲解所有功能的实现原理。

11.3.1 代码结构

每个功能的源程序工程中，代码结构都类似，如图 11.3.1 所示。

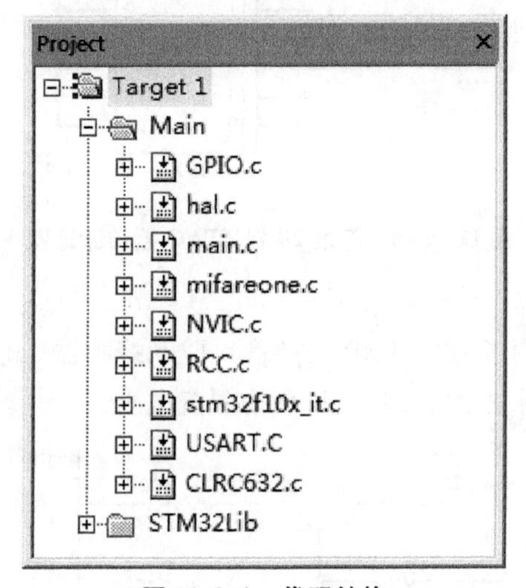

图 11.3.1 代码结构

其中代码组 Main 中是一些用户编辑的函数，代码组 STM32lib 中是 ST 官方提供的函数库。

(1) GPIO. C 中是 IO 口的初始化函数。

(2) Hal. c 中是一些硬件的初始化函数，包括 RCC_ Configuration（时钟源的初始化），GPIO_ Configuration（IO 口的初始化），USART_ Configuration（串口的初始化），NVIC_ Configuration（中断的初始化）。

(3) Main. c 中是工程的主程序。

(4) Mifareone. c 中是有关 RFID 的执行函数，射频功能都是在本函数中实现的。

(5) NVIC. C 中是与单片机中断相关的配置函数。

(6) RCC. C 中是与单片机时钟相关的配置函数。

(7) Stm32f10x_ it. c 中是中断的服务程序，包括串口的接收等都在本文件中。

（8）USART. C 中是单片机串口的功能函数，包括串口的打印、RFID 操作结束的返回数据处理函数等。

（9）CLRC632. C 中是一些与 CLRC632 初始化相关的函数，以及字符转换函数等。

11. 3. 2　重要函数

（1）串口 3 接收信息处理函数（在 Stm32f10x_ it. c 文件中，联系 STM32 与上位机的通信）：

```
void USART3_IRQHandler(void)
{
  static u8 i=0;                                  //for 循环变量
  static u16 time;                                //接收超时检测变量

  if(USART_GetITStatus(USART3,USART_IT_RXNE)! =RESET)
                                                  //接收标志是否置位
  {
    for(i=0;i<40;i++)
    {
      time=1500;
      while((time) && (!(USART_GetITStatus(USART3,USART_IT_RXNE))))
      {
        time--;
      }
      if(time==0)                                 //如果接收超时,说明一帧数据已经接收完毕
      {
        Uart_RevLEN=i;                            //接收到的字节长度
        Uart_RevFlag=1;                           //接收成功标志位
        WhichUSART_SearchCard=3;                  //由哪个串口接收
        return;
      }
      USART_ClearITPendingBit(USART3,USART_IT_RXNE);
                                                  //清除串口接收标志为
      RxBuffer[i]=USART_ReceiveData(USART3);
                                                  //将接收到的数据,保存到数据缓存变量中
      switch(i)                                   //判断前三个字节是不是帧头(FF,FE,03)
      {
```

```
                case  0:
                {
                  if(RxBuffer[0]! =0xff)
                  return;
                  break;
                }
                case  1:
                {
                  if(RxBuffer[1]! =0xfe)
                  return;
                  break;
                }
                case  2:
                {
                  if(RxBuffer[2]! =0x03)
                  return;
                  break;
                }
                default:  break;
              }
            }
          }
        }
```

① 主要功能是处理接收到的上位机发送的串口数据，判断是否为有效信息。

② 保存接收到的信息至 RxBuffer 变量中。

（2）STM32 与 CLRC632 的命令通信函数（在 Mifareone. c 文件中）signed char PcdComTransceive（TranSciveBuffer *pi）：

主要功能是单片机与射频芯片的命令通信函数，通过此函数可以控制射频芯片执行各种命令，几乎所有的 RFID 功能都要调用此函数。

（3）主执行函数（在 Main. c 文件中）CLRC632Process（void）：

通过解析上位机发送的串口命令，执行对应的 RFID 的操作。

11.3.3 ISO 15693 实验

11.3.3.1 寻卡

1. 实验目的

熟练 15693 标签的寻卡操作，学会寻卡的程序开发。

2. 实验内容

(1) 自动寻卡，如果寻卡成功，蜂鸣器鸣叫。

(2) 寻卡成功以后将寻到的标签号发送至串口。

3. 实验环境

(1) 硬件：1 个 13.56 MHz 高频原理机学习模块、1 个 J-Link 仿真器、1 根 USB A 口转 B 口线、1 根 20P 灰色下载排线、1 个 DC12V 电源适配器、1 台 PC 机、1 根USB 转串口线、1 张 15693 标签。

(2) 软件：Windows 7/XP、MDK 集成开发环境、Commix10 串口调试助手。

4. 实验原理

程序初始化为遵循 15693 协议—自动寻卡—如果寻卡成功—蜂鸣器鸣叫，串口调试助手显示标签 ID 号。

5. 源码解析

本小节的实验例程在【配套光盘 \ 04 - 实验例程 \ 03 - 第 11 章 13.56 MHz 高频原理机学习模块 \ 01 - ISO15693 \ 01 - 寻卡 \ RVMDK】目录中，下面对主要函数进行讲解。

(1) 寻卡功能实现

status 为寻卡函数返回结果标志位，当返回 0 时，说明寻卡成功，否则说明寻卡失败。

```
status = ISO15693_ Inventory (0x26,                    //寻卡标志
                              0x00,                    //AFI 值
                              0x00,                    //Mask Length
                              &cMask [0],              //Mask Value
                              &ReturnValueLen,         //返回的数据长度
                              ReturnValue);            //返回的数据首地址
```

(2) 蜂鸣器控制

蜂鸣器使用串口屏上的蜂鸣器，向串口屏发送串口命令即可以让蜂鸣器鸣叫。

```
void LCM_Beep (void)        //控制串口屏的蜂鸣器发声
{
  USART2_Putc (0xFF);       //帧头
  USART2_Putc (0xFE);
  USART2_Putc (0x03);       //数据长度
  USART2_Putc (0x80);       //指令
  USART2_Putc (0x02);       //寄存器地址，控制蜂鸣器鸣响的时间，单位是 10 ms
  USART2_Putc (0x05);       //蜂鸣器鸣响的时间 = 0x05 * 10 ms
```

```
}
```

（3）串口发送

如果寻卡成功，那么通过串口将标签号发送给上位机并显示出来。

```
for (i=0; i<CardLenth; i++)          //通过串口打印标签号
{
  SendByte (CardValue [i]);
}
```

6. 实验步骤

（1）将USB A口转B口线的一端连接PC机的USB口，另一端连接J-Link仿真器的USB口。

（2）将20P灰色下载排线的一端连接J-Link仿真器，另一端连接到13.56 MHz高频原理机学习模块的调试下载接口。

（3）将USB转串口线的USB口连接到PC机的USB口上，另一端连接到13.56 MHz高频原理机学习模块的USART3接口上。

（4）将DC12 V电源适配器的DC12 V接口插到RFID综合实验平台的电源输入接口，为电源适配器接通AC220 V电源，将电源总开关拨到位置【开】，为实验平台供电。

（5）将13.56 MHz高频原理机学习模块右上角的拨动开关拨到下方，为该模块接通电源，可以观察到拨动开关左侧的电源指示灯"POW_LED"正常点亮。

（6）双击打开【配套光盘\04-实验例程\03-第11章13.56 MHz高频原理机学习模块\01-ISO15693\01-寻卡\RVMDK】目录下的"iso15693.uvproj"工程文件。

（7）在工具栏中点击按钮，编译工程，编译成功后，信息框会出现如图11.3.2所示的信息。

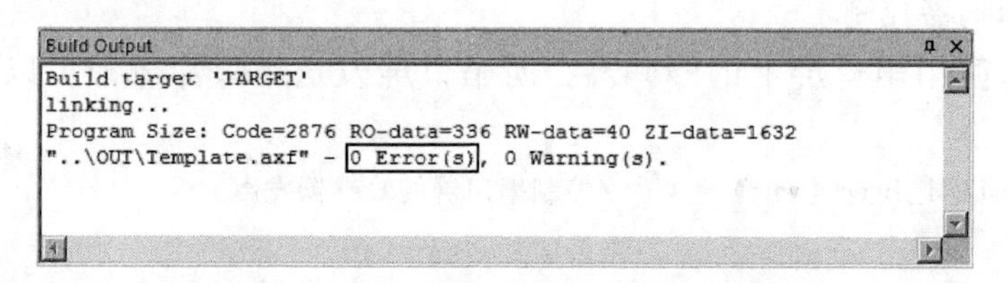

图11.3.2 工程编译成功的信息框提示

（8）参照第2章第2.4.2.3节中的内容，确认与硬件调试有关的选项已设置正确。如果检测不到硬件，请参照第2章第2.4.1.1节中的内容检查J-Link驱动是否正确安装。

（9）点击按钮，将程序下载到13.56 MHz高频原理机学习模块中。下载成功后，如果信息框显示如图 11.3.3 所示的信息，表明程序下载成功并已自动运行。

图 11.3.3

（10）双击打开【配套光盘\03－常用工具\05－串口调试助手】目录下的 Commix 串口调试工具，选择正确的端口号（可参照 1.4.1.2 节查看串口端号），将波特率设为 115200，点击按钮【打开串口】，成功打开串口后该按钮会变为【关闭串口】，如图 11.3.4 所示。

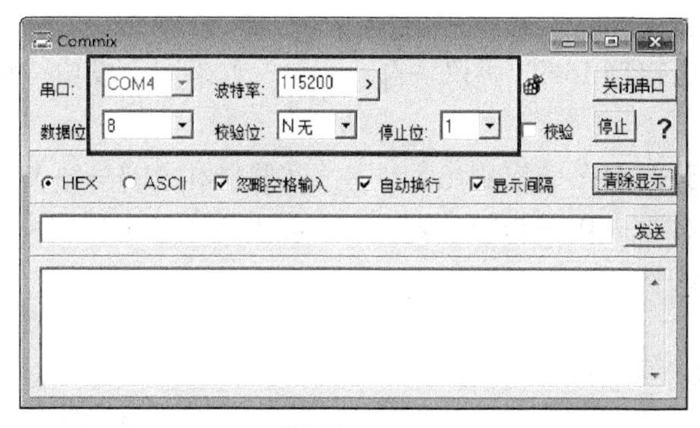

图 11.3.4

（11）将 15693 标签放到感应区域上方。

7. 实验现象

寻卡成功后，可以听到蜂鸣器鸣叫，并且观察到串口调试工具的接收区内会显示出寻到的标签 ID，如图 11.3.5 所示。

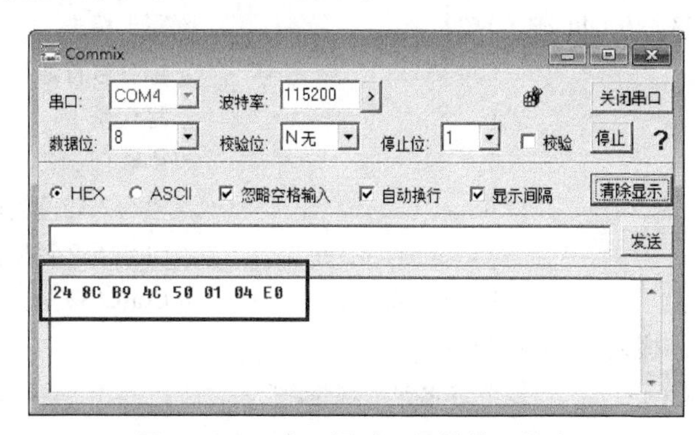

图 11.3.5　串口调试工具接收区信息

11.3.3.2　写单个块

1. 实验目的

熟练15693标签的写单个块操作，学会写单个块的程序开发。

2. 实验内容

自动写卡，如果写卡成功，则蜂鸣器鸣叫。

3. 实验环境

（1）硬件：1个13.56 MHz高频原理机学习模块、1个J-Link仿真器、1根USB A口转B口线、1根20P灰色下载排线、1个DC12 V电源适配器、1台PC机、1张15693标签。

（2）软件：Windows 7/XP、MDK集成开发环境。

4. 实验原理

程序初始化为遵循15693协议—自动写卡—如果写卡成功—蜂鸣器鸣叫。

5. 源码解析

本小节的实验例程在【配套光盘\04-实验例程\03-第11章　13.56 MHz高频原理机学习模块\01-ISO15693\02-写单个块\RVMDK】目录中，下面对主要函数进行讲解。

（1）寻卡。

```
status = ISO15693_Inventory (0x26,              //寻卡标志
                             0x00,              //AFI值
                             0x00,              //Mask Length
                             &cMask [0],        //Mask Value
                             &ReturnValueLen,   //返回的数据长度
                             ReturnValue);      //返回的数据首地址
```

（2）如果寻卡成功，执行写卡。

```
status = ISO15693_WriteBlock (0X22,             //写卡标志
                              CardValue,        //标签号首地址
                              1,                //写入块1
                              0,                //块数量
                              WriteData,        //要写入四位数据的首地址
                              &ReturnValueLen,  //CLRC632返回数据的长度
                              ReturnValue);     //CLRC632返回数据的首地址
```

（3）如果写卡成功，蜂鸣器鸣叫。

```
LCM_Beep ();          //蜂鸣器“嘀一声”
```

6. 实验步骤

（1）将USB A口转B口线的一端连接PC机的USB口，另一端连接J-Link仿

真器的 USB 口。

(2) 将 20P 灰色下载排线的一端连接 J-Link 仿真器，另一端连接到 13. 56 MHz 高频原理机学习模块的调试下载接口。

(3) 将 DC12 V 电源适配器的 DC12 V 接口插到 RFID 综合实验平台的电源输入接口，为电源适配器接通 AC220 V 电源，将电源总开关拨到位置【开】，为实验平台供电。

(4) 将 13. 56 MHz 高频原理机学习模块右上角的拨动开关拨到下方，为该模块接通电源，可以观察到拨动开关左侧的电源指示灯“POW_LED”正常点亮。

(5) 双击打开【配套光盘\04 - 实验例程\03 - 第 11 章 13. 56 MHz 高频原理机学习模块\01 - ISO15693\02 - 写单个块\RVMDK】目录下的“iso15693. uvproj”工程文件。

(6) 在工具栏中点击按钮，编译工程，编译成功后，信息框会出现图 11. 3. 6所示的信息。

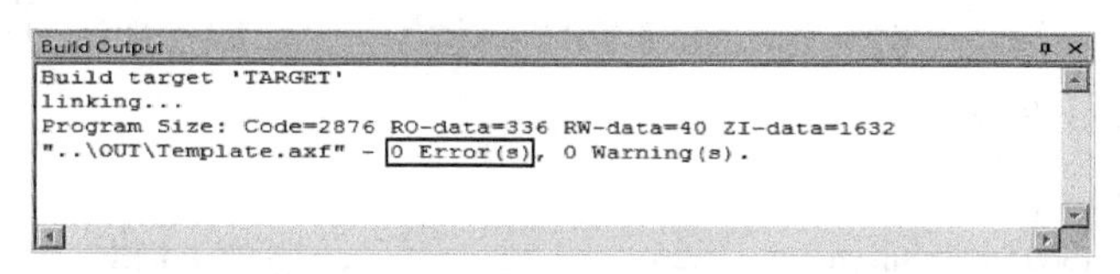

图 11. 3. 6　工程编译成功的信息框提示

(7) 参照第 2 章第 2. 4. 2. 3 节中的内容，确认与硬件调试有关的选项已设置正确。如果检测不到硬件，请参照第 2 章第 2. 4. 1. 1 节中的内容检查 J-Link 驱动是否正确安装。

(8) 点击按钮，将程序下载到 13. 56 MHz 高频原理机学习模块中。下载成功后，如果信息框显示如图 11. 3. 7 所示的信息，表明程序下载成功并已自动运行。

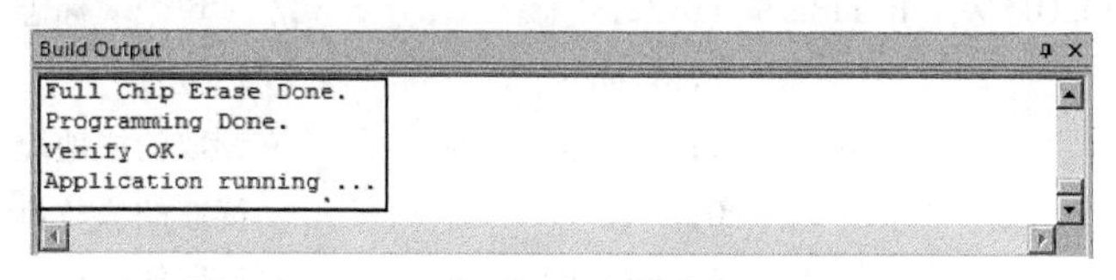

图 11. 3. 7　工程编译成功的信息提示框提示

(9) 将 15693 标签放到感应区域上方。

7. 实验现象

自动写卡成功后，可以听到蜂鸣器鸣“叫”一声。

11. 3. 3. 3　读单个块

1. 实验目的

熟练 15693 标签的读单个块操作，学会读单个块的程序开发。

2. 实验内容

自动读卡，如果读卡成功，蜂鸣器鸣叫，同时串口助手显示出读取到的4个字节数据。

3. 实验环境

（1）硬件：1个13.56 MHz高频原理机学习模块、1个J-Link仿真器、1根USB A口转B口线、1根20P灰色下载排线、1个DC12 V电源适配器、1台PC机、1根USB转串口线、1张15693标签。

（2）软件：Windows 7/XP、MDK集成开发环境、Commix10串口调试助手。

4. 实验原理

程序初始化为遵循15693协议—自动读卡—如果读卡成功—蜂鸣器鸣叫，串口调试助手显示读到的数据。

5. 源码解析

本小节的实验例程在【配套光盘\04-实验例程\03-第11章　13.56 MHz高频原理机学习模块\01-ISO15693\03-读单个块\RVMDK】目录中，下面对主要函数进行讲解。

（1）寻卡。

```
status = ISO15693_Inventory (0x26,                 //寻卡标志
                             0x00,                 //AFI值
                             0x00,                 //Mask Length
                             &cMask [0],           //Mask Value
                             &ReturnValueLen,      //返回的数据长度
                             ReturnValue);         //返回的数据首地址
```

（2）如果寻卡成功，则执行读单个块操作。

```
status = ISO15693_ReadBlock (0x22,                 //读单个块标志
                             CardValue,            //标签号
                             1,                    //读取的块地址
                             0,                    //读取的块数量
                             &ReturnValueLen,      //返回值的长度
                             ReturnValue);         //返回值存储数组的首地址
```

（3）如果读卡成功，蜂鸣器鸣叫，并且通过串口打印读出来的数据。

```
for (i = 1; i < ReturnValueLen; i + +)             //串口发送读出来的数据
{
  SendByte (ReturnValue [i]);
}
LCM_Beep ();                                       //蜂鸣器“嘀”一声
```

6. 实验步骤

（1）将 USB A 口转 B 口线的一端连接 PC 机的 USB 口，另一端连接 J-Link 仿真器的 USB 口。

（2）将 20P 灰色下载排线的一端连接 J-Link 仿真器，另一端连接到 13.56 MHz 高频原理机学习模块的调试下载接口。

（3）将 USB 转串口线的 USB 口连接到 PC 机的 USB 口上，另一端连接到 13.56 MHz 高频原理机学习模块的 USART3 接口上。

（4）将 DC12 V 电源适配器的 DC12 V 接口插到 RFID 综合实验平台的电源输入接口，为电源适配器接通 AC220 V 电源，将电源总开关拨到位置【开】，为实验平台供电。

（5）将 13.56 MHz 高频原理机学习模块右上角的拨动开关拨到下方，为该模块接通电源，可以观察到拨动开关左侧的电源指示灯“POW_LED”正常点亮。

（6）双击打开【配套光盘\04 – 实验例程\03 – 第 11 章 13.56 MHz 高频原理机学习模块\01 – ISO15693\03 – 读单个块\RVMDK】目录下的“iso15693.uvproj”工程文件。

（7）在工具栏中点击按钮，编译工程。编译成功后，信息框会出现如图 11.3.8 所示的信息。

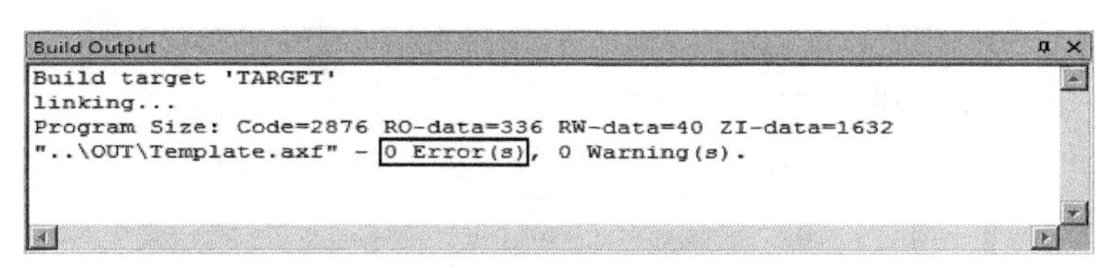

图 11.3.8　工程编译成功的信息框提示

（8）参照第 2 章第 2.4.2.3 节中的内容，确认与硬件调试有关的选项已设置正确。如果检测不到硬件，请参照第 2 章第 2.4.1.1 节中的内容检查 J-Link 驱动是否正确安装。

（9）点击按钮，将程序下载到 13.56 MHz 高频原理机学习模块中。下载成功后，如果信息框显示如图 11.3.9 所示的信息，则表明程序下载成功并已自动运行。

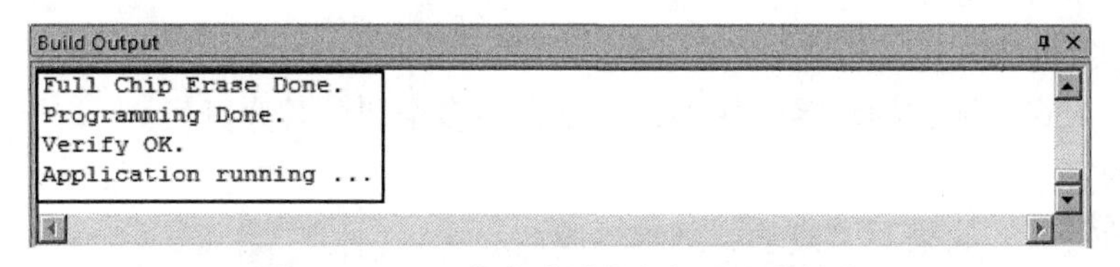

图 11.3.9　下载成功后信息框显示的信息

（10）双击打开【配套光盘\03 – 常用工具\05 – 串口调试助手】目录下的

Commix 串口调试工具，选择正确的端口号（可参照第 2 张 2. 4. 1. 2 节查看串口端号），将波特率设为 115200，点击按钮【打开串口】，成功打开串口后该按钮会变为【关闭串口】。

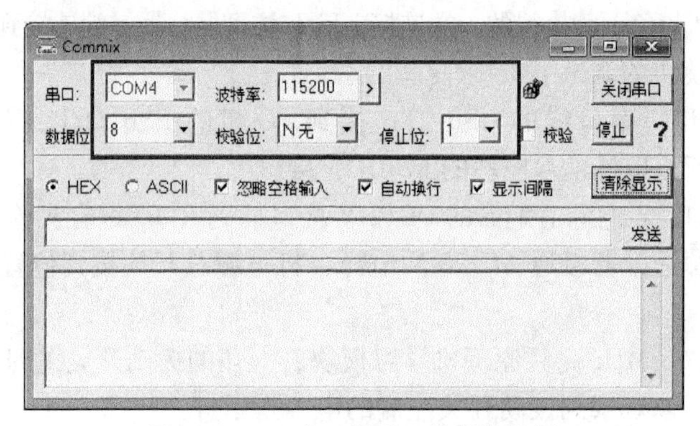

图 11. 3. 10　串口调试工具参数设置

(11) 将 15693 标签放到感应区域上方。

7. 实验现象

如果读卡成功，可以听到蜂鸣器响一声，并且观察到串口调试工具的接收区内会显示出读到的 4 个字节数据，如图 11. 3. 11 所示。

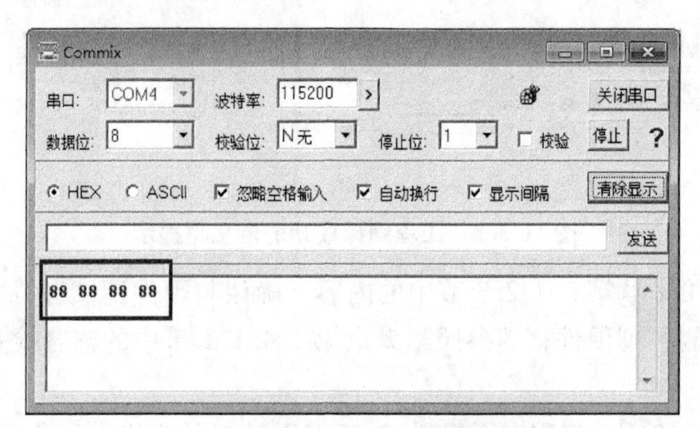

图 11. 3. 11　串口调试工具接收区信息

11. 3. 3. 4　写多个块

1. 实验目的

熟练 15693 标签的写多个块操作，学会写多个块的程序开发。

2. 实验内容

自动写卡，如果写卡成功，蜂鸣器鸣叫。

3. 实验环境

(1) 硬件：1 个 13. 56 MHz 高频原理机学习模块、1 个 J-Link 仿真器、1 根

USB A 口转 B 口线、1 根 20P 灰色下载排线、1 个 DC12V 电源适配器、1 台 PC 机、1 张15693 标签。

（2）软件：Windows 7/XP、MDK 集成开发环境。

4. 实验原理

程序初始化为遵循 15693 协议—自动写卡—如果写卡成功—蜂鸣器鸣叫。

5. 源码解析

本小节的实验例程在【配套光盘 \ 04 - 实验例程 \ 03 - 第 11 章　13.56 MHz 高频原理机学习模块 \ 01 - ISO15693 \ 04 - 写 2 个块 \ RVMDK】目录中，下面对主要函数进行讲解。

（1）寻卡。

```
status = ISO15693_Inventory (0x26,              //寻卡标志
                             0x00,              //AFI 值
                             0x00,              //Mask Length
                             &cMask [0],        //Mask Value
                             &ReturnValueLen,   //返回的数据长度
                             ReturnValue);      //返回的数据首地址
```

（2）如果寻卡成功，则执行写两个块的操作。

```
for (i=0; i<2; i++)                      //因为是写两个块，所以此处是 2
{
  status = ISO15693_WriteBlock (0X22,            //写卡标志
                                CardValue,       //标签号
                                (1+i),           //写入的块地址
                                0x00,            //写入块地址的数量
                                WriteData,       //写入数据的首地址
                                &ReturnValueLen, //CLRC632 返回的数据长度
                                ReturnValue);    //CLRC632 返回的数据首地址
}
```

（3）如果执行写两个块的操作成功，则响蜂鸣器

```
LCM_ Beep ();                 //蜂鸣器“嘀”一声
```

6. 实验步骤

（1）将 USB A 口转 B 口线的一端连接 PC 机的 USB 口，另一端连接 J-Link 仿真器的 USB 口。

（2）将 20P 灰色下载排线的一端连接 J-Link 仿真器，另一端连接到 13.56 MHz 高频原理机学习模块的调试下载接口。

（3）将 DC12 V 电源适配器的 DC12 V 接口插到 RFID 综合实验平台的电源输

入接口，为电源适配器接通AC220 V电源，将电源总开关拨到位置【开】，为实验平台供电。

(4) 将13.56 MHz高频原理机学习模块右上角的拨动开关拨到下方，为该模块接通电源，可以观察到拨动开关左侧的电源指示灯“POW_LED”正常点亮。

(5) 双击打开【配套光盘\04-实验例程\03-第11章13.56 MHz高频原理机学习模块\01-ISO15693\04-写2个块\RVMDK】目录下的“iso15693.uvproj”工程文件。

(6) 在工具栏中点击按钮，编译工程。编译成功后，信息框会出现如图11.3.12所示的信息。

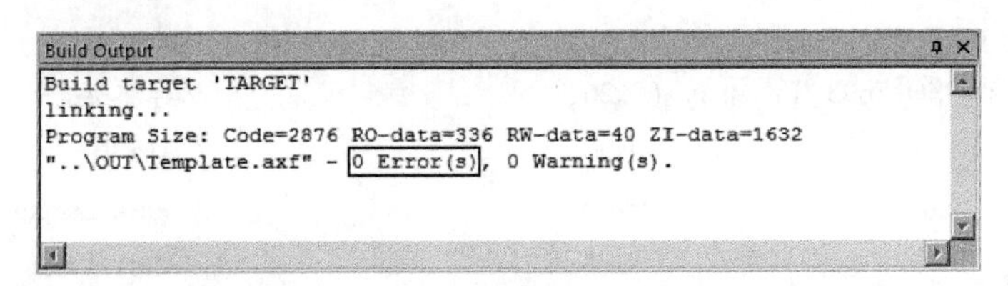

图11.3.12 工程编译成功的信息框提示

(7) 参照第2章第2.4.2.3节中的内容，确认与硬件调试有关的选项已设置正确。如果检测不到硬件，请参照第2章第2.4.1.1节中的内容检查J-Link驱动是否正确安装。

(8) 点击按钮LOAD，将程序下载到13.56 MHz高频原理机学习模块中。下载成功后，如果信息框显示如图11.3.13所示的信息，表明程序下载成功并已自动运行。

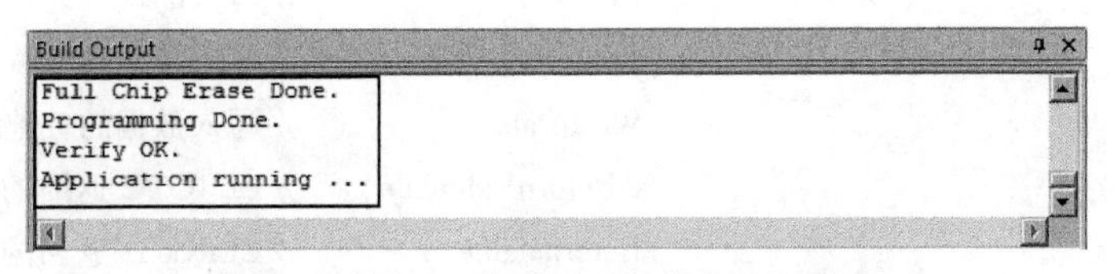

图11.3.13 下载成功后信息框显示信息

(9) 将15693标签放到感应区域上方。

7. 实验现象

自动写卡成功后，可以听到蜂鸣器鸣叫一声。

11.3.3.5 读多个块

1. 实验目的

熟练15693标签的读多个块操作，学会读多个块的程序开发。

2. 实验内容

自动读卡，如果读卡成功，蜂鸣器鸣叫，同时串口助手显示出读取到的8个字节的数据。

3. 实验环境

（1）硬件：1 个 13.56 MHz 高频原理机学习模块、1 个 J-Link 仿真器、1 根 USB A 口转 B 口线、1 根 20P 灰色下载排线、1 个 DC12 V 电源适配器、1 台 PC 机、1 根 USB 转串口线、1 张 15693 标签。

（2）软件：Windows 7/XP、MDK 集成开发环境、Commix10 串口调试助手。

4. 实验原理

程序初始化为遵循 15693 协议—自动读卡—如果读卡成功—蜂鸣器鸣叫，串口调试助手显示读到的数据。

5. 源码解析

本小节的实验例程在【配套光盘 \ 04 - 实验例程 \ 03 - 第 11 章 13.56 MHz 高频原理机学习模块 \ 01 - ISO15693 \ 05 - 读 2 个块 \ RVMDK】目录中，下面对主要函数进行讲解。

（1）寻卡。

```
status = ISO15693_Inventory ( 0x26,                //寻卡标志
                              0x00,                //AFI 值
                              0x00,                //Mask Length
                              &cMask [0],          //Mask Value
                              &ReturnValueLen,     //返回的数据长度
                              ReturnValue);        //返回的数据首地址
```

（2）如果寻卡成功，则执行读两个块的操作。

```
status = ISO15693_ReadBlock ( 0x22,                //读单个块标志
                              CardValue,           //标签号
                              1,                   //读取的块地址
                              2,                   //读取的块数量
                              &ReturnValueLen,     //返回值的长度
                              ReturnValue);        //返回值存储数组的首地址
```

（3）如果读卡成功，蜂鸣器鸣叫，并且通过串口打印读出来的 8 个字节的数据。

```
for (i = 1; i < ReturnValueLen; i + + )            //串口发送读出来的数据
{
  SendByte (ReturnValue [i]);
}
LCM_ Beep ();                                      //蜂鸣器“嘀”一声
```

6. 实验步骤

（1）将 USB A 口转 B 口线的一端连接 PC 机的 USB 口，另一端连接 J-Link 仿真器的 USB 口。

（2）将 20P 灰色下载排线的一端连接 J-Link 仿真器，另一端连接到 13.56 MHz 高频原理机学习模块的调试下载接口。

（3）将 USB 转串口线的 USB 口连接到 PC 机的 USB 口上，另一端连接到 13.56 MHz 高频原理机学习模块的 USART3 接口上。

（4）将 DC12 V 电源适配器的 DC12 V 接口插到 RFID 综合实验平台的电源输入接口，为电源适配器接通 AC 220 V 电源，将电源总开关拨到位置【开】，为实验平台供电。

（5）将 13.56 MHz 高频原理机学习模块右上角的拨动开关拨到下方，为该模块接通电源，可以观察到拨动开关左侧的电源指示灯“POW_LED”正常点亮。

（6）双击打开【配套光盘 \ 04 - 实验例程 \ 03 - 第 11 章 13.56 MHz 高频原理机学习模块 \ 01 - ISO15693 \ 05 - 读 2 个块 \ RVMDK】目录下的“iso15693.uvproj”工程文件。

（7）在工具栏中点击按钮，编译工程。编译成功后，信息框会出现图 11.3.14 所示的信息。

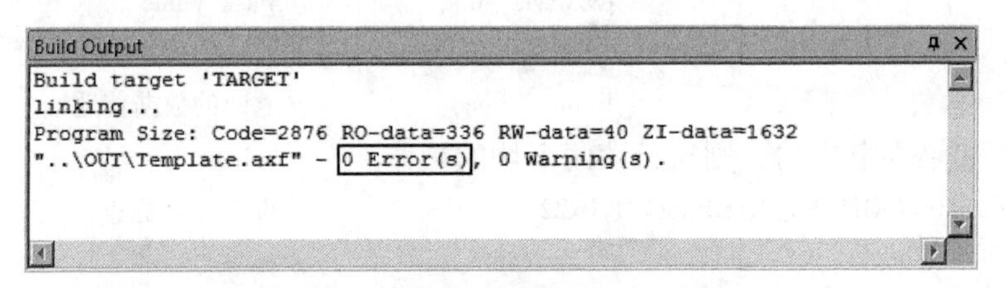

图 11.3.14　工程编译成功的信息框提示

（8）参照第 2 章第 2.4.2.3 节中的内容，确认与硬件调试有关的选项已设置正确。如果检测不到硬件，请参照第 2 章第 2.4.1.1 节中的内容检查 J-Link 驱动是否正确安装。

（9）点击按钮，将程序下载到 13.56 MHz 高频原理机学习模块中。下载成功后，如果信息框显示如图 11.3.15 所示的信息，则表明程序下载成功并已自动运行。

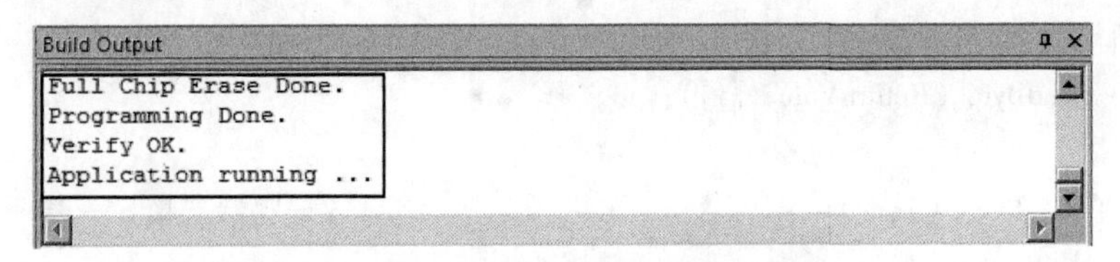

图 11.3.15　下载成功后信息框显示信息

（10）双击打开【配套光盘\03－常用工具\05－串口调试助手】目录下的 Commix 串口调试工具，选择正确的端口号（可参照第 2 章 2.4.1.2 节查看串口端号），波特率设为 115200，点击按钮【打开串口】，成功打开串口后该按钮会变为【关闭串口】，如图 11.3.16 所示。

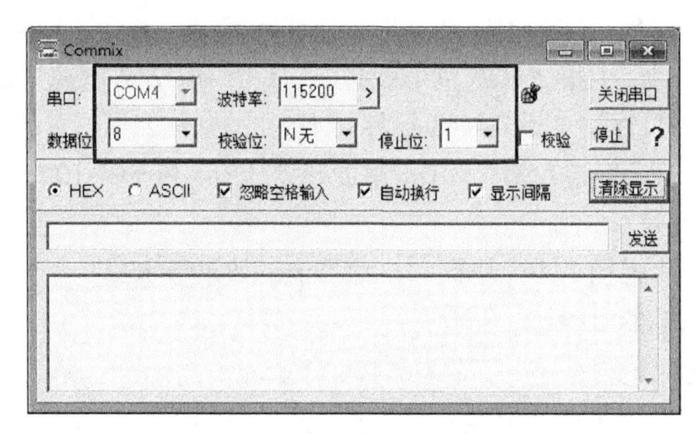

图 11.3.16　串口调试工具参数设置

（11）将 15693 标签放到感应区域上方。

7. 实验现象

如果读卡成功，会听到蜂鸣器响一声，并且观察到串口调试工具的接收区内会显示出读到的 8 个字节的数据，如图 11.3.17 所示。

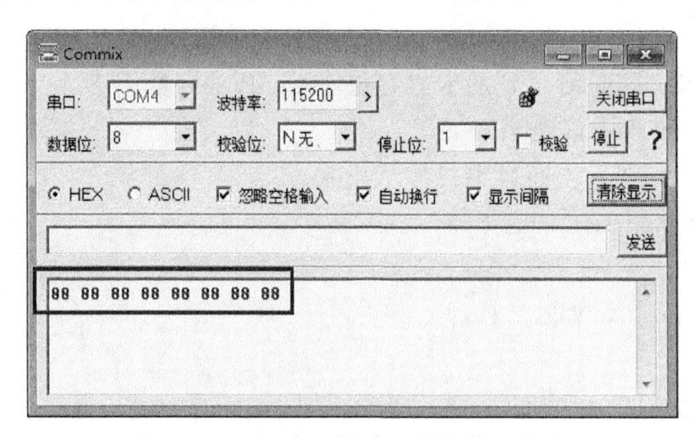

图 11.3.17　串口调试工具接收区信息

11.3.4　ISO14443 实验

11.3.4.1　寻卡

1. 实验目的

熟练 14443 标签的寻卡操作，学会寻卡的程序开发。

2. 实验内容

（1）自动寻卡，如果寻卡成功，蜂鸣器鸣叫。

（2）寻卡成功以后将寻到的标签号发送至串口。

3. 实验环境

（1）硬件：1个13.56 MHz高频原理机学习模块、1个J-Link仿真器、1根USB A口转B口线、1根20P灰色下载排线、1个DC12 V电源适配器、1台PC机、1根USB转串口线、1张14443标签。

（2）软件：Windows 7/XP、MDK集成开发环境、Commix10串口调试助手。

4. 实验原理

程序初始化为遵循14443协议—自动寻卡—如果寻卡成功—蜂鸣器鸣叫，串口调试助手显示标签ID号。

5. 源码解析

本小节的实验例程在【配套光盘\04-实验例程\03-第11章 13.56 MHz高频原理机学习模块\02-ISO14443\01-寻卡\RVMDK】目录中，下面对主要代码进行讲解。

（1）寻卡。

```
status = PcdRequest (PICC_ REQALL);                    //寻卡
```

（2）防碰撞。

```
status = PcdAnticoll (CardValue);
```

（3）选定卡，同时将寻到的卡号存储在CardValue数组中。

```
status = PcdSelect (CardValue);
```

（4）将寻到的卡号，通过串口显示出来。

```
for (i = 0; i < CardLenth; i + +)
{
  SendByte (CardValue [i]);
}
```

（5）蜂鸣器鸣叫。

```
LCM_ Beep ();
```

6. 实验步骤

（1）将USB A口转B口线的一端连接PC机的USB口，另一端连接J-Link仿真器的USB口。

（2）将20P灰色下载排线的一端连接J-Link仿真器，另一端连接到13.56 MHz高频原理机学习模块的调试下载接口。

（3）将USB转串口线的USB口连接到PC机的USB口上，另一端连接到

13. 56 MHz 高频原理机学习模块的 USART3 接口上。

（4）将 DC12 V 电源适配器的 DC12 V 接口插到 RFID 综合实验平台的电源输入接口，为电源适配器接通 AC220V 电源，将电源总开关拨到位置【开】，为实验平台供电。

（5）将 13. 56 MHz 高频原理机学习模块右上角的拨动开关拨到下方，为该模块接通电源，可以观察到拨动开关左侧的电源指示灯“POW_LED”正常点亮。

（6）双击打开【配套光盘 \ 04 - 实验例程 \ 03 - 第 11 章　13. 56 MHz 高频原理机学习模块 \ 02 - ISO14443 \ 01 - 寻卡 \ RVMDK】目录下的“iso14443. uvproj”工程文件。

（7）在工具栏中点击按钮，编译工程。编译成功后，信息框会出现如图 11. 3. 18所示的信息。

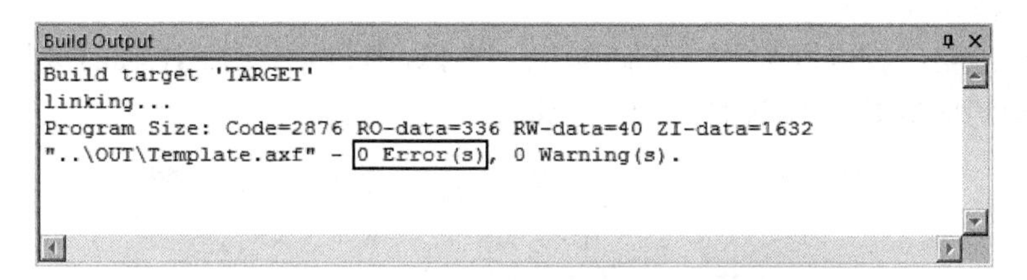

图 11. 3. 18　工程编译成功的信息框提示

（8）参照第 2 章第 2. 4. 2. 3 节中的内容，确认与硬件调试有关的选项已设置正确。如果检测不到硬件，请参照第 2 章第 2. 4. 1. 1 节中的内容检查 J-Link 驱动是否正确安装。

（9）点击按钮，将程序下载到 13. 56 MHz 高频原理机学习模块中。下载成功后，如果信息框显示如图 11. 3. 19 所示的信息，则表明程序下载成功并已自动运行。

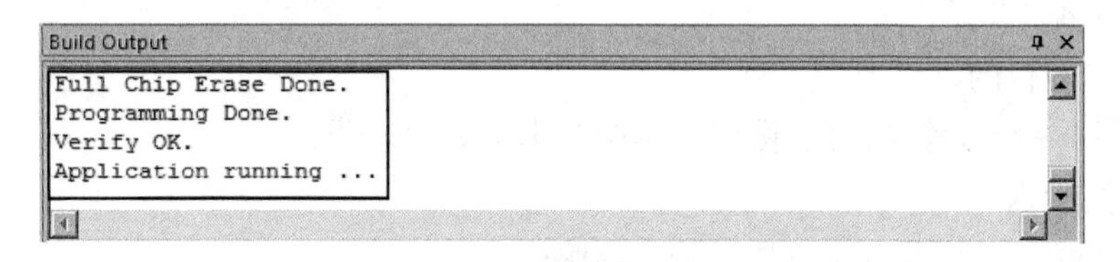

图 11. 3. 19　下载成功后信息框显示信息

（10）双击打开【配套光盘 \ 03 - 常用工具 \ 05 - 串口调试助手】目录下的 Commix 串口调试工具，选择正确的端口号（可参照 2. 4. 1. 2 节查看串口端号），将波特率设为 115200，点击按钮【打开串口】，成功打开串口后该按钮会变为【关闭串口】，如图 11. 3. 20 所示。

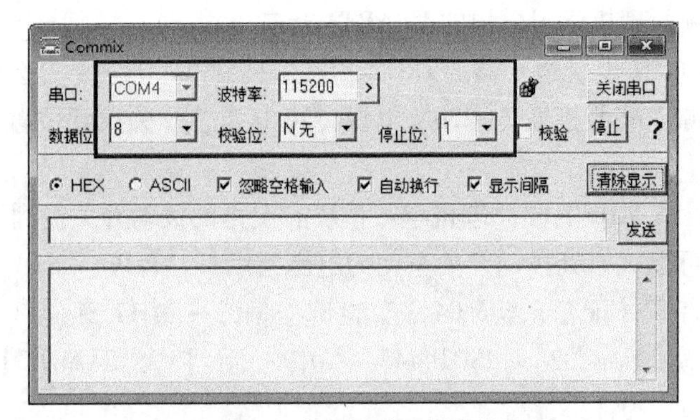

图 11.3.20　串口调试工具参数设置

（11）将 14443 标签放到感应区域上方。

7. 实验现象

寻卡成功后，可以听到蜂鸣器鸣叫，并且观察到串口调试工具的接收区内显示出寻到的标签 ID，如图 11.3.21 所示。

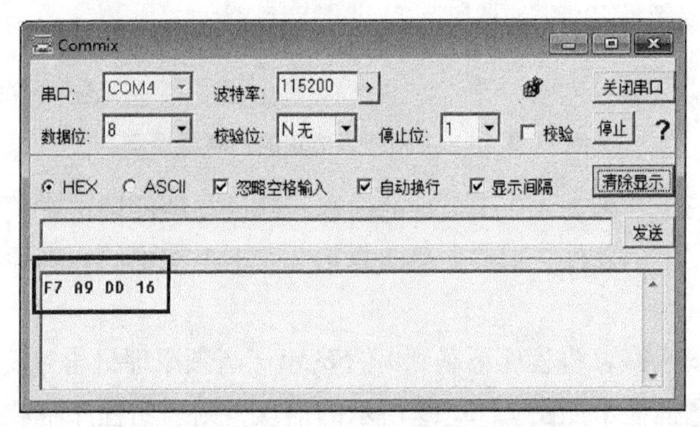

图 11.3.21　串口调试工具接收区信息

11.3.4.2　写卡

1. 实验目的

熟练 14443 标签的写卡操作，学会写卡的程序开发。

2. 实验内容

自动写卡，如果写卡成功，蜂鸣器鸣叫。

3. 实验环境

（1）硬件：1 个 13.56 MHz 高频原理机学习模块、1 个 J-Link 仿真器、1 根 USB A 口转 B 口线、1 根 20P 灰色下载排线、1 个 DC12 V 电源适配器、1 台 PC 机、1 张14443 标签。

（2）软件：Windows 7/XP、MDK 集成开发环境。

4. 实验原理

程序初始化为遵循 14443 协议—自动写卡—如果写卡成功—蜂鸣器鸣叫。

5. 源码解析

本小节的实验例程在【配套光盘 \ 04 - 实验例程 \ 03 - 第 11 章　13.56 MHz 高频原理机学习模块 \ 02 - ISO14443 \ 02 - 写卡 \ RVMDK】目录中，下面对主要代码进行讲解。

（1）寻卡。

```
status = PcdRequest (PICC_ REQALL);
```

（2）防碰撞。

```
status = PcdAnticoll (CardValue);
```

（3）选定卡。

```
status = PcdSelect (CardValue);
```

（4）密码格式转换（默认密码是 6 个字节，均为 0xFF）。

```
status = ChangeCodeKey (unkey, key);
```

（5）验证密码。

```
status = PcdAuthKey (key);
```

（6）验证扇区 1 的密码 A。

```
BlockNum = 1 * 4 + 1;                          //绝对块号 = 1 * 4，此处验证第一个扇区
status = PcdAuthState (0x60, BlockNum, CardValue);
                                               //验证密码
```

（7）写卡。

```
status = PcdWrite (BlockNum, WriteValue14443);
```

（8）如果写卡成功蜂鸣器鸣叫。

```
LCM_ Beep ();
```

6. 实验步骤

（1）将 USB A 口转 B 口线的一端连接 PC 机的 USB 口，另一端连接 J-Link 仿真器的 USB 口。

（2）将 20P 灰色下载排线的一端连接 J-Link 仿真器，另一端连接到 13.56 MHz 高频原理机学习模块的调试下载接口。

（3）将 DC12 V 电源适配器的 DC12 V 接口插到 RFID 综合实验平台的电源输入接口，为电源适配器接通 AC220 V 电源，将电源总开关拨到位置【开】，为实验平台供电。

（4）将 13.56 MHz 高频原理机学习模块右上角的拨动开关拨到下方，为该模块接通电源，可以观察到拨动开关左侧的电源指示灯“POW_ LED”正常点亮。

（5）双击打开【配套光盘 \ 04 - 实验例程 \ 03 - 第 11 章　13.56 MHz 高频

原理机学习模块\02-ISO14443\02-写卡\RVMDK】目录下的“iso14443.uvproj”工程文件。

(6) 在工具栏中点击按钮，编译工程，编译成功后，信息框会出现如图11.3.22所示的信息。

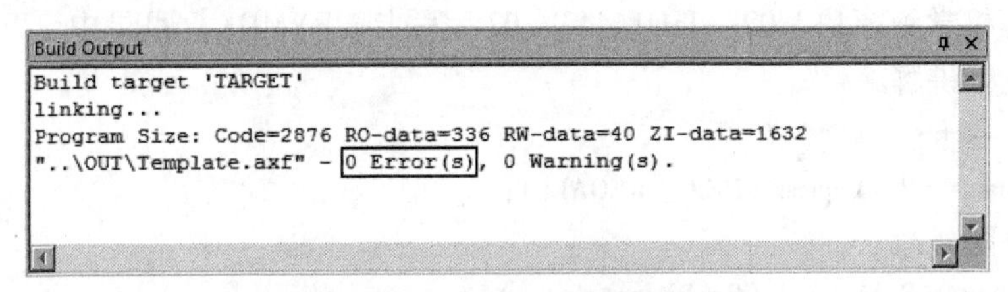

图11.3.22 工程编译成功的信息框提示

(7) 参照第1章第1.4.2.3节中的内容，确认与硬件调试有关的选项已设置正确。如果检测不到硬件，请参照第1章第1.4.1.1节中的内容检查J-Link驱动是否正确安装。

(8) 点击按钮，将程序下载到13.56 MHz高频原理机学习模块中。下载成功后，如果信息框显示如图11.3.23中所示的信息，则表明程序下载成功并已自动运行。

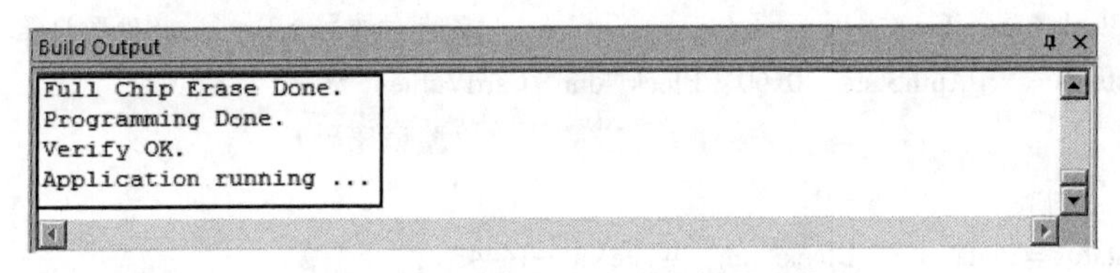

图11.3.23 下载成功后信息框显示信息

(9) 将14443标签放到感应区域上方。

7. 实验现象

自动写卡成功后，可以听到蜂鸣器鸣叫一声。

11.3.4.3 读卡

1. 实验目的

熟练14443标签的读卡操作，学会读卡的程序开发。

2. 实验内容

自动读卡，如果读卡成功，蜂鸣器鸣叫，同时串口助手显示读取到的16个字节数据。

3. 实验环境

(1) 硬件：1个13.56 MHz高频原理机学习模块、1个J-Link仿真器、1根USB A口转B口线、1根20P灰色下载排线、1个DC12 V电源适配器、1台PC

机、1 根 USB 转串口线、1 张 14443 标签。

（2）软件：Windows 7/XP、MDK 集成开发环境、Commix10 串口调试助手。

4. 实验原理

程序初始化为遵循 14443 协议—自动读卡—如果读卡成功—蜂鸣器鸣叫，串口调试助手显示读到的数据。

5. 源码解析

本小节的实验例程在【配套光盘\04 - 实验例程\03 - 第 11 章　13.56 MHz 高频原理机学习模块\02 - ISO14443\03 - 读卡\RVMDK】目录中，下面对主要函数进行讲解。

（1）寻卡。

```
status = PcdRequest (PICC_REQALL);
```

（2）防碰撞。

```
status = PcdAnticoll (CardValue);
```

（3）选定卡。

```
status = PcdSelect (CardValue);
```

（4）密码格式转换（默认密码是 6 个字节，均为 0xFF）。

```
status = ChangeCodeKey (unkey, key);
```

（5）验证密码。

```
status = PcdAuthKey (key);
```

（6）验证扇区 1 的密码 A。

```
BlockNum = 1 * 4 + 1;                //绝对块号 = 1 * 4，此处验证第一个扇区
status = PcdAuthState (0x60, BlockNum, CardValue);
                                     //验证密码
```

（7）执行读卡操作。

```
status = PcdRead (BlockNum, ReturnValue);
```

（8）如果读卡成功蜂鸣器鸣叫，并且通过串口打印读出来的 16 字节数据。

```
LCM_Beep ();
for (i = 0; i < 16; i++)
{
  SendByte (ReturnValue [i]);
}
```

6. 实验步骤

（1）将 USB A 口转 B 口线的一端连接 PC 机的 USB 口，另一端连接 J-Link 仿真器的 USB 口。

（2）将 20P 灰色下载排线的一端连接 J-Link 仿真器，另一端连接到 13.56 MHz

高频原理机学习模块的调试下载接口。

（3）将USB转串口线的USB口连接到PC机的USB口上，另一端连接到13.56 MHz高频原理机学习模块的USART3接口上。

（4）将DC 12 V电源适配器的DC12 V接口插到RFID综合实验平台的电源输入接口，为电源适配器接通AC 220 V电源，将电源总开关拨到位置【开】，为实验平台供电。

（5）将13.56 MHz高频原理机学习模块右上角的拨动开关拨到下方，为该模块接通电源，可以观察到拨动开关左侧的电源指示灯“POW_LED”正常点亮。

（6）双击打开【配套光盘\04－实验例程\03－第11章　13.56 MHz高频原理机学习模块\02－ISO14443\03－读卡\RVMDK】目录下的“iso14443.uvproj”工程文件。

（7）在工具栏中点击按钮，编译工程。编译成功后，信息框会出现如图11.3.24所示的信息。

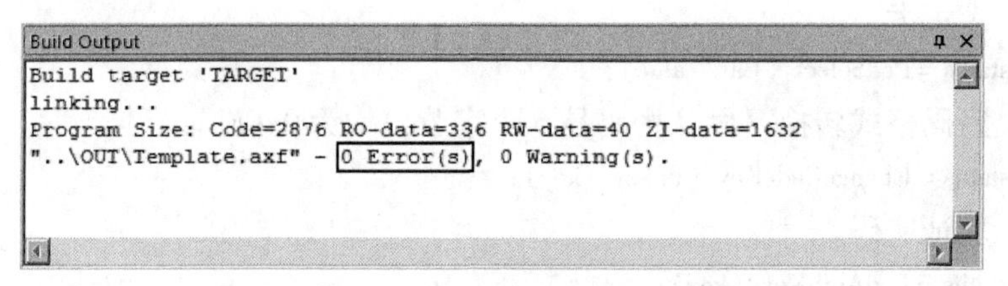

图11.3.24　工程编译成功的信息框提示

（8）参照第2章第2.4.2.3节中的内容，确认与硬件调试有关的选项已设置正确。如果检测不到硬件，请参照第2章第2.4.1.1节中的内容检查J-Link驱动是否正确安装。

（9）点击按钮，将程序下载到13.56 MHz高频原理机学习模块中。下载成功后，如果信息框显示如图11.3.25所示的信息，则表明程序下载成功并已自动运行。

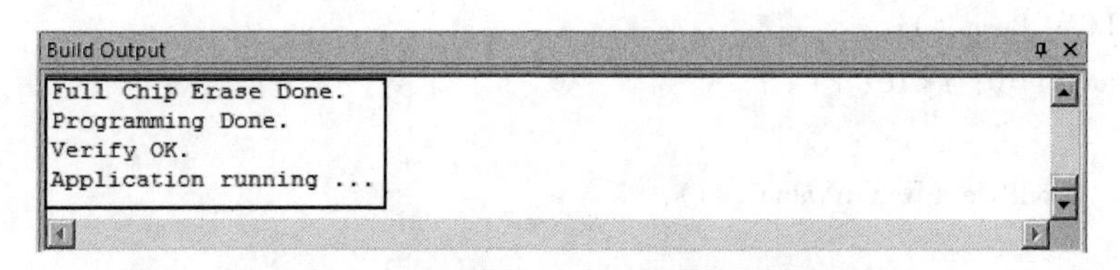

图11.3.25　下载成功后的信息框显示信息

（10）双击打开【配套光盘\03－常用工具\05－串口调试助手】目录下的Commix串口调试工具，选择正确的端口号（可参照第2章2.4.1.2节查看串口端号），将波特率设为115200，点击按钮【打开串口】，成功打开串口后该按钮会变为【关闭串口】，如图 11.3.26 所示。

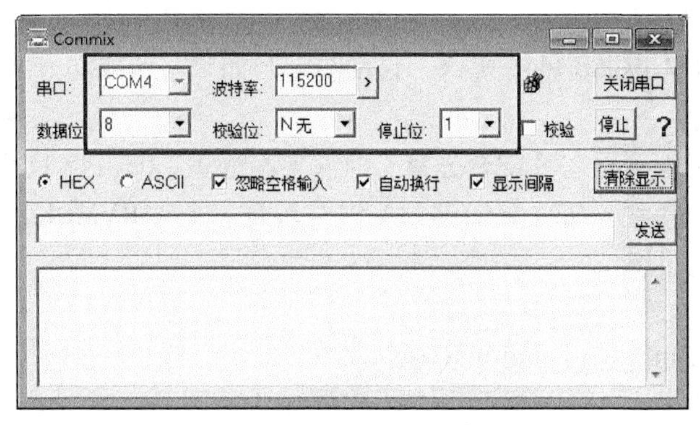

图 11.3.26　串口调试工具参数设置

(11) 将 14443 标签放到感应区域上方。

7. 实验现象

如果读卡成功，可以听到蜂鸣器响一声，并且观察到串口调试工具的接收区内会显示读到的 16 个字节数据，如图 11.3.27 所示。

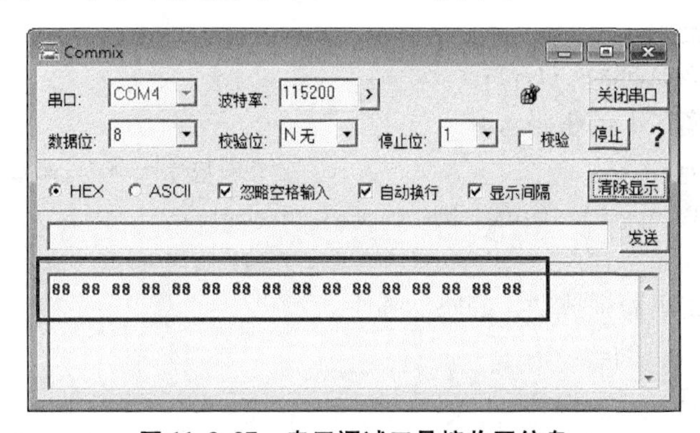

图 11.3.27　串口调试工具接收区信息

11.3.4.4　验证密码

1. 实验目的

熟练 14443 标签的验证密码操作，学会验证密码的程序开发。

2. 实验内容

自动写卡，如果写卡成功，蜂鸣器鸣叫。

3. 实验环境

(1) 硬件：1 个 13.56 MHz 高频原理机学习模块、1 个 J-Link 仿真器、1 根 USB A 口转 B 口线、1 根 20P 灰色下载排线、1 个 DC12 V 电源适配器、1 台 PC 机、1 张14443 标签。

（2）软件：Windows 7/XP、MDK集成开发环境。

4. 实验原理

程序初始化为遵循14443协议—自动写卡—如果写卡成功—蜂鸣器鸣叫。

5. 源码解析

本小节的实验例程在【配套光盘\04-实验例程\03-第11章 13.56 MHz高频原理机学习模块\02-ISO14443\04-验证密码\RVMDK】目录中，下面对主要代码进行讲解。

（1）寻卡。

```
status = PcdRequest (PICC_REQALL);
```

（2）防碰撞。

```
status = PcdAnticoll (CardValue);
```

（3）选定卡。

```
status = PcdSelect (CardValue);
```

（4）密码格式转换（默认密码是6个字节，均为0xFF）。

```
status = ChangeCodeKey (unkey, key);
```

（5）验证密码

```
status = PcdAuthKey (key);
```

（6）验证扇区1的密码A。

```
BlockNum = 1 * 4;                              //绝对块号 = 1 * 4，此处验证第一个扇区
status = PcdAuthState (0x60, BlockNum, CardValue);
                                               //验证密码。
```

（7）如果密码验证成功，蜂鸣器鸣叫。

```
LCM_Beep ();
```

6. 实验步骤

（1）将USB A口转B口线的一端连接PC机的USB口，另一端连接J-Link仿真器的USB口。

（2）将20P灰色下载排线的一端连接J-Link仿真器，另一端连接到13.56 MHz高频原理机学习模块的调试下载接口。

（3）将DC12 V电源适配器的DC12 V接口插到RFID综合实验平台的电源输入接口，为电源适配器接通AC220 V电源，将电源总开关拨到位置【开】，为实验平台供电。

（4）将13.56 MHz高频原理机学习模块右上角的拨动开关拨到下方，为该模块接通电源，可以观察到拨动开关左侧的电源指示灯“POW_LED”正常点亮。

（5）双击打开【配套光盘\04-实验例程\03-第11章 13.56 MHz高频

原理机学习模块\02－ISO14443\04－验证密码\RVMDK】目录下的“iso14443.uvproj”工程文件。

（6）在工具栏中点击按钮，编译工程，编译成功后，信息框会出现如图 11.3.28所示的信息。

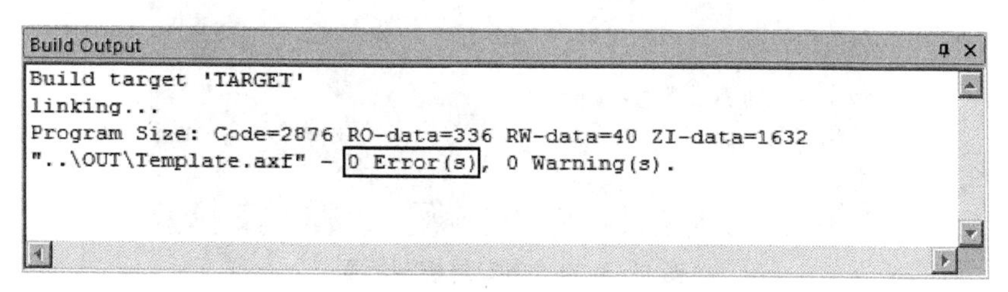

图 11.3.28　编译成功后信息框显示信息

（7）参照第 1 章第 1.4.2.3 节中的内容，确认与硬件调试有关的选项已设置正确。如果检测不到硬件，请参照第 1 章第 1.4.1.1 节中的内容检查 J-Link 驱动是否正确安装。

（8）点击按钮，将程序下载到 13.56 MHz 高频原理机学习模块中。下载成功后，如果信息框显示如图 11.3.29 所示的信息，则表明程序下载成功并已自动运行。

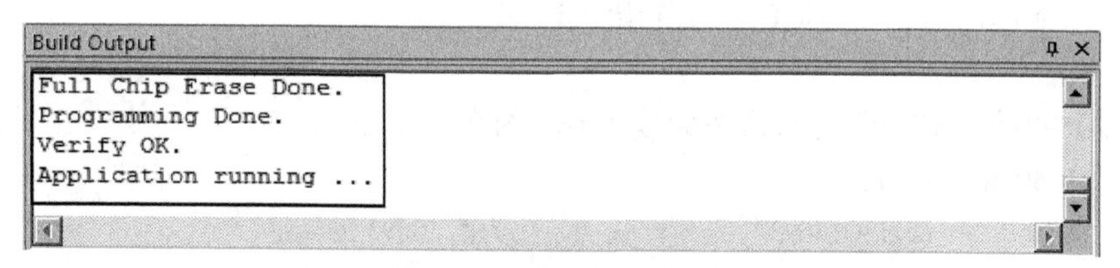

图 11.3.29　下载成功后信息框显示信息

（9）将 14443 标签放到感应区域上方。

7. 实验现象

密码验证成功后，可以听到蜂鸣器鸣叫一声。

11.3.5　综合开发

关于 13.56 MHz 高频原理机学习模块的综合开发的实验例程在【配套光盘\04－实验例程\03－第 11 章 13.56 MHz 高频原理机学习模块\03－综合开发（V2.0）\RVMDK】目录中，下面将从两个方面（串口屏控制、上位机控制该模块）的程序开发进行讲解。

11.3.5.1　串口屏控制

串口屏控制界面如图 11.3.30 所示。

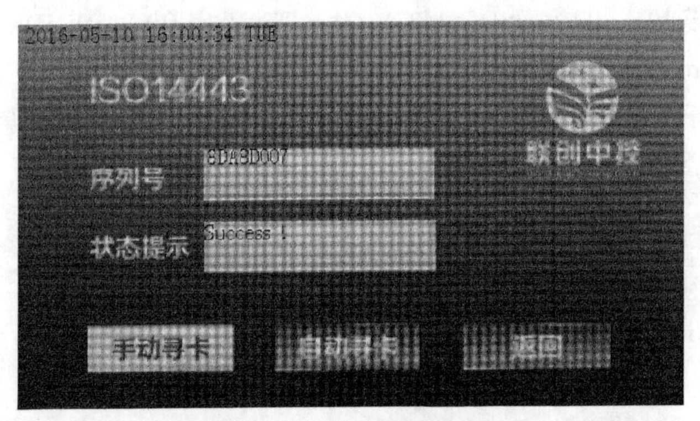

图 11.3.30　串口屏控制界面

本节以串口屏对14443标签进行寻卡为例讲解RFID功能的实现细节。

（1）进入主函数main.c，初始化片内硬件资源。

```
ChipHalInit ( );                    //片内硬件资源初始化
{
  RCC_Configuration ( );      //初始化时钟源
  GPIO_Configuration ( );     //初始化GPIO
  USART_Configuration ( ); //初始化串口
  NVIC_Configuration ( );     //初始化NVIC
}
```

（2）初始化CLRC初始状态为读15693标签的状态。

```
Rc500Ready ( );
M500PcdConfigISO15693 ( ); //默认初始化为读15693的标签
```

（3）接下来进入主循环等待用户按下手动寻卡的按钮。

```
while (1)
{
  CLRC632Process ( );
}
```

（4）因为串口屏是通过单片机的串口2与其连接的，所以当按下手动寻卡的命令，串口屏向单片机发出命令（FF 01），从而触发单片机的串口接收中断，进入函数Stm32f10x_ it.c文件中：

```
void USART2_IRQHandler (void)
```

（5）然后解析串口屏发来的信息，执行以下语句：

```
Uart_RevFlag = 1;
WhichUSART_SearchCard = 2;
CommandType = 1;
```

（6）进入 CLRC632Process 函数（main.c 文件中），因为 Uart_RevFlag = 1，WhichUSART_SearchCard = 2，CommandType = 1，所以进入以下函数段：

```
HaveInitedCard15693 = FALSE;
                                    //对 14443 操作过以后,需要对 15693 重新初始化
CardType = CARD_14443;
if(HaveInitedCard1443 == FALSE)              //第一次选择 14443 的卡,需要初始化
{
  Rc500Ready();
  HaveInitedCard1443 = TRUE;
}
if(RC530_OK)                                 //RC530 复位正常标志
{
  status = PcdRequest(PICC_REQALL);          //寻卡

  if(status! = MI_OK)
  {
    status = PcdRequest(PICC_REQALL);
  }

  if(status == MI_OK)
  {
    if((status = PcdAnticoll(CardValue1443)) == MI_OK)
                                             //防冲撞
    {
      status = PcdSelect(CardValue1443);     //选定卡
      if(! status)
      {
        CardLenth1443 = 4;
        Success_Flag = 1;
      }
      else                                   //寻卡失败
      {
        Wrong_Flag = 1;
      }
    }
      else                                   //寻卡失败
      {
```

```
                Wrong_Flag = 1;
            }
        }
        else                                        //寻卡失败
        {
            Wrong_Flag = 1;
        }
    }
    else                                            //寻卡失败
    {
        Wrong_Flag = 1;
    }
```

（7）当正确进行寻卡操作以后，卡标签号保存至 CardValue1443【4】中，并且使得 Success_ Flag = 1。

（8）进入操作成功返回函数 UartReturnSuccess（）（USART. C 文件中）中，然后进入串口屏显示函数段中，将标签 ID 显示在串口屏中。

11.3.5.2　上位机控制

本节以上位机写 15693 卡单个数据块的操作为例进行讲解。

1. 协议

上位机写单个数据块的操作协议如下：

上位机发送命令格式如表 11.3.1 所示。

表 11.3.1　上机位发送命令格式

协议帧头	节点地址	数据位长度	指令类型	数据区	校验和
FF　FE	03	Len	03	块编号 + 写入的数据	SUM

单片机返回命令格式如表 11.3.2 所示。

表 11.3.2　单片机返回命令格式

协议帧头	节点地址	数据位长度	通信错误	指令类型	数据区	校验和
FF　FE	03	00	结果标志 （00 为正常，01 为错误）	03	无	SUM

2. 上位机操作

上位机界面如图 11.3.31 所示。

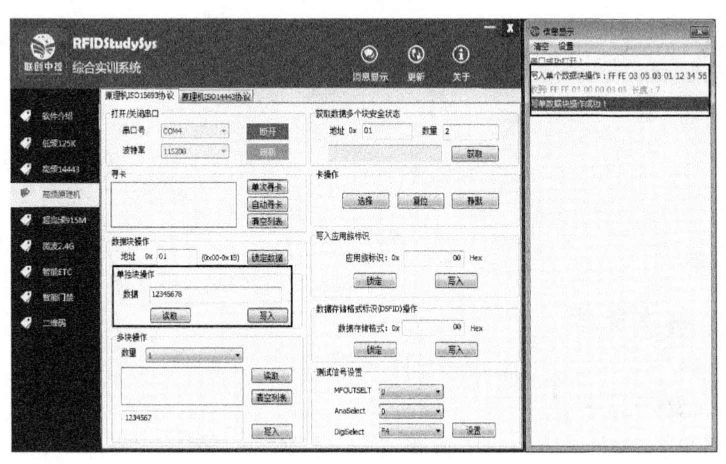

图 11.3.31　上位机界面

(1) 参照第 4 章第 4.1 节成功连接好硬件并打开串口后，输入要写入的数据，然后点击按钮【写入】。

(2) 上位机会向 STM32 的串口 3 发送串口数据（格式参照协议），如图 11.3.31中的信息显示框。

(3) STM32 接收到数据后，进入串口中断服务函数（Stm32f10x_it.c 文件中），将数据解析成功，然后执行语句 Uart_RevFlag = 1 和 WhichUSART_SearchCard = 3，并将解析得到的数据保存到数据 RxBuffer 中。

```
void  USART3_IRQHandler (void)
```

(4) 返回到主函数，并调用写单个数据块服务函数。

```
status = ISO15693_WriteBlock (0X22,          //flag
CardValue,                                   //UID
RxBuffer [5],                                //Blcok Number
0x00,                                        //Number of Blocks
&RxBuffer [6],                               //Write Data
&ReturnValueLen,
ReturnValue);
```

(5) 写操作成功以后，通过串口向上位机返回成功信息，信息显示框中显示“写单数据块操作成功!”。

第12章　13.56 MHz 高频 14443 读写模块

12.1　基本原理

12.1.1　RC522 模块

MF RC522 是高度集成的非接触式（13.56 MHz）读写卡芯片。它利用无线射频调制和解调的原理，将所有芯片卡完全集成到各种非接触式通信方法和协议中。请查看文件【配套光盘 \ 01 - 文档资料 \ 02 - 数据手册 \ 02 - 射频芯片资料 \ RC522 中文资料 . pdf】，了解关于该芯片的具体介绍。

MF RC522 利用先进的调制和解调原理，完全集成了在 13.56 MHz 下所有类型的被动非接触式通信方式和协议，支持 ISO 14443A 的多层应用。它内部的发送器部分可驱动读写器天线与 ISO 14443A/MIFARE®卡和应答机的通信，而无须其他的电路。接收器部分提供一个坚固而有效的解调和解码电路，用于处理与 ISO 14443A 兼容的应答器信号。数字部分处理 ISO 14443A 帧和错误检测（奇偶&CRC）。此外，它还支持快速 CRYPTO1 加密算法，用于验证 MIFARE 系列产品。MFRC522 支持 MIFARE®更高速的非接触式通信，双向数据传输速率高达 424 Kbit/s。

作为 13.56 MHz 高集成度读写卡系列芯片家族的新成员，MF RC522 与 MF RC500 和 MF RC530 相比有不少相似之处，同时也各具特点。它与主机间的通信采用连线较少的串行通信，且可根据不同的用户需求，选取 SPI、I2C 或串行 UART（类似 RS232）模式之一，有利于减少连线、缩小 PCB 板体积、降低成本。

MFRC522 支持 SPI、I2C、UART 接口，这里采用串口和单片机进行通信，如图 12.1.1 所示。

12.1.2　ISO 14443A 标签

ISO 14443A 射频卡采用被动式的无源高频卡片（由于被动式标签具有价格低廉、体积小巧、无须电源等优点，市场的 RFID 标签主要是被动式的），可读可写，其平面平行于天线时效果最好，垂直于天线时效果最差，耦合距离在 15 cm 左右。

这种射频标签的结构剖析图如图 12.1.2 和图 12.1.3 所示。

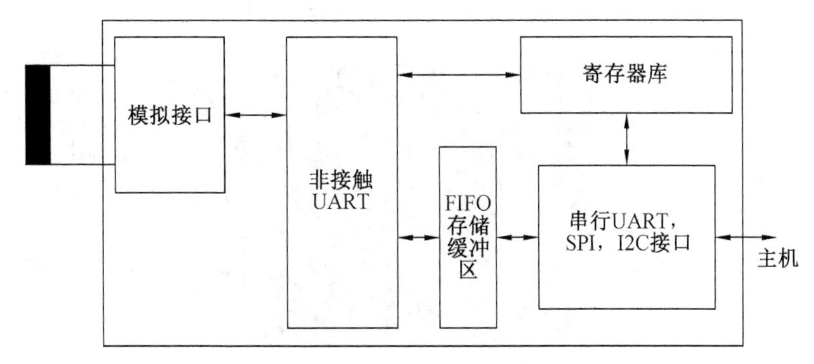

图 12.1.1　MF RC522 功能框图

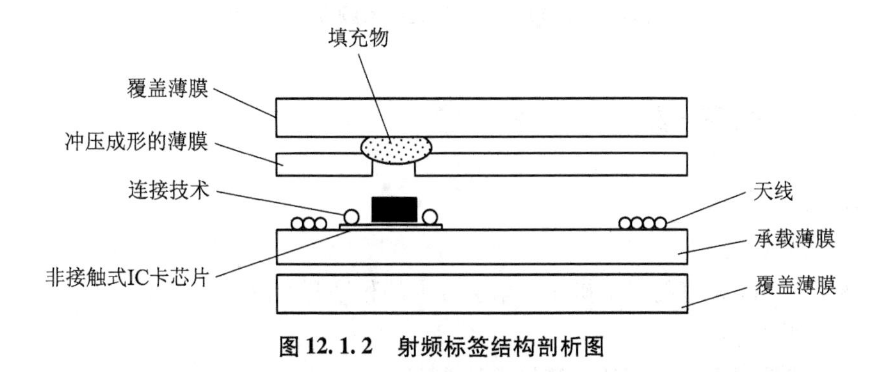

图 12.1.2　射频标签结构剖析图

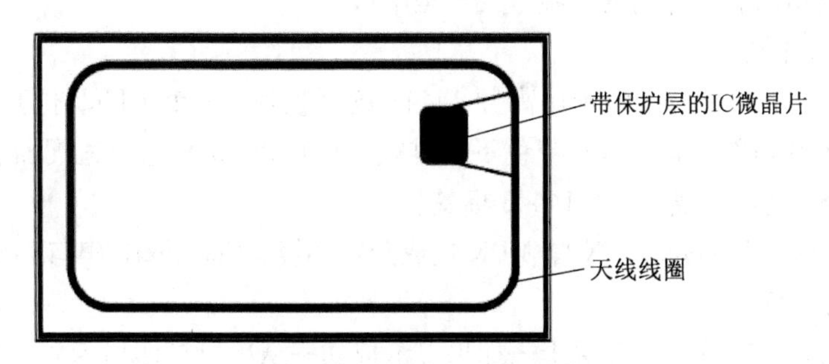

图 12.1.3　射频标签内部结构图

12.2　硬件开发

实验板 CPU 处理器采用 STM32F103C8T6，这款 CPU 有两个串口，通过串口 1 与 MFRC522 芯片通信，通过串口 2 与上位机进行通信。电路板主要的硬件资源如图 12.2.1 所示。

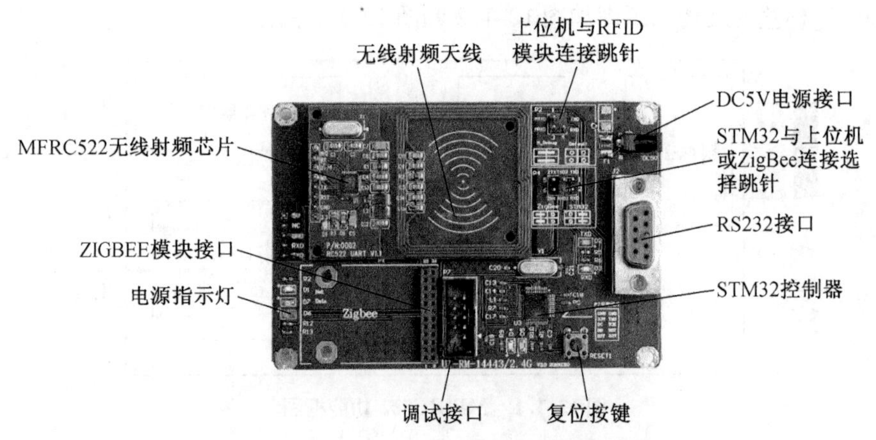

图 12.2.1 13.56 MHz 无线射频实验板硬件

12.3 程序开发

12.3.1 寻卡

1. 实验目的

熟练 14443 标签的寻卡操作，学会寻卡的程序开发。

2. 实验内容

寻卡成功以后将寻到的标签号发送至串口。

3. 实验环境

(1) 硬件：1 个 13.56 MHz 高频 14443 读写模块、1 个 J-Link 仿真器、1 根 USB A 口转 B 口线、1 根 20P 灰色下载排线、1 个 DC12 V 电源适配器、1 台 PC 机、1 根USB 转串口线、1 张 14443 标签。

(2) 软件：Windows 7/XP、MDK 集成开发环境、Commix10 串口调试助手。

4. 实验原理

程序初始化芯片—自动寻卡—如果寻卡成功—从串口打印出卡号。串口调试助手显示标签 ID 号。

5. 源码解析

本小节的实验例程在【RFID 配套光盘 \ 04 - 实验例程 \ 04 - 第 12 章 13.56 MHz 高频 14443 读写模块 \ 01 寻卡 \ Project】目录中，下面对主要代码进行讲解。

(1) 寻卡，同时将寻到的卡号存储在 CardValue 数组中。

```
state = SreachCard (SelectedSnr);
```

（2）将寻到的卡号，通过串口显示出来。

```
for (i=0; i<4; i++)
{
  USART_ SendByte (USART2, SelectedSnr [i]);
}
```

6. 实验步骤

（1）将USB A口转B口线的一端连接PC机的USB口，另一端连接J-Link仿真器的USB口。

（2）将20P灰色下载排线的一端连接J-Link仿真器，另一端连接到下载转接板上，下载转接板的SWD接口连接到14443读写模块的调试下载接口。

（3）将USB转串口线的USB口连接到PC机的USB口上，另一端连接到14443读写模块的串口上。

（4）为14443读写模块供电。

（5）双击打开【RFID配套光盘\04-实验例程\04-第12章　13.56 MHz高频14443读写模块\01　寻卡\Project】目录下的“stUICC.uvproj”工程文件。

（6）在工具栏中点击按钮，编译工程，编译成功后，信息框会出现如图12.3.1所示的信息。

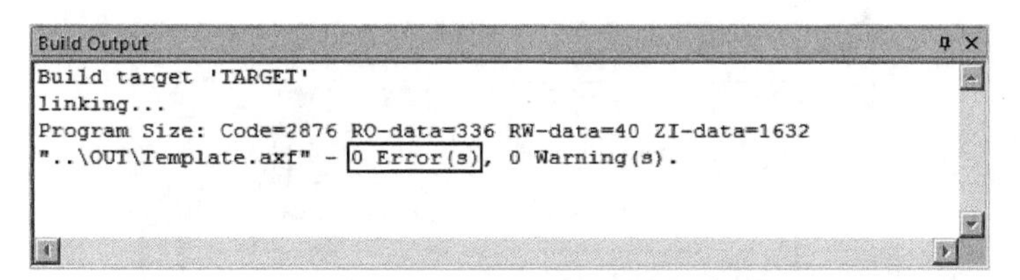

图12.3.1　工程编译成功的信息框提示

（7）参照第2章第2.4.2.3节中的内容，确认与硬件调试有关的选项已设置正确。如果检测不到硬件，请参照第2章第2.4.1.1节中的内容检查J-Link驱动是否正确安装。

（8）点击按钮，将程序下载到14443读写模块中。下载成功后，如果信息框显示图12.3.2所示的信息，表明程序下载成功并已自动运行。

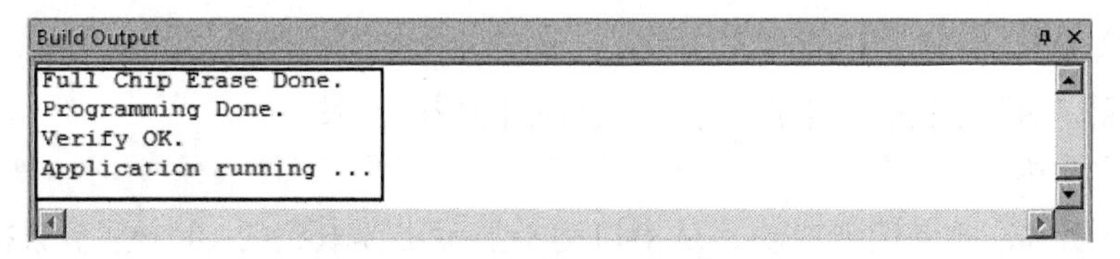

图12.3.2　下载成功后信息框显示信息

（9）双击打开【配套光盘\03－常用工具\05－串口调试助手】目录下的Commix串口调试工具，选择正确的端口号（可参照第1章1.4.1.2节查看串口端号），将波特率设为115200，点击按钮【打开串口】，成功打开串口后该按钮会变为【关闭串口】，如图12.3.3所示。

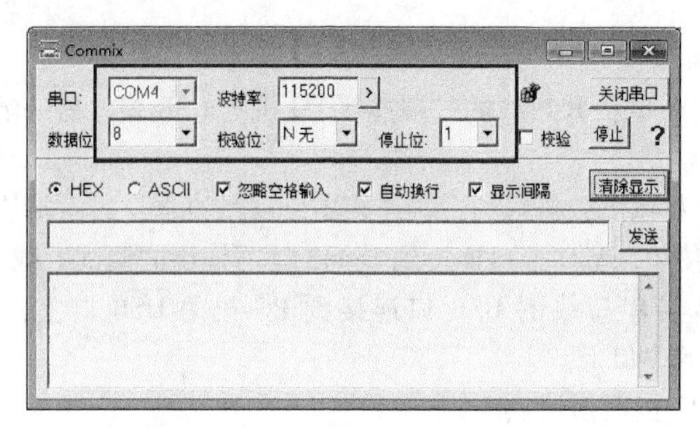

图12.3.3　串口调试工具参数设置

（10）将14443标签放到感应区域上方。

7. 实验现象

寻卡成功后观察到串口调试工具的接收区内会显示出寻到的标签ID，如图12.3.4所示。

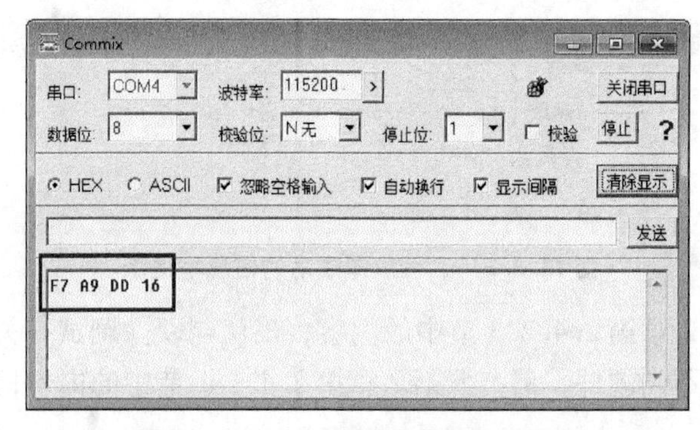

图12.3.4　串口调试工具接收区信息

12.3.2　读卡

1. 实验目的

熟练14443标签的读卡操作，学会读卡的程序开发。

2. 实验内容

自动读卡，如果读卡成功，从串口助手显示出读取到的16个字节数据。

3. 实验环境

（1）硬件：1 个 13. 56 MHz 高频 14443 读写模块、1 个 J-Link 仿真器、1 根 USB A 口转 B 口线、1 根 20P 灰色下载排线、1 个 DC 12 V 电源适配器、1 台 PC 机、1 根 USB 转串口线、1 张 14443 标签。

（2）软件：Windows 7/XP、MDK 集成开发环境、Commix10 串口调试助手。

4. 实验原理

程序初始化芯片—自动读卡—如果读卡成功—从串口打印出数据，串口调试助手显示读到的数据。

5. 源码解析

本小节的实验例程在【RFID 配套光盘 \ 04 - 实验例程 \ 04 - 第 12 章 13. 56 MHz 高频 14443 读写模块 \ 02　读卡 \ Project】目录中，下面对主要函数进行讲解。

（1）寻卡，同时将寻到的卡号存储在 CardValue 数组中。

```
state = SreachCard (SelectedSnr);
```

（2）验证扇区的密码 A。

```
status = PcdAuthState (KeyModel, BlockNum, Key, SelectedSnr);     //验证密码
```

（3）执行读卡操作。

```
status = ReadCard (SelectedSnr, StartAddrH, StartAddrL, CardReadData);
```

（4）如果读卡成功，通过串口打印读出来的 16 字节数据。

```
for (i = 0; i < 16; i + +)
{
  USART_ SendByte (USART2, CardReadData [i]);
}
```

6. 实验步骤

（1）将 USB A 口转 B 口线的一端连接 PC 机的 USB 口，另一端连接 J-Link 仿真器的 USB 口。

（2）将 20P 灰色下载排线的一端连接 J-Link 仿真器，另一端连接到下载转接板上，下载转接板的 SWD 接口连接到 14443 读写模块的调试下载接口。

（3）将 USB 转串口线的 USB 口连接到 PC 机的 USB 口上，另一端连接到 14443 读写模块的串口口上。

（4）为 14443 读写模块供电。

（5）双击打开【RFID 配套光盘 \ 04 - 实验例程 \ 04 - 第 12 章 13. 56 MHz 高频 14443 读写模块 \ 02 读卡 \ Project】目录下的“stUICC. uvproj”工程文件。

（6）在工具栏中点击按钮，编译工程，编译成功后，信息框会出现如

图 12. 3. 5所示的信息。

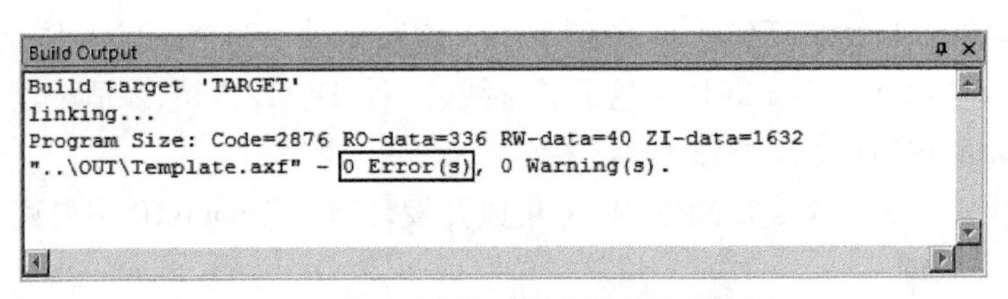
Build Output
Build target 'TARGET'
linking...
Program Size: Code=2876 RO-data=336 RW-data=40 ZI-data=1632
"..\OUT\Template.axf" - 0 Error(s), 0 Warning(s).

图 12. 3. 5　工程编译成功的信息框提示

（7）参照第 2 章第 2. 4. 2. 3 节中的内容，确认与硬件调试有关的选项已设置正确。如果检测不到硬件，请参照第 2 章第 2. 4. 1. 1 节中的内容检查 J-Link 驱动是否正确安装。

（8）点击按钮，将程序下载到 14443 读写模块中。下载成功后，如果信息框显示如图 12. 3. 6 所示的信息，表明程序下载成功并已自动运行。

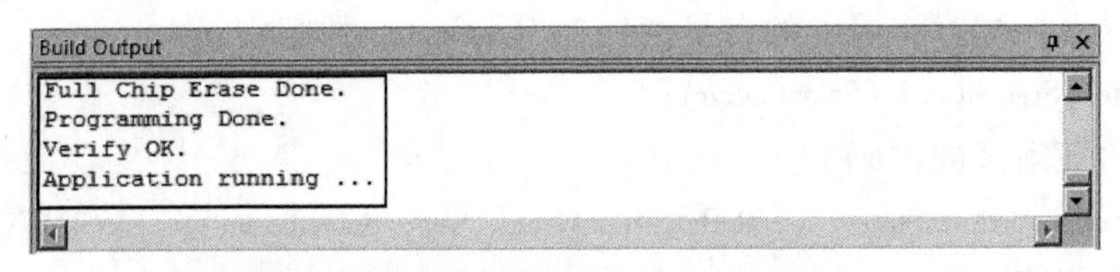
Build Output
Full Chip Erase Done.
Programming Done.
Verify OK.
Application running ...

图 12. 3. 6　下载成功后信息框显示信息

（9）双击打开【配套光盘\03 – 常用工具\05 – 串口调试助手】目录下的 Commix 串口调试工具，选择正确的端口号（可参照第 1 章 1. 4. 1. 2 节查看串口端号），将波特率设为 115200，点击按钮【打开串口】，成功打开串口后该按钮会变为【关闭串口】，如图 12. 3. 7 所示。

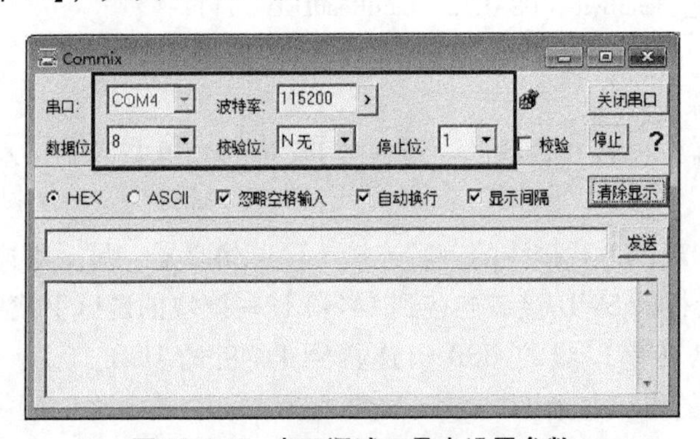

图 12. 3. 7　串口调试工具中设置参数

（10）将 14443 标签放到感应区域上方。

7. 实验现象

如果读卡成功，观察到串口调试工具的接收区内会显示出读到的 16 个字节数据，如图 12.3.8 所示。

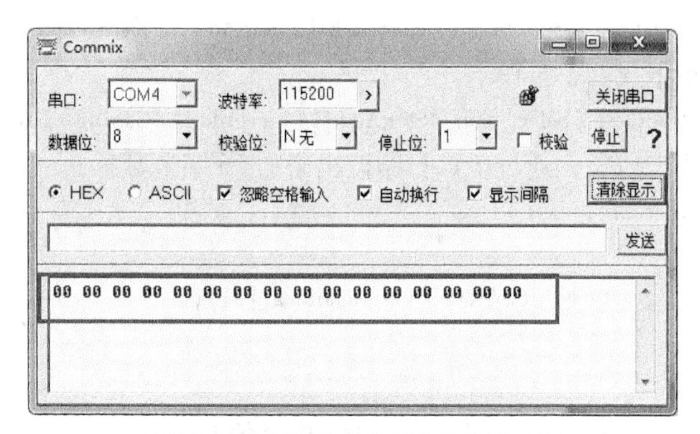

图 12.3.8　串口调试工具接收区信息

12.3.3　写卡

1. 实验目的

熟练 14443 标签的写卡操作，学会写卡的程序开发。

2. 实验内容

自动写卡，如果写卡成功，再进行读卡，如果读卡成功，从串口助手显示出读取到的 16 个字节数据。

3. 实验环境

（1）硬件：1 个 13.56 MHz 高频 14443 读写模块、1 个 J-Link 仿真器、1 根 USB A 口转 B 口线、1 根 20P 灰色下载排线、1 个 DC12 V 电源适配器、1 台 PC 机、1 张14443 标签。

（2）软件：Windows 7/XP、MDK 集成开发环境。

4. 实验原理

程序初始化芯片—自动写卡—如果写卡成功—读卡—如果读卡成功—从串口打印出数据，串口调试助手显示读到的数据。

5. 源码解析

本小节的实验例程在【RFID 配套光盘 \ 04 - 实验例程 \ 04 - 第 12 章 13.56 MHz 高频 14443 读写模块 \ 03　写卡 \ Project】目录中，下面对主要代码进行讲解。

（1）寻卡，同时将寻到的卡号存储在 CardValue 数组中。

```
state = SreachCard (SelectedSnr);
```

（2）验证扇区的密码 A。

```
status = PcdAuthState (KeyModel, BlockNum, Key, SelectedSnr);        //验证密码
```

（3）写卡。

```
status = WriteCard (SelectedSnr, StartAddrH, StartAddrL, CardWriteData);
```

（4）如果写卡成功，再读卡。

```
status = ReadCard (SelectedSnr, StartAddrH, StartAddrL, CardReadData);
```

（5）如果读卡成功，通过串口打印读出来的16字节数据。

```
for (i = 0; i < 16; i++)
{
  USART_SendByte (USART2, CardReadData [i]);
}
```

6. 实验步骤

（1）将USB A口转B口线的一端连接PC机的USB口，另一端连接J-Link仿真器的USB口。

（2）将20P灰色下载排线的一端连接J-Link仿真器，另一端连接到下载转接板上，下载转接板的SWD接口连接到14443读写模块的调试下载接口。

（3）将USB转串口线的USB口连接到PC机的USB口上，另一端连接到14443读写模块的串口。

（4）为14443读写模块供电。

（5）双击打开【RFID配套光盘\04-实验例程\04-第12章　13.56 MHz高频14443读写模块\03　写卡\Project】目录下的“stUICC.uvproj”工程文件。

（6）在工具栏中点击按钮，编译工程，编译成功后，信息框会出现如图12.3.9所示的信息。

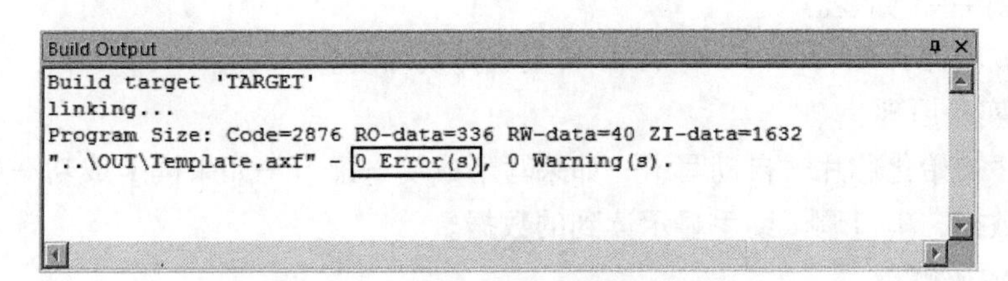

图12.3.9　工程编译成功的信息框提示

（7）参照第2章第2.4.2.3节中的内容，确认与硬件调试有关的选项已设置正确。如果检测不到硬件，请参照第2章第2.4.1.1节中的内容检查J-Link驱动是否正确安装。

（8）点击按钮，将程序下载到13.56 MHz高频原理机学习模块中。下载成功后，如果信息框显示如图12.3.10所示的信息，则表明程序下载成功并已自动运行。

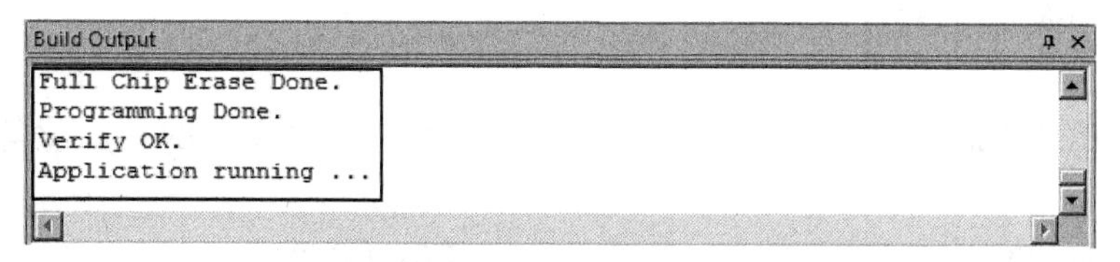

图 12.3.10　下载成功后信息框显示信息

（9）将 14443 标签放到感应区域上方。

7. 实验现象

自动写卡成功后，并且如果读卡成功，观察到串口调试工具的接收区内会显示读到的 16 个字节数据，如图 12.3.11 所示。

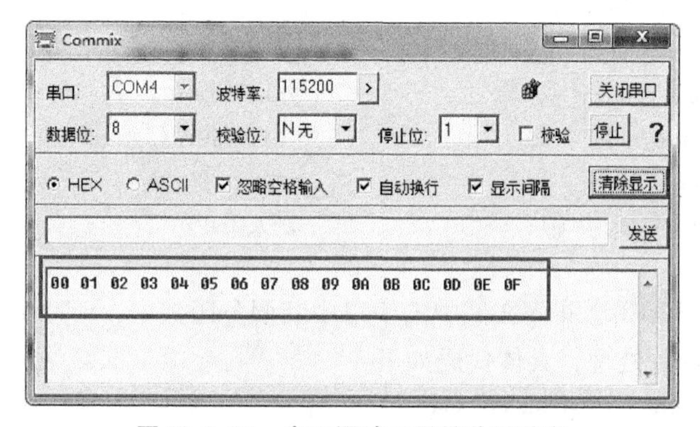

图 12.3.11　串口调试工具接收区信息

12.4　综合程序开发

该模块的工程文件在【配套光盘 \ 04 – 实验例程 \ 04 – 第 12 章　13.56 MHz 高频 14443 读写模块 \ Project】目录中，下面对主要代码进行讲解。

本节以上位机寻卡操作为例讲解程序的实现，其他的操作与此类似。

（1）STM32 的初始化包括以下代码中对应的几个操作：

```
void STM32_Init (void)                        //STM32 初始化
{
  RCC_Configuration ();                       //时钟的初始化
  Delayms (100);                              //等待时钟稳定
  USARTInit ();                               //串口初始化
  timer3_initial ();                          //定时器的初始化用于喂狗
  NVIC_Configuration ();                      //中断向量初始化
  LED_config ();                              //指示 LED 灯初始化
```

```
    Delayms (150);
}
```

（2）RC522芯片的初始化包括：串口的初始化、寄存器的初始化等，代码如下：

```
void  RC522_Init (void)                    //RC522初始化
{
    PcdReset ();                           //RC522复位
    USARTInit ();                          //重新修改STM32串口的波特率
    PcdAntennaOff ();                      //天线重启
    Delayms (10);
    PcdAntennaOn ();
    M500PcdConfigISOType ('A');            //RC522寄存器的配置
    Delayms (100);                         //LED指示
    Led_Turn_on_1 ();                      //打开指示灯
    Delayms (100);
    Led_Turn_off_1 ();                     //关闭指示灯
}
```

（3）在stm32f10x_ it. c文件中的串口中断服务函数中，STM32接收到上位机串口命令以后进行处理，具体代码如下：

```
void  USART2_IRQHandler(void)
{
    u8 RecvChar = 0;
    u8 i = 0;
    u16 time;

    if(USART_GetITStatus(USART2, USART_IT_RXNE) != RESET)
    {
      for(i = 0;i < 40;i ++)
      {
        time = 1500;
        while((time) && (! (USART_GetITStatus (USART2,USART_IT_RXNE))))
        {
          time --;
        }
        if(time == 0)
        {
          Uart_RevLEN = i;             //保存接收到的串口数据字节数
```

```
          Uart_RevFlag = 1;              //数据有效标志位
          return;
        }
        USART_ClearITPendingBit(USART2,USART_IT_RXNE);
        RecvBuf[i] = USART_ReceiveData(USART2);
        switch(i)
        {
          case 0:
          {
            if(RecvBuf[0]! =0xff)
            return;
            break;
          }
          case 1:
          {
            if(RecvBuf[1]! =0xfe)
            return;
            break;
          }
          case 2:
          {
            if(RecvBuf[2]! =0x02)
            return;
            break;
          }
          default:  break;
        }
      }
    }
  }
```

（4）在主函数中，判断接收到的命令如果是寻卡命令，则执行寻卡操作。

```
status = SreachCard (SelectedSnr);    //包含寻卡和防碰撞两个操作，成功后返回四
                                      //字节的卡序号
```

（5）如果寻卡操作成功，则置 Success_Flag = 1；如果操作失败，则置 Wrong_Flag = 1。

```
if (status == MI_OK)
{
```

```
    Wrong_Value = 0;
    Search_Sum = 0;
    Success_Flag = 1;
    FrameLen = 4;
}
else                                        //寻卡操作失败
{
    Wrong_Flag = 1;
    Wrong_Value = SEARCH_ERROR;
}
```

(6) 操作完成以后向串口返回信息

```
if (Wrong_Flag)
{
    Wrong_Flag = 0;
    USART_WrongSend (USART2);
}
if (Success_Flag)
{
    Success_Flag = 0;
    USART_SendOneFrameData (USART2);
}
```

第13章 915 MHz 超高频读写模块

13.1 基本原理

13.1.1 VUM9000X02 模块

VUM9000X02 是一款微型特高频（UHF-Ultra High Frequency）RFID 读写器模块，尺寸仅为 25 mm × 35 mm，可嵌入桌面型或手持式设备中，具有体积小巧、功耗低、识别稳定等优点。产品支持 IS0 18000-6C/EPC GEN2 空中接口协议，兼容北美、欧洲、日本、韩国、中国等多个区域频段要求，可满足桌面型发卡器、手持机、POS 机、RFID 打印机等诸多应用。

VUM9000X02 模块的主芯片采用 PHYCHIPS 公司的 PR9000。PR9000 是目前唯一的特高频 UHF 单 SOC 解决方案。

VUM9000X02 模块内部集成读卡、写卡等功能，通过对其串口的操作即可完成相关功能的实现。具体通信协议请参照文件【配套光盘 \ 01 - 文档资料 \ 04 - 通信协议 \ RFID 综合实验平台串口通信协议 V1. 0. pdf】。

13.1.2 915 MHz 标签

标签（Tag）：由耦合元件及芯片组成，每个 RFID 标签具有唯一的电子编码，附着在物体上标识目标对象，俗称电子标签或智能标签。

RFID 工作原理：标签进入磁场后，接收解读器发出的射频信号，凭借感应电流所获得的能量发送出存储在芯片中的产品信息，这种标签被称为无源标签或被动标签（Passive Tag），或者主动发送某一频率的信号，这种标签被称为有源标签或主动标签（Active Tag）。解读器读取信息并解码后，送至中央信息系统进行有关数据处理。

RFID 电子标签的分类：

（1）根据是否有源分为有源标签、无源标签和半有源半无源标签。

（2）根据电子标签的工作频率，RFID 可以分为以下几类：

① 低频段电子标签。其工作频率范围为 30 ~ 300 kHz。典型工作频率有 125 kHz、133 kHz（也有其他接近的频率，如 TI 使用 134. 2 kHz）。低频标签一般为无源

标签。

② 中高频段电子标签。中高频段电子标签的工作频率一般为3～30 MHz，典型工作频率为13.56 MHz。从射频识别应用角度来说，该频段的电子标签因其工作原理与低频标签完全相同，即采用电感耦合方式工作，所以宜将其归为低频标签。另外，根据无线电频率的一般划分，它的工作频段又称为高频，所以也常将其称为高频标签。

③ 超高频与微波标签。超高频与微波频段的电子标签，简称为微波电子标签，它的典型工作频率为433.92 MHz、862（902）～928 MHz、2.45 GHz、5.8 GHz。微波电子标签可分为有源标签与无源标签两类。工作时，电子标签位于阅读器天线辐射场的远区场内，标签与阅读器之间的耦合方式为电磁耦合方式。阅读器天线辐射场为无源标签提供射频能量，将有源标签唤醒。相应的射频识别系统阅读距离一般大于1 m，典型情况为4～7 m，最大可达10 m以上。阅读器天线一般为定向天线，只有在其定向波束范围内的电子标签才可被读/写。

915 MHz射频卡采用被动式的无源高频卡片，可读可写，其平面平行于天线时效果最好，垂直于天线时效果最差，耦合距离在15 cm左右。这种射频卡在用户（USER）区可以保存64个字节的数据。

13.2 硬件开发

该模块通过STM32单片机对VUM9000X02模块复杂的串口协议进行封装，使最终面向用户的是一个简单的串口操作，结合通信协议，可以很方便地通过串口和其他设备连接起来。

VUM9000X02模块共有38个控制引脚，915 MHz超高频读写模块只使用了其中的一些供电引脚和其他5个引脚，分别是27-RXD（串口接收）、28-TXD（串口发送）、29-VCC3.3（供电引脚）、36-RF（射频天线）、11-模块复位引脚。

其中，915 MHz超高频读写模块的CPU处理器采用的是STM32F103C8T6。这款CPU有两个串口，串口1用来和VUM9000X02模块通信，串口2用来和上位机进行通信。电路板主要的硬件资源如图13.2.1所示。

13.3 程序开发

13.3.1 代码结构

每个功能的源程序工程中，代码结构都类似，如图13.3.1所示。

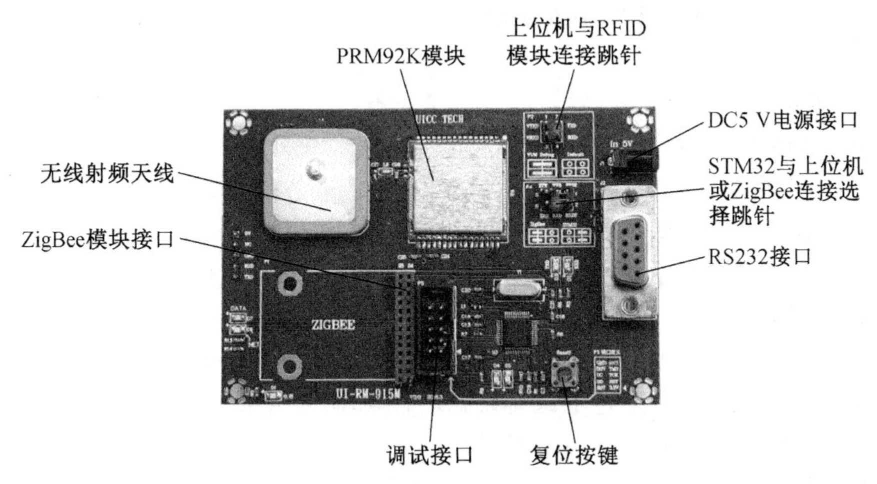

图 13.2.1　915 MHz 超高频读写模块

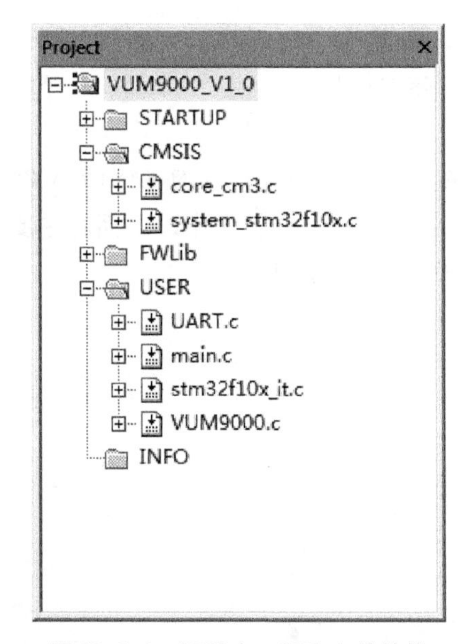

图 13.3.1　源程序工程和文件结构

其中，USER 组中是一些用户经常编辑的代码文件，FWLib 组是 ST 官方提供的函数库，其他文件可以暂时不了解。USER 组中，UART. c 中主要存放的是串口的初始化函数和串口打印功能函数；main. c 存放的是主执行函数；stm32f10x_ it. c 中存放的是中断的服务程序，包括串口的接收等都是在本文件中；VUM9000. c 中存放的是 VUM9000 的 RFID 功能实现函数。

13.3.2 ISO/IEC 18000-6 实现

13.3.2.1 寻卡

1. 实验目的

熟练 915 MHz 标签的寻卡操作，学会寻卡的程序开发。

2. 实验内容

（1）自动寻卡，如果寻卡成功，则 D4 指示灯闪烁。

（2）寻卡成功以后，将寻到的标签号通过串口上传到上位机。

3. 实验环境

（1）硬件：1 个 915 MHz 超高频读写模块、1 个 J-Link 仿真器、1 根 USB A 口转 B 口线、1 根 20P 灰色下载排线、1 个 DC12 V 电源适配器、1 台 PC 机、1 根USB 转串口线、1 张 915 MHz 标签。

（2）软件：Windows 7/XP、MDK 集成开发环境、Commix10 串口调试助手。

4. 实验原理

初始化串口—初始化指示灯—自动寻卡—如果寻卡成功—D4 指示灯闪烁，并且串口调试助手显示标签 ID 号。

5. 源码解析

本小节的实验例程在【配套光盘 \ 04 - 实验例程 \ 05 - 第 13 章　915 MHz 超高频读写模块 \ 01 - 寻卡 \ Object】目录中，下面对主要函数进行讲解。

（1）初始化控制 LED 指示灯的 IO 口。

```
LED_Init ();
```

（2）配置串口。

```
VUMInit ();
```

（3）进入主循环。

```
while (1)
{
  VUM_Delay (1000);                                   //寻卡周期
  VUM_Process ();
}
```

（4）执行寻卡操作。

```
status = GetMultipleRead (CardNum, &NumLenth);        //执行寻卡操作
if (status == V_TRUE)                                 //寻卡成功
  {
  DataLenth = NumLenth;
  Success_Flag = 1;
  }
```

```
else                                                    //寻卡失败
 {
  Wrong_Flag = 1;
  Wrong_Value = SEARCH_ERROR;
 }
```

（5）如果寻卡成功，控制绿色指示灯闪烁，并且通过串口向上位机上传标签号。

```
if (Success_Flag)                                       //寻卡成功
{
  Success_Flag = 0;

  LED0 = 0; VUM_Delay (100); LED0 = 1;                  //D4 闪烁
  for (i = 0; i < NumLenth; i ++ )                      //串口显示标签 ID
   {
    TestSendData (CardNum [i]);
   }
}
```

6. 实验步骤

（1）确认跳线块的连接方式：P2 跳针不接，连接 P4 跳针（TXD—TXD2，RXD—RXD2），如图 13.3.2 所示。

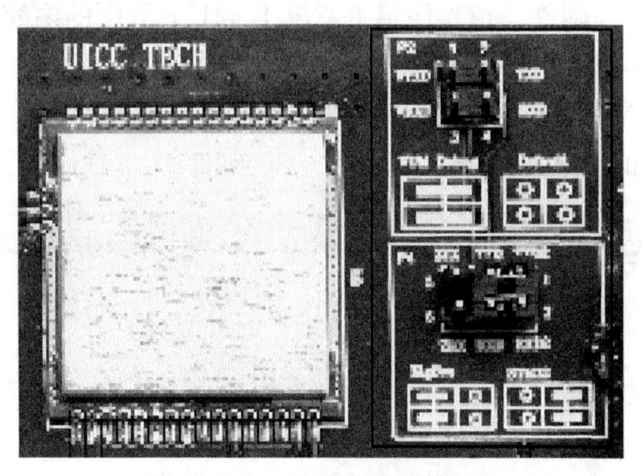

图 13.3.2　跳线块的连接方式

（2）确认将 915 MHz 超高频读写模块安装在底板的 Module3 区域或其他区域。

（3）将 USB A 口转 B 口线的一端连接 PC 机的 USB 口，另一端连接 J-Link 仿真器的 USB 口。

（4）将20P灰色下载排线的一端连接J-Link仿真器，另一端连接到915 MHz超高频读写模块的调试接口。

（5）将USB转串口线的USB口连接到PC机的USB口上，另一端连接到915 MHz超高频读写模块的RS232接口上。

（6）将DC12 V电源适配器的DC12 V接口插到RFID综合实验平台的电源输入接口，为电源适配器接通AC220 V电源，将电源总开关拨到位置【开】，为实验平台供电，模块上的电源指示灯点亮。

（7）双击打开【配套光盘\04－实验例程\05－第13章　915 MHz超高频读写模块\01－寻卡\Object】目录下的“PR9200.uvproj”工程文件。

（8）在工具栏中点击按钮，编译工程，编译成功后，信息框会出现如图13.3.3所示的信息。

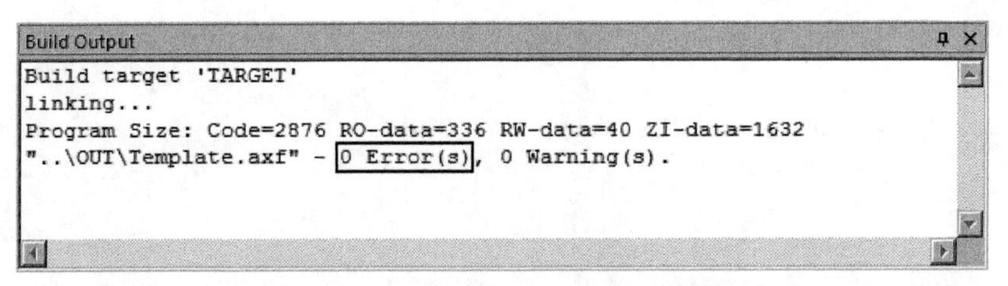

图13.3.3　工程编译成功的信息框提示

（9）参照第1章第1.4.2.3节中的内容，确认与硬件调试有关的选项已设置正确。如果检测不到硬件，请参照第1章第1.4.1.1节中的内容检查J-Link驱动是否正确安装。

（10）点击按钮，将程序下载到915 MHz超高频读写模块中。下载成功后，如果信息框显示如图13.3.4所示的信息，则表明程序下载成功并已自动运行。

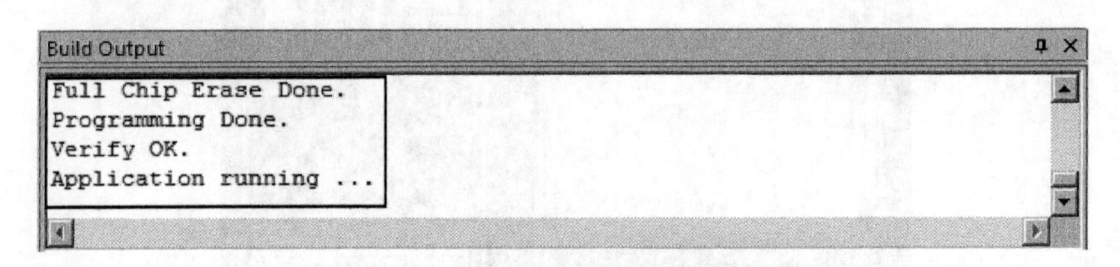

图13.3.4　下载成功后信息框显示信息

（11）双击打开【配套光盘\03－常用工具\05－串口调试助手】目录下的Commix串口调试工具，选择正确的端口号（可参照第1章1.4.1.2节查看串口端号），将波特率设为19200，点击按钮【打开串口】，成功打开串口后该按钮会变为【关闭串口】，如图13.3.5所示。

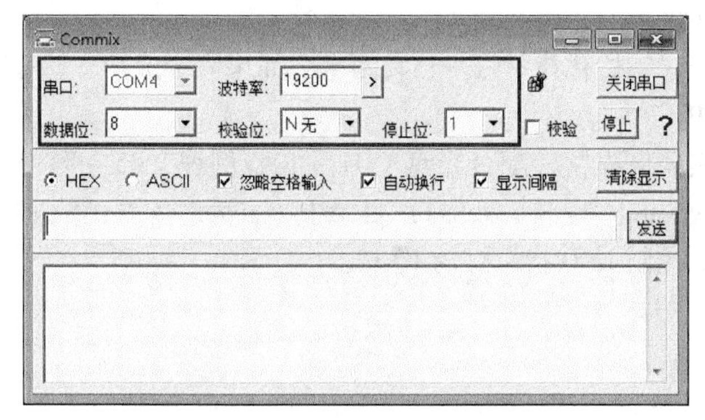

图 13.3.5　串口调试工具中设置参数

（12）将 915 MHz 标签放到感应区域上方。

7. 实验现象

寻卡成功后，可以观察到串口调试工具的接收区内会显示出寻到的标签 ID，如图 13.3.6 所示，并且观察到 D4 指示灯闪烁一次。

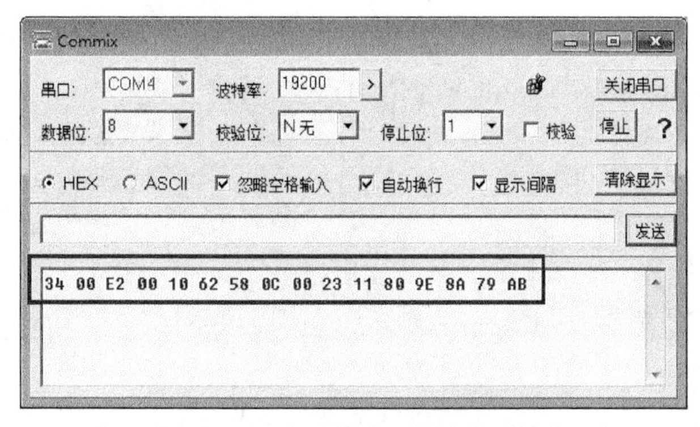

图 13.3.6　串口调试工具接收区信息

13.3.2.2　写卡

1. 实验目的

熟练 915 MHz 标签的写卡操作，学会写卡的程序开发。

2. 实验内容

自动写卡，如果写卡成功，D4 指示灯闪烁。

3. 实验环境

（1）硬件：1 个 915 MHz 超高频读写模块、1 个 J-Link 仿真器、1 根 USB A 口转 B 口线、1 根 20P 灰色下载排线、1 个 DC12 V 电源适配器、1 台 PC 机、1 张915 MHz 标签。

（2）软件：Windows 7/XP、MDK 集成开发环境。

4. 实验原理

初始化串口—初始化指示灯—自动写卡—如果写卡成功—D4 指示灯闪烁。

5. 源码解析

本小节的实验例程在【配套光盘\04 - 实验例程\05 - 第 13 章　915 MHz 超高频读写模块\02 - 写卡\Object】目录中，下面对主要函数进行讲解。

（1）初始化控制 LED 指示灯的 IO 口。

```
LED_Init ();
```

（2）配置串。

```
VUMInit ();
```

（3）进入主循环。

```
while (1)
{
  VUM_Delay (2000);                          //写卡延时
  VUM_Process ();
}
```

（4）执行写卡操作［在用户区从 0 地址开始写入 8 字节数据（8 个 0x88）］。

```
status = WriteTagMEM(3,0,8,WriteData);    //在用户区,0 起始地址写入 8 字
                                          //节数据(8 个 0x88)
if(status == V_TRUE)                      //写卡成功
{
DataLenth = 0;
  Success_Flag = 1;
}
else                                      //写卡失败
{
  Wrong_Flag = 1;
  Wrong_Value = WRITE_ERROR;
}
```

（5）如果写卡成功，D4 指示灯闪烁。

```
if (Success_Flag)                         //写卡成功
{
  Success_Flag = 0;
  LED0 = 0; VUM_Delay (100); LED0 = 1;    //闪烁绿灯
}
```

6. 实验步骤

（1）确认跳线块的连接方式：P2 跳针不接，连接 P4 跳针（TXD—TXD2，RXD—RXD2），如图 13.3.7 所示。

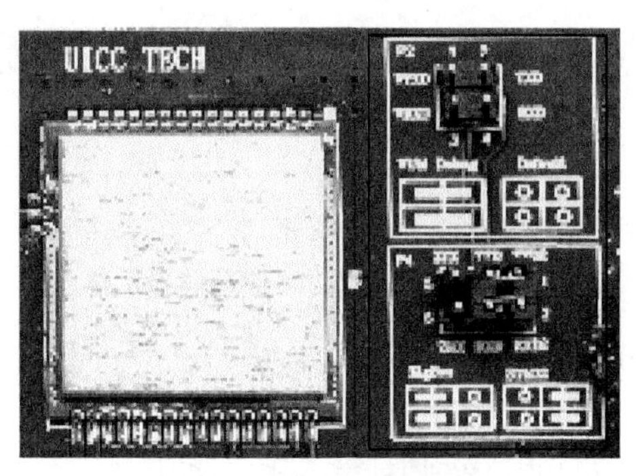

图 13.3.7　跳线块的连接方式

（2）确认将 915 MHz 超高频读写模块安装在底板的 Module3 区域或其他区域。

（3）将 USB A 口转 B 口线的一端连接 PC 机的 USB 口，另一端连接 J-Link 仿真器的 USB 口。

（4）将 20P 灰色下载排线的一端连接 J-Link 仿真器，另一端连接到 915 MHz 超高频读写模块的调试接口。

（5）将 DC12 V 电源适配器的 DC12 V 接口插到 RFID 综合实验平台的电源输入接口，为电源适配器接通 AC220 V 电源，将电源总开关拨到位置【开】，为实验平台供电，模块上的电源指示灯点亮。

（6）双击打开【配套光盘 \ 04 - 实验例程 \ 05 - 第 13 章　915 MHz 超高频读写模块 \ 02 - 写卡 \ Object】目录下的“PR9200. uvproj”工程文件。

（7）在工具栏中点击按钮，编译工程，编译成功后，信息框会出现如图 13.3.8所示的信息。

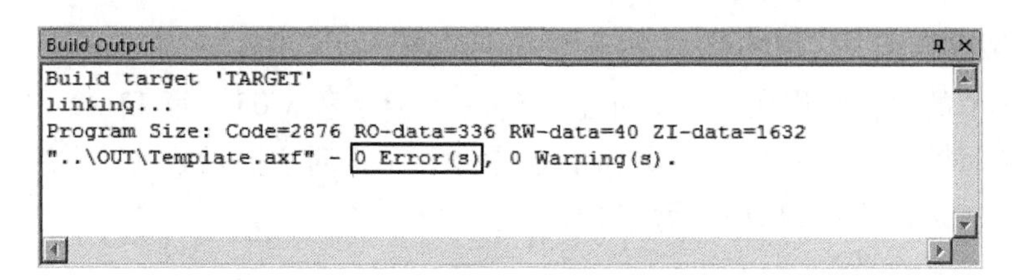

图 13.3.8　工程编译成功的信息框提示

（8）参照第 1 章第 1.4.2.3 节中的内容，确认与硬件调试有关的选项已设置正确。如果检测不到硬件，请参照第 1 章第 1.4.1.1 节中的内容检查 J-Link 驱动是否正确安装。

（9）点击按钮，将程序下载到915 MHz超高频读写模块中。下载成功后，如果信息框显示图13.3.9中所示的信息，则表明程序下载成功并已自动运行。

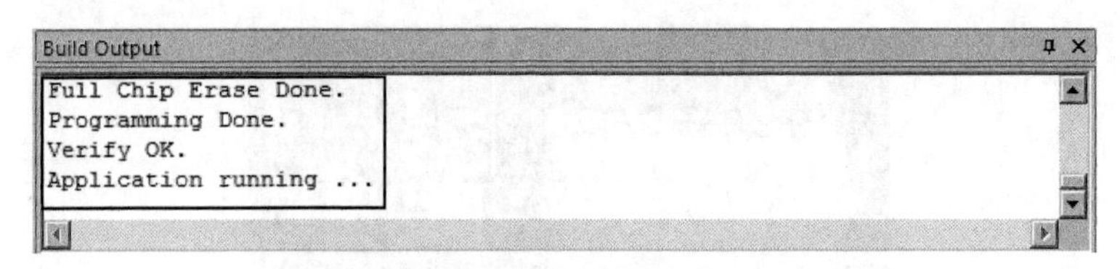

图13.3.9　下载成功后信息框显示信息

（10）将915 MHz标签放到感应区域上方。

7. 实验现象

自动写卡成功后，可以观察到D4指示灯闪烁一次。

13.3.2.3　读卡

1. 实验目的

熟练915 MHz标签的读卡操作，学会读卡的程序开发。

2. 实验内容

（1）自动读卡，如果读卡成功，则D4指示灯闪烁。

（2）读卡成功以后，将读到的数据通过串口上传到上位机。

3. 实验环境

（1）硬件：1个915 MHz超高频读写模块、1个J-Link仿真器、1根USB A口转B口线、1根20P灰色下载排线、1个DC12 V电源适配器、1台PC机、1根USB转串口线、1张915 MHz标签。

（2）软件：Windows 7/XP、MDK集成开发环境、Commix10串口调试助手。

4. 实验原理

初始化串口—初始化指示灯—自动读卡—如果读卡成功—D4指示灯闪烁，并且串口调试助手显示读到的数据。

5. 源码解析

本小节的实验例程在【配套光盘\04-实验例程\05-第13章　915 MHz超高频读写模块\03-读卡\Object】目录中，下面对主要函数进行讲解。

（1）初始化控制LED指示灯的IO口。

```
LED_Init();
```

（2）配置串口。

```
VUMInit();
```

（3）进入主循环。

```
while (1)
{
  VUM_Delay (1000);                           //读卡延时
  VUM_Process ();
}
```

(4) 执行读卡操作，读取用户区，从 0 地址开始 8 字节的数据。

```
status = ReadTagMEM (3, 0, 8, ReadData);      //读卡操作，读取用户区，从 0
                                              //地址开始，读取 8 个字节
if (status == V_TRUE)                         //读卡成功
{
  DataLenth = 8;
  Success_Flag = 1;
}
else                                          //读卡失败
{
  Wrong_Flag = 1;
}
```

(5) 如果读卡成功，闪烁绿色指示灯，并且串口显示读出来的 8 字节数据。

```
if (Success_Flag)                             //读卡成功
{
  Success_Flag = 0;
  for (i = 0; i < 8; i++)                     //串口显示读取的 8 字节数据
  {
    TestSendData (ReadData [i]);
  }
  LED0 = 0; VUM_Delay (100); LED0 = 1;        //D4 闪烁
}
```

6. 实验步骤

(1) 确认跳线块的连接方式：P2 跳针不接，连接 P4 跳针 (TXD—TXD2, RXD—RXD2)，如图 13.3.10 所示。

(2) 然后确认将 915 MHz 超高频读写模块安装在底板的 Module3 区域或其他区域。

(3) 将 USB A 口转 B 口线的一端连接 PC 机的 USB 口，另一端连接 J-Link 仿真器的 USB 口。

(4) 将 20P 灰色下载排线的一端连接 J-Link 仿真器，另一端连接到 915 MHz 超高频读写模块的调试接口。

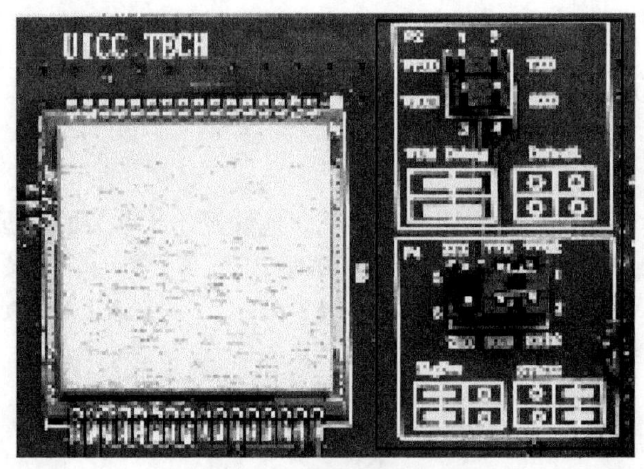

图 13.3.10　跳线块的连接方式

（5）将USB转串口线的USB口连接到PC机的USB口上，另一端连接到915 MHz超高频读写模块的RS232接口上。

（6）将DC12 V电源适配器的DC12 V接口插到RFID综合实验平台的电源输入接口，为电源适配器接通AC220 V电源，将电源总开关拨到位置【开】，为实验平台供电，模块上的电源指示灯点亮。

（7）双击打开【配套光盘\04－实验例程\05－第13章　915 MHz超高频读写模块\03－读卡\Object】目录下的“PR9200.uvproj”工程文件。

（8）在工具栏中点击按钮，编译工程，编译成功后，信息框会出现如图13.3.11所示的信息。

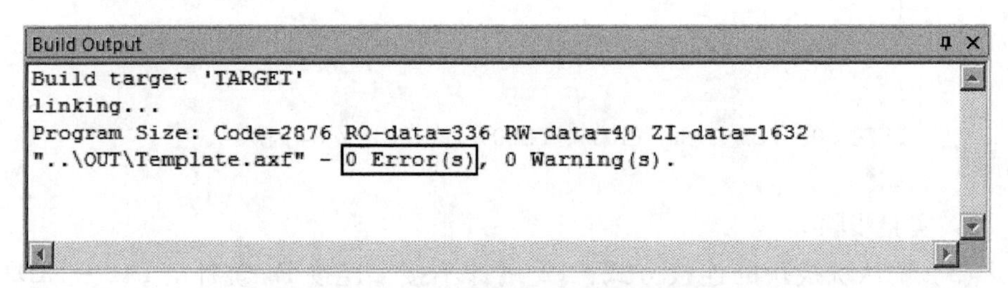

图 13.3.11　工程编译成功的信息框提示

（9）参照第1章第1.4.2.3节中的内容，确认与硬件调试有关的选项已设置正确。如果检测不到硬件，请参照第1章第1.4.1.1节中的内容检查J-Link驱动是否正确安装。

（10）点击按钮，将程序下载到915 MHz超高频读写模块中。下载成功后，如果信息框显示图13.3.12中所示的信息，则表明程序下载成功并已自动运行。

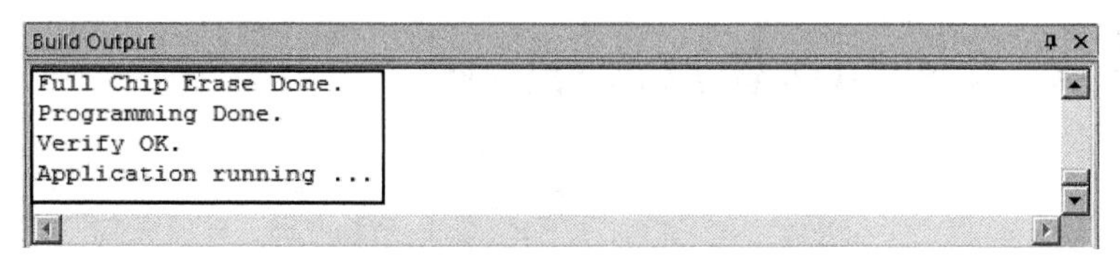

图 13.3.12　下载成功后信息框显示信息

（11）双击打开【配套光盘\03－常用工具\05－串口调试助手】目录下的 Commix 串口调试工具，选择正确的端口号（可参照第 2 章 2.4.1.2 节查看串口端号），波特率设为 19200，点击按钮【打开串口】，成功打开串口后该按钮会变为【关闭串口】，如图 13.3.13 所示。

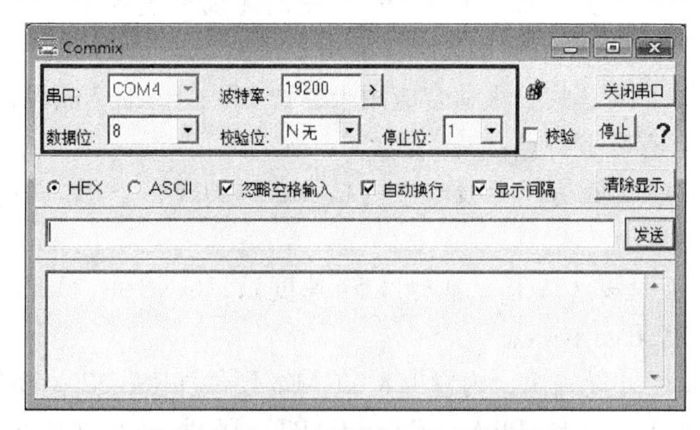

图 13.3.13　串口调试工具中设置参数

（12）将 915 MHz 标签放到感应区域上方。

7. 实验现象

读卡成功后，可以观察到 D4 指示灯闪烁一次，并且观察到串口调试工具的接收区内会显示出读到的 8 字节数据，如图 13.3.14 所示。

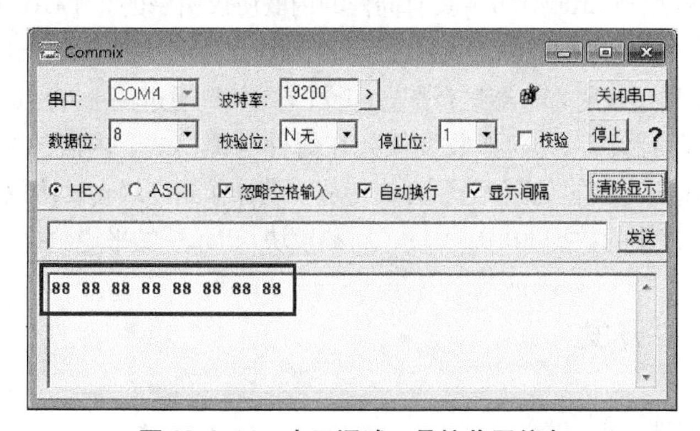

图 13.3.14　串口调试工具接收区信息

第14章　2.4 GHz 微波读写模块

14.1　基本原理

nRF24LE1 射频收发器采用了 Nordic 最新的无线和超低功耗技术，是在一个极小封装中集成了包括 2.4 GHz 无线传输、增强型 51 Flash 高速单片机、丰富外设及接口的单片 Flash 芯片，很适合应用于各种 2.4 GHz 的产品设计。

nRF24LE1 具有以下特点：

① 内嵌 2.4 GHz 低功耗无线收发内核 nRF24L01P，空中速率有 250 kbit/s、1 Mbit/s、2 Mbit/s。

② 高性能 51 内核（12 倍工业标准 51 速度），16 KBytes Flash，1 KByte data RAM，1 KByte NV data RAM。

③ 具有丰富的外设资源，内置 128 bit AES 硬件加密，32 位硬件乘除协处理器，6 ~ 12 位 ADC，两路 PWM，I2C，UART，硬件随机数产生器件，WDT，RTC，模拟比较器。

④ 提供 QFN24、QFN32、QFN48 多种封装，提供灵活的应用选择。

⑤ 灵活高效的开发手段，支持 Keil C、ISP 下载，是开发无线外设、RFID、无线数传等有力的工具及平台。

nRF24LE1 使用与 nRF24L01 + 具有同样的内嵌协议引擎的 2.4 GHz GFSK 收发器。射频收发器工作于 2.4000 ~ 2.4835 GHz 的 ISM 频段，尤其适用于超低功耗无线应用。射频收发器模块通过映射寄存器进行配置和操作。MCU 通过一个专用的片上 SPI 接口可以访问这些寄存器，无论射频收发器处在何种电源模式。内嵌的协议引擎（Enhanced Shock Burst）允许数据包通信并支持从手动操作到高级自发协议操作的各种模式。射频收发器模块的数据 FIFOs 保证了射频模块与 MCU 的平稳数据流。

14.2　硬件开发

14.2.1　硬件资源介绍

2.4 GHz 微波读写模块主要的硬件资源如图 14.2.1 所示。

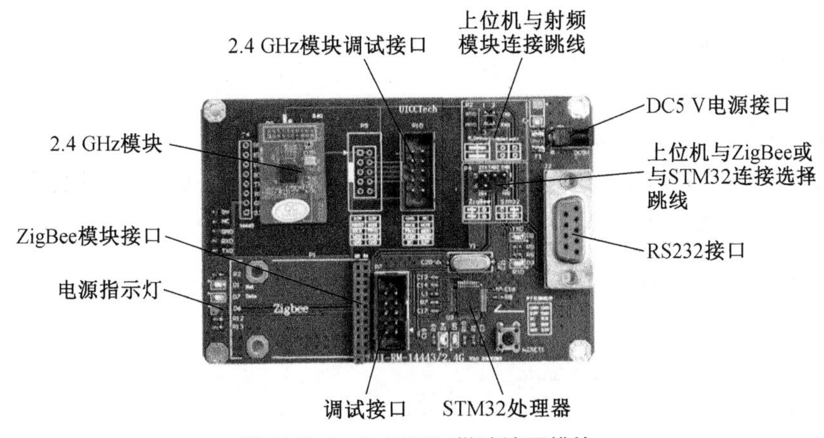

图 14. 2. 1　2. 4 GHz 微波读写模块

14. 2. 2　跳线说明

2. 4 GHz 微波读写模块的工作模式可通过图 14. 2. 2 所示的跳针 P2、P4 来设置。图中空心圆圈代表不用跳线帽连接，实心矩形代表使用跳线帽连接。

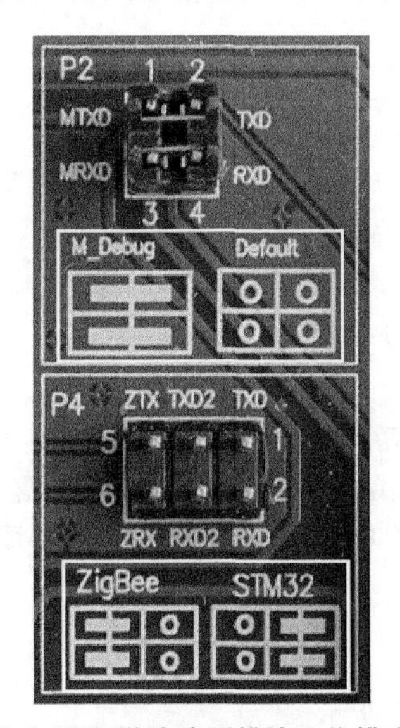

图 14. 2. 2　2. 4 GHz 微波读写模块工作模式的跳线设置

2. 4 GHz 微波读写模块共有 3 种设置模式：

① M_ Debug 模式（出厂默认）：正常工作模式；

② STM32 模式：使 2. 4 GHz 模块的数据传输到 STM32 单片机；

③ ZIGBEE 模式：使 2. 4 GHz 模块的数据传输到 ZIGBEE 模块接口。

14.3 程序开发

14.3.1 软件开发环境

软件开发环境使用的是 Keil C51（安装为【配套光盘\03 - 常用工具\06 - Keil C51\Keil c51 v951. exe】），打开后如图 14.3.1 所示。

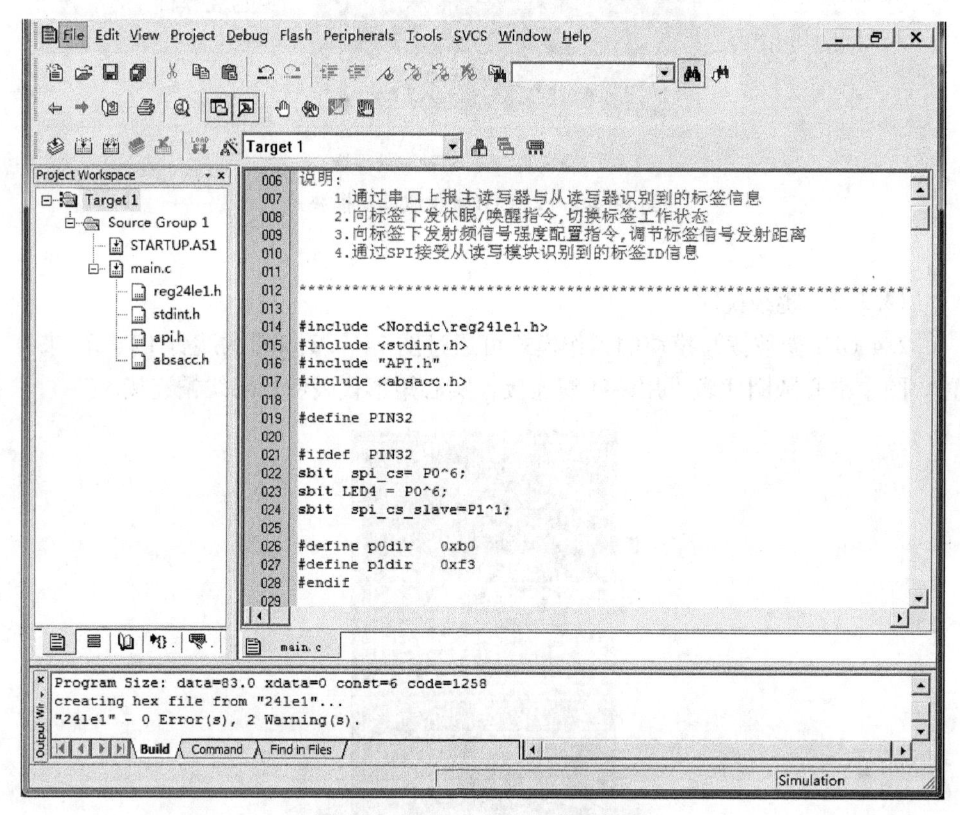

图 14.3.1 Keil C51 工作区界面

14.3.2 程序流程图

程序流程图如图 14.3.2 所示。

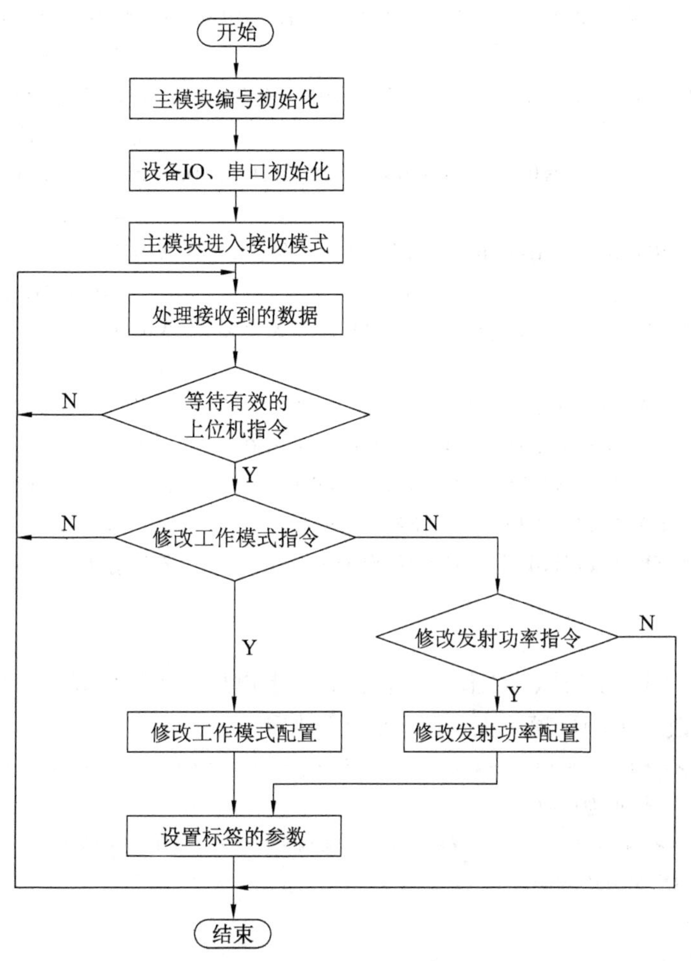

图 14.3.2 程序流程图

14.3.3 代码讲解

2.4 GHz 微波读写模块的工程文件在【配套光盘\04-实验例程\06-第14章 2.4 GHz 微波读写模块\Master Reader】目录中，下面对主要代码进行讲解。

(1) 2.4 GHz 模块上电工作时需要对射频部分进行初始化，代码如下：

```
void    rf_init(void)
{
    RFCE =0;                                    //RF 关闭
    RFCKEN =1;                                  //启动 RF 时钟
    RF =1;                                      //允许 RF 中断
      delay(1000);
```

```
    SPI_Write_Buf(WRITE_REG + TX_ADDR,TX_ADDRESS,TX_ADR_WIDTH);
                                                //设置发射地址长度
    SPI_Write_Buf(WRITE_REG + RX_ADDR_P0,TX_ADDRESS,TX_ADR_WIDTH);
                                                //设置接收地址 0 长度
    SPI_Write_Buf(WRITE_REG + RX_ADDR_P1,RX_ADDRESS_P1,TX_ADR_WIDTH);
                                                //设置接收地址 1 长度
    SPI_RW_Reg(WRITE_REG + RX_PW_P0,TX_PLOAD_WIDTH);
                                                //PIPE0 接收数据包长度
    SPI_RW_Reg(WRITE_REG + RX_PW_P1,TX_PLOAD_WIDTH);
                                                //PIPE1 接收数据包长度
    SPI_RW_Reg(WRITE_REG + EN_AA,0x03);         //启动自动应答功能
    SPI_RW_Reg(WRITE_REG + EN_RXADDR,0x03);     //PIPE 接收数据
    SPI_RW_Reg(WRITE_REG + SETUP_RETR,0x1a);    //自动重传 10 次
    SPI_RW_Reg(WRITE_REG + RF_CH,40);           //RF 频率 2440 MHz
    SPI_RW_Reg(WRITE_REG + RF_SETUP,0x0f);      //发射功率 0 dBm,传输速率
                                                //2 Mbps
}
```

（2）2.4 GHz 模块默认工作的主机模式，上电后进入接收模式，等待标签上传数据，修改 2.4 GHz 模块工作模式的代码如下：

```
/****************************************************
 *功能:设置为接收模式
****************************************************/
void RX_Mode(void)
{
    RFCE =0;
SPI_RW_Reg(WRITE_REG + CONFIG, 0x0f);   //上电,CR 为 2 Bytes,接收模式,
                                        //允许 RX_DR 产生中断
RFCE =1;                                //启动接收模式
}
/****************************************************
功能:设置为发射模式
****************************************************/
void TX_Mode(void)
{
RFCE =0;
SPI_RW_Reg(WRITE_REG + CONFIG,0x0e);    //上电,CRC 为 2 Bytes,接收模式,
                                        //允许 RX_DR 产生中断
```

```
  SPI_Write_Buf(WR_TX_PLOAD,tx_buf,TX_PLOAD_WIDTH);
                                              //写数据到 FIFO
  RFCE = 1;                                   //启动发射
}
```

(3) 2.4 GHz 综合实例代码分析。

```
void main(void)
{
  uint8_t    readerid = 0x0a;                 //这个编号从 0x01 开始编号,每个
                                              //2.4 GHz 模块都不一样,然后编译,
                                              //下载生成的 hex 文件即可
    uint8_t    yy[2] = {0xff,0xff};
    uint8_t ii,j = 0,jj,kk[2] = {0,0},tagpower[2] = {0x0f,0x0f},m = 0,n = 0;
    ii = 0;
    io_init();                                //I/O 口初始化
    uart_init();                              //串口初始化
    rf_init();                                //RF 初始化
    EA = 1;                                   //允许中断

    RX_Mode();                                //进入接收模式
                                              //SPI 配置
    SPIMCON0 = 0xF1;                          //  6  5  4  3  2  1  0
                                              //  1  0  0  0  0  0  1
    SPISCON0 = 0xA1;                          //  7  6  5  4  3  2  1  0
                                              //  1  0  1  0  0  0  0  1
while (1)
    {
      /******************* 串口接收各类指令 *****************/
      if(RI0 = 1)
      {
        RI0 = 0;                              //请发送完成标志
        yy[ii] = S0BUF;
        ii ++;
        if(ii > =2) ii = 0;
      }
/*****0xdd 0x11/0x22:接收唤醒/休眠状态变更指令,并下发状态变更指令给 TAG
********/
/**0xdd 0x09(0dBm)/0x0b( -6dBm)/0x0d( -12dBm)/0x0f( -18dBm):接收射频发
```

```
射功率配置指令,并下发射频功率配置给标签**/
if(yy[0]==0xdd)
{
                                        //解析收到的数据并执行
}
}
```

14.3.4 固件下载

请参照【配套光盘\01-文档资料\02-数据手册\05-2.4 GHz模块使用手册\2.4 GHz编程器使用文档.pdf】文件为2.4 GHz微波读写模块下载出厂固件，出厂固件为【配套光盘\04-实验例程\06-第14章 2.4 GHz微波读写模块\Master Reader】目录下的“24le1.he”。

第15章　模拟ETC模块

电子不停车收费（Electronic Toll Collection，ETC）系统是国际上正在努力开发并推广普及的一种用于公路、桥梁和隧道的新型电子自动收费技术。它通过车载电子标签与微波天线之间的专用短程通信（Dedicated Short Range Communication，DSRC），在不需要司机停车和其他收费人员采取任何操作的情况下，自动完成收费处理全过程。

15.1　ETC介绍

15.1.1　ETC系统构成

ETC系统主要包括三大关键技术：

（1）车辆自动识别（Automatic Vehicle Identification，AVI）技术：主要由车载设备（OBU）和路边设备（RSE）组成，两者通过短程通信DSRC完成路边设备对车载设备信息的一次读写，即完成收（付）费交易所必需的信息交换手续。目前用于ETC的短程通信方式主要是微波和红外两种。

（2）自动车型分类（Automatic Vehicle Classification，AVC）技术：在ETC车道安装车型传感器测定和判断车辆的车型，以便按照车型实施收费。

（3）违章车辆抓拍（VEC）技术：主要由数码照相机、图像传输设备、车辆牌照自动识别系统等组成。对不安装车载设备OBU的车辆用数码相机实施抓拍，并传输到收费中心，通过车牌自动识别系统识别违章车辆的车主，实施通行费的补收手续。

15.1.2　ETC工作原理

ETC车道主要由ETC天线、车道控制器、费额显示器、自动栏杆机、车辆检测器等组成。

车辆在通过收费站时，通过车载设备实现车辆识别、信息写入（入口）并自动从预先绑定的IC卡或银行账户上扣除相应资金（出口）。具体如下：车主将载有车信息及车主信息的电子标签贴在车内前窗玻璃上，当车辆进入ETC收费车道即L1天线的发射区时，处于休眠的电子标签受到微波激励而苏醒，随即开始工作，电子标签以微波方式发出电子标签标识和车型代码；天线接收确认电子标签有效后，以微波发出车道代码和时间信号，写入电子标签的存储器内，进口车道栏杆打开，车辆即可驶入高速公路；到达出口收费站时，当车辆驶入出口收费车道天线发射范围，经过唤醒、相互认证有效性等过程，天线读出车型代码、LI 代码和时间，传送给车道控制机，车道控制器存储原始数据并编辑成数据文件，上传给收费站管理子系统并转送收费结算中心；经过验证后，出口车道栏杆打开，车辆驶出高速公路；同时，收费结算中心从各个用户的账号中扣除通行费并显示余额。

ETC 车道布局示意图如图 15.1.1 所示。

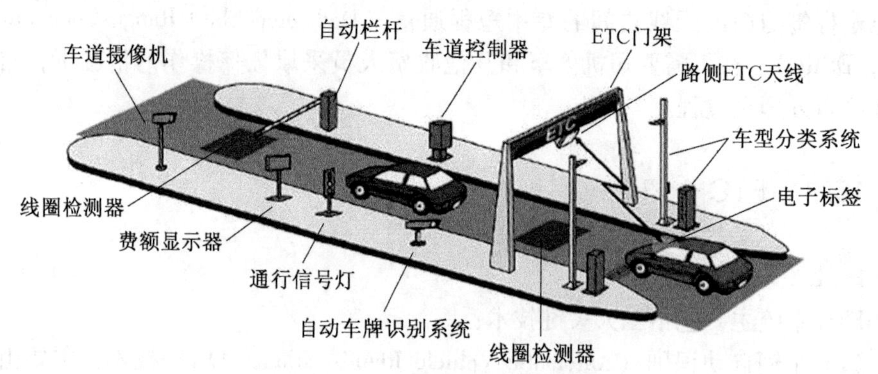

图 15.1.1　ETC 车道布局示意图

15.2　硬件开发

15.2.1　硬件资源介绍

模拟 ETC 模块主要的硬件资源如图 15.2.1 所示。

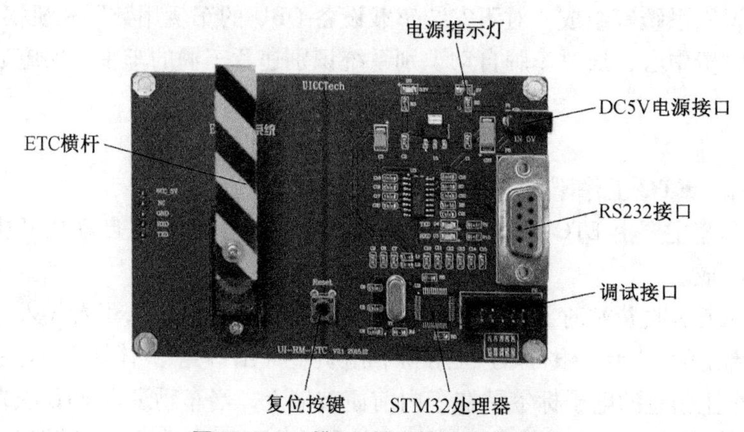

图 15.2.1　模拟 ETC 模块硬件资源

15.2.2　硬件原理

ETC 系统硬件电路图如图 15.2.2 所示。

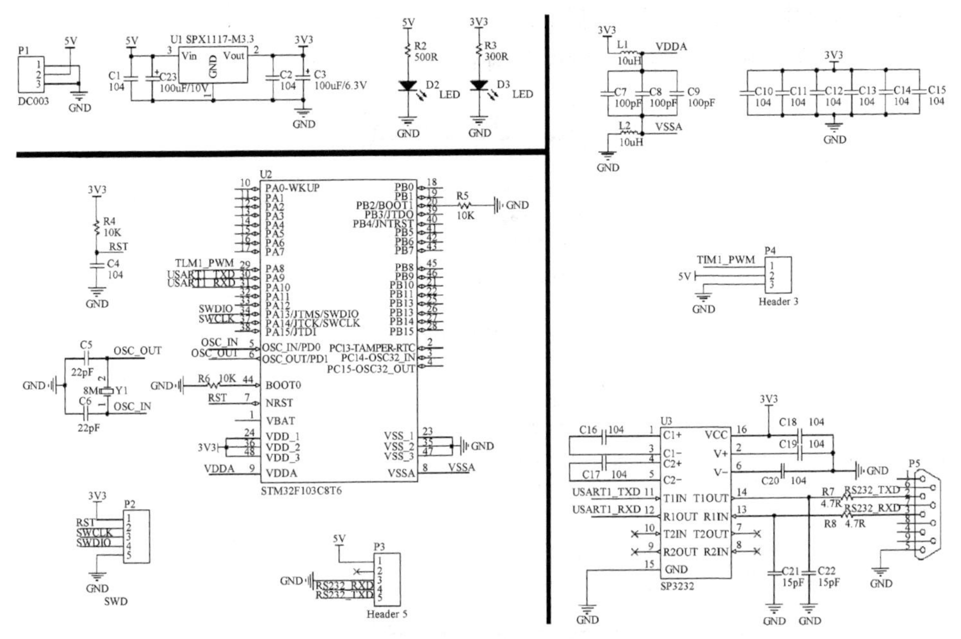

图 15.2.2　ETC 系统硬件电路图

当 STM32 单片机收到上位机发送的“抬杆”指令时，单片机会产生相对应的 PWM 波。PWM 波作用在舵机上，使舵机转过一定角度，进而完成抬杆动作。收到“落杆”指令时，单片机会产生相对应的 PWM 波。PWM 波使舵机回到起点，即完成落杆动作。

15.3　程序开发

15.3.1　代码结构

模拟 ETC 模块的工程文件在【配套光盘 \ 04 - 实验例程 \ 07 - 第 15 章　模拟 ETC 模块 \ 模拟 ETC 模块 \ Project】目录中，代码结构如图 15.3.1 所示。

SOURCE 代码组中是一些用户编辑的函数。

① delay.c 中存放的是一些延时函数；

② RCC.c 中存放的是时钟配置函数；

③ stm32f10x_it.c 中存放的是中断的服务程序，包括串口的接收等都在本文

件中；

④ main. c 中存放的是主执行函数；

⑤ stm32f10x_ iwdg. c 中存放的是看门狗相关函数；

⑥ server 中存放的是 ETC 电机控制函数文件；

⑦ USART. c 中存放的是串口配置函数。

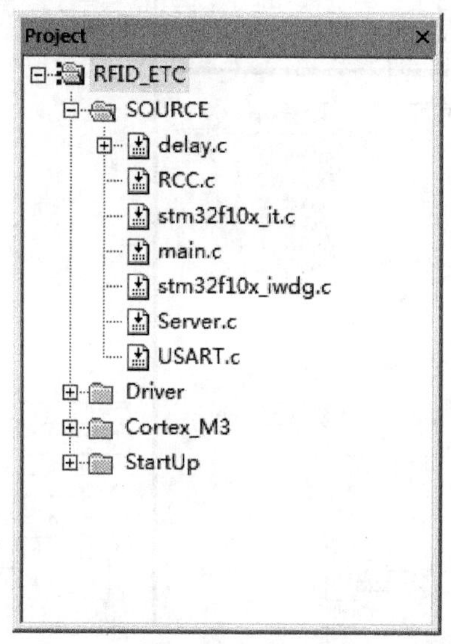

图 15. 3. 1　模拟 ETC 模块工程文件目录结构

15. 3. 2　ETC 横杆控制

15. 3. 2. 1　实验目的

熟练模拟 ETC 模块操作，学会模拟 ETC 模块的程序开发。

15. 3. 2. 2　实验内容

通过上位机软件控制模拟 ETC 模块抬杆、落杆动作。

15. 3. 2. 3　实验环境

（1）硬件：1 个模拟 ETC 模块、1 个 J-Link 仿真器、1 根 USB A 口转 B 口线、1 根 20P 灰色下载排线、1 个 DC12 V 电源适配器、1 台 PC 机、1 根 USB 转串口线。

（2）软件：Windows7/XP、MDK 集成开发环境、PC 端 RFID 综合实训系统。

15. 3. 2. 4　程序流程

程序流程图如图 15. 3. 2 所示。

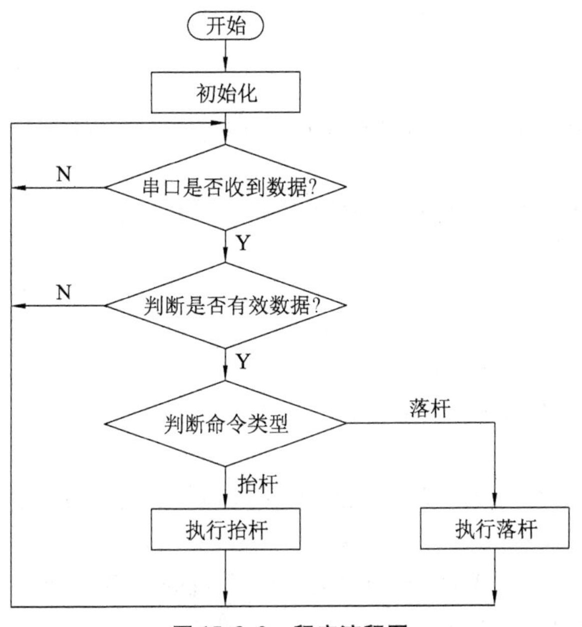

图 15.3.2　程序流程图

15.3.2.5　源码解析

本小节的实验例程在【配套光盘\04 - 实验例程\07 - 第 15 章　模拟 ETC 模块\模拟 ETC 模块\Project】目录中，下面对主要函数进行讲解。

(1) STM32 的初始化。

```
void STM32Init (void)
{
  RCC_Configuration ();                    //配置时钟
  Delayms (100);                           //上电延时，删掉可能不能启动
  USARTInit ();                            //串口初始化
  ServerInterfaceInit ();
  timer3_initial ();                       //定时器 3 初始化
  NVIC_Configuration ();                   //中断向量初始化
}
```

(2) 等待串口接收命令，并执行起杆和落杆的操作。

```
void ProcessCmd (void)
{
if (ProcessOnePulse == 1 && ETCCtrlCmd == 0x42)  //接收到抬杆指令
    {
      ServoHightElectricTime = SetServoAngle (90);
```

```
            ProcessOnePulse = 0;
        }
      else
    if (ProcessOnePulse == 1 && ETCCtrlCmd == 0x43)  //接收到落杆指令
        {
            ServoHightElectricTime = SetServoAngle (0);
            ProcessOnePulse = 0;
        }
    }
```

15.3.2.6　实验步骤

(1) 将USB A口转B口线的一端连接PC机的USB口，另一端连接J-Link仿真器的USB口。

(2) 将20P灰色下载排线的一端连接J-Link仿真器，另一端连接到模拟ETC模块的调试接口。

(3) 将USB转串口线的USB口连接到PC机的USB口上，另一端连接到模拟ETC模块的RS232接口上。

(4) 将DC 12 V电源适配器的DC12 V接口插到RFID综合实验平台的电源输入接口，为电源适配器接通AC 220 V电源，将电源总开关拨到位置【开】，为实验平台供电，模块上的电源指示灯点亮。

(5) 双击打开【配套光盘\04－实验例程\07－第15章　模拟ETC模块\模拟ETC模块\Project】目录下的“RFIDETC.uvproj”工程文件。

(6) 在工具栏中点击按钮，编译工程。编译成功后，信息框会出现如图15.3.3所示的信息。

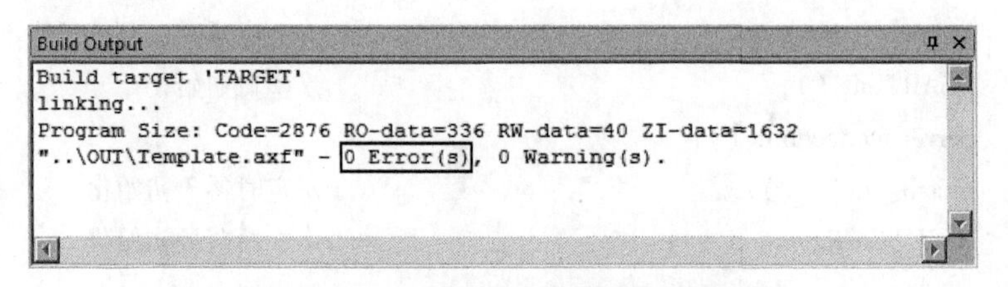

图15.3.3　工程编译成功的信息框提示

(7) 参照第2章第2.4.2.3节中的内容，确认与硬件调试有关的选项已设置正确。如果检测不到硬件，请参照第2章第2.4.1.1节中的内容检查J-Link驱动是否正确安装。

(8) 点击按钮，将程序下载到模拟ETC模块中。下载成功后，如果信息框显示图15.3.4所示的信息，则表明程序下载成功并已自动运行。

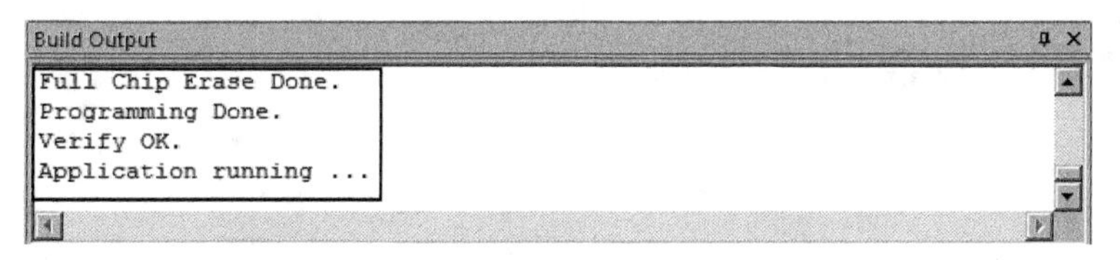

图 15.3.4 下载成功后信息框显示信息

(9) 参照第 4 章第 4.6 节打开 PC 端 RFID 综合实训系统中的智能 ETC 界面，并成功打开串口，如图 15.3.5 所示。

图 15.3.5 RFID 综合实训系统中智能 ETC 界面

(10) 点击按钮【打开 ETC】和【关闭 ETC】观察横杆的变化。

15.3.2.7 实验现象

(1) 点击按钮【打开 ETC】，可以看到 ETC 横杆沿逆时针方向转动了 90°，由横向放置变成纵向放置。

(2) 点击按钮【关闭 ETC】，可以看到 ETC 横杆沿顺时针方向转动了 90°，恢复横向放置。

第16章　智能门禁模块

16.1　基本原理

电子锁系统又称门禁系统。门禁系统由门禁控制器、读卡器、出门按钮、锁具、通信转换器、智能卡、电源、管理软件组成。

智能卡在智能门禁系统中充当写入读取资料的介质，目前主流的技术包括Mifare、EM、Legic等。从应用的角度上讲，卡片分为只读卡和读写卡；从材质和外形上讲，卡片又分为薄卡、厚卡和异形卡。

读卡器负责读取卡的数据信息，并将数据传送到控制器。一般来讲，不同技术的卡要对应不同技术的读卡器。

控制器是整个系统的核心，负责整个系统信息数据的输入、处理、存储和输出。

锁具是整个系统中的执行部件。目前，锁具有三大类——电控锁、磁力锁和电插锁，可根据用户的要求和门的材质进行选配。

电源是整个系统中非常重要的部分，如果因电源选配不当而出现问题，整个系统就会瘫痪或出现各种各样的故障，但许多用户往往会忽略电源的重要性。门禁系统一般都选用较稳定的线性电源。

管理软件负责整个门禁系统的监控、管理和查询等工作。

电子锁功能的实现主要基于单片机。该实验平台中的智能门禁模块应用的单片机为STM32F103C8T6单片机。

16.2　硬件开发

16.2.1　硬件资源介绍

智能门禁模块主要的硬件资源如图16.2.1所示。

16.2.2　主控电路图及说明

智能门禁模块的主控电路图如图16.2.2所示。

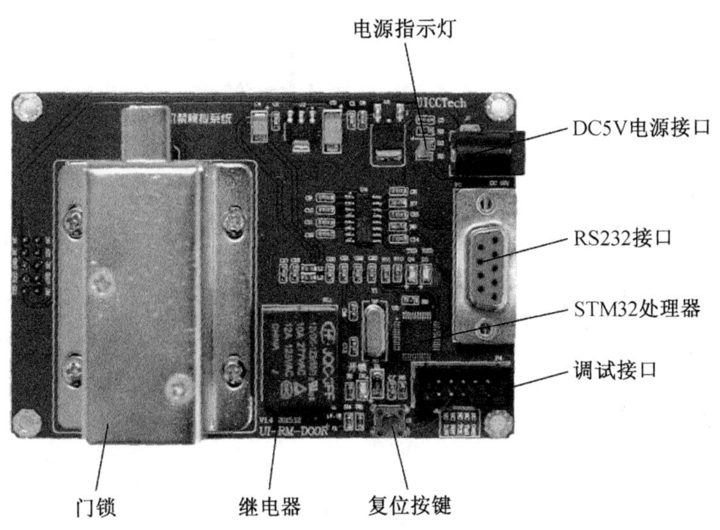

图 16.2.1　智能门禁模块的硬件资源

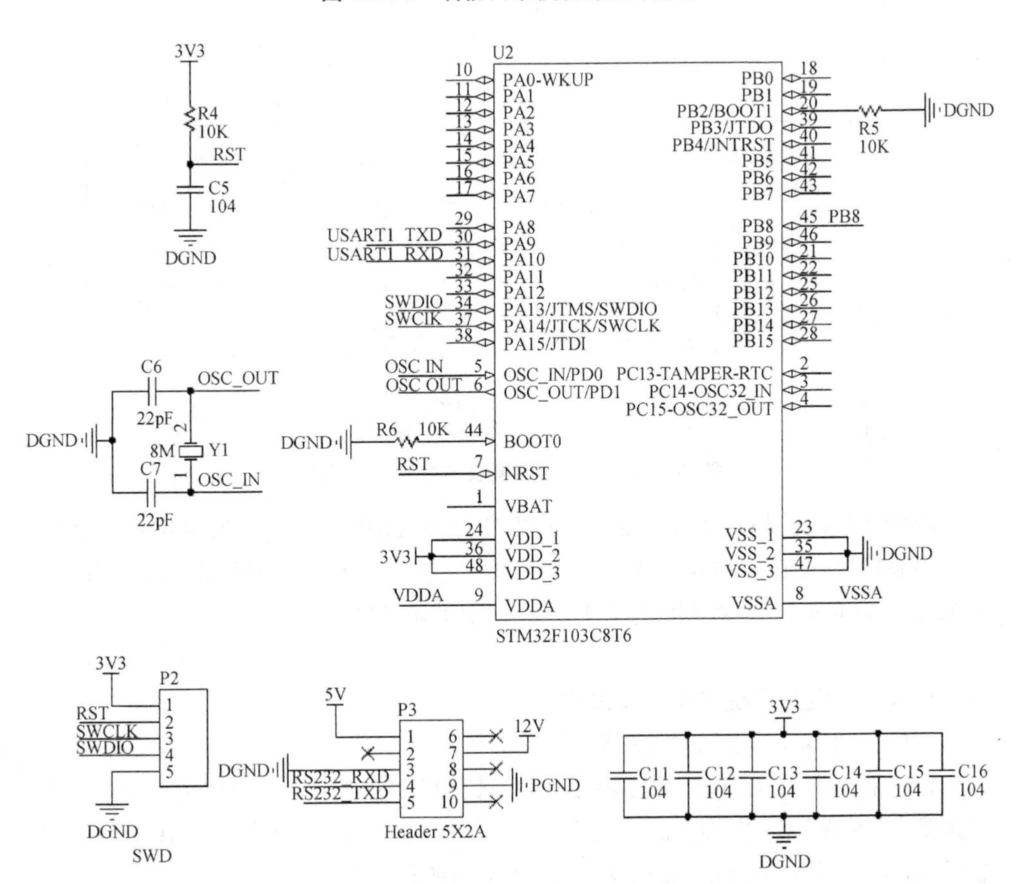

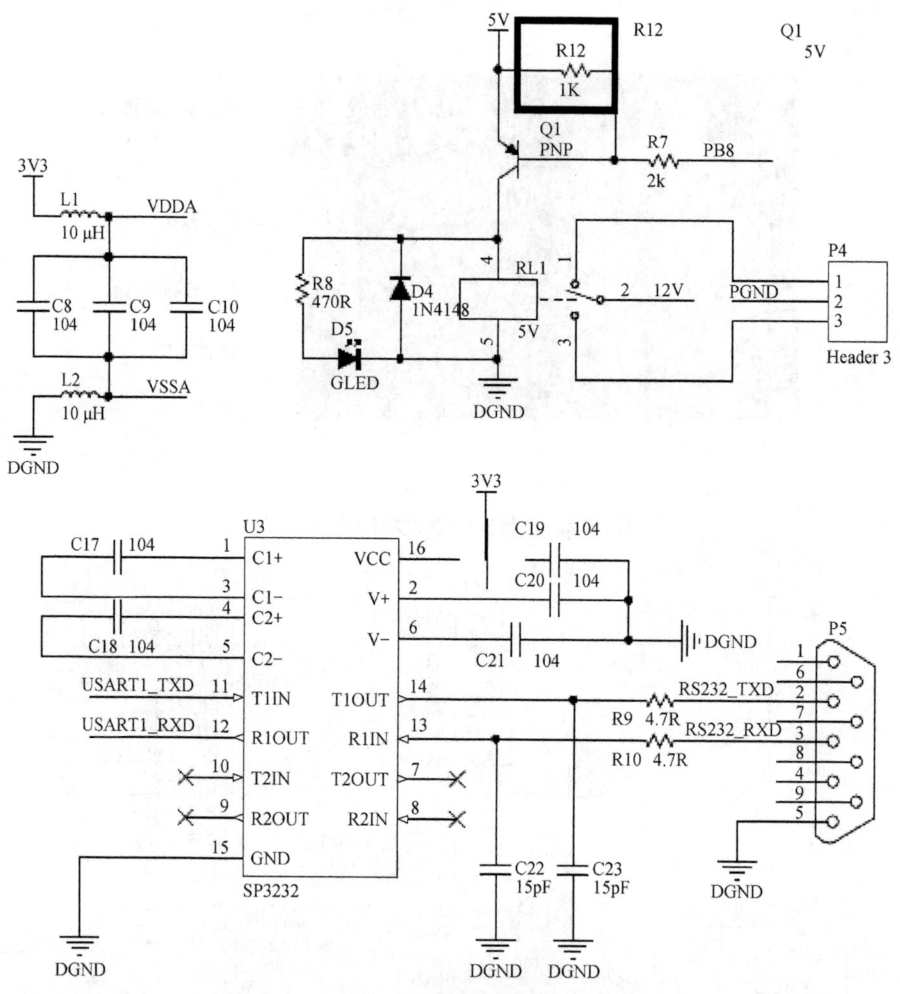

图 16.2.2　智能门禁模块主控部分原理图

图中智能门禁模块的主控芯片为 STM32F103C8T6。该模块通过主控芯片的相关引脚控制 IC 读卡模块。当有卡靠近时，主控芯片判断该卡是否为合法用户，如果是，则通过 PB.8 控制继电器打开；否则不做处理。

16.2.3　电源系统电路图及说明

智能门禁模块的电源系统电路图如图 16.2.3 所示。

IC 卡的电源受 POWER 引脚的控制。只有当 POWER 为高电平时，+5 V 才能加到 IC 卡的 VCC 引脚上。通过 U4 将 +12 V 电压降到 +5 V 并输出。LED 二极管 D1 为 +12 V 电源指示灯，D2 为 +5 V 电源指示灯。

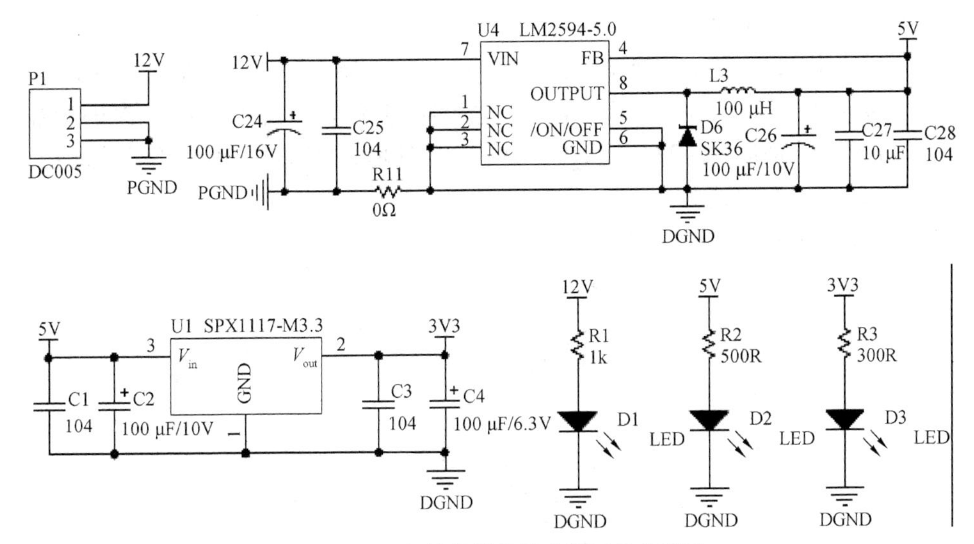

图 16.2.3　智能门禁模块电源系统电路图

16.3　程序开发

16.3.1　代码结构

智能门禁模块的工程文件在【配套光盘\04－实验例程\08－第 16 章　智能门禁模块\智能门禁模块\MDK】目录中，代码结构如图 16.3.1 所示。

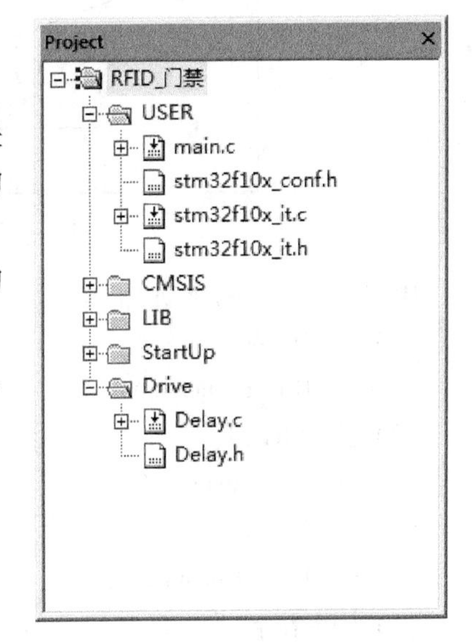

图 16.3.1　智能门禁模块工程文件目录结构

其中 USER 代码组中是一些用户编辑的函数。

① stm32f10x_it. c 中是中断的服务程序，串口的接收等都在本文件中；

② main. c 中存放的是主执行函数。

16.3.2　门禁开关控制

16.3.2.1　实验目的

熟练掌握智能门禁模块的操作，学会智能门禁模块的程序开发。

16.3.2.2　实验内容

通过上位机软件控制智能门禁模块的打开和关闭。

16.3.2.3 实验环境

（1）硬件：1个智能门禁模块、1个J-Link仿真器、1根USB A口转B口线、1根20P灰色下载排线、1个DC12 V电源适配器、1台PC机、1根USB转串口线。

（2）软件：Windows 7/XP、MDK集成开发环境、PC端RFID综合实训系统。

16.3.2.4 程序流程

程序流程图如图16.3.2所示。

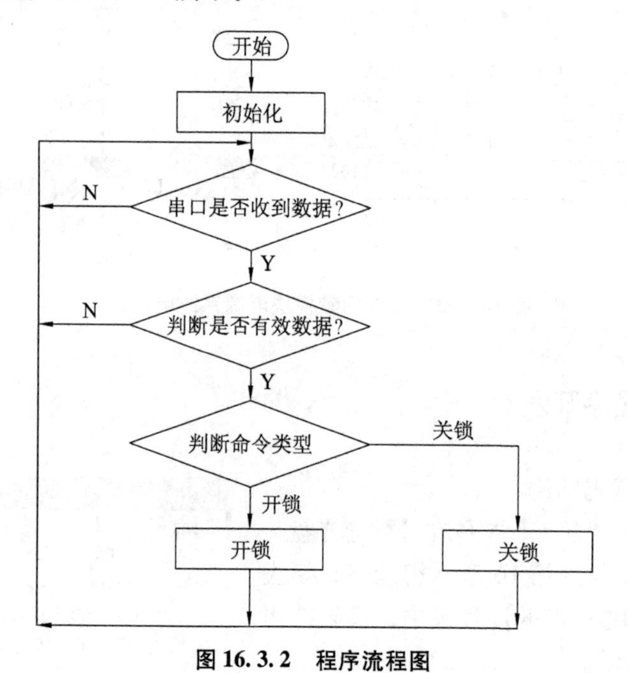

图16.3.2 程序流程图

16.3.2.5 源码解析

（1）配置时钟。

```
RCC_Configuration ();                    //时钟配置
```

（2）配置IO口。

```
GPIO_Configuration ();                   //IO口设置
```

（3）配置串口。

```
USART_Configuration ();                  //串口设置
```

（4）中断配置。

```
NVIC_Configuration ();                   //中断设置
```

（5）延时函数设置。

```
Delay_Init (72);                         //延时函数配置
```

（6）进入主循环。

```
while (1)
{
  ProcessCmd ();                          //主执行函数
}
```

（7）等待串口命令，判断命令类型，然后执行相应操作。

```
void ProcessCmd(void)
{
if(ControlCmd==0x40)                      //如果是开锁命令
{
    GPIO_SetBits(GPIOB,GPIO_Pin_8);       //开锁
    ControlCmd=0x00;
    DoorOpenTime=0x5f0000;                //延时长度10s
  }
else if(ControlCmd==0x41)                 //如果是关锁命令
{
    GPIO_ResetBits(GPIOB,GPIO_Pin_8);     //关锁
    ControlCmd=0x00;
    DoorOpenTime=0x0;                     //无延时
  }
  if(ControlCmd==0x00  &&  DoorOpenTime>0) //延时
  {
    DoorOpenTime--;                       //延时
  }
  else
  if(ControlCmd==0x00  &&  DoorOpenTime==0)
                      //如果一段时间没有操作,那么执行关锁命令
  {
    GPIO_ResetBits(GPIOB,GPIO_Pin_8);     //关锁
  }
}
```

16.3.2.6 实验步骤

（1）将USB A口转B口线的一端连接PC机的USB口，另一端连接J-Link仿真器的USB口。

（2）将20P灰色下载排线的一端连接J-Link仿真器，另一端连接到智能门禁模块的调试接口。

（3）将USB转串口线的USB口连接到PC机的USB口上，另一端连接到智

能门禁模块的RS232接口上。

（4）将DC12 V电源适配器的DC12 V接口插到RFID综合实验平台的电源输入接口，为电源适配器接通AC220 V电源，将电源总开关拨到位置【开】，为实验平台供电，模块上的电源指示灯点亮。

（5）双击打开【配套光盘\04－实验例程\08－第16章　智能门禁模块\智能门禁模块\MDK】目录下的“门禁.uvproj”工程文件。

（6）在工具栏中点击按钮，编译工程，编译成功后，信息框会出现如图16.3.3所示的信息。

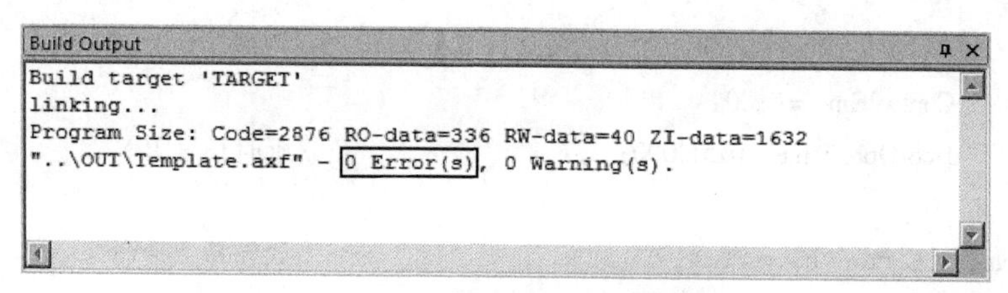

图16.3.3　工程编译成功的信息框提示

（7）参照第2章第2.4.2.3节中的内容，确认与硬件调试有关的选项已设置正确。如果检测不到硬件，请参照第2章第2.4.1.1节中的内容检查J-Link驱动是否正确安装。

（8）点击按钮，将程序下载到模拟ETC模块中。下载成功后，如果信息框显示如图16.3.4所示的信息，则表明程序下载成功并已自动运行。

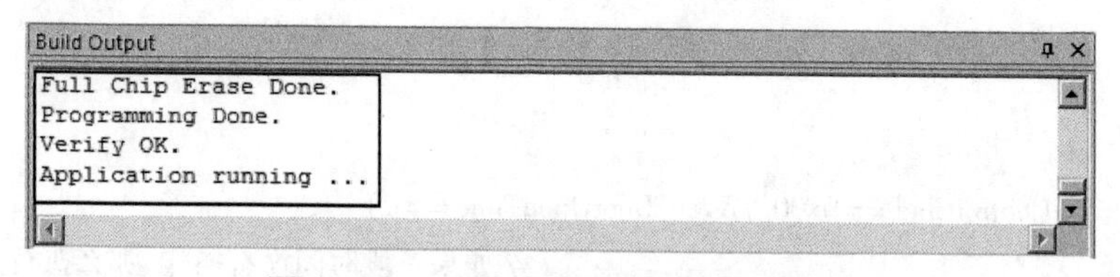

图16.3.4　下载成功后信息框显示信息

（9）参照第4章第4.7节打开PC端RFID综合实训系统中的智能门禁界面，并成功打开串口，如图16.3.5所示。

（10）点击按钮【开锁】和【关闭】观察智能门禁模块上门锁的变化。

16.3.2.7　实验现象

（1）点击按钮【开锁】，可以看到锁头收回，门锁变成开启状态。

（2）点击按钮【关闭】，可以看到锁头伸出，门锁恢复成关闭状态。

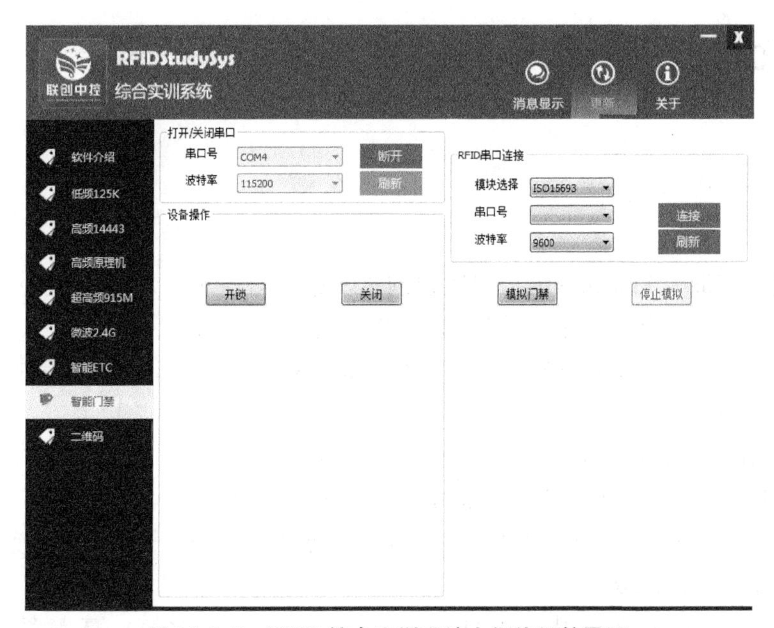

图 16.3.5　RFID 综合实训系统中智能门禁界面

参考文献

[1] [德] Klaus Finkenzeller. 射频识别技术原理与应用 [M]. 6 版. 王俊峰，宋起柱，彭潇，等译，北京：电子工业出版社，2015.

[2] 黄玉兰. 射频识别 RFID 核心技术详解 [M]. 3 版. 北京：人民邮电出版社，2016.

[3] Hervé Chabanne，Pascal Urien，Jean-Ferdinand Susini . RFID 与物联网 [M]. 宋廷强，译. 北京：清华大学出版社，2016.

[4] 谢磊，陆桑璐. 射频识别技术——原理、协议及系统设计 [M]. 2 版. 北京：科学出版社，2016.

[5] 孙子文，周治平. 射频识别技术与应用 [M]. 北京：高等教育出版社，2017.

[6] 徐雪慧. 物联网射频识别技术与应用 [M]. 北京：电子工业出版社，2015.

[7] 中国国家标准化管理委员会. GB/T 29768-2013 信息技术 射频识别 800/900MHz 空中接口协议 [S]. 北京：中国质检出版社，中国标准出版社，2014.

[8] 中国国家标准化管理委员会. GM/T 0035. 2-2014 射频识别系统密码应用技术要求 第 2 部分：电子标签芯片密码应用技术要求 [S]. 北京：中国质检出版社，中国标准出版社，2014.

[9] 高建良，贺建飚. 物联网 RFID 原理与技术 [M]. 北京：电子工业出版社，2013.